普通高等应用型院校“十二五”规划教材

微型计算机原理与接口技术

（第二版）

主　编　王向慧

副主编　王　俊　李新友　赵　晶

中国水利水电出版社
www.waterpub.com.cn

内 容 提 要

本书以 Intel 系列微处理器为背景，全面系统地介绍了微型计算机原理、接口技术及应用。全书共 11 章，分别介绍了计算机基础、Intel 微处理器、半导体存储器、并行接口技术、串行通信技术、定时/计数技术、中断技术、DMA 技术、总线技术和人机接口技术。

本书内容丰富、通俗易懂、理论结合实际，力求反映微型计算机技术的最新发展；结构清晰、图表结合，注重对基本理论的理解和实践技能的培养，各章配有丰富的实例分析、习题与思考。

本书可作为高等院校计算机及相关专业的本、专科教材或教学参考书，也可作为从事微型计算机工作的工程技术人员、计算机爱好者的参考书。

本书配有电子教案，读者可以到中国水利水电出版社网站和万水书苑上免费下载，网址为 http://www.waterpub.com.cn/softdown/和 http://www.wsbookshow.com。

图书在版编目（CIP）数据

微型计算机原理与接口技术 / 王向慧主编. -- 2版
. -- 北京 : 中国水利水电出版社, 2015.10
普通高等应用型院校“十二五”规划教材
ISBN 978-7-5170-3719-4

Ⅰ. ①微… Ⅱ. ①王… Ⅲ. ①微型计算机－理论－高等学校－教材②微型计算机－接口技术－高等学校－教材
Ⅳ. ①TP36

中国版本图书馆CIP数据核字(2015)第241370号

策划编辑：石永峰　　责任编辑：李　炎　　封面设计：李　佳

书　名	普通高等应用型院校“十二五”规划教材 微型计算机原理与接口技术（第二版）
作　者	主　编　王向慧 副主编　王　俊　李新友　赵　晶
出版发行	中国水利水电出版社 （北京市海淀区玉渊潭南路 1 号 D 座　100038） 网址：www.waterpub.com.cn E-mail：mchannel@263.net（万水） sales@waterpub.com.cn 电话：（010）68367658（发行部）、82562819（万水）
经　售	北京科水图书销售中心（零售） 电话：（010）88383994、63202643、68545874 全国各地新华书店和相关出版物销售网点
排　版	北京万水电子信息有限公司
印　刷	三河市铭浩彩色印装有限公司
规　格	184mm×260mm　16 开本　20 印张　490 千字
版　次	2007 年 1 月第 1 版　2007 年 1 月第 1 次印刷 2015 年 10 月第 2 版　2015 年 10 月第 1 次印刷
印　数	0001—3000 册
定　价	38.00 元

再版前言

随着微型计算机的普及应用，掌握和应用计算机技术的能力已经成为衡量人们业务素质的标准之一，学习和运用微型计算机成为高校学生和科技人员必需的训练课程。本书是作者通过多年的教学实践和教学改革，对课程体系结构和内容进行了深入研究，力求反映微机计算机技术的最新成果，在第一版的基础上精心编写而成。

本书以 Intel 系列微处理器为背景，全面系统地介绍了微型计算机原理、接口技术及应用，全书力求语言通俗易懂，理论结合实际，努力追踪微型计算机快速发展的历程，目的是让读者获得微型计算机硬件组织的基本理论，掌握微型计算机工作原理和接口技术，建立微型计算机系统的整体概念，具备微型计算机应用的基本技能。

全书共 11 章。第 1 章概述微型计算机的发展、特点、组成，介绍计算机中数制和数据表示方法；第 2 章介绍 8086/8088 微处理器的内部结构、寄存器组成、工作模式和内存管理，在此基础上介绍 80386、80486、Pentium、Core 系列高档微处理器的内部结构和技术特点；第 3 章概述存储器的功能、分类、Cache 和虚拟存储器技术，介绍半导体存储器的基本结构及容量扩展方法；第 4～9 章介绍微型计算机的输入/输出控制方式、并行接口技术、定时/计数技术、串行通信技术、中断技术和 DMA 技术，分别讲述典型接口芯片 8255A、8253、8251A、8259A 和 8237A 的内部结构、工作方式、编程方法及其应用；第 10 章介绍在总线发展历程中的典型总线 ISA、PCI、USB 和 PCI-Express；第 11 章介绍键盘、鼠标、显示器、打印机、外存储器、扫描仪等常用人机接口设备。

全书在内容编排上注重系统性、先进性和实用性，在编写过程中力求内容丰富、脉络分明、图表结合，在知识结构上注意分解难点、循序渐进、突出应用，注重对基本理论的理解、对实践技能的培养、对分析问题和解决问题能力的培养。各章配有一定数量的应用实例和解析，以及具有启发性、利于知识巩固和延伸的习题与思考。读者不必局限于本教材各章的次序，可以根据具体情况有选择地学习。

本书由王向慧主编，统稿并编写了第 1～3、5～7、11 章，王俊、李新友、赵晶任副主编，并参与了全书的大纲策划工作，王俊、赵晶编写了第 9～10 章，李新友编写了第 8 章，第 4 章由于济凡、王向慧联合编写。参加本书资料搜集和整理、部分内容编写、课件制作工作的还有于济凡、张池弘、王瑞珺、张楷悦、王佳宁、孙灿、王祉翔、王雪洁、李熠、孙燕娜、赵瑞。

雷广臻教授在百忙之中对本书进行了审阅，并提出许多宝贵意见，在此表示衷心的感谢。同时对所参考的国内外资料的原作者表示诚挚的谢意。还要感谢中国水利水电出版社对本书的精心组织、策划和编辑。

由于编者水平有限，书中难免出现疏漏之处，敬请广大读者批评指正。

书中程序已经过上机验证。为便于教师授课和学生学习，本书配备了 CAI 课件和习题答案，可到中国水利水电出版社网站或万水书苑免费下载。

编　者

2015 年 7 月

目　　录

第 1 章 微型计算机基础

学习目标

计算机的诞生是 20 世纪科学技术对人类最卓越的贡献之一，特别是 70 年代后，微型计算机以其体积小、重量轻、功耗低、结构灵活、适应性强、性价比高的特点，被广泛应用于社会的各个领域，成为人们工作、学习和生活中不可缺少的工具。本章介绍了微型计算机的发展、应用、特点及主要性能指标，概述了微型计算机的工作原理、系统组成、软硬件特点；同时介绍了计算机中各种进制数、数据编码、字符编码、二进制数运算规则。

通过本章的学习，读者应了解微型计算机的特点、分类及应用，掌握微型计算机的系统组成、主要技术指标，掌握各种进制数及其相互转换，理解带符号数的原码、反码、补码以及字符的 ASCII 码、BCD 码、汉字编码的表示及应用特点，从而为后续内容的学习打下良好的基础。

1.1 微型计算机概述

计算机是一种能按照事先存储的程序，自动、高速地进行大量数值计算和各种信息处理的现代化智能电子设备。从诞生至今，计算机经历了半个多世纪的发展历程。

1.1.1 微型计算机的产生与发展

1. 计算机的诞生

第一台电子数字计算机 ENIAC（Electronic Numerical Integrator And Calculator）是 1946 年在美国宾夕法尼亚大学诞生的，它使用 18000 多个电子管，1500 多个继电器，占地面积 170 平方米，重约 30 余吨，耗电 150 千瓦，每秒钟能完成 5000 次加法运算或 400 次乘法运算，相当于手工计算的 20 万倍。虽然这个“庞然大物”的速度对于今天的计算机来说微不足道，但是它的诞生具有划时代的意义，标识着计算机时代的到来。

自第一台电子计算机问世以来，经过半个多世纪的发展与革新，计算机逻辑元件经历了电子管、晶体管、集成电路、超大规模集成电路、甚大规模集成电路多个时代。在不断发展的历程中，计算机的运算速度越来越快，存储容量越来越大，体积、重量、功耗和成本不断下降，功能和可靠性不断增强，软件功能不断丰富和完善，性能价格比越来越高。特别是 20 世纪 80 年代以后，计算机技术的发展速度进一步加快，几乎每 3 年计算机的性能就能提高近 4 倍，而成本却下降一半。

计算机得以如此飞速发展，根本动力就是计算机的广泛应用，而计算机的强大性能及通用性又决定了它具有极为广泛的应用性。目前计算机已经广泛应用于国防、科技、生产、教育、交通、通信等各个领域。

2. 微型计算机的产生与发展

计算机按照性能分为巨型机、大型机、小型机、工作站和微型机。大规模集成电路技术的发展、芯片集成度的提高，使微型计算机技术成为可能，1971 年第一个微处理器 Intel 4004 的诞生标志着微型计算机时代的开始。

微处理器是指以单片大规模集成电路制成的具有运算和控制功能的中央处理器。微型计算机是以微处理器为核心，配以存储器、输入/输出接口电路和系统总线构成的计算机。由于微型计算机具有体积小、重量轻、可靠性高、结构灵活、适应性强及性价比高等优点，使其得到极为广泛的应用。

微型计算机在其 40 多年的发展历程中，以微处理器的发展为标志，主要表现在微处理器的字长、主频、结构和功能等方面，几乎每隔 3～5 年就会更新换代一次，主要经历了以下六个时代。

（1）第一代微处理器（1971 年～1973 年）以 4 位微处理器和低档 8 位微处理器为代表。

这一时期典型的产品有 Intel 4004 和 Intel 8008。Intel 4004 是一个 4 位微处理器，可进行 4 位的二进制并行运算，该芯片集成了 2300 多个晶体管，时钟频率为 108kHz，具有简单的指令系统，运算速度为 0.05MIPS。Intel 8008 是一个 8 位微处理器，由 Intel 公司于 1972 年设计生产，采用 PMOS 工艺，集成度提高到 3500 多个晶体管/片，时钟频率达到 500kHz。

（2）第二代微处理器（1974 年～1977 年）以中高档 8 位微处理器为代表。

这一期间处理器的设计生产技术已经相当成熟，指令系统趋于完善，与第一代微处理器相比，集成度提高了 1～4 倍，运算速度提高了 10～15 倍。典型的微处理器如 Intel 公司的 8080、8085，Motorola 公司的 M6800，Zilog 公司的 Z80。

Intel 8080 采用 NMOS 工艺，芯片集成度为 6000 个晶体管/片，时钟频率提高到 2MHz。

（3）第三代微处理器（1978 年～1984 年）是 16 位微处理器时代。

这一时期，超大规模集成电路工艺已经成熟，一片硅片上可以容纳几万个晶体管，16 位微处理器比 8 位微处理器有更大的寻址空间、更强的运算能力、更快的处理速度和更完善的指令系统，其功能可以与过去的中档小型计算机相比。有代表性的微处理器芯片如 Intel 公司的 Intel 8086、Intel 8088，Motorola 公司的 M68000，Zilog 公司的 Z8000。

Intel 8086 采用 HMOS 工艺，芯片集成了 2.9 万个晶体管，时钟频率介于 4.77MHz 和 10MHz 之间，具有 16 位数据总线和 20 位地址总线，可以寻址 1MB 内存空间。Intel 8088 是 8086 的简化版本，其内部结构与 8086 基本一致，只是芯片的数据总线改为 8 位，减少了引脚，从而降低了成本，并与当时广泛使用的 8 位设备兼容。以 Intel 8088 为微处理器的 IBM PC 微型计算机的诞生，对世界计算机技术的发展有着重大的影响。

Intel 公司将 Intel 8086/8088 的体系结构称为 IA（Intel Architecture），此后 Intel 公司推出的各种微处理器均属于向上扩展的这一体系结构；同时，IA 体系结构的处理器指令系统是“向上兼容”的，故将 Intel 8086/8088 及此后 Intel 微处理器的指令系统称为“x86”系统。

1982 年 16 位微处理器 Intel 80286 推出，它的集成度达到 13.4 万晶体管/片，时钟频率达到了 20MHz，数据总线为 16 位，地址总线为 24 位，可以访问到 16MB 内存空间。与之前的微处理器相比，Intel 80286 提高了处理速度，支持更大的内存，可以模拟内存空间，能够同时运行多个任务。

（4）第四代微处理器（1985 年～1992 年）以 32 位微处理器为代表。

这一时期无论是微处理器芯片本身的性能方面，还是与微处理器配套使用的外围接口芯片的开发方面，都有了很大的发展。代表产品有 Intel 公司的 Intel 80386 和 Intel 80486。

Intel 80386 集成了 27.5 万个晶体管，时钟频率可达 33MHz，数据总线 32 位，地址总线 32 位，具有 4GB 的内存寻址能力，能够管理高达 64TB 的虚拟存储空间。1989 年继续推出的 Intel 80486 集成 120 万个晶体管，包含浮点运算部件和 8KB 的一级高速缓冲存储器（Cache，简称缓存），加之倍频技术、RISC 结构等先进技术的使用，极大地提高了微处理器处理指令的速度。

（5）第五代微处理器（1993 年～2005 年）是 Pentium（奔腾）系列微处理器时代。

这一时期的微处理器内部采用了超标量指令流水线结构，并具有相互独立的指令 Cache 和数据 Cache。随着 MMX 技术的出现，微型机的发展在多媒体化、网络化、智能化等方面跨上了更高的台阶。典型产品有 Intel 公司的 Pentium 系列微处理器和 AMD 公司的 K6 系列微处理器。

1993 年 Intel 公司推出的新一代高性能 32 位微处理器 Pentium 集成了 310 万个晶体管，时钟频率超过了百 MHz。在接下来的几年里，Pentium 系列经历了多次的升级换代，Intel 公司陆续推出了 Pentium Pro（高能奔腾）、Pentium MMX（多能奔腾）、Pentium Ⅱ、Pentium Ⅲ和 Pentium 4 微处理器，陆续推出的微处理器增加了 MMX、SSE 等技术，集成度和主频不断提高，Cache 容量及其技术也不断增加，极大地提高了指令处理速度，特别是在多媒体方面具有很高的处理能力。

Intel 公司于 2003 年推出了 Pentium M，两年后又推出了双核心微处理器 Pentium D、Pentium EE，主频达到 1GHz 以上，进一步适应了互联网用户的需求。

（6）第六代微处理器（2006 年以后）是 Core（酷睿）系列微处理器时代。

这一时期的微处理器改变以往以频率考量性能，而更强调能效，采用多核心多线程结构，使用提升能效、降低功耗的新技术。

2006 年 Intel 公司推出了 65nm 集成电路制程的双核心微处理器 Core 2 Duo。基于 Core 微架构，其核心采用 14 级流水线设计，每个核心采用 4 组解码器，拥有 4MB 二级缓存供两个核心共享和交换数据，支持 64 位工作方式，新增 sSSE3 指令，在 2007 年继续推出的基于 45nm 制程的 Core 2 Duo 中又增加了 SSE4.1 指令集。Core 2 Duo 在多媒体、图形图像和 Internet 等方面的处理能力进一步增强。

遵循着更新制造工艺和更新微架构的策略，沿用 x86-64 指令集，Intel 公司从 2008 年起推出了面向中高端用户的 Intel Core i7 系列微处理器；为了迎合大众消费群体，Intel 公司又推出了 Core i7 的派生中低级版本 Core i5 和 Core i5 的进一步精简版 Core i3。

2008 年推出的第一代 Core i7 是 45nm 制程的四核心八线程微处理器，基于 Nehalem 架构，拥有 8MB 共享三级缓存供核心之间数据交互，集成了三通道 DDR3 内存控制器，应用睿频加速技术，使用 QPI 总线大大提升微处理器与外设之间的数据传输带宽，还引入了 SSE4.2 指令集。2009 年又将 PCI-Express 控制器集成到微处理器芯片内。

2011 年初，Intel 公司发布 32nm 制程的第二代 Core i7，基于 Sandy Bridge 架构，将核芯显卡也整合在微处理器芯片内，并优化了三级缓存和内存控制器，微处理器的性能更强，功耗更低，工作更为顺畅。

2012 年 Intel 公司推出基于 Ivy Bridge 架构的 22nm 制程的第三代 Core i7，新架构应用 3D

晶体管技术，大幅度提高晶体管密度，将执行单元的数量翻了一番，核芯显卡等部分的性能也大幅提升，带来能效上的进一步跃进。

2013 年 Intel 公司又推出基于 Haswell 架构的 22nm 制程的第四代 Core i7，新架构进一步提升微处理器性能，安全性更强，超频能力增大，核芯显卡性能继续增强，添加了新的 AVX 指令集，将电压调节器整合到微处理器内部，从而降低了主板的供电设计难度并进一步提高了供电效率。

通过微处理器芯片的集成度、微处理器的性能和运行速度就可以看出微型计算机的发展状况。微处理器性能的迅速提高，得益于集成电路技术的飞速发展，以及大量新技术在微处理器上的应用。微处理器性能的提高，也迅速提升了微型计算机的性能，进一步推动了微型计算机技术的发展。随着社会的发展和信息时代的需求，未来微型计算机将进一步朝着高性能、智能化、网络化、多媒体化的方向发展。

1.1.2 微型计算机的特点

计算机具有运算速度快、计算精度高、存储记忆能力强、稳定性高、持续工作时间长等特点。微型计算机在其诞生后的 40 多年中，其发展速度日新月异，究其原因，除了具有计算机的上述特点之外，还取决于其下述独具的特点。

1. 体积小、重量轻、功耗低

由于大规模、超大规模和甚大规模集成电路技术的应用，使微型计算机的微处理器及其配套支持芯片的尺寸比较小，功耗也较低，在一块印刷电路板上集成为数不多的芯片所构成的微型计算机系统板（又称主板），其尺寸也不过书本大小。再加上显示器等外部设备，一台通用的 IBM PC 系列微型计算机的功耗只不过 200 瓦左右。

近几年，随着 32nm、22nm 制作工艺的大量应用，使得微型计算机的体积更小，重量减轻，系统的耗电量很小。

2. 功能强

微型计算机不仅具有算术运算功能，还具有逻辑判断能力，不仅运算速度快，而且计算精度高。每种微处理器都有配套的软件系统支持，使得整个微型计算机系统的功能大大提高，能够适应社会各种不同应用场合的需求。

3. 可靠性高

因为有了微米、纳米制作工艺的应用，在微处理器及其配套的系列芯片上可以集成千万个、甚至几亿个晶体管，使系统内的组件数目大幅度降低，印刷电路板上的插件和焊接点及连线大量减少，加之新型制作工艺使芯片的功耗小、散热量低，从而使微型计算机系统的可靠性大大提高。目前，一台微型计算机的平均无故障时间可达数万小时。

4. 价格低廉

由于微处理器芯片及其配套芯片的集成度越来越高，系统板上的插件和连线减少，社会需求量也在不断提高，使得微型计算机非常适合批量生产，因而产品的造价不断下降。同时，不断走低的价格也促进了微型计算机的普及和应用。

5. 结构灵活、适应性强

由于微型计算机采用标准化的总线结构，使其结构非常灵活，可方便地进行硬件扩展，使得微型计算机具有很强的适应性；由于微型计算机基本部件的系列化、标准化，更增强了微型计算机的通用性；另外，微型计算机具有可编程和软件固化的特点，加之各微处理器厂商在生产微处理器及其相关配套支持芯片的同时，还生产配套的支持软件，为用户构造一个所需的微型计算机系统创造了十分方便的条件，所以很容易适应不同用户的需求。

6. 使用方便、维护容易

由于目前微型计算机中的微处理器及其他各部件已趋系列化、标准化、模块化，并有各种配套软件的支持，给用户使用计算机带来了很大的方便。一般采用自检、诊断及测试方式可以发现系统故障。定位故障点后，采用更换标准化模块板或芯片的办法就可以方便、快捷地恢复系统。

1.1.3 微型计算机的分类

计算机俗称电脑，微型计算机又称PC机（Personal Computer，个人计算机），从不同的角度对微型计算机可以有多种分类标准，常见的有以下几种分类方法。

1. 按字长分类

微型计算机的性能在很大程度上取决于微处理器的字长。到目前为止，微型计算机按照字长可分为：4位机、8位机、16位机、32位机、64位机。

微型计算机的字长不同，内部寄存器的宽度就不同，微处理器的直接运算能力和处理能力就不同，整机性能也就不同。例如，16位机以字长为16位的微处理器为核心，微处理器内部总线宽度为16位，具有16位宽的寄存器，可直接并行处理16位数据；又如，64位机的微处理器内部为64位结构，具有直接对并行64位数据进行运算、处理的能力。

2. 按结构形式分类

（1）台式电脑。需要放置在桌面上，其主机、显示器、键盘、鼠标等设备都是相互独立的，通过电缆和插头连接在一起。主机是在系统板上插接微处理器芯片、内存条、各种适配卡，再配以电源而组成的独立装置。

（2）笔记本电脑。是一种便携式个人计算机，它将主机、硬盘驱动器、液晶显示器和键盘等部件组装在一起，还提供相当于鼠标功能的触控板，并能用蓄电池供电，体积如手提包，可以随身携带。

（3）一体电脑。把主机集成到显示器上，从而形成一体机，相比台式机有着连线少、体积小、功耗低、机身纤巧等特点。

（4）平板电脑。是一种以触摸屏作为基本输入设备的便携式、平面板状的个人电脑。相比笔记本电脑，其体积更小，移动性和便携性更强。

（5）掌上电脑。是一种小巧、轻便、易带、实用又价廉的手持式数字设备，其核心技术是嵌入式操作系统。在掌上电脑基础上加上手机功能，就成了智能手机。

3. 按用途分类

（1）专用机。该类机是为解决某类特定问题而设计制造的，针对该类问题能够高速度、高效率地处理，具有针对性强、可靠性高、功能单一、结构简单、适应性差等特点。如军事系统专用计算机、银行系统专用计算机、监控计算机等。

（2）通用机。该类机具有功能多样、配置全面、适应性强、应用面广的特点，能解决科学计算、数据处理、过程控制等各类问题，但其运行效率、速度和经济性依据不同的应用场合会受到不同程度的影响。个人台式电脑、笔记本电脑都属于通用机。

1.1.4 微型计算机系统的主要性能指标

微型计算机系统的性能主要取决于它的系统结构、指令系统、输入/输出设备以及软件配置等因素。因此，在评价一个微型计算机系统时，应该就各项性能指标进行综合评价。常用的性能评价指标主要有以下几项：

1. 字长

字长是指计算机一次可处理的二进制数的位数，即处理器内部的运算器、寄存器、内部数据总线宽度。字长是计算机最重要的性能指标之一。字长越大，能够表示的数值范围就越大，表明数据精度就越高；字长越大，一次性处理的信息量就越大，所以计算机处理数据的速度就越快。

各种类型的微型计算机字长各不相同，有 4 位、8 位、16 位、32 位、64 位，当今市场上的微型计算机字长多为 64 位。

2. 主频

主频又称时钟频率，是指处理器内核电路的运行频率。微处理器及其他一些部件都是在主频或对主频分频后的时钟控制下一步一步地动作，从而完成计算机的各种操作的。主频的高低不能直接代表计算机的运算速度，但二者存在一定的关系。

主频的单位用 kHz、MHz、GHz 表示，各单位的关系是：1GHz=1000MHz，1MHz=1000kHz，1kHz=1000Hz。如 Intel 8088 微处理器的主频是 4.77MHz，当今 Intel Core i7 微处理器的主频已经达到 3GHz 以上。

3. 内存容量

内存是处理器可以直接访问的存储空间，需要执行的程序和待处理的数据均存放在内存中，内存的容量和存取速度反映了计算机即时存储信息的能力。

在计算机中存储二进制 0 或 1 的单元称为位（bit，比特），8 位组成 1 个字节（Byte，简写成 B），内存容量以字节为基本单位，还使用 KB、MB、GB、TB、PB 等容量单位，各容量单位间的关系是：1KB=1024B，1MB=1024KB，1GB=1024MB，1TB=1024GB，1PB=1024TB。

内存容量由访问内存的地址总线数目决定，如 16 位地址总线，可访问的内存容量为 64KB（2^{16}=65536）；20 位地址总线，可访问的内存容量为 1MB（2^{20}）。

内存容量越大，能处理的信息量就越大，系统功能就越强。随着操作系统的升级及应用软件功能的丰富，对内存容量的需求也不断提高。目前微型计算机的内存容量可达 2GB、4GB、8GB、16GB，甚至更大。

4. 运算速度

运算速度是指计算机每秒所能执行的指令数目，它是衡量计算机性能的一项重要指标，也是一项综合性指标，影响它的因素很多，如字长、主频、缓存、指令集、核心数量、超线程技术、流水线技术、内存容量等。但是由于不同类型的指令所需的执行时间不同，因而运算速度的计算方法也不同，常用的有三种方法：

（1）用定点指令的平均执行速度 MIPS（百万条指令/秒）表示。

（2）用浮点指令的平均执行速度 MFLOPS（百万条浮点数指令/秒）表示。

（3）从大量典型程序中统计出各条指令的执行时间及使用频率，然后算出指令的平均执行时间，即可得出运算速度。这种方法比较严谨，但是实现起来却比较困难。

5. 外设配置

微型计算机系统配接各种外部设备的可能性、灵活性和适应性，即外设的扩展能力，也是衡量计算机性能的一项重要指标。打印机的型号、显示器的分辨率、外存储器的容量等都是配置外设时需要考虑的。例如，低分辨率的显示器难以准确还原显示高质量的图片；性能再强的计算机也需要硬盘的支持，否则无法存放大量数据和程序。

6. 软件配置

软件是计算机系统必不可少的重要组成部分，软件配置得是否合适，直接影响到计算机性能的发挥。例如，功能强、操作简单、能满足应用需求的操作系统，程序设计语言，汉字软件以及其他各种应用软件都要合理选择。

7. 性能价格比

性能价格比是指计算机系统的软件和硬件性能与销售价格之比，它能够反映出一类计算机产品的优劣。性能价格比简称性价比，是广大用户购机时最为关心的，通常都希望以最低的价格获取最佳的性能。

当今微处理器的微架构在不断地推陈出新，核心数量、超线程技术、流水线技术、指令集等各种不同性能指标也都直接影响着微处理器乃至微型计算机系统的性能。影响微型计算机系统的性能指标很多，除以上性能指标外，还应考虑到系统的可靠性、可维护性、兼容性等。

1.1.5 微型计算机的应用

微型计算机又称个人计算机，具有结构紧凑、灵活性强、通用性好、体积小巧、价格低廉、功耗较低、使用方便等优点，所以被广泛应用于社会的各个领域，归纳起来，微型计算机主要有以下几方面的应用。

1. 科学计算

科学计算又称数值计算，一直是计算机应用的一个重要领域。现代微型计算机系统具有较强的运算能力及逻辑判断能力，其运算速度快、精度高。在科学研究与工程设计中，往往需要数据量大、复杂性高的数学计算，这时微型计算机可以充分发挥其快速、精确的计算性能。

2. 数据处理

数据处理又称信息管理，是指对某类数据进行采集、存储、整理、统计、检索、加工、传输等一系列活动的统称。数据可以是数字、文字、图形、图像、声音等多种形式。微型计算机可以加工、管理和操作任何形式的数据资料，并从大量、无序的数据中抽取、推导出有价值的数据，更可以图表等形式输出，从而大大提高人们的工作效率和管理水平。

数据处理是微型计算机应用的主要领域。广泛应用于企事业单位的人事管理、财务管理、图书管理、金融统计、商品管理等应用软件，就是利用微型计算机进行数据处理的典型应用。

3. 过程控制

过程控制又称实时控制，是指使用计算机对连续工作的控制对象进行自动控制或自动调节。在工业、交通、军事等部门，利用计算机的过程控制，大大提高了自动化水平，更提高了控制的及时性和准确性，从而改善劳动条件、提高产品质量。

4. 计算机辅助

在微型计算机硬件性能不断提升的同时，软件也在不断地丰富，逐步地改善着人们的生活方式。计算机辅助就是以计算机为工具，配以专用软件，辅助人们完成特定的工作。

（1）计算机辅助设计（Computer Aided Design，CAD）。指利用计算机及图形设备辅助设计人员进行工程设计，帮助设计人员担负计算、信息存储和制图等工作，从而大大提高设计工作的效率，提高产品质量，节省人力和物力。目前，CAD 已广泛应用于电路、机械、服装、建筑等众多设计领域。

（2）计算机辅助制造（Computer Aided Manufacturing，CAM）。是指利用计算机以自动化方式进行生产设备的管理、控制与操作，从而提高产品质量、降低生产成本、缩短生产周期，并且改善工作环境。目前 CAM 已广泛应用于飞机、汽车、船舶、机械、建筑、电子、冶金等生产领域。

（3）计算机辅助测试（Computer Aided Testing，CAT）。是指利用计算机代替人工进行复杂而大量的测试工作，从而提高测试效率和可靠性。例如，应用 CAT 技术测试集成电路性能指标、检查设备故障，可以节约测试时间，提高测试准确率，避免重大事故的发生。

（4）计算机辅助教学（Computer Aided Instruction，CAI）。是指在计算机辅助下进行教学活动，通过辅助教学软件，综合应用多媒体、超文本、人工智能、知识库等计算机技术，为学生提供一个良好的个人化学习环境，从而有效地缩短学习时间、提高教学质量和教学效率，实现最优化的教学目标。

在日常生活中，还在不断地涌现出各种运用计算机辅助生产和生活的服务项目。

5. 网络通信

通信技术与计算机技术的迅速发展与紧密结合，使计算机网络在通信领域获得广泛的应用。计算机网络的建立，实现了地理位置上分散的计算机之间的信息交换、资源共享、协同工作。特别是当今高速信息化时代，具有声音、图像等多媒体信息处理能力的微型计算机已成为人们工作、生活必不可少的一部分。

6. 办公自动化

办公自动化是一种新型的办公方式，是以计算机为中心，采用一系列现代化办公设备和计算机网络而实现的数字化办公，能够快捷地共享信息，高效地协同工作，优化管理组织结构，增强管理和决策效率，节约资源，提高行政效率。微型计算机已广泛应用于各行各业，在办公自动化领域起到不可或缺的重要作用。

7. 仪器仪表及家电控制

以微处理器为核心并集成存储器及输入/输出接口电路的嵌入式系统，以其体积小、功耗低、可靠性强、功能专一等优势直接嵌入到电子设备中，完成特定的处理任务。在各种智能仪器仪表、生活电器中几乎都有嵌入式系统的应用，如电梯、空调、洗衣机、数码相机等。

1.2 微型计算机系统的组成

完整的计算机系统包括硬件系统和软件系统两大部分。只有硬件的计算机称为“裸机”，在裸机上配以软件后才真正成为可以使用的计算机系统。“计算机之父”冯·诺依曼提出了“存储程序”原理，奠定了计算机的基本结构，计算机发展至今仍遵循这个原理。

1.2.1 冯·诺依曼体系结构

目前大多数计算机都是根据冯·诺依曼体系结构的思想设计的，其主要特点是使用二进制和存储程序，其基本思想是：预先设计好用于描述计算机工作过程的程序，并与数据一样采用二进制形式存储到存储器中，计算机在工作时自动、高速地从存储器中按程序的顺序逐条地取出指令并加以执行。

冯·诺依曼体系结构的计算机由五大部件组成：运算器、控制器、存储器、输入设备、输出设备。其中控制器和运算器合称中央处理器（Central Processing Unit，CPU）。这五大部件通过总线相互连接，协调工作，如图 1-1 所示。

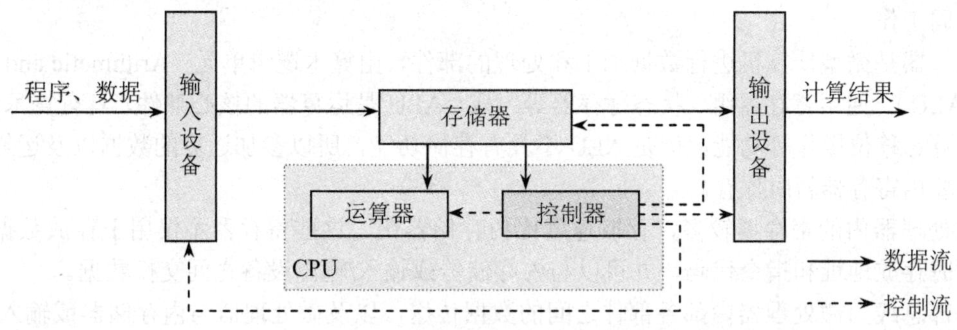

图 1-1　计算机五大部件协调工作示意图

指令和数据皆采用二进制编码表示，指令由操作码和地址码组成，操作码指明指令的操作类型，地址码指明操作数的地址。存储器线性编址，按地址访问。计算机系统工作时，输入设备将程序与数据存入存储器，运行时，控制器从存储器中逐条取出指令，将其翻译成控制信号，控制各部件的动作。数据在运算器中加工处理，处理后的结果通过输出设备输出。

20 世纪 70 年代，随着大规模集成电路技术的出现，中央处理器被制作在单片集成电路上，称为微处理器。微处理器和内存储器组装在一个机箱内，合称主机，主机以外的硬件装置称为外部设备或外围设备。

1.2.2 微型计算机的硬件系统

计算机硬件是指组成计算机的机械的、电子的、光学的元件或装置，是有形的物理实体。所谓微型计算机硬件系统是指构成微型计算机系统的所有实体部件的集合，一般由微处理器、内存储器、输入/输出接口、外部设备等部件组成，通过系统总线各部件连接并通信，如图 1-2 所示。

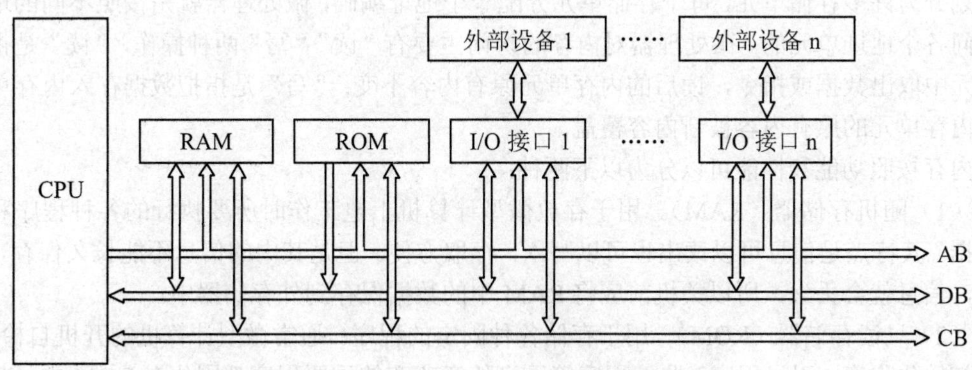

图 1-2　微型计算机硬件系统结构

1. 微处理器

微处理器是微型计算机的核心部件，由控制器、运算器、寄存器组和内部总线组成。微处理器主要负责指令的执行，根据具体指令的要求，完成算术运算和逻辑运算，控制微型计算机其他各部件协调工作。

控制器能够自动地、逐条地从内存储器中取出指令，并将指令翻译成控制信号，然后以系统时钟脉冲的频率，顺序地、有节奏地把控制信号发往指定的部件，从而控制各部件有条不紊地协同工作。

运算器是微型计算机进行数据加工和处理的部件，由算术逻辑单元（Arithmetic and Logic Unit，ALU）、通用寄存器组、状态寄存器等组成。ALU 是运算器的核心部件，具有算术运算、逻辑运算、移位操作等功能，但是 ALU 不具有存储功能，所以参加运算的数据以及运算的中间结果要由寄存器暂时保存。

微处理器内的寄存器较多，存取速度比内存储器快，这些寄存器不仅用于存放数据，还负责暂时存放地址和指令代码，并可以与内存储器或输入/输出设备之间交换数据。

内部总线为微处理器内部各部件之间的数据传送，以及微处理器与内存储器或输入/输出接口之间的数据交换提供通道。

2. 内存储器

计算机存储器系统用于存储计算机工作所需的程序和数据，包括内存储器（简称内存或主存）和外存储器（简称外存或辅存）。内存是微型计算机主机的一个重要组成部分，而外存则属于外部设备。外存具有容量大、断电信息不丢失的特点，所以外存多被用来长久地保存和备份数据。但是外存的读写速度慢，所以微处理器并不直接访问外存，而是直接访问内存。

尽管内存的容量远不及外存，但是由于它与微处理器的工作速度相匹配，所以内存被用来存放计算机工作时必须的程序和数据，而更多的程序和数据则是存放于外存中，在需要时由外存调入内存。

微处理器工作时，从高速内存中逐条读出指令代码，写入微处理器内部后，再进行译码、执行。在执行指令的过程中，按照指令的功能要求，有时还需要从内存读出所需的数据，或将运算结果放回内存。内存不断地向微处理器提供所需的程序和数据，从而保证计算机能够依照程序自动、连续、高速地工作。

内存是独立于微处理器的存储部件，是微型计算机中各种信息存储和交流的中心。它的内部划分为许多存储单元，每个存储单元分配一个地址编码，微处理器就是按照不同的地址编码访问各个地址单元的。微处理器对内存的访问主要有“读”“写”两种操作，“读”是指从内存单元中取出数据或指令，读后的内存单元原有内容不变；“写”是指把数据存入内存单元，写后内存单元的原有内容被新内容覆盖。

内存按照功能和性能可以分为以下两种：

（1）随机存储器（RAM）。用于存放微型计算机上电工作时所要执行的各种程序和所需的数据。其特点是信息可以读出也可以写入，存取方便。但是其中的信息不能长久保存，一旦断电，信息就会丢失，所以关机前应将 RAM 中的数据保存到外存储器中。

（2）只读存储器（ROM）。用于存储各种固定的程序。通常微型计算机的开机自检程序、系统初始化程序、引导程序、监控程序等不可随意改变的重要程序都固化在 ROM 中。其特点是信息固定不变，只能读出，不能重写，关机后 ROM 中存储的原有信息不会丢失。

3. 外部设备

外部设备又称I/O设备，简称外设。输入、输出是计算机与外部世界交换信息的必需手段，外部设备是人机交互的必要设备。外部设备分为输入设备和输出设备，输入设备为计算机提供程序和需要加工的原始数据，输入用户的要求，从而控制计算机的运行，常用的输入设备如键盘、鼠标、话筒等；输出设备用于输出计算机的处理结果，实现人机的及时交互，常用输出设备如显示器、打印机、投影仪等。

外部设备不能与微处理器直接相连，而是由I/O接口电路负责在微处理器与外部设备之间进行信息中转，I/O接口电路接受微处理器的控制，管理外部设备的工作。

4. 输入/输出接口

由于外设的种类繁多，各种外设的结构不同，工作原理不同，处理的信号形式不同，速度差异较大，为了提高微处理器的效率，减少微处理器的负担，外设不能与微处理器直接相连，须在微处理器与各个外设之间设置输入/输出接口电路。

输入/输出接口又称 I/O 接口，是微型计算机与外部设备通信联系的主要装置，负责数据的缓冲和格式转换，协调主机与外设间数据传输的速度差异，完成数据的中转。不同的外设都有相应的I/O接口电路支持，如支持显示器工作的显示适配卡（简称显卡），支持硬盘工作的硬盘控制器等。

有了I/O接口在微处理器与外设之间的协调工作，辅助微处理器与外界的信息交换，从而大大提高微处理器的效率，提高整个微型计算机系统的效率。

5. 系统总线

总线（Bus）是计算机各部件之间传输信息的一组物理信号线及相关的控制电路，是系统信息传输的公共通路。

微型计算机采用总线结构，使得系统内部各部件之间的相互关系变为各部件直接面向总线的关系。一个部件只要符合某种总线标准，就可以连接到使用这种总线标准的系统中。例如，内存储器模块（内存条）可以通过标准总线很方便地接入系统，借助于系统板与微处理器相连，从而扩充微型计算机的内存容量；又如微处理器是通过I/O接口电路与I/O设备相连的，增加I/O接口电路，就意味着增加外设。因此，微型计算机采用的总线结构利于系统的扩充和功能的扩展。

系统各部件之间相互传送的信息主要分为数据信息、地址信息和控制信息，由此，系统总线分为数据总线、地址总线和控制总线。

（1）地址总线（Address Bus，AB）。专门传送地址信息的总线，主要负责将微处理器发出的地址信息传送到内存或I/O接口中。内存及I/O接口电路中的地址译码器会对这个地址信息进行译码，从而选中对应的地址单元或端口。

地址信息主要由微处理器控制发出，所以地址总线是单向的。地址总线的宽度决定了微处理器直接寻址的能力，例如，Intel 8086微处理器具有20位地址总线，可寻址的内存容量达1MB(2^{20})，具有32位地址总线的Intel 80386微处理器直接寻址内存的能力可以达到4GB(2^{32})。

（2）数据总线（Data Bus，DB）。用于传送数据信息的总线，主要实现微处理器与内存或I/O接口之间、内存与I/O接口之间的数据传送。数据总线是双向的，数据可以从其他部件传送到微处理器，也可以由微处理器传送到其他部件。数据总线的宽度是一个很重要的指标，一般与微处理器的字长相对应，例如16位字长的Intel 8086微型计算机，其数据总线宽度为

16 位。

在计算机中，数据的含义是广义的，数据总线上传送的可以是计算机直接加工的对象，如 ASCII 码、补码等数据，也可以是指令代码、控制码或状态码。

（3）控制总线（Control Bus，CB）。用于传送控制信号、时序信号和状态信号的总线统称为控制总线。微处理器发送的控制信号通过控制总线被送往各个部件，从而控制相关部件完成指定的操作，如读信号、写信号等；其他部件送往微处理器的信号，如时钟信号、中断请求信号等也都是通过控制总线传送至微处理器的。

1.2.3 微型计算机的软件系统

在计算机系统中，以硬件为物质基础，配以完善的软件，才能充分发挥计算机的性能。软件包括计算机工作时所需要的各种程序、数据及相关的文档资料，为计算机有效的运行和特定的信息处理提供全过程服务，是用户操作计算机的中介。

硬件和软件相辅相成，二者缺一不可，在计算机的发展历程中，硬件系统的性能不断提高，软件系统也在不断更新和完善。微型计算机的软件系统分为系统软件和应用软件两大类。

1. 系统软件

系统软件主要用来辅助用户管理计算机的各种资源，控制计算机的运行，从而简化用户的操作，支持软件的开发和运行，提高计算机的使用效率，并且充分发挥计算机软件和硬件的功能。系统软件又包括操作系统、语言处理程序、数据库管理系统、系统服务程序等。

（1）操作系统。

操作系统是控制和管理计算机软件和硬件资源、合理组织计算机工作流程的程序组。操作系统是系统软件的核心，直接面向硬件，支持其他软件的运行。

操作系统具有处理器管理、存储器管理、设备管理、文件管理和作业管理的功能。操作系统种类繁多，依其功能和特性，分为单用户操作系统、多任务操作系统、分时操作系统、实时操作系统、网络操作系统等。

操作系统为用户提供了使用计算机的手段，如 Windows 提供的图形人机界面，当使用计算机的用户发出某种命令后，无需用户掌握计算机的硬件结构，由操作系统调用相应的程序，代替用户协调管理计算机的各类资源。有了操作系统，用户可以方便地使用计算机，充分发挥计算机的性能。典型的操作系统有 DOS、Windows、UNIX、Linux 等。

（2）语言处理程序。

计算机是工具，人们要使用这个工具，就必须使用人机沟通语言。首先用户准备好向计算机发出的各种命令，然后将这些命令组合在一起，构成完整的程序，再交给计算机，计算机即可自动、连续地执行这些命令，完成相应的功能，这个过程就是用户编制程序、计算机执行程序的过程，这种人机沟通的语言叫作计算机语言，也称作程序设计语言。

由于计算机只认识 0 和 1 组合的二进制编码，而人们又习惯于使用接近日常生活的自然语言，所以产生了三种计算机语言：机器语言、汇编语言和高级语言。

① 机器语言。是计算机硬件系统能够直接识别的计算机语言，是二进制编码语言，无需翻译即可直接执行。机器语言具有执行速度快、效率高的优点，但是机器语言直接面向计算机硬件，因处理器型号不同而有所不同，所以通用性差、可移植性差，而且机器语言程序的编制和调试很繁琐，编制效率低，所以现在的程序设计者很少直接使用机器语言。

② 汇编语言。是一种符号性语言，它使用各种符号取代机器语言中的二进制编码，所以用汇编语言编制、调试程序的过程就简单了许多，而且汇编语言保持了机器语言的速度快、功能强的优点，但是仍存在着通用性差、可移植性差的缺点。

用汇编语言编制出来的程序叫做汇编语言源程序，计算机不能直接识别汇编语言源程序，需要将其翻译成可被计算机真正理解的用机器语言表示的目标程序，这个翻译的过程称为“汇编”，完成这种汇编过程的软件叫汇编程序。

机器语言和汇编语言都是面向机器的语言，故称这两种计算机语言为低级语言。

③ 高级语言。又称通用语言，是接近自然语言和数学语言的计算机语言，能够直观地表达算法，程序的编制及调试相对于机器语言和汇编语言更直观、明了、易学、易用，可以使用户面向“问题”高效率地进行程序设计，所以很受程序员的青睐。

高级语言的种类很多，有 C、Java、Visual Basic 等数百种。用高级语言编制的程序称为高级语言源程序，需要经过翻译成为目标程序后方可执行。把高级语言源程序翻译成目标程序的过程有编译和解释两种方式，完成编译、解释过程的软件分别称为编译程序、解释程序。编译和解释的区别在于，编译是一次性地翻译完成后，形成目标程序再执行，而解释则是逐条翻译并立即执行，即边翻译边执行，没有目标程序产生。

由于编译后的程序具有一定的冗余度，会增大存储空间的开销，执行速度慢于低级语言。但是高级语言却具有通用性和可移植性的优点。

汇编程序、编译程序和解释程序都是语言处理程序，用来将人们编制的源程序转换为计算机能够直接识别的目标程序，是支持用户软件开发的常用工具。

（3）数据库管理系统。

数据库管理系统是一种操纵和管理数据库的大型软件，可为用户提供快速有效地组织、处理和维护大量数据的方法。常用的数据库管理系统有 Oracle、Sybase、MySQL、SQL Sever、Access、FoxPro 等。

（4）系统服务程序。

系统服务程序又称“工具软件”，是为维护计算机系统的运行或支持系统开发所配置的专用程序。例如支持用户录入源程序的编辑软件，对各类程序进行装配、连接、调试的连接程序、调试程序，进行计算机硬件检测的诊断程序等。

系统服务程序具有工具性、辅助性的特点，用户只需掌握软件的使用方法，即可自动、高效地实现相应的实用功能。

2. 应用软件

系统软件不能解决某些特定的应用问题，于是产生了应用软件。应用软件是指为支持某一应用领域、解决某个实际问题，使用程序设计语言而开发的软件。应用软件在系统软件的支持下，直接为用户提供应用服务，它不仅能够充分发挥计算机硬件的功能，而且为用户提供了一个宽松的工作环境，并能够极大地提高工作效率。

随着微型计算机应用领域的不断扩展，应用软件也越来越丰富，从一般的文字处理到大型的科学计算和各种控制系统的实现，有成千上万种类型。从软件开发方式及服务对象的角度，应用软件又可分为应用软件包和用户程序。

（1）应用软件包。这类软件是为满足许多同类用户的应用需求，为解决某类典型问题而开发的较为通用的应用软件，具有易用性好、通用性强、效率高的特点，随着微型计算机的逐渐普及，应用软件包也越来越标准化、商品化。

应用软件包很多，在众多行业和部门中广泛应用，如文字处理软件、电子表格软件、绘图软件、统计软件等。

（2）用户程序。这类软件是完全按照用户的特定需求，针对某一具体应用问题而定制的较为专用的应用软件，具有针对性强、运行效率高的优点。例如专为自动控制车床而组织人力专门开发的软件，即属于这类应用软件。

如图 1-3 所示，计算机硬件、系统软件和应用软件构成了层次关系。操作系统直接面向硬件，接受外层的请求，调用和管理硬件及其他软件，协调系统的工作；语言处理程序、数据库管理系统、系统服务程序以操作系统为中间接口，为用户应用程序服务。只有配置了合理的软件后计算机才构成完整的计算机系统，有什么样的软件支持，计算机就可以实现什么样的功能。

图 1-3　微型计算机系统的层次结构

1.2.4　微处理器、微型计算机及微型计算机系统

微处理器是由一片大规模集成电路组成的具有运算器和控制器功能的中央处理器芯片。微处理器的特性基本上反映了微型计算机的性能。

微型计算机又称主机或微机，是以微处理器为核心部件，再配上内存储器、输入/输出接口电路及系统总线所构成的计算机。从硬件组装的角度来看，微机由系统板及在系统板上插接的 CPU、内存条，以及 I/O 接口插件板（如显卡、网卡）等硬件组成。

微型计算机系统是指以微型计算机为核心，配以相应的外部设备、电源、辅助电路以及指挥微型计算机工作的系统软件所构成的系统，如图 1-4 所示。

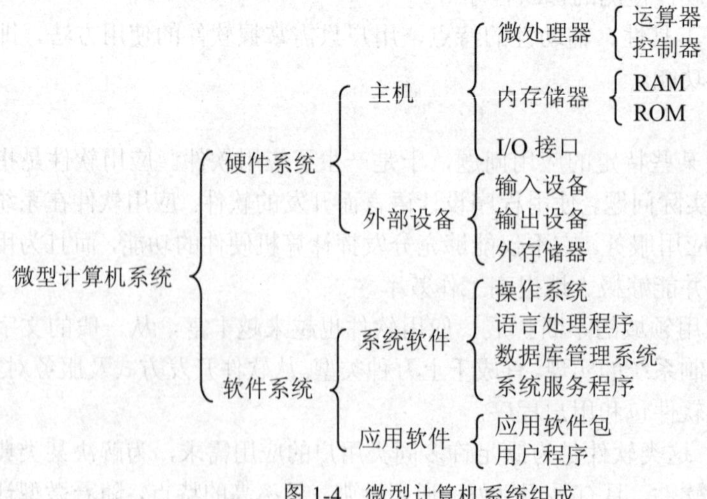

图 1-4　微型计算机系统组成

外部设备种类很多，键盘、鼠标、显示器、打印机、硬盘等是微型计算机的常用外部设备，根据需要还可以再配置音箱、耳麦、摄像头、扫描仪、投影仪等其他外部设备。

1.3 计算机中数和字符的表示

在计算机系统中，无论指令还是数据都采用二进制编码形式，这里所提到的数据不同于日常生活中人们所提到的数据，计算机中的数据是指能够被计算机识别、存储和处理的信息，可以是数字、文字、图形、图片、声音和视频等信息。

由于计算机只能识别和处理二进制信息，而人们在程序设计和计算机操作过程中又习惯于使用便于阅读和书写的进制形式，于是就有了多种表示数据的进制，如二进制、八进制、十进制和十六进制，不论使用哪种进制，最终都要转换为二进制才能被计算机加工处理。

在计算机中，数值型数据分为无符号数和带符号数，可以在计算机内部进行运算；非数值型数据有很多，如字母、数字、汉字以及声音、图像等，都是用来描述某种事物的信息。

1.3.1 进位计数制

在日常生活中人们经常用十进制表示数据，如 70 斤、310 元。也有其他进制的使用，如 1 年有 12 个月，1 天有 24 小时，这就是十二进制、二十四进制。在计算机中，由于数字电路能够高效地对二进制数进行存储、计算和传输，所以计算机内部使用二进制。

十进制数是人们在生活中习惯使用的进位计数制，如：123.45，它所代表的值可以表示为：

$123.45=1\times10^{2}+2\times10^{1}+3\times10^{0}+4\times10^{-1}+5\times10^{-2}$

分析这个十进制数：可以使用的有效数码仅有 0、1、2、3、4、5、6、7、8、9 这十个；上式中出现的 10 称为十进制的“基数”，表明每位可以使用的有效数码的最多数目；式中的 10^{2}、10^{1}、10^{0}、10^{-1}、10^{-2} 称为“权”，可见不同位上的权是不同的；十进制数采用“逢十进一，借一当十”的进位规则。

在使用计算机的过程中，人们为了书写和阅读方便，多使用十进制、八进制和十六进制，但是不论哪种进制，最终都要转换为计算机能直接识别的二进制。表 1-1 列出了计算机中常用的几种计数制的表示，表中十六进制有效数码中出现了 A～F 六个字母，其等值为十进制的 10～15。

表 1-1 计算机中常用的几种计数制

计数制	基数	第 r 位的权	有效数码	进位规则	表示方法示例
二进制	2	2^{r}	01	逢二进一，借一当二	$(1010.01)_{2}$ 或 1010.01B
八进制	8	8^{r}	01234567	逢八进一，借一当八	$(4527.06)_{8}$ 或 4527.06Q
十进制	10	10^{r}	0123456789	逢十进一，借一当十	$(1234.56)_{10}$ 或 1234.56D
十六进制	16	16^{r}	0123456789ABCDEF	逢十六进一，借一当十六	$(3E9F.A8)_{16}$ 或 3E9F.A8H

为了区别各种不同进制数，常用下标的方法或在数的尾部跟写一个标识字母的方法来表示不同进制数，如二进制数 1010.01 表示为$(1010.01)_{2}$或 1010.01B，同样，十六进制数 3E9F.A8 表示为$(3E9F.A8)_{16}$或 3E9F.A8H，十进制数 1234.56 表示为$(1234.56)_{10}$或 1234.56D（一般情况下，十进制数的标识字母 D 可以省略）。

1.3.2 不同数制之间的转换

1. 二进制、十六进制、八进制向十进制的转换

当把其他进制数转换为等值的十进制数时，可以使用“按位权展开求和”的方法。

（1）二进制数转换为十进制数。

把一个二进制数转换为十进制数的方法是：计算这个二进制数各个位上的有效数码与相应位的权相乘之和，有效数码为 0 的相乘可以省略。

【例 1.1】 将二进制数$(1011.0101)_2$转换为十进制数。

转换过程如下：

$$(1011.0101)_2 =1\times 2^3+0\times 2^2+1\times 2^1+1\times 2^0+0\times 2^{-1}+1\times 2^{-2}+0\times 2^{-3}+1\times 2^{-4}$$

$$=2^3+2^1+2^0+2^{-2}+2^{-4}$$

$$=8+2+1+0.25+0.0625$$

$$=(11.3125)_{10}$$

（2）十六进制数转换为十进制数。

把一个十六进制数转换为十进制数的方法也是计算十六进制数各个位上的有效数码与相应位的权相乘之和，但是要注意十六进制数的权是16^r，并且十六进制数的 A、B、C、D、E、F 分别等值为十进制数的 10、11、12、13、14、15。下面举例说明。

【例 1.2】 将十六进制数$(70B.A8)_{16}$转换为十进制数。

转换过程如下：

$$(70B.A8)_{16} =7\times 16^2+0\times 16^1+B\times 16^0+A\times 16^{-1}+8\times 16^{-2}$$

$$=7\times 16^2+11\times 16^0+10\times 16^{-1}+8\times 16^{-2}$$

$$=1792+11+0.625+0.03125$$

$$=(1803.65625)_{10}$$

（3）八进制数转换为十进制数。

把八进制数转换为十进制数也采用“按位权展开求和”法。

【例 1.3】 将八进制数$(123.24)_8$转换为十进制数。

转换过程如下：

$$(123.24)_8 =1\times 8^2+2\times 8^1+3\times 8^0+2\times 8^{-1}+4\times 8^{-2}$$

$$=64+16+3+0.25+0.0625$$

$$=(83.3125)_{10}$$

2. 十进制向二进制、十六进制、八进制的转换

当把十进制数转换为等值的其他进制数时，要对十进制数的整数部分和小数部分分别转换，转换后再将整数与小数合在一起。转换整数部分时，采用“除基数取余”法，转换小数部分时，采用“乘基数取整”法。

（1）十进制数转换为二进制数。

① 整数部分的转换采用“除 2 取余”法。具体地，用十进制整数除以 2，每除一次，保留除得的余数（必定为 0 或 1），然后用除得的商作被除数，再除以 2，保留除得的余数，如此计算下去，直至商为零。接着将计算出的各个余数位组合成一个二进制整数。注意越先除得的余数位越靠近小数点。

② 小数部分的转换采用“乘 2 取整”法。具体地，用十进制小数乘以 2，每乘一次，将乘得的积中的整数部分保留（必定为 0 或 1），小数部分再与 2 相乘，保留积的整数部分，如此计算下去，直至乘得积的小数部分为 0 或达到精度要求。接着将计算出的各个整数位组合成一个二进制小数。注意越先求得的整数位越靠近小数点。

【例 1.4】 将十进制数$(11.3125)_{10}$转换为二进制数。

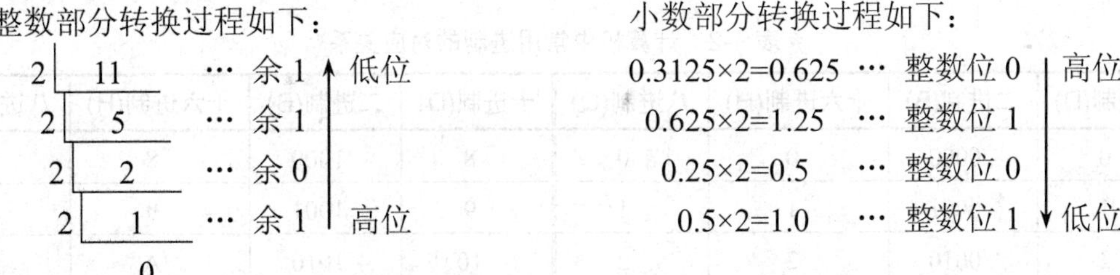

所以$(11)_{10}=(1011)_2$，$(0.3125)_{10}=(0.0101)_2$，最后得出$(11.3125)_{10}=(1011.0101)_2$

（2）十进制数转换为十六进制数。

① 整数部分的转换采用“除 16 取余”法。具体地，用十进制整数除以 16，每除一次，保留除得的余数（必定小于 16，若超过 9 则用十六进制的 A～F 表示），然后用除得的商作被除数，再除以 16，保留除得的余数，如此计算下去，直至商为零。接着将计算出的各个余数位组合成一个十六进制整数。注意越先除得的余数位越靠近小数点。

② 小数部分的转换采用“乘 16 取整”法。具体地，用十进制小数乘以 16，每乘一次，将乘得的积中的整数部分保留（必定小于 16，若超过 9 则用十六进制的 A～F 表示），小数部分再与 16 相乘，保留积的整数部分，如此计算下去，直至乘得积的小数部分为 0 或达到精度要求。接着将计算出的各个整数位组合成一个十六进制小数。注意越先求得的整数位越靠近小数点。

【例 1.5】 将十进制数$(1803.65625)_{10}$转换为十六进制数。

整数部分转换过程如下：

16 | 1803 … 余 11（即 B） 低位
16 | 112 … 余 0
16 | 7 … 余 7 高位
0

小数部分转换过程如下：

0.65625×16=10.5 …整数位 10（即 A） 高位
0.5×16=8.0 …整数位 8 低位

所以$(1803)_{10}=(70B)_{16}$，$(0.65625)_{10}=(0.A8)_{16}$，最后得出$(1803.65625)_{10}=(70B.A8)_{16}$

（3）十进制数转换为八进制数。

把十进制数转换为等值的八进制数时，也要对十进制数的整数部分和小数部分分别采用“除 8 取余”法和“乘 8 取整”法进行转换。

【例 1.6】 将十进制数$(83.3125)_{10}$转换为八进制数。

整数部分转换过程如下：

8 | 83 … 余 3 低位
8 | 10 … 余 2
8 | 1 … 余 1 高位
0

小数部分转换过程如下：

0.3125×8=2.5 … 整数位 2 高位
0.5×8=4.0 … 整数位 4 低位

所以$(83)_{10}=(123)_8$，$(0.3125)_{10}=(0.24)_8$，最后得出$(83.3125)_{10}=(123.24)_8$

3. 二进制与十六进制、八进制的相互转换

十六进制数主要用来简化二进制数的书写，因为 4 位二进制数正好与 1 位十六进制数相对应，所以相互转换非常直观、方便，同样，3 位二进制数正好与 1 位八进制数相对应，如表 1-2 所示。

表 1-2　计算机中常用进制的对应关系

十进制(D)	二进制(B)	十六进制(H)	八进制(Q)	十进制(D)	二进制(B)	十六进制(H)	八进制(Q)
0	0000	0	0	8	1000	8	10
1	0001	1	1	9	1001	9	11
2	0010	2	2	10	1010	A	12
3	0011	3	3	11	1011	B	13
4	0100	4	4	12	1100	C	14
5	0101	5	5	13	1101	D	15
6	0110	6	6	14	1110	E	16
7	0111	7	7	15	1111	F	17

（1）二进制数转换为十六进制数。

【例 1.7】　将二进制数$(1101011.001)_2$转换为十六进制数。

转换方法：将二进制数从小数点开始，分别向左、向右每 4 位一组进行划分，若不足 4 位，可以在整数部分的最高位前填 0，在小数部分的最低位后补 0，然后参考表 1-2，将 4 位一组的二进制数转换为等值的 1 位十六进制数，组合后即为转换后的十六进制数。

转换过程如下：

```
0110   1011.   0010     （从小数点开始，分别向左、向右 4 位一组划分）
 ↓      ↓       ↓       （整数部分的最高位前和小数部分的最低位后可以补 0）
 6      B.      2
```

所以$(1101011.001)_2=(6B.2)_{16}$

（2）二进制数转换为八进制数。

【例 1.8】　将二进制数$(1101011.001)_2$转换为八进制数。

与上例类似，将二进制数转换为八进制数的方法是：对二进制数从小数点开始，分别向左、向右每 3 位一组进行划分，然后参考表 1-2，再作等值转换。

转换过程如下：

```
001    101    011.    001     （从小数点开始，分别向左、向右 3 位一组划分）
 ↓      ↓      ↓       ↓      （整数部分的最高位前和小数部分的最低位后可以补 0）
 1      5      3.      1
```

所以$(1101011.001)_2=(153.1)_8$

（3）十六进制数转换为二进制数。

【例 1.9】　将十六进制数$(27D.6)_{16}$转换为二进制数。

转换方法：首先将十六进制数的每位数码转换为等值的 4 位二进制数，若转换后二进制

数的整数部分最高位有 0，或小数部分的尾位有 0，则可以省略 0，最后组合在一起的二进制数为转换后的结果。

转换过程如下：

2 7 D. 6

↓ ↓ ↓ ↓

0010 0111 1101. 0110 （整数部分的最高位和小数部分的尾位上的 0 可以省略）

所以$(27D.6)_{16}=(1001111101.011)_2$

（4）八进制数转换为二进制数。

【例 1.10】 将八进制数$(1175.3)_8$转换为二进制数。

与上例类似，将八进制数转换为二进制数的方法是：对八进制数的每位数码转换为等值的 3 位二进制数，最后组合在一起的二进制数即为转换后的结果。

转换过程如下：

1 1 7 5. 3

↓ ↓ ↓ ↓ ↓

001 001 111 101. 011 （整数部分的最高位和小数部分的尾位上的 0 可以省略）

所以$(1175.3)_8=(1001111101.011)_2$

（5）十六进制与八进制的相互转换。

十六进制数与八进制数的相互转换，一般利用二进制作为中间媒介进行转换。

1.3.3 计算机中数值信息的表示

计算机中能被处理的数据分为数值型和非数值型。数值型数据具有量的含义，可以在计算机内部进行计算；非数值型数据如字母、汉字、声音、图像等，都是用来描述某种事物的信息，没有量的含义。无论数值型还是非数值型数据，在计算机中都以二进制编码形式表示。

对于数值型数据，有正、负之分，在数学上分别用“+”和“-”表示，而在计算机中则是把二进制编码的最高位作为符号位，用 0 表示“正”，用 1 表示“负”，这种将符号位与数值位一起予以数值化的数称为“机器数”，机器数所代表的数值称为该机器数的“真值”。

在数值型数据中，对于正数，因为无需区分正负并且不必要有符号位，所以可以使用所有二进制位来表示数值，这种没有符号位的二进制编码称为无符号数，而有符号位的二进制编码称为带符号数。

1. 无符号二进制数

根据计算机字长的不同，无符号二进制数所表示的数据范围也不同。若字长为 8 位，则 8 位无符号数的表示范围是二进制 00000000～11111111，即 0～255（$0\sim2^8-1$），同理，16 位无符号数的表示范围为 0～65535（$0\sim2^{16}-1$），n 位无符号数的表示范围为 $0\sim2^n-1$。

2. 带符号二进制数

在计算机中，带符号数有原码、反码、补码和过余码等多种编码方式，下面分别介绍。

（1）原码。

用原码表示机器数时，最高位作为符号位，0 表示正数，1 表示负数，其余各位为数值位，表示数的绝对值大小。

【例 1.11】 将 X、Y 用 8 位原码表示，其中 X=+9，Y=−9。

解：X=+9D =+0001001B，　　$[X]_{原}$=**0**0001001B

符号位　　数值位

Y=−9D =−0001001B，　　$[Y]_{原}$=**1**0001001B

【例 1.12】 将+0、−0、+1、−1、+127、−127 用 8 位原码表示。

解：$[+0D]_{原}$ =$[+0000000B]_{原}$ =**0**0000000B

$[-0D]_{原}$ =$[-0000000B]_{原}$ =**1**0000000B

$[+1D]_{原}$ =$[+0000001B]_{原}$ =**0**0000001B

$[-1D]_{原}$ =$[-0000001B]_{原}$ =**1**0000001B

$[+127D]_{原}$ =$[+1111111B]_{原}$ =**0**1111111B

$[-127D]_{原}$ =$[-1111111B]_{原}$ =**1**1111111B

说明一点，数 0 的原码表示不唯一，如上例所示：$[+0]_{原}$=00000000B，$[-0]_{原}$=10000000B。

（2）反码。

用反码表示机器数时，同样是最高位作为符号位，0 表示正数，1 表示负数。正数的反码与原码的表示相同，对于负数，将它的正数反码（连同符号位）按位取反即可。

【例 1.13】 将+0、+1、+127、+18 用 8 位反码表示。

解：$[+0D]_{反}$ =$[+0000000B]_{反}$ =**0**0000000B

$[+1D]_{反}$ =$[+0000001B]_{反}$ =**0**0000001B

$[+127D]_{反}$ =$[+1111111B]_{反}$ =**0**1111111B

$[+18D]_{反}$ =$[+0010010B]_{反}$ =**0**0010010B

【例 1.14】 将−0、−1、−127、−18 用 8 位反码表示。

解：$[-0D]_{反}$ =$[+0D]_{反}$按位取反 =$\overline{00000000}$B =**1**1111111B

$[-1D]_{反}$ =$[+1D]_{反}$按位取反 =$\overline{00000001}$B =**1**1111110B

$[-127D]_{反}$ =$[+127D]_{反}$按位取反 =$\overline{01111111}$B =**1**0000000B

$[-18D]_{反}$ =$[+18D]_{反}$按位取反 =$\overline{00010010}$B =**1**1101101B

说明一点，数 0 的反码表示不唯一，如上例所示：$[+0]_{反}$=00000000B，$[-0]_{反}$=11111111B。

（3）补码。

用补码表示机器数时，同样是最高位作为符号位，0 表示正数，1 表示负数。正数的补码与原码的表示相同，对于负数，将它的正数补码（连同符号位）按位取反之后再加 1 即可。

【例 1.15】 将+0、+1、+127、+18 用 8 位补码表示。

解：$[+0D]_{补}$ =$[+0000000B]_{补}$ =**0**0000000B

$[+1D]_{补}$ =$[+0000001B]_{补}$ =**0**0000001B

$[+127D]_{补}$ =$[+1111111B]_{补}$ =**0**1111111B

$[+18D]_{补}$ =$[+0010010B]_{补}$ =**0**0010010B

【例 1.16】 将−0、−1、−127、−18 用 8 位补码表示。

解：$[-0D]_{补}$ =$[+0D]_{补}$按位取反+1 =$\overline{00000000}$B+1 =**0**0000000B

$[-1D]_{补}$ =$[+1D]_{补}$按位取反+1 =$\overline{00000001}$B+1 =**1**1111111B

$[-127D]_{补}$ =$[+127D]_{补}$按位取反+1 =$\overline{01111111}$B+1 =**1**0000001B

$[-18D]_{补}$ =$[+18D]_{补}$按位取反+1 =$\overline{00010010}$B+1 =**1**1101110B

说明一点，数 0 的补码是唯一的，如上例所示，$[+0]_{补}=[-0]_{补}$=00000000B。

【例 1.17】 将 X、Y 分别用 16 位原码、反码、补码表示，其中 X=+35，Y=−46。

解： X=+35D =+000000000100011B $[X]_{补}=[X]_{反}=[X]_{原}$=0000000000100011B

Y=−46D =−000000000101110B $[Y]_{原}$=1000000000101110B

$[Y]_{反}$=1111111111010001B

$[Y]_{补}$=1111111111010010B

原码简单、直观，但不便于计算，而补码具有符号位与数值位可以同时参与运算的特点，从而简化了计算机控制线路，提高了运算速度，所以在微型计算机中多用补码表示带符号数。

由于计算机字长的限制，不同的编码所能表示的数据范围也不同，如表 1-3 所示。

表 1-3 无符号数、带符号数的原码、反码、补码表示数的范围

编码		表示的数据范围		
		8 位	16 位	n 位
无符号数		0～255	0～65535	$0\sim2^n-1$
带符号数	原码	−127～+127	−32767～+32767	$-(2^{n-1}-1)\sim2^{n-1}-1$
	反码	−127～+127	−32767～+32767	$-(2^{n-1}-1)\sim2^{n-1}-1$
	补码	−128～+127	−32768～+32767	$-2^{n-1}\sim2^{n-1}-1$

若是超出表示范围，就会溢出，数据的表示就出错了。例如计算两个 8 位的无符号数 01000000B（即 64D）与 11000000B（即 192D）相加时，结果本应是二进制 9 位的 100000000B（即 256D），但是实际结果却是 00000000B，显然这个结果是错误的，究其原因是受 8 位字长所限，结果的高位丢失造成的。

（4）过余码。

过余码又称移码，是将真值在数轴上向正方向平移 2^{n-1} 后得到的编码，即将真值加上一个正数 2^{n-1}，这个加上去的正数称为过余量。

【例 1.18】 将+0、−0、+1、−1、+127、−127 用过余量为 128 的 8 位过余码表示。

解： $[+0D]_{过余}$ =128+0 =128 =10000000B

$[-0D]_{过余}$ =128−0 =128 =10000000B

$[+1D]_{过余}$ =128+1 =129 =10000001B

$[-1D]_{过余}$ =128−1 =127 =01111111B

$[+127D]_{过余}$ =128+127 =255 =11111111B

$[-127D]_{过余}$ =128−127 =1 =00000001B

$[-128D]_{过余}$ =128−128 =0 =00000000B

【例 1.19】 将 X、Y 用 8 位过余码表示，其中 X=+24，Y=−90，过余量为 128。

解： $[X]_{过余}$ =128+24 =152 =10011000B

$[Y]_{过余}$ =128−90 =38 =00100110B

通过例 1.18 可以看出，过余量为 128 的 8 位过余码表示数的范围为−128～+127。在计算机中，浮点数的阶码多用过余码表示。

3. 补码与真值的转换

（1）正数补码与真值的转换方法。

根据补码的编码规则可知，正数的补码等于其真值。以 8 位字长为例，当$[X]_补$=00000010B 时，其符号位为 0，数值位为 0000010B，表明 X 是正数，那么 X 的真值为+0000010B，即 X=+2。

【例 1.20】 当字长为 16 位时，给定$[X]_补$ =27H，求其真值 X。

解： $[X]_补$ =27H =00000000 00100111B

根据$[X]_补$的符号位 0，可知 X 的真值为正，那么 X 的绝对值|X|=$[X]_补$=27H=39D，所以得出 X=+39。

（2）负数补码与真值的转换方法。

根据补码的编码规则，对正数补码取反再加 1 之后即为等绝对值的负数补码，反之，将负数补码取反再加 1 之后，得到的就是等绝对值的正数补码。这个按位取反再加 1 的操作称为“取补”。正数补码与负数补码的关系是：

$$[+X]_补 \overset{取补}{\Longleftrightarrow} [-X]_补$$

所以已知负数补码求其真值时，首先根据补码的符号位，确定其真值为负，然后对该补码取补，得到的即为其真值的绝对值。以 8 位字长为例，当$[X]_补$=11100110B 时，其符号位为 1，表明是负数，将$[X]_补$按位取反再加 1，得到 00011010B=26D，即 X 的真值为−26。

【例 1.21】 当字长为 16 位时，给定$[X]_补$=8012H，求其真值 X。

解： $[X]_补$ =8012H =10000000 00010010B

根据$[X]_补$的符号位 1，可知 X 的真值为负，那么 X 的绝对值|X|=$[X]_补$按位取反再加 1 =$\overline{10000000\ 00010010}$B+1=01111111 11101110B=7FEEH=32750D，所以得出 X=−32750。

【例 1.22】 X 为 8 位带符号数，其补码为 70H，Y 为 16 位带符号数，其补码为 310H，分别求出 X、Y 相反数的补码。

解： $[X]_补$=70H=01110000B，$[-X]_补$ = $[X]_补$ 取补=90H

$[Y]_补$=310H=00000011 00010000B，$[-Y]_补$ = $[Y]_补$ 取补=FCF0H

几种带符号数编码与真值的对应关系如表 1-4 所示。

表 1-4 8 位二进制编码的无符号数、原码、反码、补码、过余码表

二进制编码	十进制真值				
	无符号数	原码	反码	补码	过余码（过余量为 128）
00000000	0	+0	+0	+0	−128
00000001	1	+1	+1	+1	−127
⋮	⋮	⋮	⋮	⋮	⋮
01111110	126	+126	+126	+126	−2
01111111	127	+127	+127	+127	−1
10000000	128	−0	−127	−128	0
10000001	129	−1	−126	−127	+1
10000010	130	−2	−125	−126	+2
⋮	⋮	⋮	⋮	⋮	⋮
11111110	254	−126	−1	−2	+126
11111111	255	−127	−0	−1	+127

1.3.4　数的定点及浮点表示

在计算机内，数值型数据的小数点位置若固定不变，这样的机器数称为“定点数”，定点数的最高位作符号位；若小数点位置可以改变，这样的机器数称为“浮点数”。

对于定点数，若约定小数点隐含于最末一位之后，这样的数为定点整数；若约定小数点隐含于最高位（符号位）之后，这样的数为定点小数，定点小数是纯小数，小数点位置之前是符号位，有效数值部分在小数点位置之后。注意，小数点是隐含的，并不独占一位。

对于浮点数，类似于数学上的指数表示法，下面举例说明：十进制数+31000 可以用$+0.31\times10^5$的指数形式表示，十进制数-0.00031 可以用-0.31×10^{-3}的指数形式表示，可以看出，无论一个数的小数点位置在何处，都可以转换成“一个纯小数乘以一个以 10 为基数的整数幂”的形式表示。

这种表示方法也可以在计算机中实现，称为浮点数，例如，二进制数-101000000B 可以用$-0.101B\times2^{1001B}$表示，二进制数+0.0000101B 可以用$+0.101B\times2^{-100B}$表示，即一个二进制数可以用“一个二进制纯小数乘以一个以 2 为基数的二进制整数幂”的形式表示，通常以下式表示：

$$N=M\cdot2^E$$

在计算机的浮点数中，对应式中的纯小数 M 称为尾数，能够表示有效数字，对应式中的整数幂 E 称为阶码，能够表示小数点的实际位置。浮点数的长度因机器字长而异，浮点数的机内表示一般采用如下形式：

符号位	阶码	尾数
Ms	E	M

Ms 是尾数的符号位，设置于最高位上，Ms=0 表示浮点数为正数，Ms=1 表示浮点数为负数；阶码 E 一般为定点整数；尾数是一个由 Ms 和 M 组成的定点小数。

可见，浮点数可以在某个固定长度的存储空间内表示定点数无法表示的更大范围的数，利用有限的机器位提高数据的表示精度。在科学计算中多采用浮点数形式表示数据。

1.3.5　计算机中文字信息的表示

计算机不仅能够处理数值型信息，还能处理非数值型信息。非数值型信息很多，如文字、图形、图像、声音、视频等。大量文字信息的处理是计算机必须的工作，如源程序的设计、文档的编辑都要涉及字母、数字、标点符号、汉字等文字信息，键盘输入、显示器和打印机输出也多是以字符方式实现的。

字符在计算机中以二进制形式，按照某种规则编码表示。目前，在计算机中广泛使用的两种西文字符编码是 ASCII 码和 BCD 码，中文字符使用汉字编码。

1. ASCII 码

ASCII 码（American Standard Code for Information Interchange，美国信息交换标准代码）是用于西文字符的编码，由 7 位二进制编码组成，共计 128 个，如表 1-5 所示。以字母 A 为例，查找 A 所在列即 ASCII 码的高 3 位 $b_6b_5b_4$ 为 100B，所在行即 ASCII 码的低 4 位 $b_3b_2b_1b_0$ 为 0001B，高低位组合后可知 A 的 ASCII 码为 1000001B，用十六进制表示为 41H。

表 1-5　7 位标准 ASCII 编码表

$b_6b_5b_4$ / $b_3b_2b_1b_0$	111	110	101	100	011	010	001	000
1111	DEL	o	_	O	?	/	US	SI
1110	~	n	^	N	>	.	RS	SO
1101	}	m	]	M	=	−	GS	CR
1100	|	l	\	L	<	,	FS	FF
1011	{	k	[	K	;	+	ESC	VT
1010	z	j	Z	J	:	*	SUB	LF
1001	y	i	Y	I	9	)	EM	HT
1000	x	h	X	H	8	(	CAN	BS
0111	w	g	W	G	7	'	ETB	BEL
0110	v	f	V	F	6	&	SYN	ACK
0101	u	e	U	E	5	%	NAK	ENQ
0100	t	d	T	D	4	$	DC4	EOT
0011	s	c	S	C	3	#	DC3	ETX
0010	r	b	R	B	2	"	DC2	STX
0001	q	a	Q	A	1	!	DC1	SOH
0000	p	`	P	@	0	SP	DLE	NUL

可以看出，表中第 010 列至 111 列中共有 95 个可打印或显示的字符，包括 26 个大写字母、26 个小写字母、10 个数字、1 个空格（SP）、32 个标点符号和运算符号，这些字符有确定的结构形状，可以在显示器或打印机等输出设备上输出。在计算机键盘上能找到与其对应的键位，按键后即可将对应字符的二进制 ASCII 码送入计算机。

另有 33 个控制字符，位于表的第 000 列和 001 列中，以及第 111 列的 DEL，它们在传输、打印或显示输出时起控制作用。按照它们的功能含义可分为 5 类，如表 1-6 所示。

在计算机存储器中，最基本的存储单元是字节（Byte），一个字节包括 8 个二进制位。将 7 位 ASCII 码存储于计算机时，一个字节中的最高位将空闲，于是该位填 0。在对 ASCII 码进行传输、处理时，通常最高位又用作奇偶校验位。

奇偶校验位的作用是在数据存储和传输时用于验证数据是否发生错误。所谓偶（奇）校验就是在一个数据的校验位上填 0 或 1，以保证包括校验位在内的二进制 1 的个数为偶（奇）数。以偶校验为例，A 的 ASCII 码为 1000001B，高位加上偶校验位后为 01000001B，当发送方按照偶校验规则设置校验位后，将数据发送出去，接收方对接收到的数据进行验证，若接收到的数据中二进制 1 的个数为偶数，则判定数据正确，否则认为接收到的数据出错，请求发送方重新发送。

在实际应用中，对于存储 7 位 ASCII 码的 8 位字节中的最高空闲位，不同计算机厂家各有各的用法，为了扩大计算机处理信息的范围，IBM 公司把 7 位 ASCII 码扩充到 8 位，字符量由 128 个扩展到 256 个，增加了一些常用的科学符号和表格线条等。为了统一标准，国际标准化组织制定了 ISO-2022 标准《七位字符集的代码扩充技术》，规定了扩充为 8 位的扩充 ASCII

字符集的统一用法。

表 1-6 控制类 ASCII 码及其功能

分类	字符	功能	字符	功能	字符	功能
传输控制字符	SOH	标题开始	STX	正文开始	ETX	正文结束
	EOT	传输结束	ENQ	请求	ACK	确认
	DLE	数据链路转义	NAK	拒绝	SYN	同步
	ETB	块传输结束				
格式控制字符	BS	退格	HT	水平制表符	LF	换行
	VT	垂直制表符	FF	换页	CR	回车
设备控制字符	DC1	设备控制 1	DC2	设备控制 2	DC3	设备控制 3
	DC4	设备控制 4				
信息分隔类控制字符	US	单元分隔	RS	记录分隔	GS	组分隔
	FS	文件分隔				
其他控制字符	NUL	空字符	BEL	响铃	SO	不用切换
	SI	启用切换	CAN	取消	EM	介质中断
	SUB	替代	ESC	转义	DEL	删除

2. BCD 码

BCD 码（Binary-Coded Decimal，二-十进制编码）是用 4 位二进制数表示 1 位十进制数的一种编码。BCD 码有很多种编码，如 8421-BCD 码、5211-BCD 码、2421-BCD 码、余 3-BCD 码等，其中 8421-BCD 码是最常用的一种。8421-BCD 码采用 4 位二进制数来表示 1 位十进制数，自左至右对应每一个二进制位的权分别是 8、4、2、1，如 8421-BCD 码 0101B 所表示的十进制为 $0\times8+1\times4+0\times2+1\times1=5$。

注意，由于 4 位二进制数有 0000B～1111B 共十六种状态，而十进制数 0～9 只有十种状态，所以 8421-BCD 码只取 0000B～1001B 这十种状态，其余六种 1010B～1111B 是无效的，如表 1-7 所示。

表 1-7 8421-BCD 编码表

十进制数	8421-BCD 码	十进制数	8421-BCD 码	十进制数	8421-BCD 码
0	0000	4	0100	8	1000
1	0001	5	0101	9	1001
2	0010	6	0110		
3	0011	7	0111		

BCD 码有压缩 BCD 码和非压缩 BCD 码两种。压缩 BCD 码是把每一位十进制数都用 4 位二进制数表示，如 9 的压缩 BCD 码为 1001B，29 的压缩 BCD 码为 00101001B；非压缩 BCD 码是把每一位十进制数都用 8 位二进制数表示，8 位中的低 4 位表示十进制数，高 4 位空闲置 0。例如，9 的非压缩 BCD 码为 00001001B，29 的非压缩 BCD 码为 00000010 00001001B。

3. 汉字编码

计算机中的汉字也采用二进制编码形式，但是汉字由输入到存储再到输出，各个阶段的编码规则有所不同。如图 1-5 所示，由键盘输入的汉字使用输入码，然后转换成国标码，再由国标码转换为机内码才能在计算机内存储和处理，输出汉字时，要将机内码转换为字形码方能送到输出设备显示或打印。

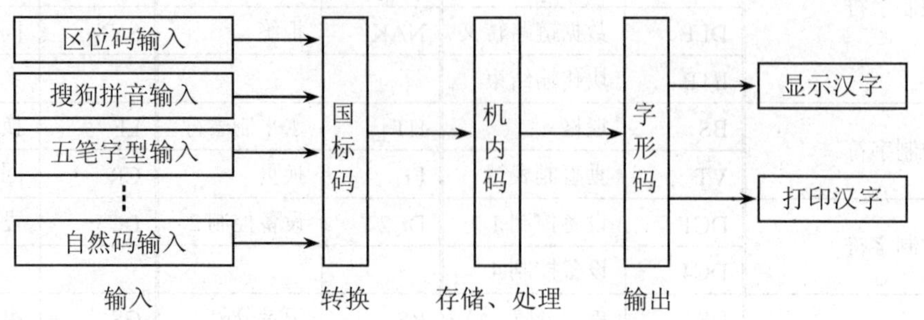

图 1-5　汉字处理各个阶段的汉字编码

（1）输入码。

输入码又称机外码。键盘是计算机最基本的输入设备，因汉字是大字符集，所以在输入汉字时，需要按照某种编码规则，合理利用键盘上有限的键位，多位组合构成一个汉字的输入码，才能输入相应的汉字信息。一种好的汉字输入码应该具有简单、易学、易记、编码短、重码少等特点。

汉字输入码有多种，主要分为数字码、音码、形码和音形码。数字码如区位码、电报码，其特点是整齐、简洁、无重码，但是难以记忆，一般仅用于输入一些特殊符号；音码如智能 ABC，是根据汉字的读音特征而确定的输入码，比较容易掌握，但重码率高，影响输入速度；五笔字型是典型的形码，它利用汉字的字形特征进行编码，具有编码短、重码少的优点，可以实现盲打，但是编码规则比较繁琐，不容易掌握；音形码则结合了汉字的读音特征和字形特征，如自然码等。

在各种汉字输入码中，有些不仅可以对单个汉字编码输入，还可以对词组、句子、常用术语等编码输入，从而进一步简化编码、减少重码，提高平均输入速度，所以很受广大用户的欢迎。目前，除了利用键盘输入汉字，还有语音输入、手写输入或扫描输入等方法。

（2）国标码。

国标码又称交换码。为了便于计算机处理和交换汉字信息，我国于 1980 年颁布了国家汉字编码标准 GB2312-80，即《信息交换用汉字编码字符集·基本集》，简称国标码。

国标码中收录了 7445 个符号，包括 6763 个常用汉字和各种图形符号 682 个，其中一级汉字 3755 个，二级汉字 3008 个，一级汉字是最常用的汉字，按拼音顺序排列，二级汉字按偏旁部首顺序排列。

在这个标准中，每个汉字用双 7 位表示（存储在计算机中占用两个字节），前一个字节表示区号（共 94 个区），后一个字节表示位号（共 94 个位），可以表示 94×94 个汉字，区号和位号构成区位码。由区位码到国标码有一个转换关系：国标码=区位码+2020H。例如，汉字“啊”的区位码是 1001H，国标码为 3021H。

（3）机内码。

机内码是计算机系统内部存储、处理和传输汉字信息时所使用的编码。无论使用哪种汉字输入码，输入到计算机内部后的汉字信息都被转换成机内码形式，机内码与国标码有一一对应的关系，通常是将国标码中每个字节的最高位置 1 形成的，即：机内码=国标码+8080H。如“啊”的机内码是 B0A1H，就是在对它的国标码 3021H 的每字节最高位置 1 后得到的。

（4）字形码。

字形码是用于表示汉字形状的编码，在屏幕显示或打印输出汉字时使用。计算机中汉字的字形主要有两种描述方法：点阵字形和矢量字形。

点阵字形表示法以“距”字的 24×24 字形点阵为例说明，如图 1-6 所示，将汉字置于 24×24 网状方格中，自左向右，由上而下，每 8 个方格为一组，对应一个字节的 8 位，有笔画经过的方格对应位为 1，无笔画经过的方格对应位为 0，如此产生的 72 字节信息即汉字的字形点阵信息，用十六进制表示的“距”字形点阵编码为：

00、00、00、21、88、08、3F、CF、FC、31、8C、00、31、8C、00、31、8C、00、31、8C、18、31、8F、FC、3F、8C、18、26、0C、18、06、0C、18、26、0C、18、36、4C、18、36、EC、18、36、0F、F8、36、0C、00、36、0C、00、36、0C、00、36、6C、00、37、8C、04、FC、0F、FE、60、08、00、00、00、00、00、00、00。

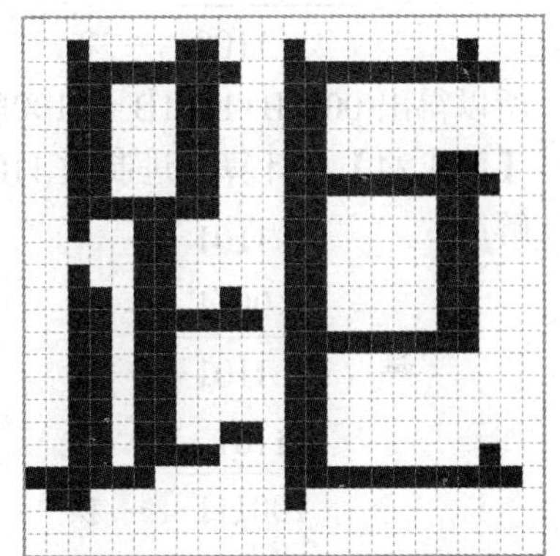

图 1-6　汉字字形点阵示例

汉字的字形点阵可以是 16×16、24×24、32×32 甚至更多，点阵越多，描述的汉字越细致、美观，当然占用的存储空间也越大。以 24×24 点阵为例，每个汉字就占用 24×24÷8=72 个字节。

矢量字形表示法是用一组直线和曲线来勾画汉字的笔画走向和轮廓，记下每条直线和曲线的数学描述（端点及控制点的坐标），字形大小可以任意变化，而且精度高，但是输出之前必须通过复杂的运算处理才能转换成汉字点阵形式。

一套汉字（例如 GB2312 国标汉字字符集）的所有字符的字形描述信息集合在一起，成为字库。字库必须预先存放在计算机内，需要时为屏幕显示或打印输出提供汉字字形。

1.4　二进制运算

在计算机中，CPU 内部的运算器不仅具有算术运算功能还具有逻辑运算功能，而且只能作二进制的运算。

1.4.1　二进制算术运算规则

运算器可以实现二进制的“加”“减”“乘”“除”等算术运算，其运算规则如表 1-8 所示，相邻位之间遵循“逢二进一，借一当二”的进/借位规则。

表 1-8　二进制算术运算规则

加法运算	减法运算	乘法运算	除法运算
0+0=0	0-0=0	0×0=0	0÷1=0
1+0=1	1-0=1	1×0=0	1÷1=1
0+1=1	0-1=1（有借位）	0×1=0	（0 不能作除数）
1+1=0（有进位）	1-1=0	1×1=1	

【例 1.23】　计算二进制数 0011 与 1001 之和，0101 与 0011 之差。

解：

```
  0011            0101
+ 1001          - 0011
------          ------
  1100 ← 和       0010 ← 差
```

所以得出 0011B+1001B = 1100B，0101B-0011B = 0010B

【例 1.24】　计算二进制数 1101×0011 和 1000101÷1011 的值。

解：

```
   1101                    110   ← 商
  ×0011            1011 ) 1000101
-------                   -1011
   1101                   ------
 +1101                     1100
-------                   -1011
 100111 ← 积              ------
                             11  ← 余数
```

所以得出 1101B×0011B = 100111B，1000101B÷1011B = 110B（余 11B）

1.4.2　二进制逻辑运算规则

运算器能够进行基本的逻辑“与”“或”“异或”和“非”运算，具体运算规则如表 1-9 所示。逻辑运算是按位运算的，相邻位之间不存在进位、借位关系。

表 1-9　二进制逻辑运算规则

与运算	或运算	异或运算	非运算
0∧0=0	0∨0=0	0∀0=0	$\overline{0}$=1
1∧0=0	1∨0=1	1∀0=1	$\overline{1}$=0
0∧1=0	0∨1=1	0∀1=1	
1∧1=1	1∨1=1	1∀1=0	

【例 1.25】　计算二进制数 0011 和 1010 相与、相或、异或的结果。

解：

```
   0011          0011          0011
 ∧ 1010        ∨ 1010        ∀ 1010
 ------        ------        ------
   0010          1011          1001
```

所以得出 0011B∧1010B=0010B，0011B∨1010B=1011B，0011B∀1010B=1001B

1.4.3 补码的加减法运算

算术逻辑单元（ALU）是运算器中的核心部件，具有算术运算、逻辑运算、移位操作等功能，其中最基本的操作就是加法和移位，最基本的功能部件就是加法器。

在计算机中，由于二进制补码具有符号位与数值位一同参与运算的特点，所以补码在计算机中被广泛使用。

在补码的加减法运算过程中，符号位无需单独处理，可以与数值位一起按照二进制加法运算规则参加运算，运算结果仍为带符号的补码；而且补码的减法运算可以转换为加法运算。所以计算机中无需减法器，只设置加法器即可实现加、减法运算。

补码的加、减法运算公式表示如下（证明略）：

$[X]_{补}-[Y]_{补}=[X]_{补}+[-Y]_{补}$

$[X+Y]_{补}=[X]_{补}+[Y]_{补}$

$[X-Y]_{补}=[X]_{补}-[Y]_{补}$

【例 1.26】 X=26，Y=30，分别计算$[X]_{补}+[Y]_{补}$和$[X]_{补}-[Y]_{补}$，要求用二进制 8 位表示。

解：$[X]_{补}$ =00011010B

$[Y]_{补}$ =00011110B

$[X]_{补}+[Y]_{补}$ =00011010B+00011110B =00111000B

$[X]_{补}-[Y]_{补}$ =00011010B−00011110B =11111100B

可以把这两个结果转换为真值，以验证运算的正确性。

【例 1.27】 X=126，Y=30，计算$[X]_{补}+[Y]_{补}$，要求用二进制 8 位表示。

解：$[X]_{补}$ =01111110B

$[Y]_{补}$ =00011110B

$[X]_{补}+[Y]_{补}$ =01111110B+00011110B =10011100B

注意，例 1.27 中 X 与 Y 的真值本是两个正数，相加后的和应该是正数+156，但是从结果 10011100B 的最高位可以判断出结果却是一个负数，错误的原因在于，结果+156 过大，超出了 8 位补码所能表示的数值范围（−128～+127），这种运算结果超出机器数表示范围的现象称为“溢出”，溢出会导致结果出错。

判断加法运算结果是否溢出的思路是：两个正数之和应为正数，两个负数之和应为负数，否则结果溢出；两个异号数相加，结果不会溢出。计算机判断加法运算结果是否溢出的方法是：两个补码相加后，若最高位和次高位的进位值相同，即同时为 1 或者同时为 0，则没有溢出，其结果正确，否则溢出，结果出错。

习题与思考

1.1 下列各数中（　　）最大。

A．82H　　B．132D　　C．200Q　　D．10001000B

1.2 一个汉字的机内码占用存储空间（　　）个字节。

A．1　　B．2　　C．3　　D．4　　E．72

1.3 下列（　　）是十进制数 47 的非压缩 BCD 码。

A．01000111B　　B．101111B　　C．0000010000000111B

1.4　查 ASCII 表后，找出数字与其相应的 ASCII 码的关系，字符 8 的 ASCII 是 38H，那么字符 3 的 ASCII 码是（　）。

A．3　　B．33H　　C．0011B　　D．23

1.5　下列属于外部设备的有（　）。

A．U 盘　　B．硬盘　　C．显示器　　D．主存储器　　E．控制器

1.6　下列属于系统软件的有（　）。

A．Windows　　B．DOS　　C．编译程序　　D．汇编语言源程序

1.7　将下列各二进制数分别转换为十进制数和十六进制数。

00000111　　11010100　　01101010　　10110.101　　11001.011

1.8　将下列各十进制数分别转换为二进制数和十六进制数。

127　　12.625　　225.9375　　18.3125　　206.125

1.9　将下列各十六进制数分别转换为二进制数和十进制数。

10　　0.A8　　28.9　　4B.2A　　20E.4

1.10　把下列带符号十进制数分别用 8 位原码、反码、补码和过余码（过余量为 128）表示。

+37　　+94　　−11　　−5　　−125

1.11　求出下列 8 位补码的真值（用十进制数表示）。

00010101B　　41H　　9BH　　FFH　　11110101B

1.12　查 ASCII 表写出下列字符的 ASCII 码。

A　a　g　z　0　9　*　+　空格　回车

1.13　一个 16×16 字形点阵占用存储空间多少个字节？24×24 点阵呢？32×32 点阵呢？

1.14　X=38，Y=100，Z=−20，分别完成下列 8 位补码的运算，并判断是否溢出。

$[X]_补+[Y]_补$　　$[X]_补+[Z]_补$　　$[Y]_补-[Z]_补$　　$[Z]_补-[X]_补$

1.15　X=0101B，Y=0110B，Z=1011B，分别完成下列逻辑运算。

X 与 Y　　X 或 Z　　Y 异或 Z　　非 Y

1.16　微型计算机有哪些特点？

1.17　谈谈微型计算机在哪些领域有着广泛的应用？

1.18　评价微型计算机性能的主要技术指标有哪些？

1.19　简述微型计算机系统的组成。

第 2 章　Intel 微处理器

学习目标

微处理器是微型计算机的核心部件，它决定了微型计算机的结构。要掌握微型计算机的工作原理首先要熟悉微处理器的内部结构，理解各部件的功能和特点。本章从 Intel 8086 微处理器入手，分析了微处理器的内部组成、外部引脚特性、工作模式以及存储器结构和 I/O 组织，介绍了典型的微处理器 80386、80486 以及奔腾、酷睿系列高档微处理器的基本结构和功能特点。

对于 Intel 8086 微处理器，读者应掌握它的内部组成、寄存器结构，掌握存储器的分段技术、I/O 端口的编址方式，理解 8086 CPU 的最大和最小工作模式、外部引脚特性和功能，了解 8086 的时序和总线操作。对于 80386、80486、奔腾及酷睿系列微处理器，读者应了解它们的组织结构和功能特点，以便于深入理解高档 PC 机的应用与开发技术。

2.1　Intel 8086/8088 微处理器

微处理器（Microprocesser）是由一片或几片大规模集成电路组成的中央处理单元（Central Processing Unit，CPU），是微型计算机的运算及控制部件。其基本职能是执行各种运算和信息处理，自动协调和控制整个计算机系统完成规定的操作。要熟悉微型计算机，首先应该了解微处理器的内部结构和特性。

典型的微处理器芯片 8086 和 8088 是 Intel 公司于 1978 年以后相继推出的，之后又陆续推出了 80286、80386、80486、Pentium、Core 等系列产品，它们在 PC 机中获得了广泛的应用。

2.1.1　8086/8088 微处理器的主要特性

8086/8088 微处理器是 80x86 的第一代产品，其结构和工作原理为以后的系列产品开发奠定了基础。

8086 是 Intel 公司最先推出的 16 位微处理器，采用高运算性能的 HMOS 工艺制造，芯片内部集成了 29000 只晶体管，采用单一的+5V 电源，40 条引脚双列直插式封装。时钟频率为 4.77MHz～10MHz，基本指令的执行时间为 0.3～0.6μs。具体地，8086 CPU 有以下主要特性：

（1）数据总线：16 位数据总线，CPU 一次可以读写 8 位或 16 位数据。

（2）地址总线：20 位地址线，其中低 16 位与数据线分时复用。

（3）内存空间：CPU 可直接寻址 1MB（2^{20}）内存空间，对内存空间进行分段管理。

（4）端口地址：16 位端口地址线可寻址 64K（2^{16}）个 I/O 端口。

（5）指令系统：8086 指令系统提供 99 条基本指令，可完成数据传送、算术运算、逻辑运算、控制转移和处理器控制功能。CPU 内部还设有硬件乘除法指令及串处理指令电路，可以对位、字节、字节串、字串、压缩和非压缩 BCD 码等多种数据类型进行处理。指令格式紧凑，便于在给定的时间内取出较多的指令。

（6）寻址方式：8086 指令系统提供了 7 种基本寻址方式，可以灵活地存取操作数。

（7）时钟频率：8086 的时钟频率有 4.77MHz、8MHz 和 10MHz 三种。

（8）中断功能：可处理内部中断和外部中断，支持多级中断技术，中断源多达 256 个。

（9）工作模式：支持单处理器工作模式，也可以与 8087 协处理器及 8089 I/O 协处理器组成多处理器系统。

（10）流水线工作方式：8086 流水线结构通过设置指令预取队列，允许在总线空闲时预取指令，使取指令和执行指令的操作能够并行进行。

（11）兼容性：与 8080、8085 在源程序一级兼容。

Intel 公司继 8086 之后又推出了准 16 位微处理器 8088。在软件上 8088 与 8086 直接兼容；在硬件上，除了个别引脚有不同的定义外，其主要差别是 8088 内部指令队列长度比 8086 短，外部采用了 8 位数据总线，从而可以很方便地获得 8 位机及其外围芯片的支持，因而首先应用于最早期的 IBM PC/XT 微型计算机中。

2.1.2 8086/8088 微处理器的内部结构

在计算机中，指令的一般执行过程是：取指令→指令译码→读取操作数→执行指令→保存结果。为了实现指令的执行和数据的交换功能，8086/8088 微处理器内部安排了两个逻辑单元，即执行部件（Excution Unit，EU）和总线接口部件（Bus Interface Unit，BIU），其内部结构如图 2-1 所示。

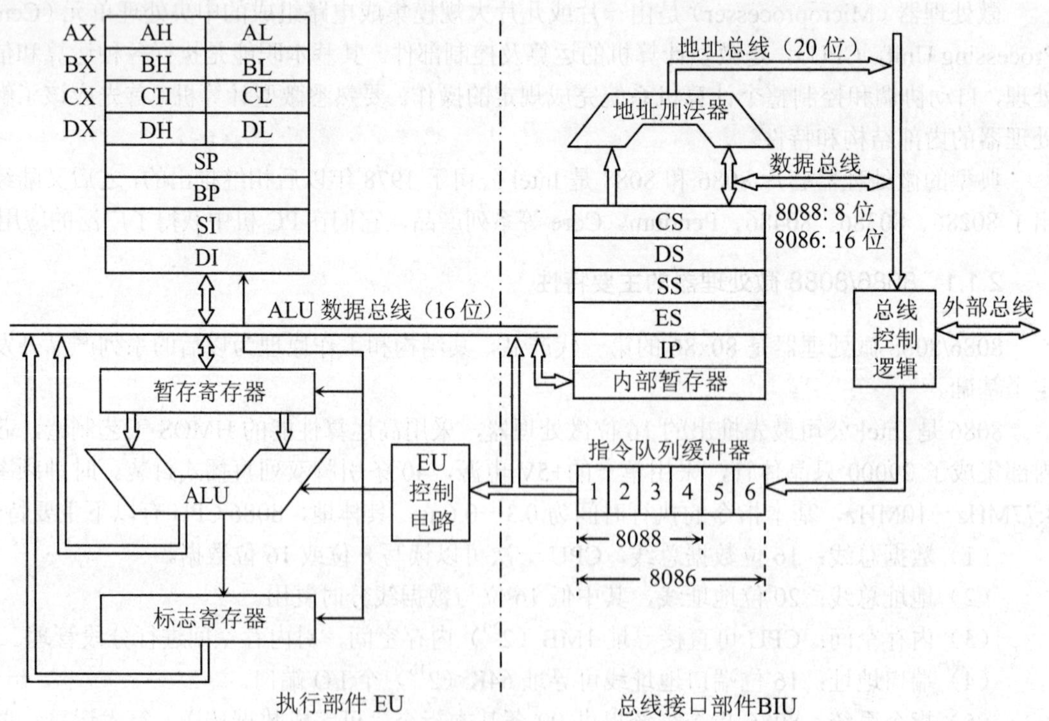

图 2-1 8086/8088 内部结构图

1. 总线接口部件（BIU）

BIU 是 8086 CPU 与内存及 I/O 设备之间的接口，它提供了 16 位双向数据总线、20 位地址总线和若干条控制总线。BIU 将 8086 CPU 的内部总线与外部总线相连，实现微处理器内部与内存或 I/O 接口之间的信息传递。

BIU 的主要功能包括：根据段寄存器和指令指针 IP 或执行部件 EU 传送过来的偏移地址，由地址加法器形成 20 位物理地址；根据 EU 的请求，负责从内存的指定单元预取指令到指令队列，并顺序送至 EU 执行；传送指令执行过程中需要的操作数和 EU 运行的结果，具体地，根据 EU 的要求，从指定的内存单元或 I/O 端口取出操作数传送给 EU，或者把 EU 的处理结果传送到指定的内存单元或 I/O 端口中。

BIU 主要由以下几个部件组成：

（1）总线控制逻辑。由于 8086 的引脚线比较紧张，20 位地址线、16 位数据线和 4 位状态线分时复用 20 条引脚线，因此需要总线控制逻辑根据指令的要求用逻辑控制的方法实现这些信息对总线的分时复用。

（2）指令指针寄存器 IP。用于存放 BIU 要读取的下一条指令的偏移地址，它具有自动“增 1”的功能，与代码段寄存器 CS 配合，总是指向下一个将要“取”的指令的首单元。程序不能直接读写 IP，但在程序运行过程中 IP 自动修改，始终保证指向将要执行的下一条指令。某些转移、调用、中断、返回等指令能够间接改变 IP 值。

（3）段寄存器。8086 对内存管理采用分段技术，由段寄存器专门存放各段的段基址。BIU 中有 4 个段寄存器 DS、CS、SS、ES，分别存放数据段、代码段、堆栈段和附加段的段基址。

（4）地址加法器。用于将 16 位的逻辑地址转换成 20 位的物理地址，以确定对内存访问的具体单元。地址加法器进行地址转换的过程如图 2-2 所示。将 16 位段基址左移 4 位（即扩大 16 倍）后，再与段内偏移地址相加，从而形成 20 位的物理地址。

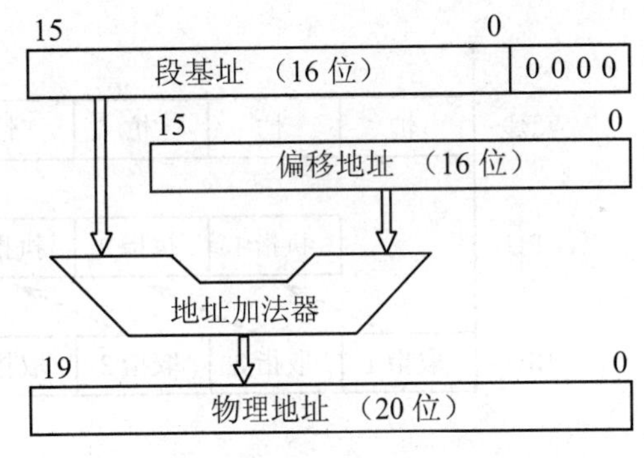

图 2-2　物理地址形成过程

（5）指令队列缓冲器。8086 指令队列缓冲器实际上是一个内部的存储器阵列，是一个“先进先出”的队列，可存放 6 个字节的指令代码，按照“先进先出”的原则进行指令的存取操作，当队列中出现 2 个或 2 个以上的空字节时，BIU 会自动从内存取来下一条指令，当程序发生转移时，BIU 会废除原队列内容，通过重新取指令而形成新的指令队列。

2. 执行部件（EU）

EU 负责指令的译码、执行和数据运算，并产生相应的控制信号。

EU 的主要功能包括：从 BIU 的指令队列中取出指令代码，并经过指令译码器进行译码；根据指令译码后的微操作码向算术逻辑单元 ALU 及相关的寄存器发出控制信号，完成指令的执行，包括数据传送、指令转移、算术运算、逻辑运算等，并将运算时产生的状态记录到标志寄存器中；根据相关寄存器的内容及指令中提供的位移量计算出指令或操作数的 16 位有效地址（即偏移地址），然后送往 BIU 部件产生 20 位物理地址。

EU 内部各部件都通过 16 位的 ALU 数据总线连接在一起，可实现 EU 内部快速的数据传输。具体有以下几个主要部件：

（1）算术逻辑单元（ALU）。ALU 是运算器的核心部件，具有算术运算和逻辑运算的功能。既能对数据进行运算，也能按给定指令的寻址方式计算出寻址单元的偏移地址。在进行算术运算、逻辑运算时，数据先送至数据暂存寄存器中，再经 ALU 运算处理，运算后的结果经内部总线送回到指定的寄存器或存储单元中。

（2）EU 控制电路。是微处理器中起到控制、定时等功能的逻辑电路，它接收从 BIU 指令队列取来的指令，经过指令译码形成各种定时控制信号，对 EU 的各部件实现定时操作。

（3）寄存器组。寄存器是微处理器内部的高速存储单元，由于访问寄存器比访问内存的速度更快、更方便，所以常用各种寄存器来存放临时的数据或地址，起到数据的准备、调度和缓冲等作用。8086 的 EU 内部寄存器组主要包括数据寄存器、指针及变址寄存器、标志寄存器和数据暂存寄存器。

3. 8086 的内部结构特点

8086 的 EU 和 BIU 两个功能部件分别完成指令的执行、指令和数据的存取功能，二者既相互独立又相互配合，而且并行工作。

8086 取指令和执行指令的并行过程如图 2-3 所示，EU 和 BIU 的这种并行工作方式保证了 8086 在执行指令的同时能够进行预取指令的操作，从而减少了微处理器因取指令而等待的时间，使整个程序运行期间 BIU 总是忙碌的，这样可充分利用总线，大大提高微处理器的工作效率。这种在当前指令执行时预取下一条指令的技术，就是指令流水线技术。

8086 的这种并行工作方式也被用于高档微处理器的设计中。

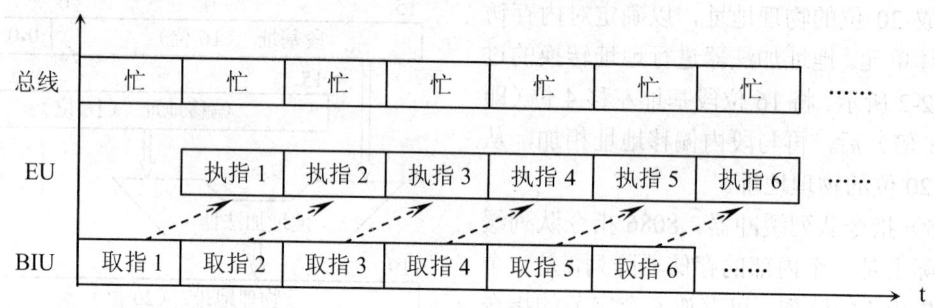

图 2-3　8086 取指令和执行指令的并行过程

4. 8088 的内部结构

8088 与 8086 的内部结构大致相同。除 8088 外部采用 8 位数据总线（而 8086 外部采用 16 位数据总线）和个别引脚与 8086 有所不同外，内部的指令队列缓冲器略有不同，8088 内部指令队列缓冲器为 4 字节存储阵列，最多可存放 4 个字节的指令代码，当队列中出现一个或一个以上的空字节时，BIU 就自动取下一条指令。

2.1.3　8086/8088 寄存器结构

寄存器结构在微型计算机中具有非常重要的作用。微处理器内部的寄存器相当于存储单元，主要用于存放运算过程中所需的操作数、中间结果或操作数地址。寄存器的存取速度比内存快得多，使用寄存器既可以减少访问内存的次数，又可以缩短指令的长度，从而提高微处理器的数据处理速度，减少程序对内存空间的占用。

8086/8088 内部寄存器按用途可分为数据寄存器、指针及变址寄存器、段寄存器、指令指针寄存器、标志寄存器 5 类，如图 2-4 所示。

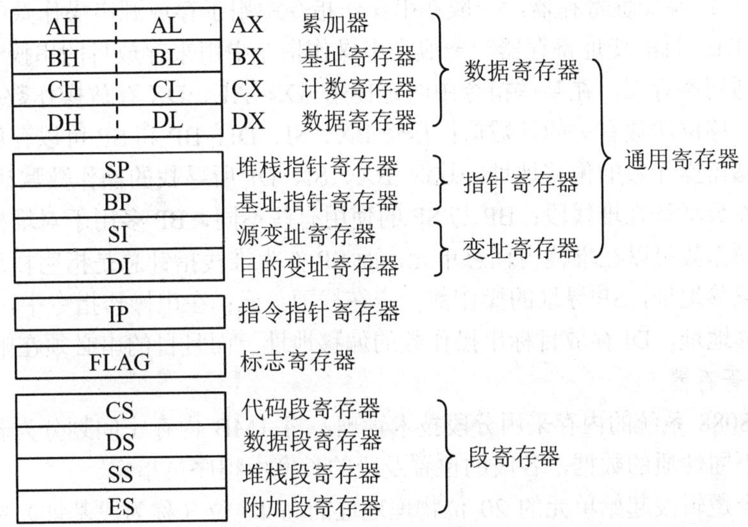

图 2-4 8086/8088 内部寄存器结构

1. 数据寄存器

AX、BX、CX、DX 是 4 个 16 位的数据寄存器，每个寄存器又可拆作两个 8 位数据寄存器独立使用，于是有了 AH、BH、CH、DH 和 AL、BL、CL、DL。

对某个寄存器的读写，不影响其他未涉及到的寄存器。例如，向 AX 写入数据 1234H，其中 12H 为高字节，34H 为低字节，那么 AH 和 AL 的内容分别为 12H 和 34H；若向 AL 又写入新的数据 56H，那么 AX 的低 8 位改变了，但 AH 不受影响，于是 AX 内容变为 1256H。任何寄存器读后内容不变。

尽管数据寄存器可以用来存放 8 位或 16 位的操作数或中间结果，也可以存放操作数的 16 位偏移地址，但每个数据寄存器还是有各自的使用特点：

（1）AX：累加器，用于完成各种运算和传送移位等操作。在字乘法、字除法、字 I/O 等指令中约定使用 AX；在字节乘法、字节除法、字节 I/O、十进制数运算等指令中约定使用累加器 AL；在字节乘法、字节除法指令中约定使用 AH。

（2）BX：基址寄存器，常用于存放存储器间接寻址时的偏移地址。

（3）CX：计数寄存器，在循环指令和串操作指令中 CX 作为隐含的计数器，存放循环次数，实现计数控制；在移位指令中约定使用 CL 存放移位次数。

（4）DX：数据寄存器，在间接寻址的 I/O 指令中用于存放端口地址。在双字乘法/除法指令中约定使用 DX 存放双字数据的高字部分。

2. 指针及变址寄存器

SP 和 BP 称为指针寄存器，SI 和 DI 称为变址寄存器，这 4 个 16 位的寄存器可以用来存放 16 位数据，但更多地用于存放存储器间接寻址时的偏移地址，具体地，有以下使用特点：

（1）SP：堆栈指针寄存器，一般用于存放堆栈段中栈顶的偏移地址，以实现对栈顶单元数据的入栈/出栈操作。

（2）BP：基址指针寄存器，一般用于访问堆栈段任意单元，BP 的内容为堆栈段内某一操作数所在单元的偏移地址。

（3）SI：源变址寄存器，一般在串操作指令中用于存放源串操作数的偏移地址。

（4）DI：目的变址寄存器，一般在串操作指令中用来存放目的串操作数的偏移地址。

对于通用寄存器，在某些指令中约定使用 AX、AL、DX 存放操作数；CX、CL 多用来存放与循环、移位次数有关的计数值；尽管 BX、SI、DI、BP 和 SP 可以存放操作数，但一般用来存放存储器操作数的偏移地址，这时 BX、SI、DI 所寻找的操作数默认在数据段，BP、SP 寻址的操作数默认在堆栈段；BP 与 SP 的使用有些不同，BP 多用于对堆栈段内数据的非顺序访问，即操作数可以在堆栈内任意单元，而 SP 作为堆栈指针总是指明栈顶单元的位置，存放的是栈顶偏移地址，SP 寻址的操作数一定在栈顶单元；在串操作指令中，默认 SI 存放源串操作数的偏移地址，DI 存放目标串操作数的偏移地址，而且目的串必须在附加段中。

3. 段寄存器

8086/8088 系统的内存采用分段技术管理，将 1MB 内存空间划分为若干个逻辑段，不同段内存储不同性质的数据，各段的位置及段的长度由程序员指定。

将每个逻辑段起始单元的 20 位物理地址的高 16 位（称为段基址）单独存放，段内从起始单元开始用 16 位地址重新排序表示（称为偏移地址）。程序中使用逻辑地址的寻址方式，即由“段基址:偏移地址”指明要寻址的内存单元，CPU 执行程序时，先由地址加法器将逻辑地址转换为物理地址（见图 2-2），然后就可以对内存的物理单元寻址访问了。

逻辑段按所存储的数据性质分为代码段、数据段、堆栈段和附加段，使用 4 个段寄存器 CS、DS、SS、ES 分别存放相应段的段基址。

（1）CS 与代码段。代码段用来存放程序代码，其段基址存放于 CS 中。CPU 取指令时，就是根据 CS 所确定的代码段和指令指针 IP 所指定的偏移地址到内存中找到要读取的指令，即 CS:IP 指到哪里，CPU 就从哪里取指令。

（2）DS 与数据段。数据段是保存数据的区域，主要用于存放程序运行时所需的数据或处理的结果，其段基址存放于 DS 中。当指令寻址内存数据时，大多到数据段中寻找。

（3）SS 与堆栈段。堆栈段也是保存数据的区域，其段基址由 SS 给出。堆栈段内有一个称为“堆栈”的特殊的数据结构，对堆栈的访问具有“后进先出”的特点，堆栈指针寄存器 SP 时刻指向栈顶，处理器就是根据 SS:SP 所指的位置对栈顶数据进行读/写操作的；也可以按 SS:BP 寻址方式对堆栈段内任意单元非顺序地随机访问。堆栈为保护、调度数据提供了重要的手段。

（4）ES 与附加段。附加段也用于数据的存储，段基址存放于 ES 中。在访问段内的数据时，应在偏移地址前加上段跨越前缀“ES:”加以说明，说明该偏移地址是附加段内的，否则操作数就会被认为在默认的数据段内。仅在执行串操作指令时，目的串默认在附加段内，寻址目的串操作数的偏移地址前不必加段跨越前缀“ES:”。

4. 指令指针寄存器

IP 称为指令指针寄存器。指令代码存放于内存的代码段中，CPU 取指令时，由 CS 指示代码段的起始位置，由 16 位的指令指针寄存器 IP 指示当前指令在代码段内的偏移地址。当

CPU 根据 CS:IP 确定的物理地址读取要执行的指令后，控制器会自动控制修改 IP 的内容，使之指向下一条指令的位置。程序运行时，由于每取一次指令，IP 就自动“增 1”，指向下一条指令，这样就保证了 CPU 自动、连续地取出并执行指令序列。

需要说明一点，CS 和 IP 与程序的执行顺序有关，所以指令系统不允许程序员随意修改 CS 和 IP 的值。实际上，在汇编语言指令系统中，除个别指令（如中断、子程序调用、返回、转移类指令）能够间接地改变 IP 或 CS 外，一般指令不能读 IP，更不能对 IP 和 CS 直接赋值。

5. 标志寄存器

标志寄存器 FLAG 是 8086/8088 CPU 内部一个重要的寄存器，它反映了 CPU 执行一条指令后的状态，反映了算术逻辑单元 ALU 运算后的结果特征，一些指令的执行也需要利用标志寄存器内的某些标志位。

标志寄存器又称程序状态字 PSW，它不同于其他寄存器。其他寄存器用来存放数据或地址，整个寄存器具有一个含义，而标志寄存器却是按位发挥作用的，16 位的标志寄存器中有 7 位空闲未用，只用了 9 个标志位，每个标志位都有专门的含义，如图 2-5 所示。

15	14	13	12	11	10	9	8	7	6	5	4	3	2	1	0
				OF	DF	IF	TF	SF	ZF		AF		PF		CF

图 2-5 8086/8088 标志寄存器

标志位按其作用可分为状态标志位和控制标志位两类。状态标志位包括 CF、PF、AF、ZF、SF、OF，控制标志位包括 TF、IF、DF。

（1）状态标志位。状态标志位能够反映最近一条指令执行结果的状态特征，主要反映 EU 执行算术运算和逻辑运算后的结果特征，CPU 在进行算术运算或逻辑运算时，会根据运算结果自动地将相应的状态标志位复位或置位，即设成 0 或 1，具体如表 2-1 所示。这些标志常常作为条件转移类指令的测试条件，以控制程序的运行方向。

表 2-1 标志寄存器的状态标志位

状态标志位		功 能	说 明
CF	进位标志	若运算结果在最高位产生进位或借位，则 CF=1，否则 CF=0	主要受算术运算指令和移位指令的影响，多用于控制转移类指令
PF	奇偶标志	若结果的低 8 位中有偶数个二进制 1，则 PF=1，否则 PF=0	主要用于数据传送过程中检查是否有传输错误
AF	辅助进位标志	若结果的 D3 位向 D4 位有进位或借位，则 AF=1，否则 AF=0	主要用于对 BCD 码算术运算结果的调整
ZF	零标志	若运算结果为零，则 ZF=1，若结果非零，则 ZF=0	主要受算术运算指令和逻辑运算指令的影响，多用于控制转移类指令
SF	符号标志	若运算结果为负数，则 SF=1，否则 SF=0	SF 与运算结果的最高位始终保持一致。主要受算术运算指令的影响，多用于控制转移类指令
OF	溢出标志	若带符号数运算后产生了溢出，则 OF=1，否则 OF=0	主要受算术运算指令的影响，用于判断带符号数的运算结果是否溢出

（2）控制标志位。控制标志位由程序根据需要用指令设置，主要用来控制 CPU 的工作方式。程序运行时会检测这些控制标志位，并根据控制标志位的状态，控制程序的执行状态，控

制标志位的具体功能如表 2-2 所示。

表 2-2　标志寄存器的控制标志位

控制标志位		功能	说明
TF	陷阱标志	TF=1，CPU 处于单步工作方式 TF=0，CPU 正常执行程序	为单步调试程序而设置
IF	中断允许标志	IF=1，允许 CPU 接受 INTR 引脚上发来的中断请求 IF=0，禁止 CPU 接受 INTR 引脚上发来的中断请求	用于控制外部可屏蔽中断请求是否可以被 CPU 响应
DF	方向标志	DF=1，串操作指令按递减顺序对字符串操作 DF=0，串操作指令按递增顺序对字符串操作	用于控制串操作指令的步进方向

2.1.4　8086/8088 总线的工作周期

每条指令的执行过程由取指令、指令译码和执行指令等操作组成，执行一条指令所需的时间称为指令周期，不同指令的指令周期不等长。

为了取得一条指令或传送一个数据，都需要 CPU 的总线接口部件 BIU 执行一个总线周期。所谓总线周期就是指 CPU 访问内存或 I/O 端口存/取一个数据或指令所用的时间。一个指令周期由一个或多个总线周期构成。

执行指令的一系列操作都是在时钟脉冲 CLK 的统一控制下一步一步进行的。时钟脉冲的重复周期称为时钟周期，时钟周期是 CPU 的时间基准，由计算机的主频决定。主频与时钟周期互为倒数。例如，某微处理器的主频为 5MHz，一个时钟周期就是 200ns。

一个最基本的总线周期由 4 个时钟周期组成，常将这 4 个时钟周期依次称为 4 个状态，即 T1、T2、T3、T4 状态，如图 2-6 所示。

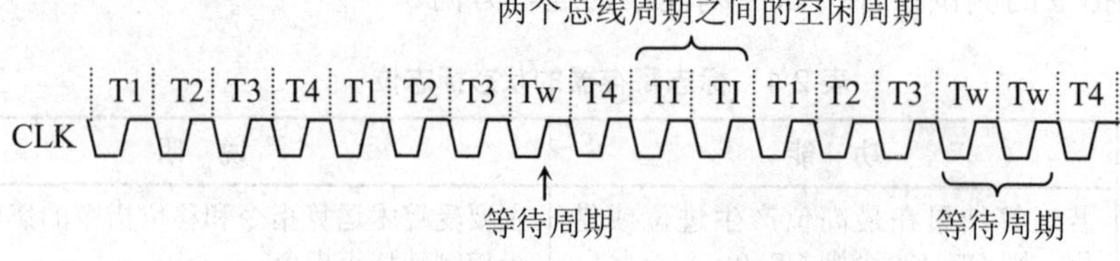

图 2-6　典型的 8086/8088 总线周期时序

（1）在 T1 状态下，CPU 向地址总线上发出地址信息，以指出要寻址的内存单元（或 I/O 端口）地址。

（2）在 T2 状态下，CPU 从总线上撤消地址，使 20 位多路复用总线的低 16 位为高阻态，高 4 位输出状态信息，为传输数据作准备。

（3）在 T3 状态下，多路复用总线的高 4 位继续提供状态信息，多路复用总线的低 16 位（8088 为低 8 位）上出现由 CPU 写出的数据或者从内存（或端口）读入的数据。

（4）在有些情况下，内存或 I/O 接口的速度较慢，不能及时配合 CPU 传送数据，这时内存或 I/O 接口会通过 READY 信号线在 T3 状态启动之前向 CPU 发出一个“数据未准备好”信号，于是 CPU 会在 T3 之后插入一个或多个附加的时钟周期 Tw。Tw 也称等待周期，在 Tw 状态下，总线上的信息状态与 T3 下的信息状态一样。当指定的存储单元或 I/O 接口完成数据传送时，便通过 READY 线向 CPU 发来“准备好”信号，CPU 接到这一信号后，会自动脱离 Tw

状态，进入 T4 状态。

（5）在 T4 状态，总线周期结束。

需要说明的是，只有在 CPU 与内存或 I/O 端口之间传输数据，以及填充指令队列时，CPU 才执行总线周期，如果在一个总线周期之后，不立即执行下一个总线周期，那么系统总线就处于空闲状态 TI，此时，执行一个或多个空闲周期。在空闲周期中，复用的总线高 4 位上 CPU 仍然驱动前一个总线周期的状态信息，如果前一个总线周期为写周期，那么 CPU 会在总线低 16 位上继续驱动数据信息；如果前一个总线周期为读周期，则在空闲状态下，总线低 16 位处于高阻态。

2.1.5 8086/8088 的引脚及工作模式

1. 8086/8088 的工作模式

为适应各种场合的要求，在 8086/8088 CPU 设计中提供了两种工作模式，即最小模式和最大模式。工作于哪种模式，可根据需要由硬件连接决定。

最小模式为单处理机模式，即在系统中只有 8086（或 8088）一个微处理器，所有的总线控制信号都由 CPU 直接产生。在这种系统中，总线控制逻辑电路少，控制信号较少，一般不必接总线控制器。

最大模式为多处理机模式，系统中包括两个或两个以上处理器，其中一个 8086（或 8088）作主处理器，其他处理器称为协处理器。最大模式下的控制信号较多，需要通过总线控制器与总线相连，控制总线驱动能力较强。

在最大模式下与 8086/8088 CPU 协同工作的协处理器有两种：8087（数值运算协处理器）和 8089（输入/输出协处理器）。8087 是一个由硬件实现高精度、高速度数值运算的专用协处理器，不仅能够进行整数和浮点数运算，还可以进行超越函数（如对数函数、三角函数）计算。8089 具有一套专门用于输入/输出操作的指令系统，可以直接为 I/O 设备服务。

若在最大模式下配置了协处理器，就可以使主处理器不再承担复杂的运算和 I/O 控制，从而提高主处理器的效率，提高整个系统的数据吞吐能力和数据处理能力。

2. 8086/8088 的引脚功能

8086 和 8088 芯片皆为 40 引脚双列直插式封装，如图 2-7 所示，括号外为最小模式时的引脚名称，括号内为最大模式时的引脚名称。由于芯片只有 40 个引脚，为解决功能与引脚数之间的矛盾，8086/8088 的许多引脚具有双重功能。其实现方法有以下几种：

（1）地址总线与数据总线分时复用，即在不同时钟周期内，同一引脚具有不同的功能。例如，AD0 引脚有时用作传输数据的数据总线 D0，有时又作为输出地址信号的地址总线 A0。

（2）按工作模式的不同确定引脚的功能。例如 29 号引脚在最小模式下作 $\overline{WR}$ 信号，在最大模式下作 $\overline{LOCK}$ 信号。

（3）同一引脚电平的高低代表不同的信号功能。例如 8086 的 M/$\overline{IO}$ 引脚输出高电平时，表示要访问内存，输出低电平时表示要访问 I/O 端口。通常在低电平有效的引脚名上面加有一条横线。

（4）同一引脚的输入和输出状态分别传送不同功能的信息。例如最大模式下 8086 的 $\overline{RQ}/\overline{GT0}$ 引脚输入时为总线请求 $\overline{RQ}$ 信号，输出时为总线允许 $\overline{GT}$ 信号。

引脚名	引脚号	引脚号	引脚名	（最大模式）
GND	1	40	Vcc	
AD14	2	39	AD15	
AD13	3	38	A16/S3	
AD12	4	37	A17/S4	
AD11	5	36	A18/S5	
AD10	6	35	A19/S6	
AD9	7	34	$\overline{BHE}$/S7	
AD8	8	33	MN/$\overline{MX}$	
AD7	9	32	$\overline{RD}$	
AD6	10	31	HOLD	（$\overline{RQ}$/$\overline{GT0}$）
AD5	11	30	HLDA	（$\overline{RQ}$/$\overline{GT1}$）
AD4	12	29	$\overline{WR}$	（$\overline{LOCK}$）
AD3	13	28	M/$\overline{IO}$	（$\overline{S2}$）
AD2	14	27	DT/$\overline{R}$	（$\overline{S1}$）
AD1	15	26	$\overline{DEN}$	（$\overline{S0}$）
AD0	16	25	ALE	（QS0）
NMI	17	24	$\overline{INTA}$	（QS1）
INTR	18	23	$\overline{TEST}$	
CLK	19	22	READY	
GND	20	21	RESET	

8086

引脚名	引脚号	引脚号	引脚名	（最大模式）
GND	1	40	Vcc	
A14	2	39	A15	
A13	3	38	A16/S3	
A12	4	37	A17/S4	
A11	5	36	A18/S5	
A10	6	35	A19/S6	
A9	7	34	SS0	（HIGH）
A8	8	33	MN/$\overline{MX}$	
AD7	9	32	$\overline{RD}$	
AD6	10	31	HOLD	（$\overline{RQ}$/$\overline{GT0}$）
AD5	11	30	HLDA	（$\overline{RQ}$/$\overline{GT1}$）
AD4	12	29	$\overline{WR}$	（$\overline{LOCK}$）
AD3	13	28	IO/$\overline{M}$	（$\overline{S2}$）
AD2	14	27	DT/$\overline{R}$	（$\overline{S1}$）
AD1	15	26	$\overline{DEN}$	（$\overline{S0}$）
AD0	16	25	ALE	（QS0）
NMI	17	24	$\overline{INTA}$	（QS1）
INTR	18	23	$\overline{TEST}$	
CLK	19	22	READY	
GND	20	21	RESET	

8088

图 2-7　8086/8088 引脚图

8086 有 16 条数据总线（8088 为 8 条数据总线）和 20 条地址总线，其余为控制信号线、状态信号线、电源和地线。

在最小和最大两种不同的工作模式下，某些引脚的名称及定义不同。33 号引脚 MN/$\overline{MX}$ 为工作模式控制信号，单向输入。当 MN/$\overline{MX}$ 接入+5V 电源，即为高电平时，8086/8088 系统工作于最小模式，组成单微处理器系统。当 MN/$\overline{MX}$ 接地，即为低电平时，系统处于最大模式，组成多微处理器系统。

下面针对 8086 引脚分别介绍。

（1）最小模式下定义的引脚。

1）Vcc 和 GND：Vcc 为电源线，只需接入+5V 电源。GND 为地线，8086 的两条 GND 线均应接地。

2）AD15～AD0：地址/数据线，三态，双向。低 16 位地址与 16 位数据采用分时复用技术，共享引脚线。用于传送地址信息时三态单向输出；用于传送数据时可三态双向输入或输出。这里的“三态”指高电平状态、低电平状态和高阻状态，通常采用三态门进行控制。高阻状态时表示 CPU 芯片已经放弃了对该引脚的控制，使之呈“浮空”形式。

3）A19/S6～A16/S3：地址/状态线，三态，输出。在每个总线周期的 T1 状态用作地址总线的高 4 位（A19～A16），与 A15～A0 组成 20 位地址总线。访问 I/O 端口时不使用这 4 条线。在总线周期的其他 T 状态，这 4 个引脚输出状态信号 S6～S3，其中 S6 始终输出低电平 0，以表示 8086 当前连接在总线上；S5 表示中断允许标志 IF 的当前状态，若 S5=1，表示当前允许可屏蔽中断请求，若 S5=0，则禁止一切可屏蔽中断请求；S4 和 S3 的组合表示正在使用的段寄存器，如表 2-3 所示。

表 2-3　S4、S3 状态编码的含义

S4	S3	含义
0	0	当前正在使用 ES
0	1	当前正在使用 SS
1	0	当前正在使用 CS，或未使用任何段寄存器
1	1	当前正在使用 DS

4）$M/\overline{IO}$：存储器/输入输出控制信号，三态，输出。此信号用于区分当前操作是访问内存还是访问 I/O 端口。$M/\overline{IO}$=1 时，表示 CPU 访问的对象是内存；$M/\overline{IO}$=0 时，表示 CPU 访问的对象是 I/O 端口。

5）$\overline{RD}$：读控制信号，三态，输出，低电平有效。当 $\overline{RD}$ 有效时，表示 CPU 对内存或 I/O 端口进行读操作，可以读取内存中的指令或数据，或从 I/O 端口输入数据。

6）$\overline{WR}$：写控制信号，三态，输出，低电平有效。当 $\overline{WR}$ 有效时，表示 CPU 向内存或 I/O 端口进行写操作，可以向内存写入数据，或向 I/O 端口输出数据。

在 8086 最小模式下，信号 $M/\overline{IO}$、$\overline{RD}$、$\overline{WR}$ 组合起来决定了系统中的数据传输方式，其组合方式和对应功能如表 2-4 所示。在系统总线进入“保持响应”期间，$M/\overline{IO}$、$\overline{RD}$、$\overline{WR}$ 信号线被浮置为高阻态。

表 2-4　$M/\overline{IO}$、$\overline{RD}$、$\overline{WR}$ 信号组合的功能

$M/\overline{IO}$	$\overline{RD}$	$\overline{WR}$	功能
0	0	1	I/O 读
0	1	0	I/O 写
1	0	1	内存读
1	1	0	内存写

7）$\overline{\text{BHE}}$/S7：高字节数据总线允许/状态信号，三态，输出。在 T1 状态该引脚输出 $\overline{\text{BHE}}$ 信号，在其他 T 状态时该引脚输出状态信号 S7。S7 为备用状态信号，8086 系统未用。

8086 系统中的内存储器分为奇地址存储体和偶地址存储体两部分（参见图 3-19），奇地址存储体的数据通过 AD15～AD8 传送，偶地址存储体的数据通过 AD7～AD0 传送。若 $\overline{\text{BHE}}$ 输出低电平，表示高 8 位数据总线 AD15～AD8 上的数据有效；若 $\overline{\text{BHE}}$ 输出高电平，表示数据传送只在低 8 位数据总线 AD7～AD0 上进行。通常 $\overline{\text{BHE}}$ 和 A0 配合可用来产生存储体的选择信号，具体如表 2-5 所示。

表 2-5　$\overline{\text{BHE}}$ 与 A0 信号组合的意义

$\overline{\text{BHE}}$	A0	含义	使用的数据总线
0	1	从奇地址单元读/写一个字节	AD15～AD8
1	0	从偶地址单元读/写一个字节	AD7～AD0
0	0	从偶地址单元读/写一个字	AD15～AD0
1	1	无效	

8）ALE：地址锁存允许信号，单向输出。在每个总线周期的 T1 状态，ALE 的电平变高，T2 状态变低。在 ALE 的下降沿，地址锁存器将地址总线上的当前地址信息锁存起来。可见，ALE 是控制地址锁存器进行地址锁存的控制信号，需要注意的是，ALE 不能浮空。

9）$\overline{\text{DEN}}$：数据允许信号，三态，输出，低电平有效。当 CPU 要接收或发送一个数据时，就输出有效的 $\overline{\text{DEN}}$ 信号，允许数据收发器传输。在 DMA 方式下 $\overline{\text{DEN}}$ 被浮置为高阻态。

10）DT/$\overline{\text{R}}$：数据发送/接收控制信号，三态，输出。该引脚用来控制数据收发器的数据传送方向，当 DT/$\overline{\text{R}}$ 为低电平时，数据由外向 CPU 方向传送，CPU 完成读操作；当 DT/$\overline{\text{R}}$ 为高电平时，背离 CPU 方向传送数据，CPU 完成写操作。在 DMA 方式下 DT/$\overline{\text{R}}$ 被浮置为高阻态。

11）NMI：非屏蔽中断请求信号，单向输入，该信号是一个由低到高的上升沿有效信号。它不受中断允许标志 IF 状态的影响，只要该引脚出现一个由低到高的跳变信号，CPU 就在当前指令执行结束后，立即调用相应的中断服务子程序，进行非屏蔽中断处理。NMI 中断通常用于系统紧急情况的处理，如系统电源掉电等。

12）INTR：可屏蔽中断请求信号，单向输入，高电平有效。CPU 在每个指令周期的最后一个 T 状态检测 INTR 引脚，如果检测到该引脚为高电平，表示外设向 CPU 发出了中断请求。若此时中断允许标志 IF=1（开中断状态），CPU 就在当前指令周期结束后转入 INTR 中断响应周期，进入中断处理过程；若此时 IF=0（关中断状态），则 CPU 对外设中断请求不予响应，继续执行指令队列中的下一条指令。INTR 不如 NMI 的优先级别高。

13）$\overline{\text{INTA}}$：中断响应信号，单向输出，低电平有效。当 CPU 响应外设通过 INTR 引脚发来的可屏蔽中断请求时，就在两个连续的中断响应周期内向中断源发出两个 $\overline{\text{INTA}}$ 负脉冲，第 1 个 $\overline{\text{INTA}}$ 负脉冲用于通知外设其中断请求已被响应，第 2 个 $\overline{\text{INTA}}$ 负脉冲用作选通信号，通知中断源将中断类型号送上数据总线。

14）HOLD：总线保持请求信号，单向输入，高电平有效。当系统中有其他具有总线控制权的主部件需要占用总线时，通过该引脚向 CPU 发出申请，请求总线的使用权。在申请总线的主部件获得总线使用权后，HOLD 信号仍保持为高电平状态，直到总线操作结束，才撤消

HOLD 信号。DMA 控制器就是通过这种方式向 CPU 申请总线的。

15）HLDA：总线保持响应信号，单向输出，高电平有效。当 CPU 采样到 HOLD 引脚为高电平时，如果 CPU 允许其他总线主部件占用总线，则在当前总线周期结束时，于 T4 状态从 HLDA 引脚发出高电平有效的响应信号，同时将所有三态总线浮置为高阻状态，CPU 放弃对总线的控制权。申请部件接到 CPU 发出的 HLDA 信号后即可接管总线，直到总线操作完成，撤消 HOLD 信号，CPU 才又收回总线控制权。

16）CLK：系统时钟信号，单向输入。CLK 为 CPU 提供基本的时钟脉冲，8086 的时钟频率为 4.77MHz，要求时钟脉冲的占空比为 33%，即 1/3 周期为高电平，2/3 周期为低电平，这样可获得最佳内部定时。8086 的时钟信号由外接时钟发生器 8284A 提供。

17）READY：准备就绪信号，单向输入，高电平有效。READY 是由被访问的内存或 I/O 端口发来的响应信号，当 READY 为高电平时，表示存储单元或 I/O 端口已经准备就绪，可以进行一次数据传输。

在每个总线周期，CPU 都要对 READY 信号进行采样，若检测到 READY 引脚为高电平，CPU 就会正常经过 T1、T2、T3、T4 状态传送一个数据（见图 2-6）；若检测到 READY 引脚为低电平，表示所寻址的存储单元或 I/O 端口尚未准备就绪，CPU 就会在 T3 状态之后自动插入一个或几个等待状态（Tw），直到 READY 变为高电平后，CPU 才进入 T4 状态，完成数据传送过程，结束当前的总线周期。

18）RESET：复位信号，单向输入，高电平有效。8086 要求 RESET 信号至少保持 4 个时钟周期的高电平，以完成 CPU 内部寄存器的复位操作。RESET 信号出现后，CPU 立即结束当前操作，进入复位操作：将 CS 置为 FFFFH，清空指令队列，对除 CS 之外的所有寄存器清 0。随着 RESET 信号变为低电平，CPU 就从 FFFF0H 单元开始执行指令。

19）$\overline{\text{TEST}}$：测试信号，单向输入，低电平有效。$\overline{\text{TEST}}$ 与等待指令 WAIT 配合使用，当 CPU 执行 WAIT 指令时，CPU 处于空转等待状态，每隔 5 个时钟周期对 $\overline{\text{TEST}}$ 引脚进行一次检测。若测得 $\overline{\text{TEST}}$=1，则 CPU 继续处于空转等待状态，当测得 $\overline{\text{TEST}}$=0 后，就退出等待状态，CPU 继续执行下一条指令。$\overline{\text{TEST}}$ 信号用于多处理器系统中，实现 8086/8088 CPU 与其他协处理器之间的同步协调功能。

（2）最大模式下定义的引脚。

在两种不同的工作模式下，8086 的引脚定义仅 24～31 引脚有所不同，其余引脚的定义完全相同。下面介绍最大模式下 24～31 引脚的名称及功能。

1）$\overline{\text{S2}}$、$\overline{\text{S1}}$、$\overline{\text{S0}}$：总线周期状态信号，三态，输出。在最大模式下，这三条状态线组合起来可以指出当前总线周期所进行的操作类型。最大模式系统中的总线控制器 8288 接受 CPU 发来的这些状态信号，从而产生对内存及 I/O 端口的控制信号。$\overline{\text{S2}}$、$\overline{\text{S1}}$、$\overline{\text{S0}}$ 状态组合及其对应的总线操作如表 2-6 所示。

对于 $\overline{\text{S2}}$、$\overline{\text{S1}}$、$\overline{\text{S0}}$，在前一个总线周期的 T4 状态和本总线周期的 T1、T2 状态中，至少有一个信号为低电平，每一种组合都对应了一种具体的总线操作，因而称之为有效状态。在总线周期的 T3、Tw 状态并且 READY 信号为高电平时，一个总线操作过程将要结束，另一个新的总线周期还未开始，通常称为无效状态，此时 $\overline{\text{S2}}$、$\overline{\text{S1}}$、$\overline{\text{S0}}$ 皆为高电平。在总线周期的最后一个状态，即 T4 状态，$\overline{\text{S2}}$、$\overline{\text{S1}}$、$\overline{\text{S0}}$ 中任何一个或几个变为低电平，都意味着下一个新的总线周期的开始。

表 2-6　$\overline{S2}$、$\overline{S1}$、$\overline{S0}$ 状态组合及对应的操作

$\overline{S2}$	$\overline{S1}$	$\overline{S0}$	操作	8288 发出的控制信号
0	0	0	中断响应	$\overline{INTA}$
0	0	1	读 I/O 端口	$\overline{IORC}$
0	1	0	写 I/O 端口	$\overline{IOWC}$、$\overline{AIOWC}$
0	1	1	暂停	无
1	0	0	取指令	$\overline{MRDC}$
1	0	1	读内存	$\overline{MRDC}$
1	1	0	写内存	$\overline{MWTC}$、$\overline{AMWC}$
1	1	1	无效状态	无

2）QS1、QS0：指令队列状态信号，单向输出。QS1 与 QS0 组合起来用于指示 CPU 内部指令队列的当前状态，以便于外部（主要是协处理器 8087）对 8086 CPU 内部指令队列的动作进行跟踪，其组合的意义如表 2-7 所示。

表 2-7　QS1、QS0 状态组合及对应含义

QS1	QS0	指令队列状态
0	0	无操作，未从指令队列取指令
0	1	仅从指令队列的第一个字节中取走代码
1	0	指令队列空，因执行转移指令，指令队列重新装载
1	1	除第一个字节外，还取走了后续字节中的代码

3）$\overline{RQ}/\overline{GT}$：总线请求输入/总线允许输出信号，三态，双向，低电平有效。$\overline{RQ}$ 与 $\overline{GT}$ 信号是最大模式系统中 8086 CPU 与其他总线主部件（如协处理器 8087、8089）之间交换总线使用权的联络控制信号。$\overline{RQ}$ 为其他总线主部件向 CPU 发出的总线请求输入信号，若 CPU 允许总线请求，就在同一引脚输出总线允许信号 $\overline{GT}$。

最大模式下的 $\overline{RQ}/\overline{GT}$ 信号相当于最小模式下的 HOLD 和 HLDA 信号。$\overline{RQ}/\overline{GT0}$ 与 $\overline{RQ}/\overline{GT1}$ 是两个同类型的信号，表示可以同时连接两个总线主部件，$\overline{RQ}/\overline{GT0}$ 的优先级高于 $\overline{RQ}/\overline{GT1}$。

4）$\overline{LOCK}$：总线封锁信号，三态，输出，低电平有效。该信号有效时，表明此时 CPU 不允许其他总线主部件占用总线。$\overline{LOCK}$ 信号由指令前缀 LOCK 产生。在含有前缀 LOCK 的指令执行过程中，$\overline{LOCK}$ 引脚输出低电平封锁总线，直到该指令执行完，$\overline{LOCK}$ 引脚变为高电平，撤消对总线的封锁。

此外，在 8086 CPU 处于两个 $\overline{INTA}$ 中断响应周期期间，$\overline{LOCK}$ 信号也会自动变为有效的低电平，以防止其他总线主部件在中断响应过程中占用总线而使一个完整的中断过程被打断。当 8086 处于 DMA 响应期间，此引脚被浮空而处于高阻态。

8088 的引脚功能与 8086 的引脚相比，仅 A15～A8 引脚以及 28 和 34 引脚略有不同，请参考 8086/8088 的引脚图（见图 2-7），这里不再赘述。

3. 8086 最小模式下的典型配置

当 8086 的 MN/$\overline{MX}$ 引脚接+5V 电源时，8086 工作于最小模式。图 2-8 所示为最小模式下 8086 的典型配置。在这种模式下，硬件连接有 1 片 8284A 时钟发生器，3 片 8282 作为地址锁存器和 2 片 8286 作为数据收发器。

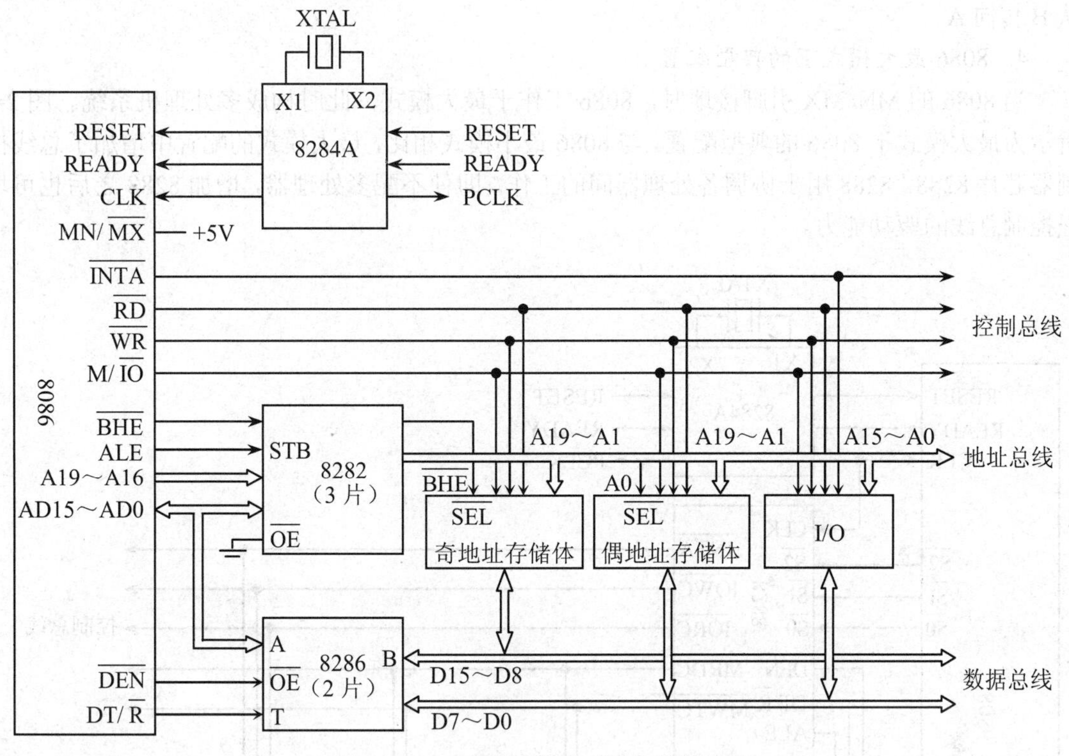

图 2-8　8086 最小模式下的典型配置

8284A 是时钟发生器芯片，它为 8086 系统以及其他外围芯片提供所需要的时钟信号，并对外部 READY 信号和系统复位信号 RESET 进行同步。

8284A 利用外部晶体振荡器作为振荡源，将其连在 X1 和 X2 输入端，将外接晶体振荡源的频率经过 3 分频后，输出占空比为 1/3 的 CLK 时钟脉冲和占空比为 1/2 的 PCLK 时钟脉冲。CLK 用于 8086 的工作时钟，PCLK 用作外部时钟，CLK 频率是 PCLK 频率的 2 倍。经同步后的 READY 和 RESET 信号被输出送向 8086 的相应引脚。

8086 的 20 位地址 A19～A16、A15～A0 以及高字节数据总线允许 $\overline{BHE}$ 都使用分时复用线，在 T1 状态，总线上输出 A19～A0 及 $\overline{BHE}$ 信号，而在 T2～T4 状态，总线用于数据传送，$\overline{BHE}$ 信号也失效。

但是，为了正确交换数据，A19～A0 和 $\overline{BHE}$ 信号在 T2～T4 期间又需要保持，为此，使用 3 片 8 位的 8282（也可用 8283 或 74LS373）作为地址锁存器，锁存 A19～A0 和 $\overline{BHE}$ 信号。8282 的输出允许端 $\overline{OE}$（低电平有效）接地，在 T1 状态，CPU 输出地址锁存允许信号 ALE，ALE 接至 8282 的选通输入端 STB，当 ALE=1 时，8282 的输出状态跟随输入变化，ALE 的下降沿使总线上已经稳定的信号锁入 8282，然后输出送上地址总线。

在系统外部接较多内存和外设时，应增加总线的驱动能力，这时可选用 2 片 8 位的 8286（也可用 8287 或 74LS245）作为数据收发器。系统的 16 位数据线 AD15～AD0 在 8286 的驱动下进行数据的双向传送。8286 的输出允许端 $\overline{OE}$（低电平有效）接 8086 的 $\overline{DEN}$ 端，数据传送方向控制端 T 接 8086 的 DT/$\overline{R}$。当 8286 的 $\overline{OE}$=1 时，8286 两端呈高阻状态；当 $\overline{OE}$=0 允许 8286 传送时，数据传送方向受 T 端控制，当 T=1 时，数据从 A 传向 B，当 T=0 时，数据从 B 传向 A。

4. 8086 最大模式下的典型配置

当 8086 的 MN/$\overline{MX}$ 引脚接地时，8086 工作于最大模式，此时构成多处理机系统。图 2-9 所示为最大模式下 8086 的典型配置。与 8086 最小模式相比，最大模式的配置中增加了总线控制器芯片 8288。8288 用于协调各处理器间的工作，即使不配多处理器，增加 8288 之后也可增强控制总线的驱动能力。

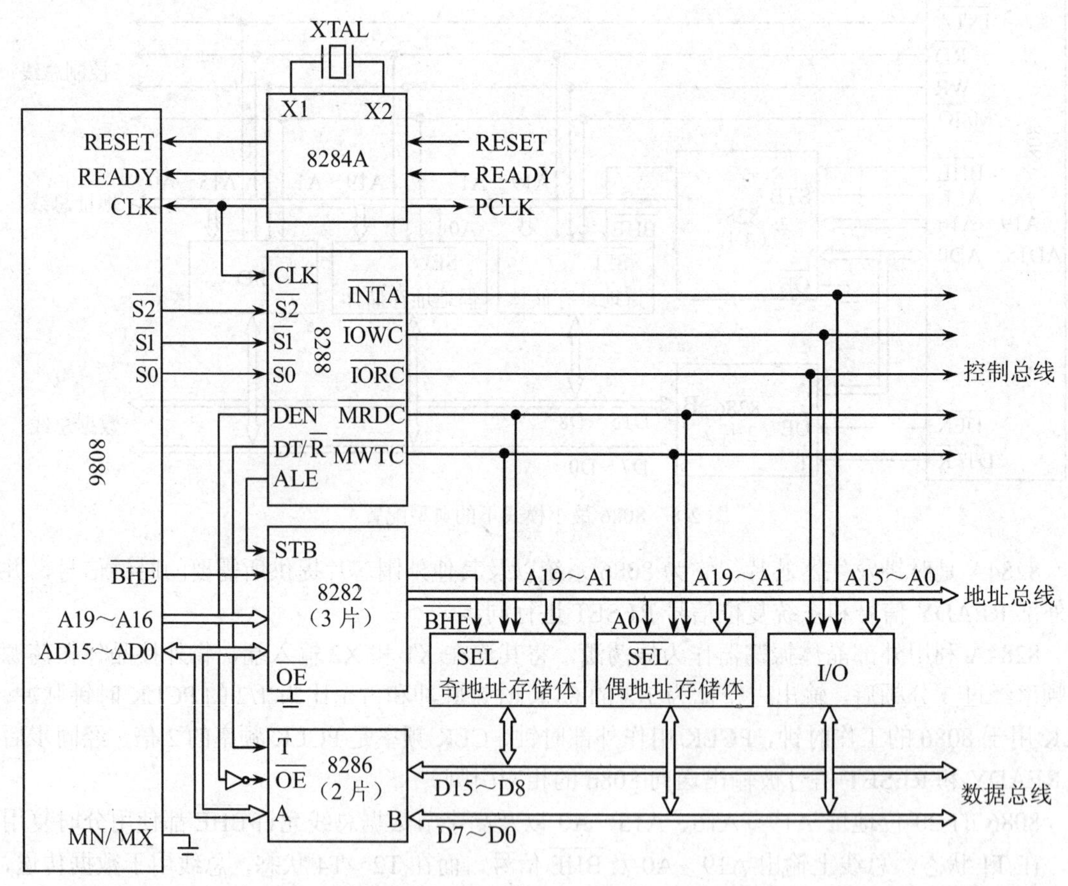

图 2-9　8086 最大模式下的典型配置

最大模式下，CPU 发出的 $\overline{S2}$、$\overline{S1}$、$\overline{S0}$ 信号经由 8288 译码后，产生总线控制信号。在总线控制信号中，$\overline{MRDC}$ 和 $\overline{MWTC}$ 用于内存读/写控制，$\overline{INTA}$、$\overline{IORC}$、$\overline{IOWC}$ 用于 I/O 接口控制，另有两个信号 AIOWC、AMWC 可用于慢速的内存或 I/O 设备的访问（图中未画出）。

2.1.6 8086/8088 的存储器组织及 I/O 组织

内存是计算机工作时专门为处理器提供程序和数据的存储部件。8086/8088 系统的内存组织是典型的实模式下的存储器组织。BIU 通过 20 位地址总线向内存发送 20 位地址码，经内存中的地址译码器译码后，寻址到指定的内存单元并从中读/写指令或数据。

1. 8086/8088 的存储器组织

（1）线性地址。

内存可以存储各种信息，如数据、指令、地址等，且以二进制形式存储。微型计算机内存的信息存储以字节为基本单位，每个字节由 8 位组成，占用一个存储单元，每个存储单元给定一个唯一的地址，这个地址称为物理地址。物理地址以二进制无符号整数形式编号，从 0 开始，顺序增 1。为了书写方便，我们通常以十六进制形式表示。

8086/8088 有 20 条地址线，可直接寻址 1MB（2^{20}）存储空间，物理地址范围为 00000H～FFFFFH，如图 2-10 所示。

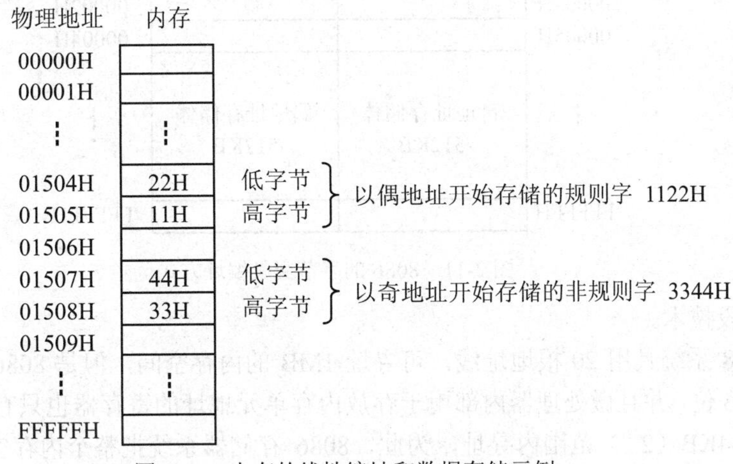

图 2-10 内存的线性编址和数据存储示例

（2）数据存储。

微型计算机内存的数据存储是按物理地址进行管理的，每个物理地址对应一个存储单元，可以存储一个字节的数据。例如，图 2-10 所示的字节数据 22H 存储在物理地址为 01504H 的存储单元中，11H 存储在 01505H 单元中。

但是，在计算机系统中许多时候存储的数据不仅仅是 8 位字节类型的，还有 16 位字类型、32 位双字类型、64 位四字类型等数据，这些数据在内存中是如何存储的呢？

若存储一个 16 位的字数据，则将占用两个连续的存储单元，低地址单元存放该字数据的低位字节，高地址单元存放高位字节，并以低地址作为该字的访存地址，这两个连续的存储单元统称为字单元。例如图 2-10 中，字数据 3344H 的高位字节 33H 和低位字节 44H 分别占用 01508H 和 01507H 两个存储单元，以低地址 01507H 作为这个字数据的地址，我们说成“3344H 存储于 01507H 单元”。

在 8086 存储器系统中，字节数据可以存储于偶地址或奇地址单元；对于字数据，从偶地址开始存储的字称为规则字，从奇地址开始存储的字称为非规则字。如图 2-10 中的实例可见，存储于 01504H 单元的字数据 1122H 为规则字；而存储于 01507H 单元的 3344H 为非规则字。

微处理器访问内存或 I/O 接口，存/取一个数据或指令所用的时间称为总线周期，8086 微处理器对规则字的读写可在一个总线周期内完成，对非规则字的读写则需要两个总线周期。所以在程序设计时，应尽量选择从偶地址单元开始存放字数据，以提高程序的运行速度。

双字、四字类型数据的存储与字数据的存储方式类似，也是存储在连续的内存单元中，低字节存储在低地址单元中，高字节存储在高地址单元中，以低地址作为数据的访存地址。

在 8086 系统中，1MB 的存储空间实际上被分成两个 512KB 的存储体（参见图 3-19）。与 CPU 的低位字节数据线 D7～D0 相连的称为偶地址存储体，该存储体中的每个地址均为偶数；与 CPU 的高位字节数据线 D15～D8 相连的称为奇地址存储体，该存储体中的每个地址均为奇数，两个存储体之间采用字节交叉编址方式，如图 2-11 所示。这种多体存储结构便于对内存的并行访问，从而提高内存的存取速度。

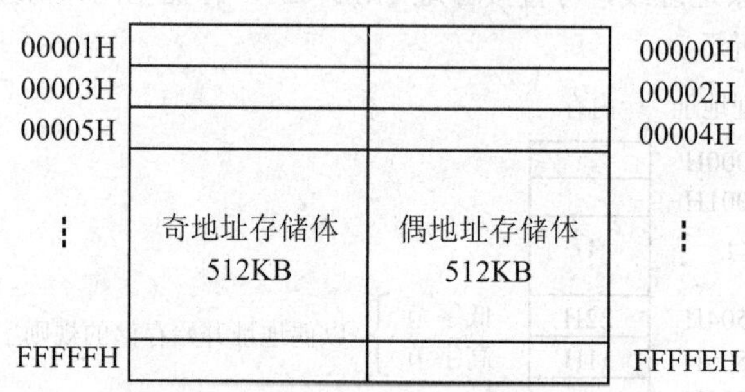

图 2-11　8086 的字节交叉编址方式

（3）分段技术。

8086/8088 系统具用 20 根地址线，可寻址 1MB 的内存空间，但是 8086 指令系统中给出的地址码为 16 位，并且微处理器内部用于存放内存单元地址的寄存器也只有 16 位，使得微处理器只能在 64KB（2^{16}）范围内寻址，为此，8086 存储器系统把整个内存空间分成若干个逻辑段来管理，不同段内存储不同性质的数据。逻辑段的划分规则是：每个段的容量不超过 64KB，并且段的起始地址必须能被 16 整除，即段起始单元物理地址的低 4 位为二进制 0000。

由此引出逻辑地址，逻辑地址由段基址和偏移地址两部分组成。段基址是指一个逻辑段起始地址的高 16 位地址码，它描述了要寻址的逻辑段在内存中的起始位置。偏移地址又称有效地址，是指逻辑段内要寻址的某一内存单元距离本段首单元的偏移量。逻辑地址可以表示为"段基址：偏移地址"。段基址和偏移地址都为 16 位的无符号数，常用 4 位十六进制数表示。例如，逻辑地址 1200H:0023H 表示在段基址为 1200H 的逻辑段内，偏移地址为 0023H 的存储单元。

物理地址是内存的实际地址，一个 20 位的物理地址码唯一对应一个存储单元，物理地址是 CPU 访问内存时所使用的地址，但在程序设计中使用的却是逻辑地址，为此需要逻辑地址到物理地址的转换。这个转换过程是由 BIU 内部 20 位的地址加法器自动完成的（参见图 2-2），首先将段寄存器提供的 16 位段基址左移 4 位，成为 20 位地址，然后再与各种寻址方式提供的 16 位偏移地址相加，最终得到 20 位物理地址，即"物理地址=段基址×16+偏移地址"。

例如，逻辑地址为 1200H:0023H 的存储单元，其物理地址为 12023H。

8086/8088 CPU 有 4 个段寄存器，分别是数据段寄存器 DS、代码段寄存器 CS、堆栈段寄存器 SS、附加段寄存器 ES，段基址就是由这 4 个段寄存器提供的。程序可以从段寄存器所指定的逻辑段中存取代码和数据。各逻辑段之间的位置关系可以是相互独立的或连续的，也可以部分重叠或全部重叠，如图 2-12 所示。

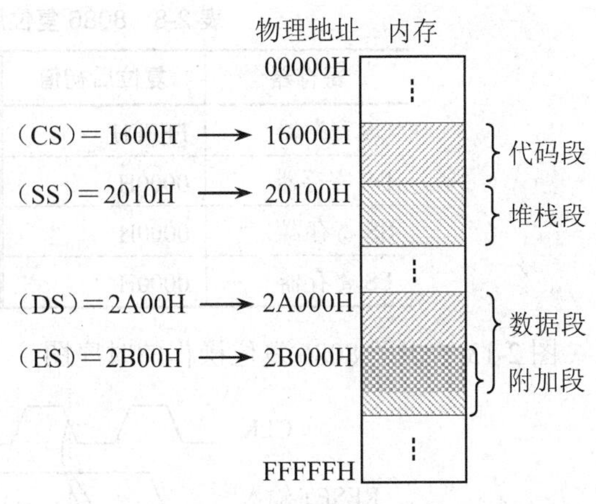

图 2-12　存储器分段示例

2. 8086/8088 的 I/O 组织

CPU 与外部设备之间是通过 I/O 接口电路进行联络从而传递信息的。每个 I/O 接口电路都包含一个或几个用于寄存信息的寄存器，称为 I/O 端口。这些端口与存储单元一样都有唯一确定的地址，称为端口地址。

8086/8088 的端口使用 I/O 独立编址方式，即 I/O 端口单独编址构成一个独立的 I/O 空间，不占用内存地址空间。CPU 用地址总线的低 16 位作为对 I/O 端口的寻址线，可管理 64KB 的 I/O 端口空间，可访问 65536（2^{16}）个 8 位端口，两个地址相邻的 8 位端口可以组成一个 16 位端口。I/O 空间与内存空间相比要小得多，但对于外设数量来说已是足够的。

I/O 独立编址的优点是端口的地址空间独立，控制电路和地址译码电路比较简单，采用专门的输入/输出指令（IN 和 OUT），指令编码短，端口操作指令与存储器操作指令在形式上区别明显，使程序编制与阅读较清晰。缺点是输入/输出指令类别少，一般只能进行传送操作。

需要指出的是，8086/8088 在采用 I/O 独立编址方式时，必须提供专门的控制信号以区别是寻址内存还是寻址 I/O 端口。最小模式下 8086 若访问内存，则 $M/\overline{IO}$ 信号输出高电平，若访问 I/O 端口，则 $M/\overline{IO}$ 输出低电平。8088 则使用 $IO/\overline{M}$ 信号区分寻址内存或寻址 I/O 端口。

2.1.7 8086/8088 的总线操作及时序

微型计算机在运行过程中，要执行许多操作，8086/8088 的操作主要有系统复位和启动操作、总线读/写操作、中断操作、总线请求/允许操作。8088 与 8086 的总线操作基本一致，在此以 8086 为例进行介绍。

1. 系统复位与启动操作

8086 的复位和启动操作是通过 RESET 引脚上的触发信号来执行的。8086 要求复位信号至少维持 4 个时钟周期的高电平，如果是初次上电，则要求至少维持 50μs 的高电平。

当 RESET 引脚出现高电平，8086 就会结束当前操作，进入内部复位状态，而且只要 RESET 信号维持高电平，复位状态就一直维持。在复位状态，CPU 内部各寄存器都被置为初值，具体如表 2-8 所示。

其中代码段寄存器 CS 和指令指针寄存器 IP 被置为 FFFFH 和 0000H，所以系统复位后重新启动时，便从内存的 FFFF0H 存储单元开始执行程序，因此，在内存 ROM 区域的 FFFF0H 单元存放一条无条件转移指令，执行到该指令则转移到系统引导程序的入口处。这样，系统一启动就自动进入初始状态。

表 2-8　8086 复位后内部寄存器的初值

寄存器	复位后初值	寄存器	复位后初值
CS 寄存器	FFFFH	指令指针 IP	0000H
DS 寄存器	0000H	指令队列	空
SS 寄存器	0000H	标志寄存器	0000H
ES 寄存器	0000H	其他寄存器	0000H

图 2-13 给出了 8086 复位操作的时序图。

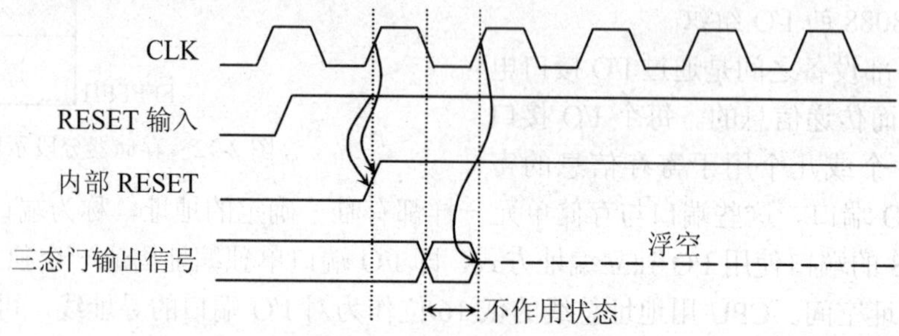

图 2-13　8086 复位操作时序

在 RESET 输入信号变为高电平后，经过一个时钟周期，所有的三态输出线被置为高阻态，并一直维持高阻态直到 RESET 信号变为低电平。但在高阻态之前的半个时钟周期，三态输出线被置为不作用状态，当时钟信号又变为高电平时，才浮空为高阻态。所谓不作用状态就是对总线不加控制状态，或者说这些总线从原来状态进入高阻状态的过渡状态。

置为高阻态的三态输出线包括 AD15～AD0、A19/S6～A16/S3、$\overline{BHE}$/S7、M/$\overline{IO}$（$\overline{S2}$）、DT/$\overline{R}$（$\overline{S1}$）、$\overline{DEN}$（$\overline{S0}$）、$\overline{WR}$（$\overline{LOCK}$）、$\overline{RD}$、$\overline{INTA}$。另外几条控制线在复位后不浮空，但处于无效状态，它们是 ALE、HLDA、QS1、QS0 降为低电平，$\overline{RQ}/\overline{GT1}$、$\overline{RQ}/\overline{GT0}$ 上升为高电平。

2. 最小模式下的总线读/写操作

从前面的介绍已经知道，CPU 从内存取指令，读/写内存中的数据或访问 I/O 端口，都要经过一个总线周期。对于 8086，一个基本的总线周期包括 4 个时钟周期，习惯上称之为 T1、T2、T3、T4 状态。当内存或 I/O 接口速度较慢时，可在 T3 和 T4 之间插入一个或几个 Tw 等待状态。

在进入总线周期之前，即 T1 前沿之前，8086 的 M/$\overline{IO}$ 信号应有效，若要访问内存，则 M/$\overline{IO}$ 上升为高电平，若要访问 I/O 端口，则 M/$\overline{IO}$ 降为低电平（如图 2-14、图 2-15 中①所示）。

（1）最小模式下存储器或 I/O 端口读操作。

总线读操作就是指微处理器从指定的内存单元或 I/O 端口取数据。在指令执行过程中，执行部件 EU 可能需要从内存或 I/O 端口读取数据，因而进入总线读周期。图 2-14 表示了 8086 在最小模式下的读时序。

从图中可见，在各个 T 状态，总线上信号的具体变化情况如下所述。

1）T1 状态。从 T1 状态开始，20 位物理地址稳定出现在总线上，其中高 4 位地址通过 A19/S6～A16/S3 送出，低 16 位地址通过 AD15～AD0 送出（如图 2-14 中②所示）；同时，为实现对奇地址存储体的寻址，高字节数据总线允许信号 $\overline{BHE}$ 也输出有效的低电平（如图 2-14 中③所示）。

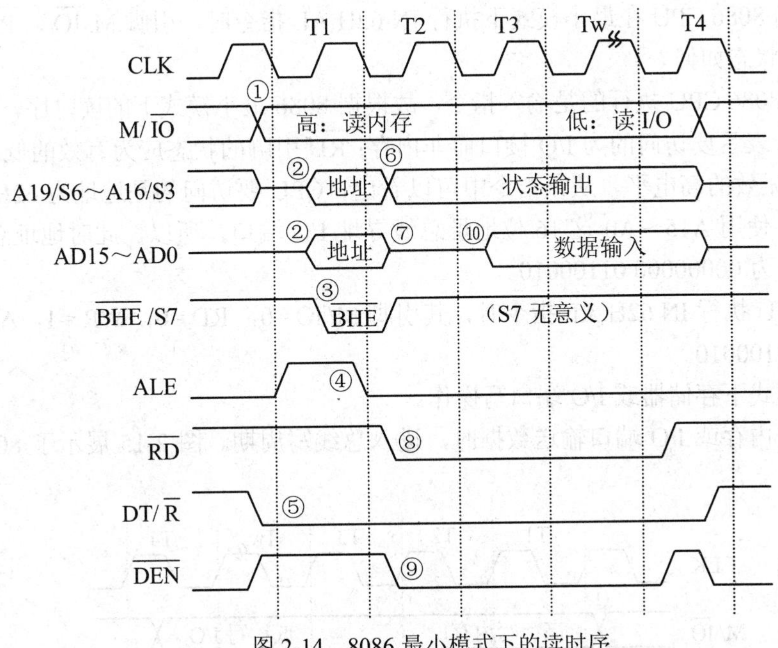

图 2-14　8086 最小模式下的读时序

为了在 T2～T4 状态能够使用多路复用总线 A19/S6～A16/S3、AD15～AD0、$\overline{BHE}$/S7 传输数据和状态信息，必须将这 20 位地址和 $\overline{BHE}$ 信号锁入外部地址锁存器中，于是地址锁存允许信号 ALE 输出一个正脉冲，在 ALE 的下降沿进行锁存，并一直保持到 T4 状态（如图 2-14 中④所示）。

此外，若系统中接有数据收发器，还要用到数据传输方向控制信号 DT/$\overline{R}$ 和数据允许信号 $\overline{DEN}$，由图中可见，在读周期中，DT/$\overline{R}$ 应降为低电平，并一直保持到 T4 状态（如图 2-14 中⑤所示）。

2）T2 状态。进入 T2 状态，地址信息消失（如图 2-14 中⑥⑦所示），地址/数据复用总线 AD15～AD0 进入高阻状态，为读入数据作准备。A19/S6～A16/S3 及 $\overline{BHE}$/S7 线上输出状态信息 S7～S3（如图 2-14 中⑥所示，8086 的 S7 无意义），并一直持续到 T4 状态。

数据允许信号 $\overline{DEN}$ 降为低电平，使数据收发器工作（如图 2-14 中⑨所示）。

读控制信号 $\overline{RD}$ 降为有效的低电平，该信号被送至内存或 I/O 接口，使被选中的存储单元或 I/O 端口数据送上数据总线（如图 2-14 中⑧所示）。

3）T3 状态。在 T3 状态，内存单元或 I/O 端口的数据在无等待情况下已经稳定出现在数据总线上。CPU 通过 AD15～AD0 准备接收数据（如图 2-14 中⑩所示）。

但是，当系统中的内存或 I/O 接口的速度较慢时，就需要在 T3 状态之后插入等待周期 Tw。为此，CPU 在 T3 的前沿（下降沿处），采样 READY 引脚，若检测到 READY 信号为高电平，则无需插入 Tw，直接进入 T4 状态；若检测到 READY 为低电平，说明内存或 I/O 接口没有准备好，CPU 就在 T3 之后自动插入 Tw，直到检测到 READY 上升为高电平时为止，则在执行完当前的 Tw 后进入 T4 状态。

4）T4 状态。在 T4 前沿 CPU 将数据读入，结束本次总线读操作。$\overline{RD}$、DT/$\overline{R}$、$\overline{DEN}$ 等信号失效。所有三态总线变为高阻状态，为下一个总线周期作准备。

【例 2.1】当 8086 CPU 在最小模式下执行 IN 62H,AL 指令时，引脚 M/$\overline{IO}$、$\overline{RD}$、$\overline{WR}$、A15～A0 的组合状态如何？

分析：由于 8086 CPU 执行的是输入指令，故根据 8086 最小模式下的读时序，M/$\overline{IO}$ 引脚应为低电平状态，表示要访问的为 I/O 接口而非内存；$\overline{RD}$ 引脚的状态应为有效的低电平，$\overline{WR}$ 引脚的状态应为无效的高电平。从该指令中可以看出，CPU 要访问的是地址为 62H 的端口，在 8086 系统中，使用 A15～A0 这 16 位地址总线寻址 I/O 端口，所以，此时地址总线 A15～A0 的组合状态应为 00000000 01100010。

所以，当 CPU 执行 IN 62H,AL 指令时，其引脚 M/$\overline{IO}$=0，$\overline{RD}$=0，$\overline{WR}$=1，A15～A0 组合为 00000000 01100010。

（2）最小模式下存储器或 I/O 端口写操作。

当 CPU 要向内存或 I/O 端口输送数据时，进入总线写周期。图 2-15 展示了 8086 在最小模式下的写时序。

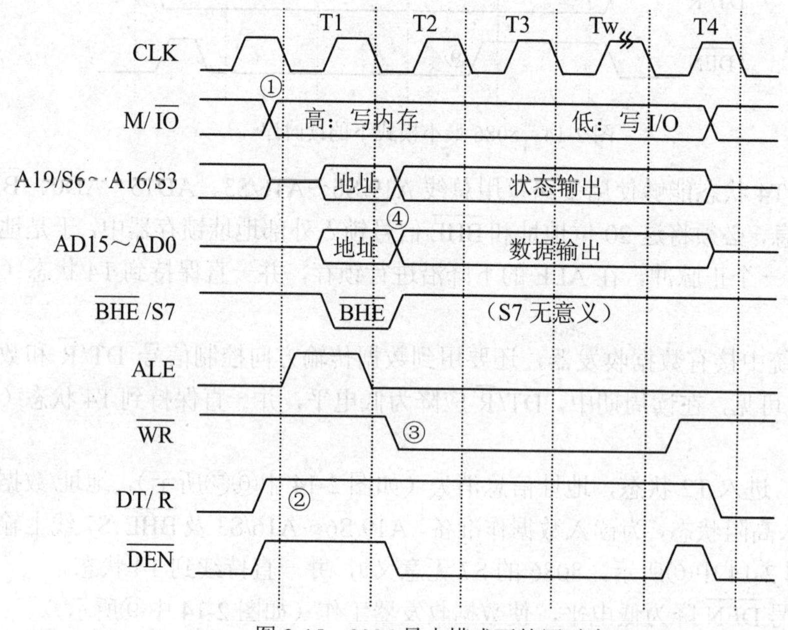

图 2-15 8086 最小模式下的写时序

从图中可见，8086 在最小模式下的写时序与读时序非常相似，只有以下几点不同。

1）从 T1 状态开始，DT/$\overline{R}$ 信号为高电平（如图 2-15 中②所示），并一直保持到 T4 状态。表示 CPU 将通过数据收发器向存储单元或 I/O 端口发送数据，即写操作。

2）从 T2 状态开始，不是 $\overline{RD}$ 信号变为低电平，而是写控制信号 $\overline{WR}$ 变为有效的低电平（如图 2-15 中③所示），并一直维持到 T4 状态。

3）在 T2 状态，地址信号发出后，CPU 立即向 AD15～AD0 发出数据（如图 2-15 中④所示），数据信息一直保持到 T4 状态，以使内存或 I/O 接口一旦准备好便可从数据总线取走数据。

进入 T4 状态以后，CPU 认为内存或 I/O 接口已经完成了数据的写入，因而数据从数据总线上撤消，其他控制信号和状态信号也进入无效状态，所有三态总线变为高阻状态，于是本次写总线操作结束。

3. 最大模式下的总线读/写操作

在最小模式下，所有控制信号皆由 8086 发出。但在最大模式下，控制信号却是由总线控制器 8288 根据 CPU 发出的$\overline{S2}$、$\overline{S1}$、$\overline{S0}$状态而提供的。

（1）最大模式下存储器或 I/O 端口读操作。

在最大模式下，虽然 CPU 仍提供读控制信号$\overline{RD}$，但总线控制器 8288 也提供了内存读信号$\overline{MRDC}$和 I/O 端口读信号$\overline{IORC}$，由于$\overline{RD}$信号需要 M/$\overline{IO}$协助区分读内存还是读 I/O 端口，但 8086 的 28 号引脚（M/$\overline{IO}$）在最大模式下用作$\overline{S2}$，而$\overline{MRDC}$和$\overline{IORC}$信号却可以直接指出读取目标，所以在最大模式下，总是使用 8288 提供的$\overline{MRDC}$和$\overline{IORC}$信号。

图 2-16 表示了 8086 在最大模式下的读时序，图中在 8288 提供的控制信号前标以“*”。

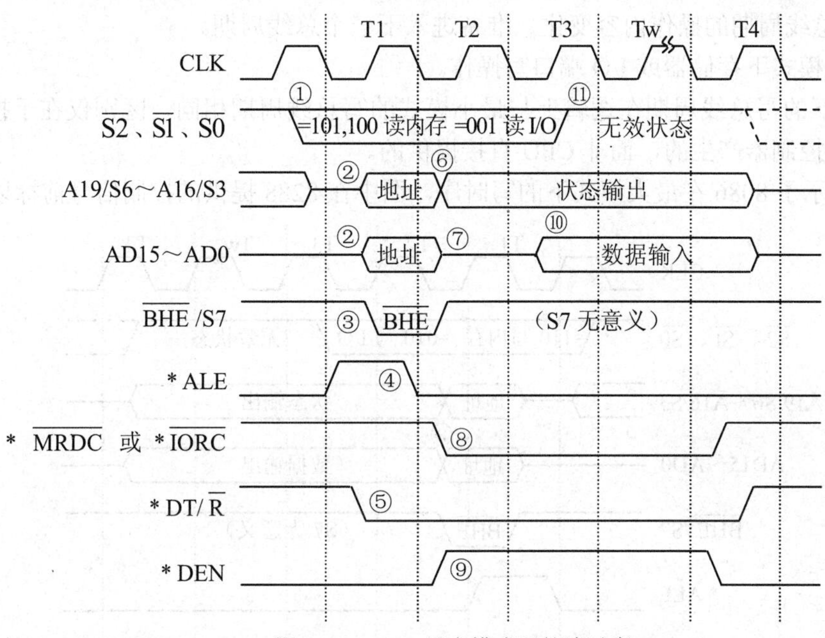

图 2-16　8086 最大模式下的读时序

从图中可见，在每个总线周期开始之前，$\overline{S2}$、$\overline{S1}$、$\overline{S0}$必定置为高电平（无效状态），8288 只要检测到$\overline{S2}$、$\overline{S1}$、$\overline{S0}$中任何一个或几个脱离高电平，便开始一个新的总线周期（如图 2-16 中①所示）。

1）T1 状态。在 T1 状态下，8086 将高 4 位地址通过 A19/S6～A16/S3 送出，低 16 位地址通过 AD15～AD0 送出（如图 2-16 中②所示）；同时$\overline{BHE}$也输出有效的低电平（如图 2-16 中③所示）。

$\overline{S2}$、$\overline{S1}$、$\overline{S0}$进入有效状态。根据 8086 发出的$\overline{S2}$、$\overline{S1}$、$\overline{S0}$组合状态，总线控制器 8288 产生具体的控制信号（参见表 2-6）。

8288 发出地址锁存允许信号 ALE，将 A19～A0 和$\overline{BHE}$锁存到地址锁存器中（如图 2-16 中④所示）。此外，8288 还使 DT/$\overline{R}$降为低电平（如图 2-16 中⑤所示），表示当前总线周期执行读操作，并一直维持到 T4 状态。

2）T2 状态。进入 T2 状态，A19/S6～A16/S3、$\overline{BHE}$/S7 引脚输出状态信号 S7～S3（如图 2-16 中⑥所示），AD15～AD0 进入高阻态（如图 2-16 中⑦所示），以准备数据读入。

8288 根据$\overline{S2}$、$\overline{S1}$、$\overline{S0}$的组合状态，产生$\overline{MRDC}$或$\overline{IORC}$信号（如图 2-16 中⑧所示）送往内存或 I/O 端口，用于数据读入控制，该信号一直维持到 T4 状态。8288 还发出数据允许信号 DEN（如图 2-16 中⑨所示），允许数据收发器传送数据。

3）T3 状态。如果内存或 I/O 端口速度快，这时数据应该已被送上数据总线，CPU 通过 AD15～AD0 准备接收数据（如图 2-16 中⑩所示）。否则，同样需要插入等待状态 Tw。

在 T3 状态中，$\overline{S2}$、$\overline{S1}$、$\overline{S0}$全部上升为高电平，进入无效状态（如图 2-16 中⑪所示），这种无效状态一直持续到 T4 状态，说明很快可以启动下一个总线周期。

4）T4 状态。进入 T4 状态，数据被 CPU 读走，数据从总线上撤消，结束本次总线读操作。$\overline{MRDC}$（或$\overline{IORC}$）、DT/$\overline{R}$、DEN 等信号失效。所有三态总线变为高阻状态，$\overline{S2}$、$\overline{S1}$、$\overline{S0}$信号按照下一个总线周期的操作内容变化，准备进入下一个总线周期。

（2）最大模式下存储器或 I/O 端口写操作。

最大模式下的写总线周期在逻辑上与最小模式的写总线周期相同，区别仅在于控制信号是由 8288 总线控制器产生的，而非 CPU 直接提供的。

图 2-17 表示了 8086 在最大模式下的写时序，图中在 8288 提供的控制信号前标以“*”。

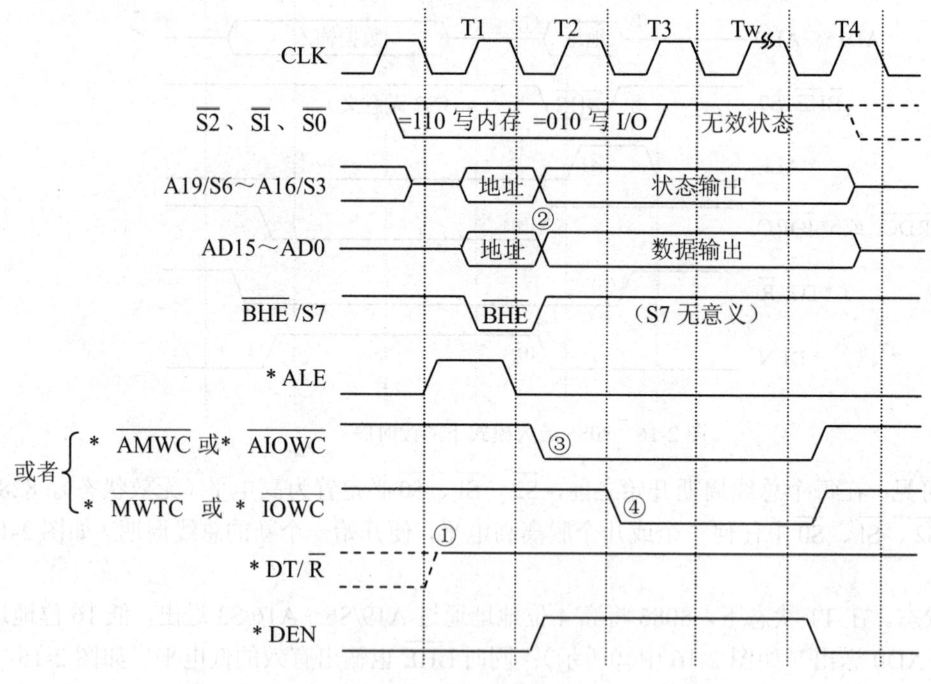

图 2-17　8086 最大模式下的写时序

由图中可见，在最大模式下，8086 的写时序与读时序有以下几点不同之处：

1）由于在写操作中，CPU 发出的$\overline{S2}$、$\overline{S1}$、$\overline{S0}$组合状态与读操作中的$\overline{S2}$、$\overline{S1}$、$\overline{S0}$组合不同（参见表 2-6），所以总线控制器 8288 产生了$\overline{MWTC}$或$\overline{IOWC}$信号，送往内存或 I/O 端口，用于数据输出控制。

2）8288 产生的 DT/$\overline{R}$ 信号为高电平（如图 2-17 中①所示），表示 CPU 将通过数据收发器向存储单元或 I/O 端口发送数据，即写操作。

3）在 T2 状态，地址信号发出后，CPU 立即向 AD15～AD0 发出数据（如图 2-17 中②所示），数据信号一直保持到 T4 状态，使内存或 I/O 接口一旦准备好即可从数据总线取走数据。

4）作为写操作，8288 提供了一般写信号（$\overline{\text{MWTC}}$ 或 $\overline{\text{IOWC}}$）和超前写信号（$\overline{\text{AMWC}}$ 或 $\overline{\text{AIOWC}}$），采用超前写信号将会比一般写信号提前一个时钟周期有效（如图 2-17 中③④所示）。

进入 T4 状态以后，数据已写入内存或 I/O 端口，因而数据从数据总线上撤消，地址、数据等所有三态总线变为高阻状态，$\overline{\text{MWTC}}$（或 $\overline{\text{IOWC}}$ 或 $\overline{\text{AMWC}}$ 或 $\overline{\text{AIOWC}}$）、DT/$\overline{\text{R}}$、DEN 等信号进入无效状态，于是本次写总线操作结束。$\overline{\text{S2}}$、$\overline{\text{S1}}$、$\overline{\text{S0}}$ 信号按照下一个总线周期的操作内容变化，准备进入下一个总线周期。

应当指出，8088 与 8086 在总线操作上有两点不同。其一，在最小模式下，用于区别存储器读写还是 I/O 读写的信号线不同，8086 用 M/$\overline{\text{IO}}$，而 8088 则用 IO/$\overline{\text{M}}$，二者的电平正好相反；其二，8088 只用 8 条总线作为地址/数据复用，因此 A15～A8 在每个总线周期的 T1 至 T4 期间都传送地址信息。

4. 中断操作

8086 中断系统可处理 256 种中断，每个中断源对应一个中断类型号，中断类型号为 0～255。CPU 响应中断时，是通过中断类型号取得对应的中断向量，从而找到中断服务子程序入口的。针对可屏蔽的硬件中断，由于中断类型号也是通过数据总线传输的，因此，响应中断的操作也是总线操作。

CPU 在每个指令周期的最后一个 T 状态检测可屏蔽中断请求线 INTR，如果 INTR 引脚是有效的高电平，且此时标志寄存器的中断允许标志 IF=1，那么 CPU 在执行完当前的指令后，立即响应中断，执行中断响应周期。

在 8086 的中断响应期间 CPU 执行两个 $\overline{\text{INTA}}$ 周期，如图 2-18 所示。

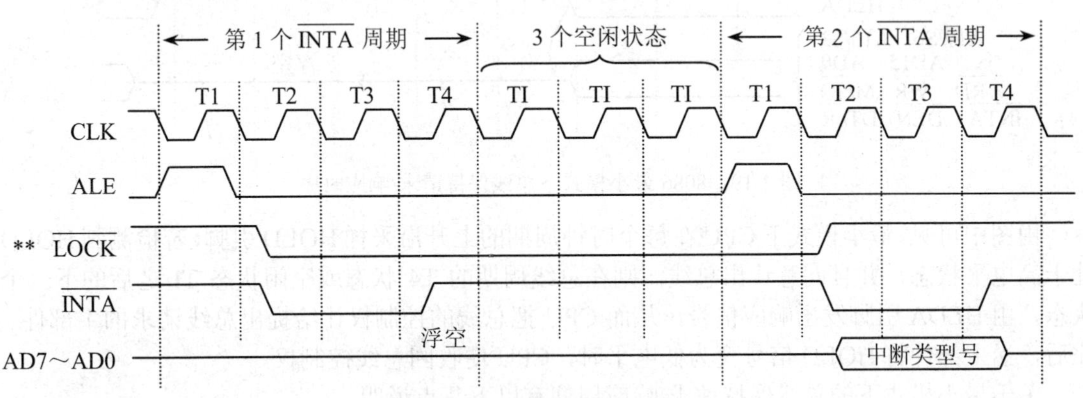

图 2-18　8086 中断响应周期时序

关于中断响应周期作以下几点说明：

（1）每个 $\overline{\text{INTA}}$ 周期由 4 个 T 状态组成。在第 1 个 $\overline{\text{INTA}}$ 周期的 T2 至 T4 状态，$\overline{\text{INTA}}$ 为有效的低电平，作为对中断请求设备的响应；在第 2 个 $\overline{\text{INTA}}$ 周期，同样从 T2 至 T4 状态，$\overline{\text{INTA}}$ 为低电平有效，该信号通知中断请求设备把中断类型号通过数据总线的低 8 位传送给 CPU。在 8086 系统中，两个 $\overline{\text{INTA}}$ 周期之间一般有 3 个空闲周期 TI，而 8088 系统则没有。

（2）最大模式下的中断响应时序增加了控制信号$\overline{\mathrm{LOCK}}$（图中标记以“**”），$\overline{\mathrm{LOCK}}$在第 1 个$\overline{\mathrm{INTA}}$周期的 T2 状态到第 2 个$\overline{\mathrm{INTA}}$周期的 T2 期间保持有效的低电平，以保证在中断响应过程中禁止其他总线控制主部件占有 CPU 的总线控制权，从而保证中断过程不受外界影响。

（3）8086 要求外设通过 8259A 向 INTR 引脚发出的中断请求信号是一个电平信号，必须维持 2 个总线周期的高电平，否则，当 CPU 的 EU 执行完一条指令后，如果 BIU 正在执行总线操作周期，就会使中断请求得不到响应。

（4）8086 在最小模式时，$\overline{\mathrm{INTA}}$响应信号是直接从 CPU 的$\overline{\mathrm{INTA}}$引脚发出的；在最大模式下，则是通过总线控制器 8288 的$\overline{\mathrm{INTA}}$引脚发出。

（5）8086 还有一条优先级更高的总线保持请求信号 HOLD（最小模式下）或$\overline{\mathrm{RQ}}/\overline{\mathrm{GT}}$（最大模式下）。若中断请求信号和总线保持请求信号同时发向 CPU，则 CPU 先响应总线请求，然后才响应中断。但当 CPU 已进入中断响应周期，即使外部发来这样的总线保持请求信号，也要在 CPU 完成中断响应后才能得到响应。

5. 最小模式下总线保持请求/响应操作

当一个系统中具有多个总线控制主部件时，CPU 以外的其他总线控制主部件为了获得对总线的控制权，需要向 CPU 发出使用总线的请求。在 CPU 接到请求之后，若同意让出总线，就需要向请求总线的主部件发出应答。8086 有专门的总线请求、应答联络线，在最小模式下是 HOLD 和 HLDA，在最大模式下是$\overline{\mathrm{RQ}}/\overline{\mathrm{GT}}$。

图 2-19 为最小模式下的总线保持请求/响应时序图。

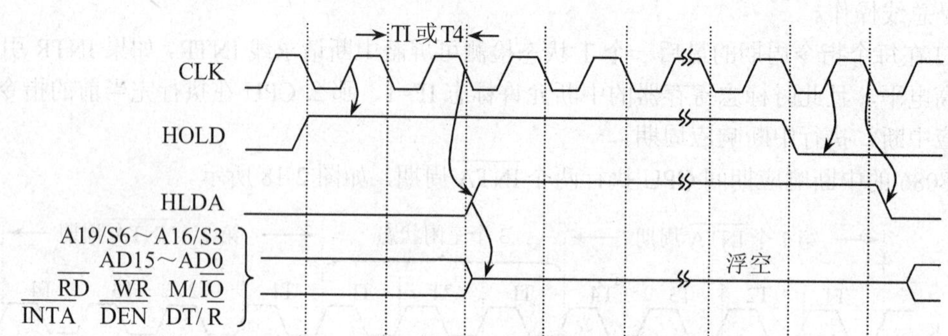

图 2-19　8086 最小模式下总线保持请求/响应时序

由图中可见，最小模式下 CPU 在每个时钟周期的上升沿采样 HOLD 引脚，若检测到 HOLD 处于高电平状态，并且同意让出总线，则在总线周期的 T4 状态或空闲状态 TI 之后的下一个状态，由 HLDA 引脚发出响应信号，从而 CPU 把总线的控制权让给提出总线请求的主部件。此后，当主部件将 HOLD 信号变为低电平时，CPU 便收回总线控制权。

关于最小模式下的总线保持请求/响应周期有以下几点说明：

（1）HOLD 信号变为高电平后，CPU 要在下一个时钟周期的上升沿才检测到。当采样到 HOLD 信号时，若当时不在空闲状态 TI 或 T4 状态，则在本总线周期结束后才会响应，即可能会延迟几个时钟周期，等到 TI 或 T4 状态时的下降沿才发出高电平有效的 HLDA 信号。

（2）CPU 一旦让出总线控制权，便将所有的三态输出线 A19/S6～A16/S3、AD15～AD0、$\overline{\mathrm{WR}}$、$\overline{\mathrm{RD}}$、M/$\overline{\mathrm{IO}}$、$\overline{\mathrm{INTA}}$、$\overline{\mathrm{DEN}}$及 DT/$\overline{\mathrm{R}}$都浮空为高阻态，这样，CPU 与数据总线、地址总线以及上述控制总线暂时脱离关系。

（3）HOLD 信号影响 8086 CPU 的总线接口部件 BIU 的工作（总线浮空），但执行部件 EU 继续执行指令缓冲队列中的指令，直到遇到需要使用总线的指令时，EU 才停下来。

（4）获得总线控制权的主部件应一直保持 HOLD 为高电平，直至其放弃总线使用权时，才使 HOLD 变为低电平。CPU 一旦发现 HOLD 变为低电平，就会在随后的时钟脉冲下降沿使 HLDA 降为低电平，并在需要进行总线操作时与总线接通。

6. 最大模式下总线请求/允许/释放操作

在最大模式下，8086 与其他总线控制主部件之间传递总线控制权的方法，是通过双向总线请求/总线允许信号 $\overline{RQ}/\overline{GT}$ 实现的。

最大模式下的 8086 提供了两个功能完全相同的双向联络信号 $\overline{RQ}/\overline{GT0}$ 和 $\overline{RQ}/\overline{GT1}$，其中 $\overline{RQ}/\overline{GT0}$ 比 $\overline{RQ}/\overline{GT1}$ 的优先级高，但总线的使用不能嵌套。即当两个引脚上同时有总线请求时，CPU 会在 $\overline{RQ}/\overline{GT0}$ 上先发出允许信号；但是当 CPU 已把总线控制权让给连接 $\overline{RQ}/\overline{GT1}$ 的主部件时，若 $\overline{RQ}/\overline{GT0}$ 上的主部件又有总线请求，则必须等到前一个主部件释放总线，CPU 收回总线控制权后，才能得到响应。

通过总线控制权的转移，各个总线控制主部件（如协处理器、DMA 控制器等）可以共享内存、I/O 端口、总线控制器、数据收发器和地址锁存器等硬件资源。

图 2-20 为最大模式下的总线请求/允许/释放时序图。

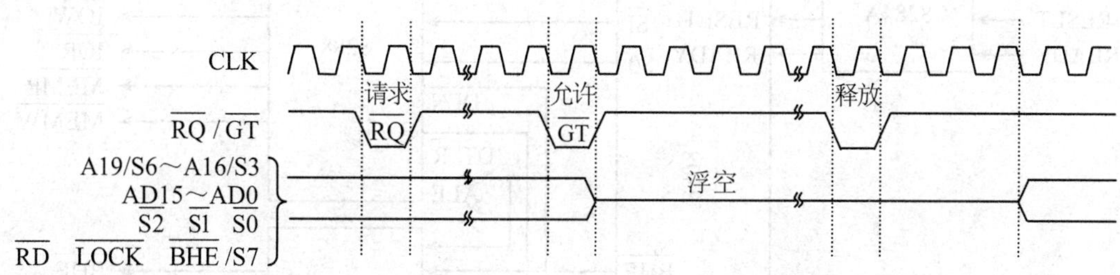

图 2-20 8086 最大模式下总线请求/允许/释放时序

由图中可见，通过 $\overline{RQ}/\overline{GT}$ 信号线上的 3 个负脉冲（请求－允许－释放）构成了最大模式下的总线请求/允许/释放操作，具体有如下说明：

（1）当某一总线控制主部件请求使用总线时，通过 $\overline{RQ}/\overline{GT}$ 引脚送出一个宽度为 1 个时钟周期的负脉冲，作为总线 $\overline{RQ}$ 请求信号，向 CPU 发出。

（2）CPU 在每个时钟周期的上升沿对 $\overline{RQ}/\overline{GT}$ 引脚进行采样，若检测到外部向 CPU 送来一个请求负脉冲，则在下一个 T4 状态或 TI 状态，从同一引脚由 CPU 向请求总线使用权的主部件回应一个宽度为 1 个时钟周期的负脉冲，作为 $\overline{GT}$ 总线允许信号。CPU 发出允许负脉冲之后，全部三态输出线 A19/S6～A16/S3、AD15～AD0、$\overline{RD}$、$\overline{LOCK}$、$\overline{S2}$、$\overline{S1}$、$\overline{S0}$、$\overline{BHE}$/S7 都进入浮空状态，这样 CPU 与数据总线、地址总线以及上述控制总线暂时脱离关系。

（3）外部主部件收到 CPU 发来的允许负脉冲后，得到总线控制权，可以占用一个或几个总线周期。当总线主部件准备释放总线时，又通过 $\overline{RQ}/\overline{GT}$ 线向 CPU 发出释放负脉冲，脉冲宽度为 1 个时钟周期。CPU 检测到释放脉冲后，在下一个时钟周期收回总线控制权。

（4）CPU 发出总线允许负脉冲，释放总线后，CPU 仍可执行已经进入指令缓冲队列的指令，直到需要使用总线周期为止。

2.1.8 IBM PC/XT 微型计算机简介

IBM PC/XT 是 16 位机时代最流行的微型计算机，它以 Intel 8088 为 CPU，不仅与 8086 兼容，并且与 80286、80386、80486 等系列机都有较好的兼容性。

下面针对 IBM PC/XT 微型计算机作简单介绍。其中各部件的具体结构及工作原理将在第 2～9 章详细讨论。

IBM PC/XT 的核心是一块安装在机箱底部的系统板（又称主板），它是其他各部件和各种外部设备的连接载体。系统板上的电路可以分成 4 个主要功能模块：CPU 及辅助器件构成的 CPU 子系统、ROM 和 RAM 构成的存储器子系统、各种 I/O 接口芯片构成的接口部件子系统、连接各种外设适配卡的 I/O 扩展槽。

1. CPU 子系统

CPU 子系统是整个微型计算机系统的控制核心，负责管理全部的软、硬件资源，按规定时序完成要求的任务。在 IBM PC/XT 系统板上，8088 微处理器、8284A 时钟发生器、8288 总线控制器，以及数据收发器 74LS245 和地址锁存器 74LS373 构成 CPU 子系统，必要时还可以加上 8087 协处理器。其连接关系如图 2-21 所示。

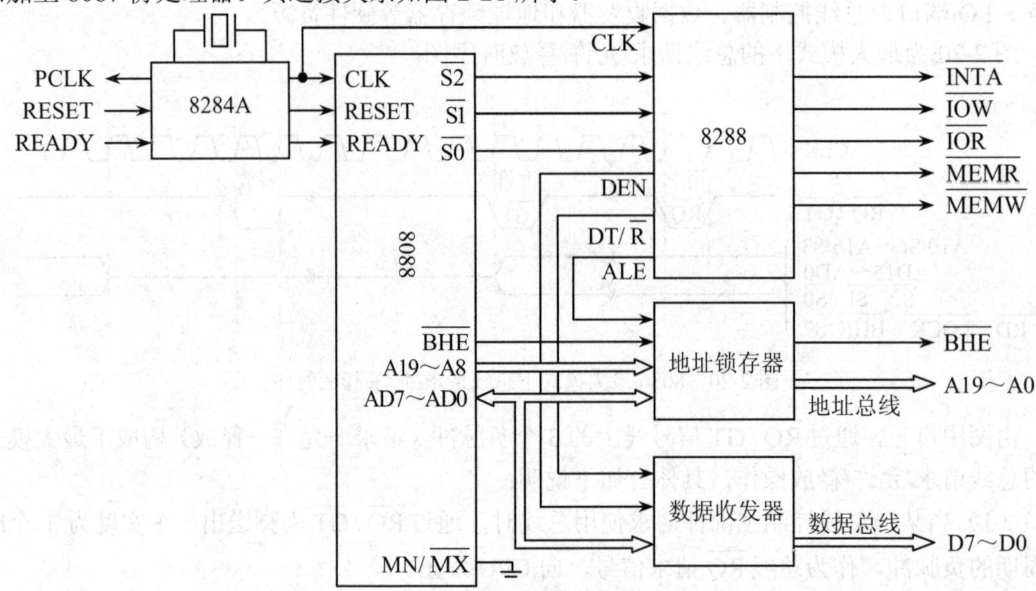

图 2-21 IBM PC/XT 微型计算机的 CPU 子系统

8284A 是系统时钟发生器，其外接晶体频率为 14.31818MHz，8284A 经内部整形和分频处理后，产生三种频率的输出信号：一个是 CLK 信号，频率为 4.77MHz，作为 8088 微处理器和 8288 总线控制器的输入时钟；另一个是 PCLK 信号，频率为 2.385MHz，作为系统外设电路同步时钟；还有一个 OSC 信号，频率为 14.31818MHz，作为系统中需要高速时钟信号的电路（如显卡像素时钟）使用。此外，8284A 还对系统复位信号 RESET 和准备就绪信号 READY 进行同步控制。

IBM PC/XT 机的 8088 微处理器工作于最大模式，其 MN/$\overline{MX}$ 引脚接地。总线操作控制信号由系统总线控制器 8288 产生，8288 接收 8088 送出的$\overline{S2}$、$\overline{S1}$、$\overline{S0}$状态信号，产生相应的总线控制信号$\overline{MEMR}$、$\overline{MEMW}$、$\overline{IOR}$、$\overline{IOW}$、$\overline{INTA}$、地址锁存允许信号 ALE 和数据收发

器控制信号 DEN、DT/$\overline{R}$ 。

地址锁存器用于锁存地址总线上输出的地址信息。

数据收发器用于驱动数据总线上的数据信息。

2. 存储器子系统

IBM PC/XT 有 20 位地址总线，可以寻址 1MB 的物理内存空间，地址范围为 00000H～FFFFFH。存储空间分为三个区域：RAM 区、ROM 区和保留 RAM 区，如图 2-22 所示。

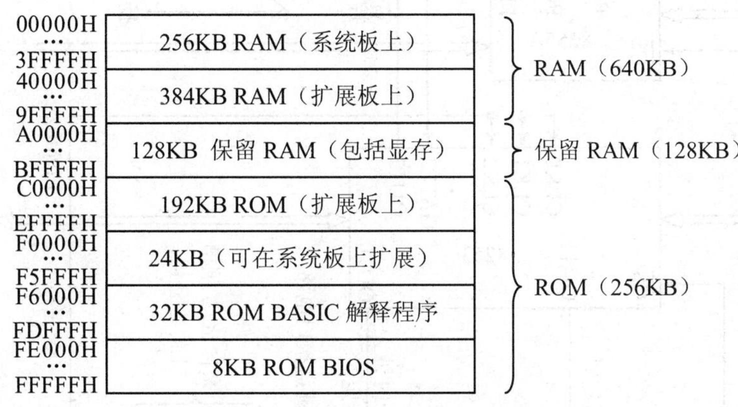

图 2-22 IBM PC/XT 系统的内存分配

（1）RAM 存储区。RAM 最大容量为 640KB，位于存储器低地址区（00000H～9FFFFH）。系统板上安装的 RAM 只有 256KB，分为 4 个存储体，每个存储体由 9 片 64K×1 位的动态存储器 4164 芯片构成，其中 8 片用于组成每个存储单元的 8 位数据，第 9 片用作奇偶校验位。系统板上可插 1、2、3 或 4 个存储体构成 64KB、128KB、192KB 或 256KB 的 RAM。其余 384KB 的 RAM 可安排在存储器扩展板上。

动态存储器需要定时"刷新"，4164 要求每隔 2ms 对内部所有存储单元刷新一遍，在 IBM PC/XT 机中，这个刷新工作由定时/计数器 8253 和 DMA 控制器 8237A 配合完成。8253 通道 1 的工作时钟频率为 1.19MHz，其计数初值被置为 18，于是每隔 15 μs 向 8237A 通道 0 发出一次脉冲，按照这个脉冲频率，8237A 转而向 4164 发出动态刷新请求，从而满足 2ms 对动态存储器全部存储单元刷新一次的要求（有关 8253 和 8237A 的介绍详见第 6、9 章）。

（2）ROM 存储区。ROM 最大容量为 256KB，位于存储器高地址区（C0000H～FFFFFH）。其中最高 40KB（F6000H～FFFFFH）位于系统板上，用来存放 32KB 的 ROM BASIC 解释程序和 8KB 的 ROM BIOS 程序。剩下的 216KB（C0000H～F5FFFH）为各种适配卡初始化 ROM 保留。

（3）保留 RAM 存储区。保留 RAM 容量为 128KB，位于存储器的中间区域（A0000H～BFFFFH），主要用作显示存储区。对于不同的显示适配卡，实际使用的显示存储区域各不相同，单色显卡的显存容量为 4KB，彩色显卡的显存容量为 16KB。

3. I/O 子系统

I/O 子系统是 CPU 子系统与外设的界面，负责管理键盘、扬声器、可屏蔽中断源等外设与 CPU 之间的协调工作。如图 2-23 所示，I/O 子系统主要包括用于输入/输出控制的 8255A、定时/计数器 8253、中断控制器 8259A、DMA 控制器 8237A。这四个芯片的片选信号的产生如图 2-24 所示。

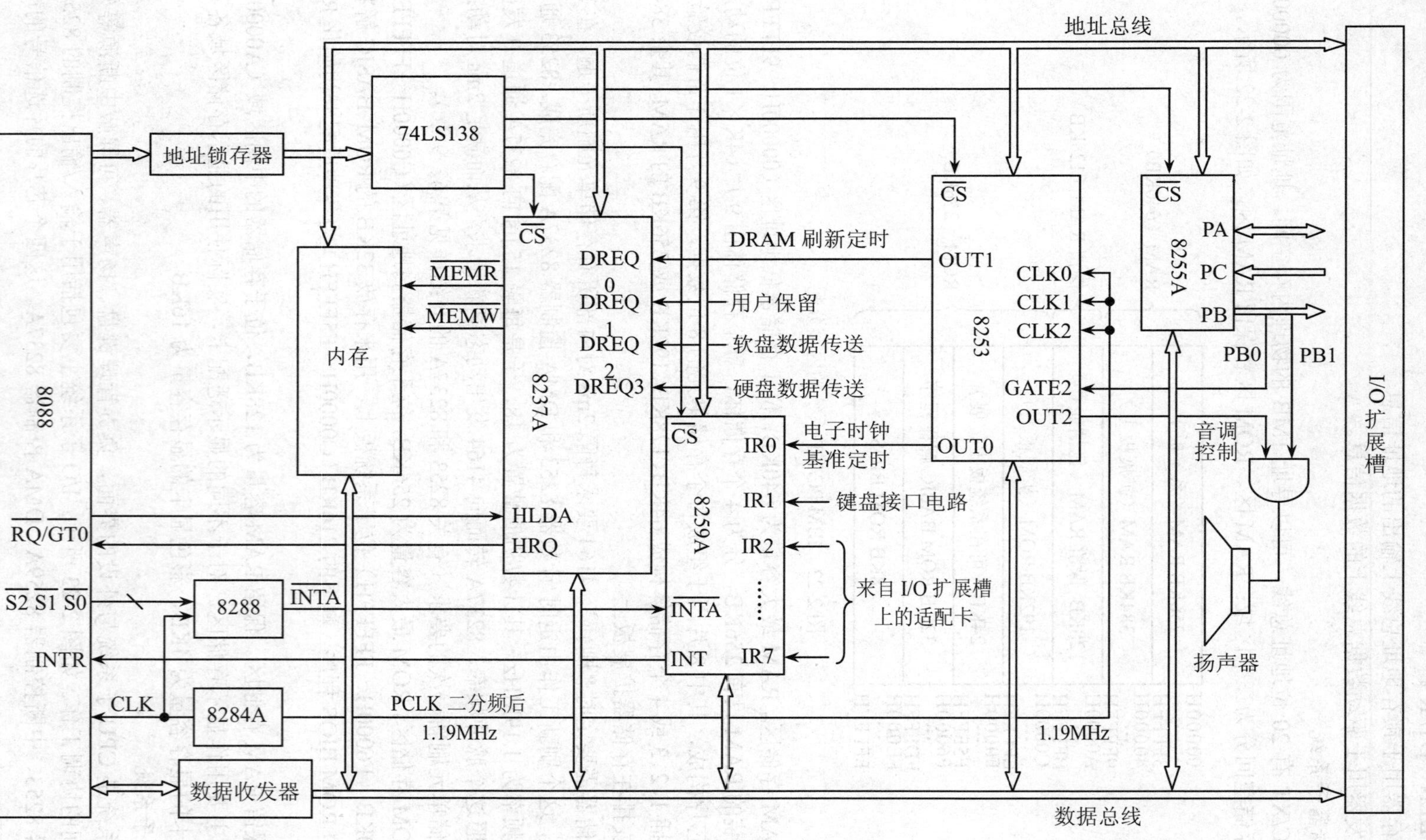

图 2-23 IBM PC/XT 系统板部件框图

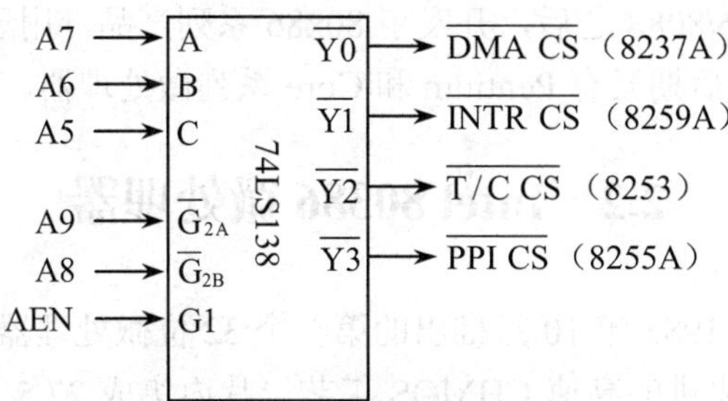

图 2-24 IBM PC/XT 机 I/O 部件片选信号产生

各芯片输出的地址范围及系统中实际使用的端口地址如表 2-9 所示。

表 2-9 IBM PC/XT 接口芯片的端口地址

接口芯片	片选信号	对应的端口地址	实际使用的端口地址
8237A	$\overline{\text{DMA CS}}$	00H～1FH	00H～0FH
8259A	$\overline{\text{INTR CS}}$	20H～3FH	20H～21H
8253	$\overline{\text{T/C CS}}$	40H～5FH	40H～43H
8255A	$\overline{\text{PPI CS}}$	60H～7FH	60H～63H

各芯片在系统中的应用情况如图 2-25 所示（详细介绍请参阅第 5、6、8、9 章）。

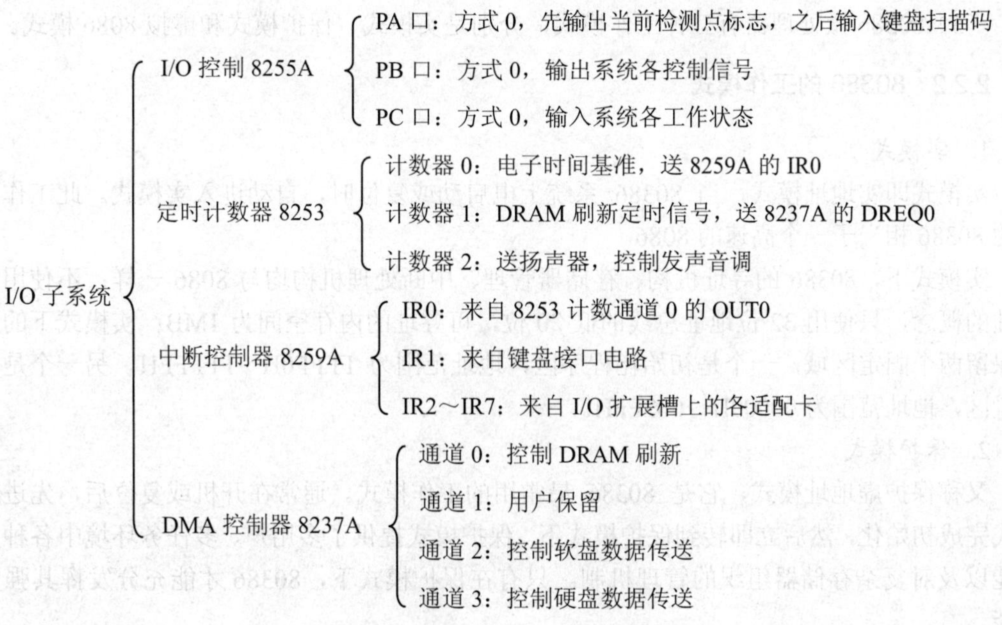

图 2-25 IBM PC/XT 各接口芯片的应用

4. I/O 扩展槽

在 IBM PC/XT 系统板上有 5～8 个 PC 总线标准的 I/O 扩展槽，它们是对系统进行扩展的手段。扩展槽上可以插接不同功能的适配卡以扩充系统的功能。

Intel 公司继 Intel 8086/8088 之后，开发了 80x86 系列产品，用于 PC 机的主要有 80286、80386、80486 微处理器，后期又有 Pentium 和 Core 系列微处理器。

2.2 Intel 80386 微处理器

80386 是 Intel 公司于 1985 年 10 月推出的第一个 32 位微处理器，也是第一个支持多任务的微处理器。80386 采用先进的高速 CHMOS 工艺，片内集成 27.5 万个晶体管，采用 132 引脚的陶瓷网格阵列封装。80386 最初的时钟频率为 12.5MHz，后又提高到 20MHz、25MHz、33MHz。

2.2.1 80386 的主要特点

（1）80386 微处理器内部和外部数据总线都是 32 位，可支持 8 位、16 位、32 位的数据类型，具有 8 个通用的 32 位寄存器。

（2）可配合片外 80387 协处理器增强浮点运算能力。

（3）拥有 32 位地址总线，可直接寻址 4GB（2^{32}）的内存空间。采用片内存储器管理技术，可进行分段和分页存储管理，支持虚拟存储管理技术，虚拟存储能力达 64TB。

（4）首次在 80386 系统中使用片外高速缓冲存储器 Cache，从功能角度，Cache 位于 CPU 与内存之间，虽然 Cache 规模较小，但存取速度很快，使得 CPU 访存速度能够更好地与运算器的速度相匹配，从而大大提高指令的执行速度和工作效率。

（5）80386 微处理器有三种工作模式，分别是实模式、保护模式和虚拟 8086 模式。

2.2.2 80386 的工作模式

1. 实模式

实模式即实地址模式，当 80386 系统上电启动或复位时，自动进入实模式。此工作模式下的 80386 相当于一个高速的 8086。

实模式下，80386 的寻址机构、存储器管理、中断处理机构均与 8086 一样；不使用虚拟地址的概念，只使用 32 位地址总线的低 20 位，可寻址的内存空间为 1MB；实模式下的内存中保留两个固定区域，一个是初始化程序区，地址范围为 FFFF0H～FFFFFH，另一个是中断向量区，地址范围为 00000H～003FFH。

2. 保护模式

又称保护虚地址模式，它是 80386 最常用的工作模式。通常在开机或复位后，先进入实模式完成初始化，然后立即转到保护模式下。保护模式提供了多用户、多任务环境中各种复杂功能以及对复杂存储器组织的管理机制。只有在保护模式下，80386 才能充分发挥其强大的功能。

保护模式下的 80386 存储器用虚拟地址空间、线性地址空间和物理地址空间三种模式来描述，虚拟地址也就是逻辑地址，但寻址机构与 8086 不同，需要通过一种称为描述符表的数据结构实现对存储单元的访问；在保护模式下，80386 的 32 位地址有效，可寻址 4GB 物理地址空间及 64TB 虚拟地址空间，存储器按段进行组织，每段最长 4GB，因此对 64TB 虚拟存储空间允许每个任务最多可用 16K 个段。

3. 虚拟 8086 模式

该模式不过是 80386 在保护模式下的一种子模式，是保护模式下的实模式程序的运行环境。在保护模式下可以通过软件转至虚拟 8086 模式。

在虚拟 8086 模式下可以运行 8086 应用程序，程序的寻址范围为 1MB，段寄存器的用法与实模式时相同。利用 80386 的虚拟保护机构，可以模拟多个 8086 微处理器同时执行多个任务，使大量的 8086 软件有效地与 80386 多用户操作系统及程序并发运行，使计算机资源得到共享。

2.2.3 80386 的内部结构

80386 微处理器主要由总线接口部件、指令预取部件、指令译码部件、执行部件、存储器管理部件组成，存储器管理部件又分为分段部件和分页部件。这 6 大部件按流水线结构设计，其内部结构如图 2-26 所示。这样可以同时处理多条指令，提高微处理器的运行速度。

1. 总线接口部件（Bus Interface Unit，BIU）

该部件是 80386 与外部器件之间的高速接口。在访问内存或 I/O 端口时提供必须的地址、数据和控制信号，实现微处理器的片外总线与内部部件之间的信息交换。

总线接口部件 BIU 主要由判优电路、地址驱动器、流水线宽度控制和多路转换/收发器等部件组成。当取指令、取数据、系统部件和分段部件请求同时有效时，BIU 能按优先权加以选择，最大限度地利用总线宽度为各项请求服务。

80386 的总线周期仅为两个时钟周期。

2. 指令预取部件（Instruction Prefetch Unit，IPU）

80386 指令代码的预取由专门的指令预取部件 IPU 负责，取来的指令代码放入内部的 16 字节指令预取队列中。

在总线空闲周期，若指令预取队列有空字节或发生一次控制转移，IPU 便向总线接口部件 BIU 发出指令预取请求信号，由 BIU 从内存单元取出指令代码，放入指令预取队列中。遵循“先进先出”的规则，进入预取队列的指令代码将被送到指令译码部件 IDU 进行译码。

80386 的平均指令长度为 3.5 字节，所以预取队列中大约可以存放 5 条指令。

3. 指令译码部件（Instruction Decode Unit，IDU）

该部件的功能是从指令队列中获得指令并译码。指令译码部件主要由指令译码器和已译码指令队列组成。

指令译码部件 IDU 为指令的执行做好准备。只要已译码指令队列中有空闲，而且指令预取部件 IPU 中的预取队列中有指令字节，IDU 便从预取队列中读出指令字节，并以一个时钟周期译码一个指令字节的速度进行译码。译码后的指令被放入已译码指令队列，供执行部件 EU 使用。

4. 执行部件（Execution Unit，EU）

该部件的功能是完成指令所规定的操作。具体地，是将已译码指令队列中的内部编码变成按时间顺序排列的一系列控制信号，并发向其他处理部件。EU 按功能又分为控制部件、数据部件和保护测试部件。

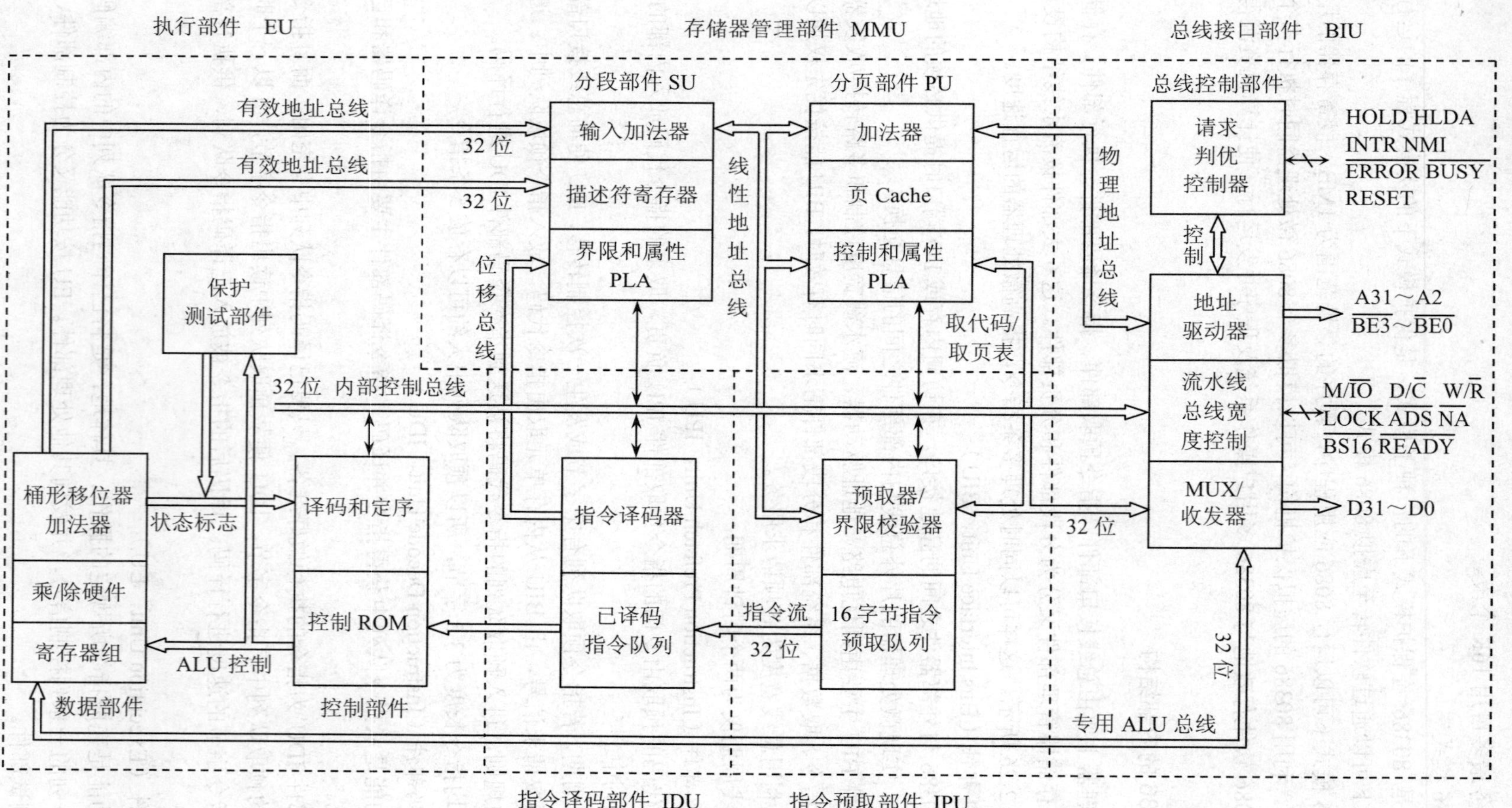

图 2-26 80386 微处理器内部结构

控制部件的控制 ROM 中存有微代码，译码器提供微代码的入口地址，控制部件按此微代码执行相应的操作。

数据部件在控制部件的控制下进行数据处理。它包含 8 个 32 位通用寄存器、1 个 64 位桶形移位器、加法器和乘法器。64 位桶形移位器用于加速移位、循环及乘除法操作；乘法器为早结束乘法器，当没有有效数据可处理时可提前结束乘法运算，以便加快计算机的运行速度。

保护测试部件用来监视内存的访问操作是否违反了程序静态分段的有关规则，也就是说，在保护模式下对存储器的任何访问操作都将被严格控制。

5. *存储器管理部件*（Memory Management Unit，MMU）

该部件用于将逻辑地址转换为物理地址，主要由分段部件和分页部件组成。

（1）分段部件（Segmentation Unit，SU）。该部件由输入加法器、段描述符寄存器等组成。其主要任务是把指令中指定的逻辑地址转换成线性地址。

80386 存储器采用分段结构，一个段最大可以 4GB。转换操作是在执行部件 EU 的请求下，由输入加法器快速完成的。逻辑地址被转换成线性地址后，便被送入分页部件。

（2）分页部件（Paging Unit，PU）。该部件由加法器、页 Cache 等组成。其主要任务是将分段部件和指令预取部件产生的线性地址转换成物理地址，并将物理地址送给总线接口部件 BIU，以便执行内存或 I/O 端口的存取操作。

从线性地址到物理地址的转换实际上是将线性地址表示的存储空间再进行分页。页是一个大小固定的存储块，每页存储空间为 4KB。页 Cache 用来加速线性地址到物理地址的转换。在操作系统软件的控制下，若分页部件处于允许状态，便执行线性地址向物理地址的转换，若处于禁止状态，则线性地址即为物理地址。

2.3 Intel 80486 微处理器

80486 是 Intel 公司于 1989 年 4 月推出的一款 32 位微处理器。它采用 1μm 的 CHMOS 工艺，芯片内集成了 120 万个晶体管，时钟频率为 25MHz～66MHz，采用 168 条引线网格阵列式封装。

2.3.1 80486 的主要特点

80486 是在 80386 基础上改进的一款高性能微处理器，除了沿用 8086～80386 的体系结构外，还把浮点运算部件、高速缓冲存储器集成在芯片内，使其速度更快、效率更高、功能更强。相比 80386 微处理器，80486 从结构和功能上都发生了很大的改变，其主要特点表现在以下几方面：

（1）首次采用时钟倍频技术，从而使主频可以超过 100MHz，使得处理速度加快。

（2）片内集成了相当于增强型 80387 功能的浮点运算部件，与 80386 系统中外置的 80387 协处理器芯片相比，其浮点处理速度提高了 3～5 倍。将这些部件集成在一块芯片内，也减少了系统板的空间。

（3）片内集成了 8KB 的高速缓冲存储器 Cache，同时也支持外部 Cache。这个片内 Cache 既可存放数据，又可存放指令。片内 Cache 比片外 Cache 进一步加快了 CPU 访存速度。

（4）微处理器外部数据总线为 32 位，但片内采用新的内部总线结构，内部数据总线宽度有 32 位、64 位和 128 位多种，支持 8 位、16 位、32 位整型运算及 32 位、64 位、80 位浮点运算。

（5）对使用频度较高的基本指令，由原来的微代码控制改为硬件逻辑直接控制，并在整数执行部件采用了 RISC（Reduced Instruction Set Computer，精简指令集）技术和流水线技术，指令流水线达到 5 级，提高了指令的执行速度。

（6）采用突发式总线技术，即系统取得一个地址后，与该地址相关的一组数据都可以进行输入/输出，使得一个总线周期操作可完成一个数据块的传送，从而大大地加快 CPU 与内存之间的数据交换速度。

2.3.2 80486 的内部结构

80486 微处理器以提高运算速度和支持多微处理器为目标，对 80386 核心硬件进行了改进和扩充。如图 2-27 所示，80486 的内部结构主要由 8 个逻辑单元组成：总线接口部件、指令预取部件、指令译码部件、控制和保护部件、整数执行部件、浮点运算部件、分段部件和分页部件、片内高速缓存管理部件。

从图中可以看出，片内高速缓存管理部件和浮点运算部件是 80486 特有的，其他 6 个单元与 80386 中的基本相同。

1. 总线接口部件（BIU）

该部件与片外总线连接，用于管理访问内存和 I/O 端口的地址、数据和控制总线，完成指令预取、读/写操作数等总线操作。

在微处理器内部，BIU 主要与指令预取部件 IPU 和高速缓冲存储器 Cache 交换信息。BIU 将预取指令存入 IPU；填充 Cache 行时，BIU 一次从片外总线读 16 个字节到 Cache，若 Cache 内容被 CPU 内部操作修改，则修改内容也由 BIU 写回到内存，当读 Cache 未命中时，也由 BIU 控制直接到内存中读取。

2. 指令预取部件（IPU）

该部件专门负责指令的预取，并存入内部的 32 字节指令预取队列。

当指令预取队列不满且总线空闲时，IPU 便向 BIU 发出预取指令的请求，预取周期一次读 16 个字节的指令放入指令预取队列中。如果 Cache 在指令预取时命中，则不产生总线周期。当遇到跳转、中断、子程序调用等操作时，指令预取队列清空。

3. 指令译码部件（IDU）

该部件负责从指令预取队列中读取指令并进行译码，转换成对其他部件的控制信号。

在进行指令译码时，首先确定指令执行时是否需要访问内存，若需要则立即产生总线访问周期，使存储器操作数在指令译码后能准备好，然后产生对其他处理部件的控制信号。

4. 控制和保护部件（Control and Protection Test Unit，CPTU）

该部件是 80486 的核心部件，由它根据指令译码部件产生的指令控制信号，对 CPU 内部的整数执行部件、浮点运算部件、段页管理部件、高速缓存管理部件进行定时控制。

5. 整数执行部件（Integer data-path Unit，IU）

该单元包括 4 个 32 位通用寄存器、2 个 32 位间址寄存器、2 个 32 位指针寄存器、1 个 32 位标志寄存器、1 个桶形移位器和算术逻辑单元 ALU。它能在一个时钟周期内完成整数的传送、加法运算、逻辑操作等。

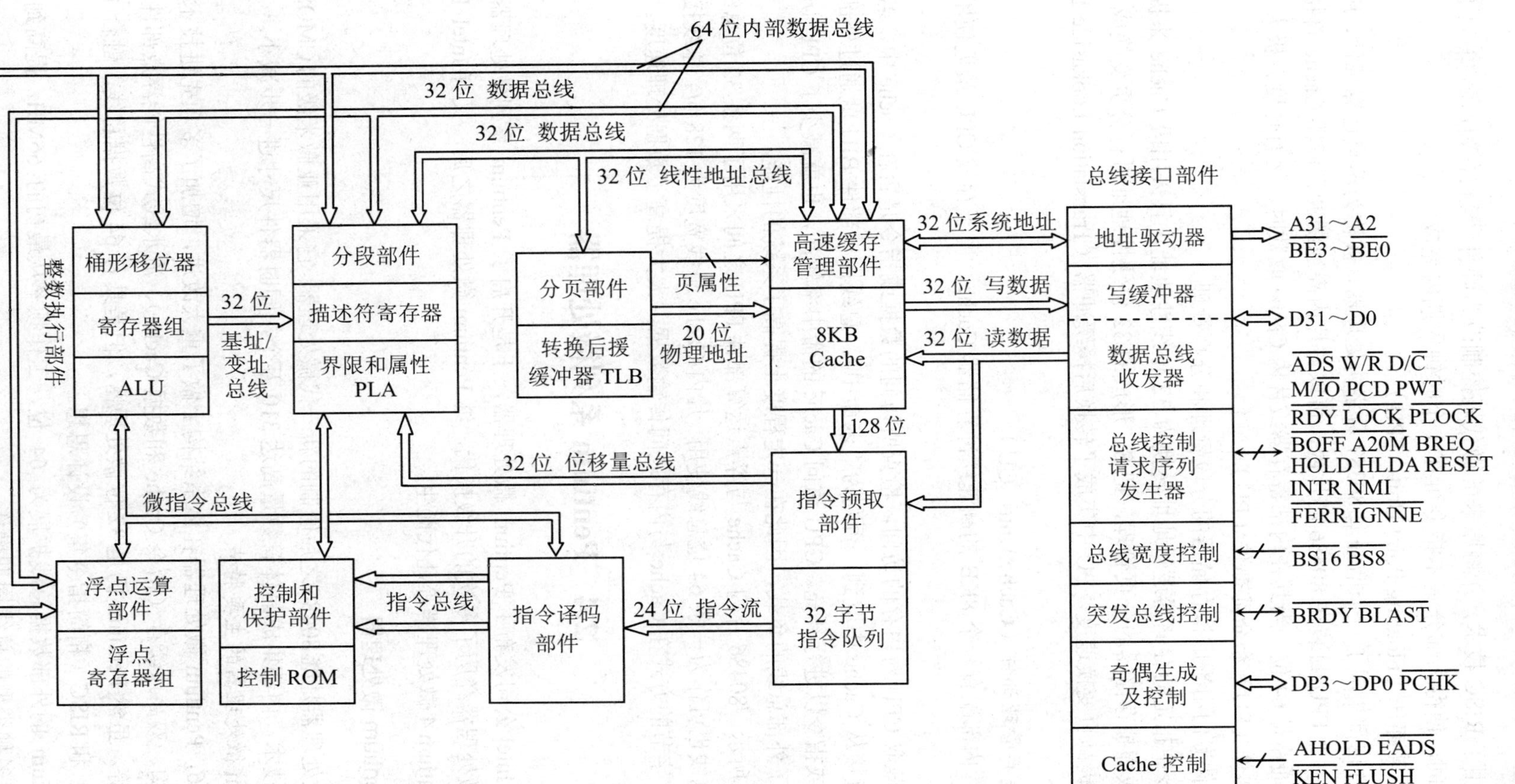

图 2-27 80486 微处理器内部结构

80486采用了RISC技术，并将原来的微代码控制改为硬件逻辑直接控制，缩短了指令的译码和执行时间，使得大部分基本指令可在1个时钟周期内完成。

6. 浮点运算部件（Floating Point Unit，FPU）

80486芯片内部集成了一个增强型80387数字协处理器，被称为浮点运算部件，用于完成浮点数运算。由于FPU封装在80486芯片内，可以与片内高速缓冲存储器Cache直接交换数据，而且数据通路是64位，当其在内部寄存器或片内Cache取数时，运行速度会极大地提高。

7. 分段部件（SU）和分页部件（PU）

这两个部件专门用于虚拟存储器的分段管理和分页管理。

SU将指令中指定的存储器逻辑地址转换为32位线性地址，且采用段Cache来提高转换速度。PU完成虚拟存储器的分页管理，把SU形成的32位线性地址进行分页变换成32位物理地址，为了提高页变换速度，PU中集成了转换后援缓冲器（Translation Lookaside Buffer，TLB）。

8. 高速缓存管理部件（Cache Unit，CU）

80486芯片内部配有一个8KB的高速缓冲存储器Cache，用于存放CPU最近使用的数据和指令。

片内CU截取CPU对内存的访问，检查所访问的数据或指令是否在Cache中，若在则为“命中”，便直接从Cache中取到；否则为“未命中”，总线接口部件BIU就通过外部总线从内存读取数据或指令以进行补充。CPU访问Cache的命中率较高，也就减少了CPU访问内存的时间，降低了外部总线的负载，因此在一定程度上提高了系统的性能。

如图2-27所示，80486片内Cache与浮点运算部件FPU之间采用了两条32位总线连接，这两条32位总线也可作为一条64位总线使用。片内Cache总线宽度为128位，总线接口部件BIU以一次16字节的方式在Cache与内存之间传输数据，大大提高了数据处理速度。

2.4 Pentium系列微处理器

1993年，Intel公司发布了Pentium微处理器，于是开启了Pentium系列微处理器时代。Pentium系列微处理器经历了多次的升级换代，继Pentium微处理器之后，又有Intel P6系列微处理器、Pentium 4微处理器等几代诞生。

2.4.1 Pentium微处理器

Pentium微处理器是继80486之后研制的新一代微处理器。它采用亚微米级的CMOS工艺，实现了0.8μm技术，内部集成晶体管数量高达310万个，同时器件尺寸进一步减小。

1. Pentium微处理器的主要特点

相比80486，Pentium微处理器在体系结构上做了重大改进，增加了多项先进技术，如超标量流水线结构、双高速缓存（指令Cache和数据Cache）、流水线式高性能浮点部件、动态分支预测技术等。虽然Pentium仍是32位微处理器，但是具有64位数据总线，融合了CISC（复杂指令集）和RISC（精简指令集）设计思想。

（1）Pentium的外部数据总线扩展为64位，工作频率从最初的66MHz提高到后来的200MHz，支持多种类型的总线周期操作。

（2）采用超标量流水线结构，超标量是指微处理器内含有多个指令执行部件、多条指令执行流水线。Pentium 的整数运算部件由 U 和 V 两条指令流水线构成，且与浮点运算器并行执行，这种流水线结构可以在一个时钟周期内执行两条独立的整数指令。

（3）全新设计的增强型浮点运算器，采用了超级流水线技术，其执行过程分为 8 级流水，使每个时钟周期能完成一条或两条浮点指令，极大地提高了运行速度。浮点运算部件还对一些常用的简单指令进行固化，改用硬件实现，使得浮点运算速度大大提高。

（4）采用双高速缓冲存储器结构，将处理器内部 16KB 的高速缓冲存储器（Cache）分离成两个 8KB 的指令 Cache 和数据 Cache，一个用于存放程序，另一个用于存放数据，从而减少了指令和数据存取的冲突。

（5）处理器内部采用指令预取和分支预测技术。在以线性方式预取指令的同时，动态地预测程序的分支操作，片内集成了一个分支目标预测缓冲器，保证流水线的指令预取到位，从而大大提高流水线的执行效率。

（6）增加了数据整合和出错检测功能及调试和测试功能。

2. Pentium 微处理器的内部结构

如图 2-28 所示，Pentium 微处理器的内部结构主要包括总线接口部件、指令 Cache、数据 Cache、指令预取缓冲器、分支目标预测缓冲器（Branch Target Buffer，BTB）、指令译码器、控制部件、控制 ROM、具有 U、V 两条流水线的整数执行部件、浮点部件、段页式存储器管理等多个功能部件。

这里仅就 Pentium 微处理器内部增加或增强的几个部件功能予以介绍。

（1）总线接口。

Pentium 的总线接口包括各自独立的 64 位数据总线和 32 位地址总线，与指令 Cache 和数据 Cache 进行通信。64 位外部数据总线 D63～D0 宽度有 4 种选择：64 位、32 位、16 位、8 位。32 位地址信号是一种双向信号，允许芯片外的逻辑将 Cache 的无效地址驱动到处理器内。

（2）数据 Cache 和指令 Cache。

Pentium 将片内 Cache 分成两个独立的数据 Cache 和指令 Cache，容量都是 8KB，采用双路相联结构，每个 Cache 行长度为 32B。指令 Cache 专用的 I-TLB 和数据 Cache 专用的 D-TLB，用来快速地将线性地址转换成物理地址。

数据 Cache 有两个接口，分别通向 U 和 V 两条流水线，可在同一个时钟周期支持两个流水线的数据传送，可以逐行设置为通写方式或回写方式。指令 Cache 是写保护的 Cache，它支持对 Cache 操作实施监视和对分割行的行访问。Pentium 把 Cache 与总线部件之间的数据总线宽度扩展到 64 位，并支持突发式总线周期及流水线总线周期。总线周期的流水线方式允许两个总线周期同时执行，加快了处理速度。

（3）指令预取缓冲器和分支目标预测缓冲器。

Pentium 总是提前把指令从指令 Cache 预取到预取缓冲器中，用分支目标预测缓冲器 BTB 预测分支指令，以减少由于指令预取的耽误所引起的流水线执行的延迟。Pentium 很少出现微处理器等待指令预取的现象。

Pentium 有 2 个分开的预取缓冲器与 BTB 一起工作。在任何给定的时间内，仅有一个预取缓冲器在进行预取操作，预取在没有遇到分支指令之前是顺序请求的。当预取了一条分支指令时，BTB 便预测分支是否会发生。如果预测分支不会发生，则预取继续线性地进行；当预测一个分支将发生时，另一个预取缓冲器开始工作，预取发生分支后将指向的指令。这样，一个预取缓冲器以线性方式预取指令，另一个预取缓冲器根据 BTB 预取指令。因此，不管分支实际发生与否，所需的指令总是在执行前被预先取出来。如果一个分支被发现是错误的预测，则指令流水线将被清洗，预取活动重新开始。

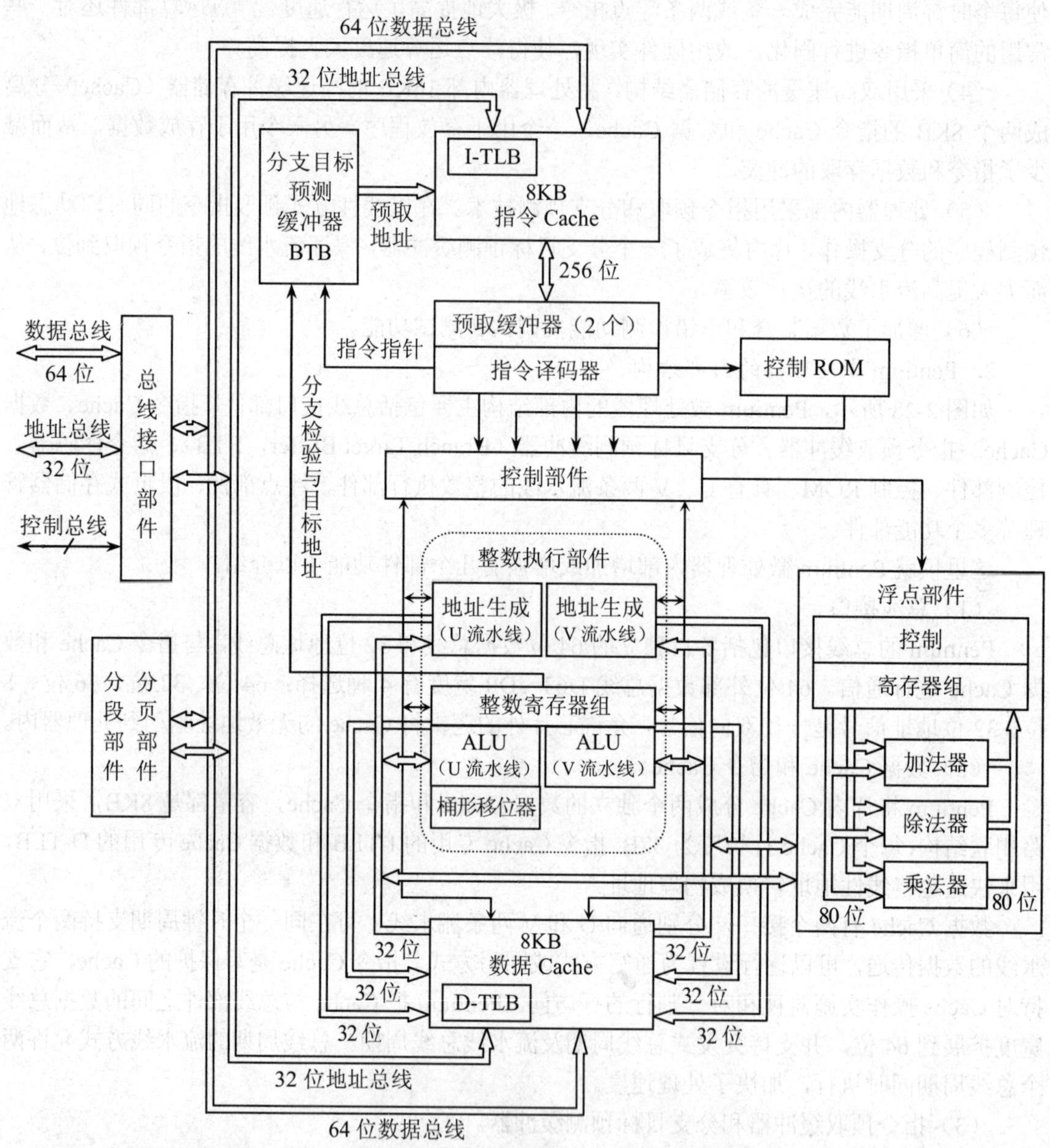

图 2-28 Pentium 微处理器内部结构

Pentium 使用动态分支预测算法，这种算法能够根据过去某段时间执行指令的地址推测运行取指周期，而不管搜索的指令与现行执行的指令序列是否相关。

（4）指令译码与控制。

指令 Cache、I-TLB 和 BTB 负责将原始指令送入指令译码器。指令取自指令 Cache 或内存，分支地址由 BTB 记录。I-TLB 将曾经使用过的指令的线性地址转换成物理地址。I-TLB 在前一条指令执行结束之前可以预取多达 94 个字节的指令代码。

指令译码器将指令译成各种控制信号并送控制部件。控制 ROM 中存有控制实现 Pentium 微处理器体系结构必须执行的一系列操作的微代码，它通过控制部件直接控制两条流水线。

（5）整数执行部件。

Pentium 的整数执行部件采用超标量体系结构，即具有两条分立的指令执行流水线，分别叫做 U 流水线和 V 流水线。Pentium 的整数流水线为 5 级，指令在其中分级执行，分别是指令预取、指令译码、地址生成和取操作数、指令执行、回写。

U 流水线和 V 流水线具有分开的地址生成器、算术逻辑部件 ALU、数据 Cache 接口以及共享的整数寄存器组，U 流水线独有桶形移位器。U 流水线能够执行所有的整数和浮点指令，V 流水线能够执行简单的整数指令和浮点指令，每一条流水线都可以在一个时钟周期执行一条整数指令或一条浮点指令。因此，在一个时钟周期里，Pentium 的双流水线能够执行 2 条整数指令或 2 条浮点指令。

（6）浮点运算部件。

Pentium 的高性能浮点运算部件包括浮点寄存器组、加法器、乘法器、除法器和控制器等。寄存器与浮点运算器之间用 80 位宽的通道交换数据。常用的浮点运算有加、乘、除和装入操作，其执行过程是一条 8 级流水线，使得每个时钟周期能够完成 1 个或 2 个浮点操作。由于 Pentium 采用了新的算法，并用硬件实现，其运算速度明显提高，通常比 80486 快 10 倍以上。

1996 年，Intel 又推出 Pentium MMX 微处理器，内部指令 Cache 和数据 Cache 均增加到 16KB，时钟频率有 166MHz、200MHz、233MHz 几种。提供了具有 57 条指令的 MMX（MultiMedia eXtensions，多媒体扩展）指令集，MMX 属于 SIMD（Single Instruction Multiple Data，单指令多数据流）指令，可通过一条指令控制多个数据同时并行运算，以加速多媒体数据的处理。

2.4.2 Intel P6 系列微处理器

P6 系列微处理器包括 Intel 于 1995 年推出的 Pentium Pro，1997 年推出的 Pentium Ⅱ和 1999 年推出的 Pentium Ⅲ。

1. Intel P6 系列中的典型微处理器芯片

（1）Pentium Pro 集成度为 550 万晶体管/片，配有 8KB 的数据 L1-Cache 和 8KB 的指令 L1-Cache，还配有 256KB 的 L2-Cache，与微处理器核心共同封装在同一芯片内。

（2）Pentium Ⅱ是在 Pentium Pro 基础上扩大了 L1-Cache、增加了 MMX 技术后的产品，集成度为 750 万晶体管/片。Pentium Ⅱ片内的高速缓冲存储器增加为 16KB 的数据 L1-Cache 和 16KB 的指令 L1-Cache，512KB 的 L2-Cache 采用独立芯片封装，再与处理器芯片共同安装在同一小电路板上，构成整体的微处理器。基于 L2-Cache 采用独立芯片封装，Pentium Ⅱ采用双独立总线结构，前端总线频率为 66MHz～100MHz，用于主存储器和总线的访问，后端总线以微处理器的半频工作，专门用于 L2-Cache 的访问。

（3）Pentium Ⅲ集成度为 950～2800 万晶体管/片，采用比 Pentium Ⅱ更快的内核，并将 256KB 的 L2-Cache 直接集成在微处理器内部，以微处理器的全频工作。此外，Pentium Ⅲ除支持 MMX 指令集外，还引入了流式单指令多数据处理的 SSE（Streaming SIMD Extensions）技术，SSE 指令集在 MMX 指令基础上增加了 70 条指令，用于加速处理器的 3D 处理能力。

2. Intel P6 系列微处理器的基本构成

三种微处理器的微架构是一致的，均采用 3 路超标量、12 级超流水线结构，为提高流水线路各执行单元的利用效率，尽量降低程序中分支转移指令对流水线顺畅执行产生的不利影响，P6 系列微处理器采用了多路分支预测、动态数据流分析、猜测执行等先进的数据处理概念。P6 微架构微处理器的内部结构如图 2-29 所示。

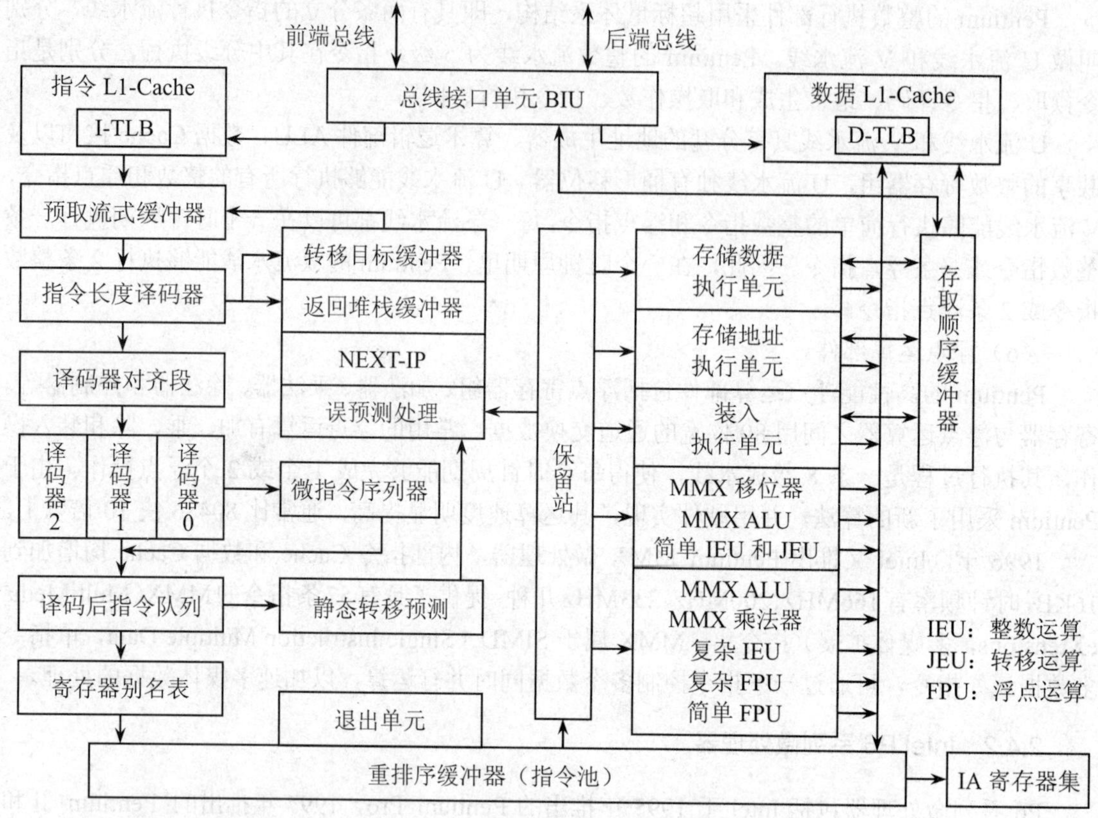

图 2-29 P6 微架构微处理器内部结构

P6 系列微处理器的结构可分为 1 个存储器子系统和 4 个处理单元。

（1）存储器子系统。

负责处理器的指令、数据的读入，和运算结果的回写，是处理器与外界进行数据交互的接口及缓冲的传送子系统。

存储器子系统包括总线接口单元、系统总线、指令 L1-Cache、数据 L1-Cache、数据 L2-Cache、存取顺序缓冲器、存储器接口单元等。指令 L1-Cache 和数据 L1-Cache 分别配置 I-TLB 和 D-TLB，用于高速缓存最近使用过的虚拟地址至物理地址的映射关系，以加速虚拟地址向物理地址的转换。I-TLB 辅助微处理器取指令，D-TLB 辅助微处理器取数据。

（2）取指/译码单元。

负责微处理器指令的预取，将取得的指令译码成微指令序列，并将指令中用到的通用寄存器以别名寄存器来代替，以避免程序运行过程中同时进入流水线的指令之间出现寄存器冲突。

取指/译码单元中包括指令预取单元、转移目标缓冲器、3 个指令译码器（其中一个为复杂指令译码器、两个为简单指令译码器）、微指令序列器、寄存器别名表等。寄存器别名表中含有 40 个别名寄存器，供微处理器将指令中定义的通用寄存器换名为别名寄存器。

（3）重排序缓冲器。

重排序缓冲器（Re-Order Buffer，ROB）也称指令池，它是译码产生的微指令的缓冲器，由具有 40 个单元的环形队列缓冲器构成。ROB 的每个单元由状态位、存储器地址及微操作码三部分组成。微操作码指示系统将要执行的微操作，存储器地址是译码产生此微操作的原指令的内存地址，状态位则表示此微操作是否已被调度过，是否已经回收就绪。

（4）分配/执行单元。

负责对 ROB 中的微指令进行派遣，构成 5 个执行单元的派遣队列，由 5 个执行单元具体执行微指令所指示的微操作。

分配/执行单元包括保留站（派遣单元）、2 个整数运算单元、1 个 x87 浮点运算单元、1 个地址加载单元和 1 个 SIMD 浮点运算单元。保留站除对 ROB 中的微指令进行派遣外，还将被执行过的微操作在其状态位上加以标记。

（5）退出单元。

又称回收单元，该单元判断 ROB 中的各条微指令是否已处于执行完毕状态，将执行完的微指令进行回收，即将执行的结果送入相应的寄存器或 Cache，同时将其标志改为已回收状态，以使此指令在 ROB 中作废。

2.4.3 Pentium 4 微处理器

Pentium 4 微处理器有三代核心，第一代核心是 Intel 于 2000 年推出的 Willmatte，采用 0.18μm 集成电路制程，集成了 4200 万个晶体管；第二代核心是 2001 年推出的 Northwood，采用 0.13μm 制程，集成了 5750 万个晶体管；第三代核心是 2004 年推出的 Prescott，采用 90nm 制程，集成了 1.25 亿个晶体管。这三代 Pentium 4 微处理器的微架构均称为 NetBurst 体系结构。

1. Pentium 4 微处理器的体系结构特点

Pentium 4 的 NetBurst 体系结构力图通过提高处理器的主时钟工作频率来加快处理器的运算速度，为此，采用了指令踪迹缓存、超长流水线（20 级/31 级）、快速执行引擎、高速处理器前端总线等技术措施。Pentium 4 微处理器的内部结构如图 2-30 所示。

（1）指令踪迹缓存（Trace Cache，TC）。

Pentium 4 微处理器最主要的结构特点就是采用了 CISC 外壳和 RISC 内核相结合的结构，采用指令踪迹缓冲器 TC 替代指令 L1-Cache，存放经过初步译码的微指令序列。

Pentium 4 在工作时，通过取指单元的指示，处理器从 L2-Cache 或经总线接口单元从内存取出即将执行的指令（CISC 指令），通过初步译码转换成微指令序列（RISC 指令），存放于 TC 中。程序一个分支的微指令序列称为一个踪迹，TC 中可以存储多个踪迹。于是，Pentium 4 的流水线执行时，实际上是执行 TC 中的微指令，实现 RISC 方式的处理。

TC 的使用，使 NetBurst 体系结构可以深入至微指令序列内部调节指令流的执行顺序，实现更深层次的无序执行，获得更高的执行效率。

（2）高速前端总线（Front Side Bus，FSB）。

为保证处理器与内存等设备数据交互的通畅，Pentium 4 的 64 位前端总线采用了在一个时钟周期内能够完成 4 次数据传输的四倍速（Quad Data Rate，QDR）技术。若处理器前端总线 FSB 的时钟频率为 100MHz，则 Pentium 4 的四倍速前端总线可以在 1 秒钟内传输 4 亿次数据，等效于普通前端总线以 400MHz 的时钟频率运行时的数据传输速度。

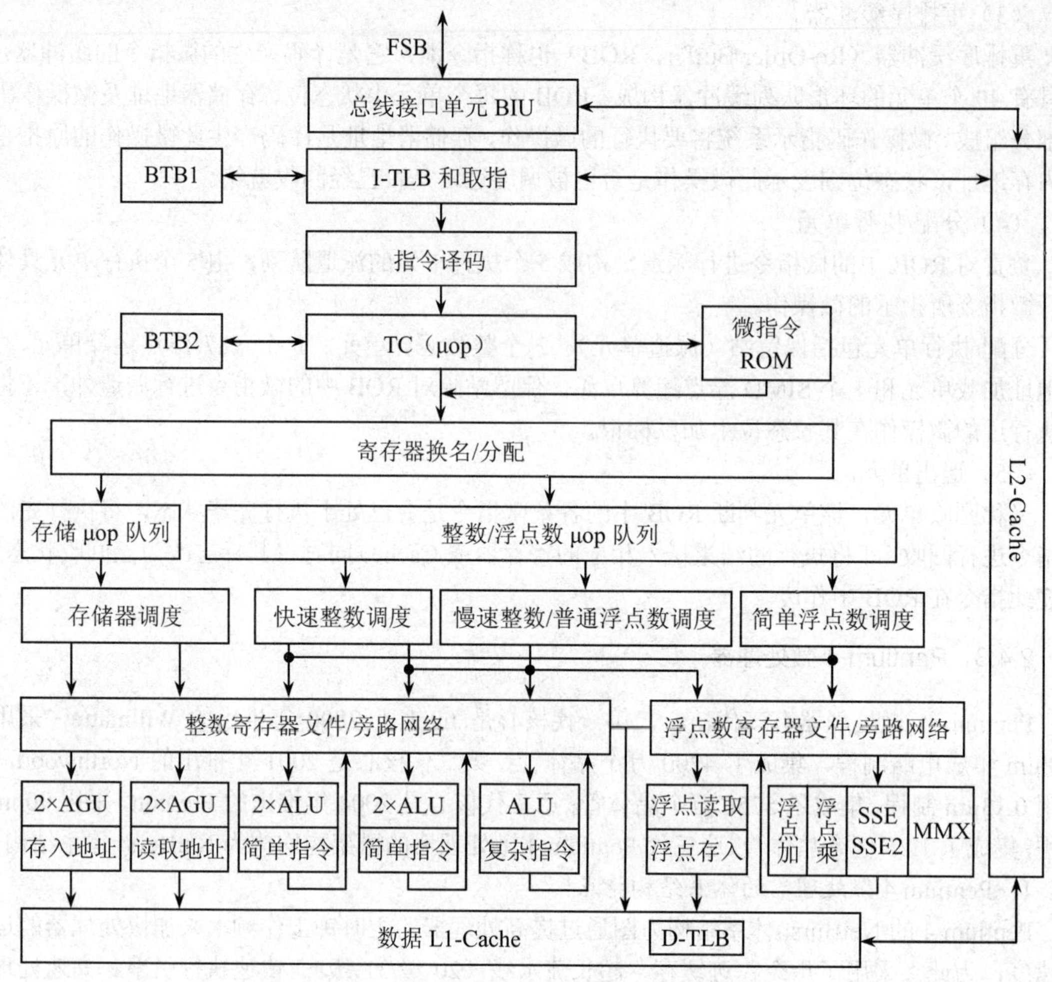

图 2-30　Pentium 4 微处理器内部结构

（3）快速执行引擎。

Pentium 4 的整数运算单元（ALU）的数据处理速率是处理器主频的 2 倍，即在处理器的 1 个时钟周期内可完成 2 次整数运算。Pentium 4 内部有 2 个这样的整数运算单元，故其在 1 个时钟周期内可以完成 4 次整数运算。

（4）扩大了内存寻址范围。

Pentium 4 在采用 64 位前端总线的同时，也增加了处理器的地址总线宽度，以支持更大容量的物理存储器。Willmatte 和 Northwood 核心的 Pentium 4 处理器将地址线扩展为 36 条，可直接支持 64GB 的物理内存，Prescott 核心的地址线为 40 条，可直接支持 1TB 的物理内存。

（5）很高的处理器主频。

最初推出 Pentium 4 时主频超过 1GHz，此后主频不断提升。尤其是 Prescott 核心的 Pentium 4 处理器，采用 90nm 制程，将以往集成电路的铝互联技术改为铜互联技术，使处理器核心的工作频率可以是处理器外频的几十倍，达 1.3 GHz～3.8GHz，极大地提高了处理器的工作速度。

（6）采用了超线程技术。

2003 年 Intel 发布了采用改进的 Northwood 核心、支持超线程技术的 Pentium 4 处理器，此后 Prescott 核心的 Pentium 4 也支持超线程技术。

线程是进程中可派遣的工作单位，包含处理器上下文（程序计数器、堆栈指针等）和自己的堆栈数据域等体系结构状态。超线程（Hyper-Threading，HT）技术可使多个线程共享同一进程的资源，利用同一进程的资源并行处理两个或多个线程，从而使处理器中的资源充分地忙碌起来，提高处理器的总体运算速度。HT 技术的优势在于线程间的切换速度比进程间的切换速度快得多，如果几个需要不同执行资源的线程通过一个进程的资源并行处理时，就可使进程的各种执行资源利用率大大提高，进而提高处理器的整体运算速度。

Pentium 4 的 HT 技术把一个处理器虚拟成两个逻辑处理器，可同时执行两个线程，进而减少处理器执行单元的闲置时间，提高多任务操作时的处理器运行效率。

（7）改进的多媒体和浮点处理单元。

Pentium 4 以前的浮点处理单元 FPU 均保持着基于堆栈的 8 个寄存器式的 x87 浮点处理器结构，但 Pentium 4 改用了 SIMD 指令单元作为 FPU，将多媒体处理和浮点处理合为一体。

（8）支持第二代流式 SIMD 扩展指令集。

Pentium 4 支持 SSE2 指令集，SSE2 相对于 SSE 指令集增加了 144 条 128 位多媒体指令，包括 128 位的 SIMD 整数运算和 128 位的 SIMD 双精度浮点数运算，主要侧重于 DVD 多媒体数据的播放、音频播放、3D 图像处理和网络数据流处理。

Pentium 4 的双线程处理器增加了支持 SSE3 指令集功能，SSE3 在 SSE2 的基础上又增加了 13 条指令，用于优化超线程同步、增强复数运算、优化浮点运算及浮点/整数转换等。

（9）支持 64 位数据运算。

2004 年，改进的 Prescott 核心的 Pentium 4 支持 64 位工作模式，处理器内部将 32 位的通用寄存器扩展为 64 位，并增设了 64 位工作模式所需要的相关装置。Intel 将 32 位微处理器的体系结构统称为 IA-32，将具备 64 位工作模式的微处理器体系结构称为 Intel 64 体系结构。

2. Pentium 4 微处理器的内部结构

Pentium 4 采用指令踪迹缓冲器 TC 替代指令 L1-Cache，存放经过初步译码的微指令序列，每条微指令占用 53 位存储空间。Willmatte 和 Northwood 核心中 TC 容量为 12K 条微指令（μop），Prescott 核心中 TC 容量为 16K 条微指令。

Willmatte 和 Northwood 核心中的数据 L1-Cache 容量为 8KB，采用 4 路组关联结构，一端与整数和浮点数的寄存器文件交换数据，另一端与 L2-Cache 中的数据部分交换数据。Prescott 核心中的数据 L1-Cache 容量增至 16KB，采用 8 路组关联结构。Willmatte 核心的 L2-Cache 容量为 256KB，Northwood 核心的 L2-Cache 为 512KB，Prescott 核心的 L2-Cache 为 1MB/2MB。

Pentium 4 中有 2 个转换后援缓冲器 TLB，存储近期使用过的虚拟地址至物理地址的映射关系。I-TLB 支持 4KB/2MB/4MB 分页方式，Willmatte 有 64 项，Northwood 和 Prescott 有 128 项，辅助处理器的分页取指操作；D-TLB 支持 4KB/4MB 分页方式，Willmatte 和 Northwood 有 64 项，Prescott 有 128 项，辅助处理器的分页取数据操作。

Pentium 4 中有 2 个转移目标缓冲器 BTB，BTB1 用于预测程序指令流，辅助处理器从 L2-Cache 或经总线接口单元从内存取得预测执行的指令；BTB2 用于对微指令的转移预测，辅助处理器流水线的取指。微指令 ROM 用于对指令译码单元无法处理的复杂指令进行译码，将这些复杂指令通过微指令 ROM 以查表方式转换成微指令序列。

Pentium 4 有 2 个微指令队列，一个作为存储器读写的微指令队列，另一个作为不涉及存储器的所有整数、浮点数运算和处理的微指令队列。TC 中的微指令经分配和换名后，保存在这两个队列中，直到被调度去执行。两个微指令队列连接有 4 个调度器，负责存储器调度、快速整数调度、慢速整数/普通浮点数调度、简单浮点数调度，将相应的微指令调度至整数寄存器文件和浮点数寄存器文件中。

Pentium 4 中的整数寄存器文件和浮点数寄存器文件各有 128 个寄存器，用以存储微指令中的寄存器数据，辅助执行单元完成数据运算。Pentium 4 处理器有 5 个整数处理单元和 2 个浮点数处理单元。其中两个整数运算器 ALU 是 2 倍速的，每个时钟周期可完成 2 次整数运算，一个 ALU 是慢速的，每个时钟周期完成一次整数运算。对于简单的整数运算可以采用快速整数运算单元进行处理，对于比较复杂的整数运算则只能由普通整数运算单元进行处理。整数处理单元还包括两个 2 倍速的地址生成器 AGU，用于存储器的读取地址和写入地址的生成运算。两个浮点处理单元中，一个用于浮点数的读取和存储，另一个是浮点运算单元，可执行浮点运算、MMX 运算和 SSE/SSE2 运算。

3. 由 Pentium 4 延伸的双核微处理器 Pentium D 和 Pentium EE

尽管 Pentium 4 使处理器运算速度达到新的高度，但也存在一些问题，最主要的问题就是流水线过长。因为超长流水线在处理数据相关及分支预测时需要更多的时间开销，影响了流水线的工作效率；超长流水线带来的另一个副作用是因主机时钟频率的加快导致处理器芯片功耗过大，功耗产生的巨大热量导致处理器芯片难以正常工作。

如何提升微处理器的性能呢？在一个芯片内集成多个处理器成为处理器体系结构改进的一个重要方向。

2005 年 Intel 先后发布了 Pentium D 820/830/840 和 Pentium EE 840 双核处理器，集成度为 2.3 亿个晶体管，Pentium D 和 Pentium EE 的微架构称为 Smithfield。

但实际上，Smithfield 就是在一个硅片上集成了两个相对独立的 Prescott 核心的 Pentium 4 处理器核，如图 3-31 所示，两个处理器核各有 1MB 的 L2-Cache，共同分享同一个前端总线 FSB 的带宽。这样的双核处理器设计是不完善的，两核之间没有直接沟通的桥梁，加上 FSB 设计是单向存取，芯片内部的两个处理器核只能通过处理器芯片外的北桥芯片组转接，利用存储器交换数据，如此会影响两个处理器核并行处理数据的效率。

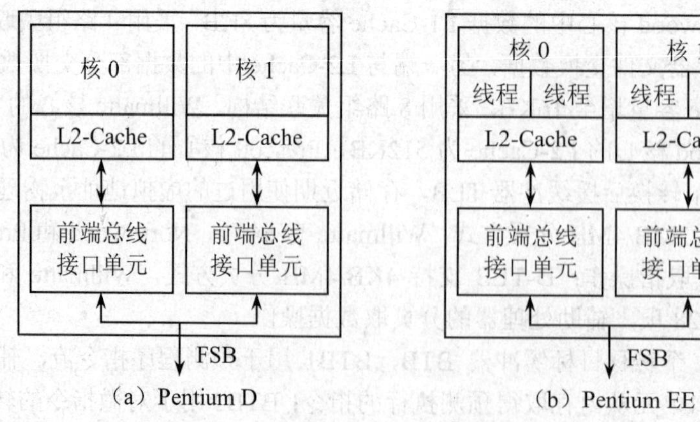

图 2-31 Pentium D、Pentium EE 双核处理器结构

2.4.4 Pentium M 微处理器

2003 年 Intel 发布了专为移动计算机系统设计的 Pentium M 微处理器。Pentium M 是在 P6 微架构基础上，采用了更先进的生产工艺，融入了一些更为先进的计算机技术而构成的微处理器。

1. Pentium M 微处理器的体系结构特点

（1）流水线和执行核心。

Pentium M 与 P6 系列微处理器相似，也采用 3 路超标量结构，具有 5 个执行单元。为满足 Pentium M 中微操作融合技术的需要，Pentium M 将流水线有效长度增加至 14 级。

Pentium M 的指令 L1-Cache 和数据 L1-Cache 容量均增大到 32KB，提高了指令和数据的缓冲能力。

（2）改进了分支预测和硬件数据预取。

Pentium M 的分支预测单元增加了识别循环和预测间接分支两个部分。

传统分支预测方式在预测循环结束条件时将会导致错误，所以 Pentium M 使用了循环识别逻辑，将代码中的循环逻辑和循环结论信息独立开来，极大地提升了结束循环条件的预测精度。

随着分支预测技术的改进，Pentium M 也更新了硬件数据预取逻辑，用于从内存将数据取到缓存中。Pentium M 采用的硬件数据预取算法比 Pentium Ⅲ的预取算法效率更高。

（3）微操作融合技术（Micro-ops Fusion）。

Pentium M 可确定各种微指令的相关性，将有相关性的微操作划分在一起，由同一个执行单元执行，而不同执行单元所执行的微操作彼此是无关的，因此不会出现等待某执行单元执行结果的情况。这项技术能够使整数数据的处理速度提升 5%，使浮点数据的处理速度提升 9%。

（4）专用堆栈管理器。

由于软件使用堆栈非常频繁，让执行单元频繁处理 PUSH、POP、CALL、RET 这类与堆栈操作相关的指令不利于处理器的工作效率，因此 Pentium M 中增设了专用堆栈管理器，识别像 PUSH、POP、CALL、RET 这样的指令，在它们经过解码后即给予预处理，以此降低执行单元的负担。

（5）调整处理器总线。

Pentium M 的前端总线使用了在一个时钟周期内能完成 4 次数据传递的四倍速（QDR）技术，FSB 的工作频率有 400MHz 和 533MHz 两种。Pentium M 的系统总线只支持 32 位寻址，即最多仅支持 4GB 的内存空间。

（6）支持 SSE2 指令集。

Pentium M 支持 SSE 和 SSE2 指令集。

（7）增强的 Intel SpeedStep 节能技术（EIST）。

Pentium M 使用这一技术，能够提供多种不同的工作状态，可以在处理器工作量较小的时候，通过自动降低处理器的工作频率，降低处理器核心的工作电压，从而减少处理器能耗。

（8）L2-Cache 的节能措施。

Pentium M 配有 2MB 容量的二级缓存，采用 8 路组相关结构。为了降低 L2-Cache 的功耗，Pentium M 将 L2-Cache 进一步细分为 4 个部分，每一部分都可以被独自访问。处理器在工作时，可使暂不需要的高速缓存转入休眠状态。采用这种方法的 L2-Cache 虽然会增加 1 个延迟周期，但可以大幅度降低功耗。

2. Pentium M 微处理器的发展历程

（1）第一代 Pentium M 微处理器。

2003 年 3 月由 Intel 发布，其核心名称为 Banias，采用 130nm 集成电路制程，集成有 1MB 的 L2-Cache，前端总线工作频率 400MHz，芯片中集成了 7700 万只晶体管，TDP（热设计功耗，CPU 满负荷时释放的热量）为 24.5W。

（2）第二代 Pentium M 微处理器。

2004 年 10 月由 Intel 推出，其核心名称为 Dothan，采用 90nm 制程，集成有 2MB 的 L2-Cache，前端总线工作频率 400MHz/533MHz，芯片中集成了 1.4 亿只晶体管，TDP 功耗 27W。

（3）第三代 Pentium M 微处理器。

2006 年初由 Intel 发布，其核心名称为 Yonah，采用 65nm 制程，前端总线工作频率 677MHz。Yonah 核心的处理器有单核和双核两种，单核处理器称为 Intel Core Solo，双核处理器称为 Intel Core Duo。双核的 Yonah 处理器集成了 1.5 亿只晶体管，TDP 功耗 31W。

Yonah 核心的双核处理器芯片中 2MB 的 L2-Cache 由两个处理器核共享，两个处理器核可通过芯片内部的 L2-Cache 交换数据，实现了真正意义上的双核处理器。Yonah 双核处理器结构如图 2-32 所示。

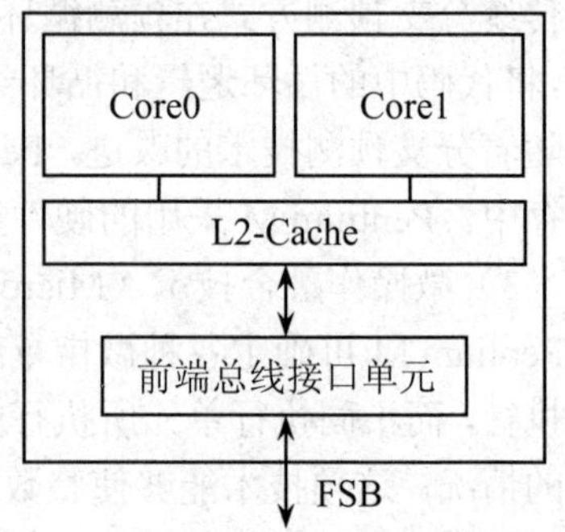

图 2-32 Yonah 核心双核处理器结构

Yonah 核心微处理器首次使用了 Core（酷睿）一词作为产品名称，因此也被称为酷睿一代，但其核心仍称为 Yonah，属于 Pentium M 微处理器系列。Pentium M 处理器不支持 64 位工作模式，其体系结构属于 IA-32。

2.5 酷睿系列微处理器

2006 年 7 月 Intel 推出了基于 Core 微架构的双核微处理器 Core 2 Duo，也称酷睿二代，但其实际上是采用 Core 微架构的第一代产品。在 Intel 推出的酷睿系列微处理器中，不仅有典型的 Core 2 系列微处理器，还有后期陆续推出的 Core i7/i5/i3 系列微处理器。

2.5.1 Core 2 微处理器

Intel 以 Core 微架构作为新一代处理器的通用架构，全面用于台式计算机、移动计算机、服务器工作站，微处理器代号分别为 Conroe、Merom、WoodCrest。这三种代号的微处理器架构相同，仅在主时钟频率、前端总线工作频率、功耗等方面有些差别。

1. Core 2 微处理器的主要结构特点

Core 微架构在 Yonah 核心的基础上，继承了 Pentium M 移动处理器的设计思想，又将 Pentium M 的 3 路超标量扩展为 4 路超标量，处理器内的各种缓冲器、L2-Cache、运算处理单元数量等也都进行了扩展，同时还增添了一些新的技术，使 Core 微架构处理器的性能更加优越。Core 微架构处理器的内部结构如图 3-33 所示。

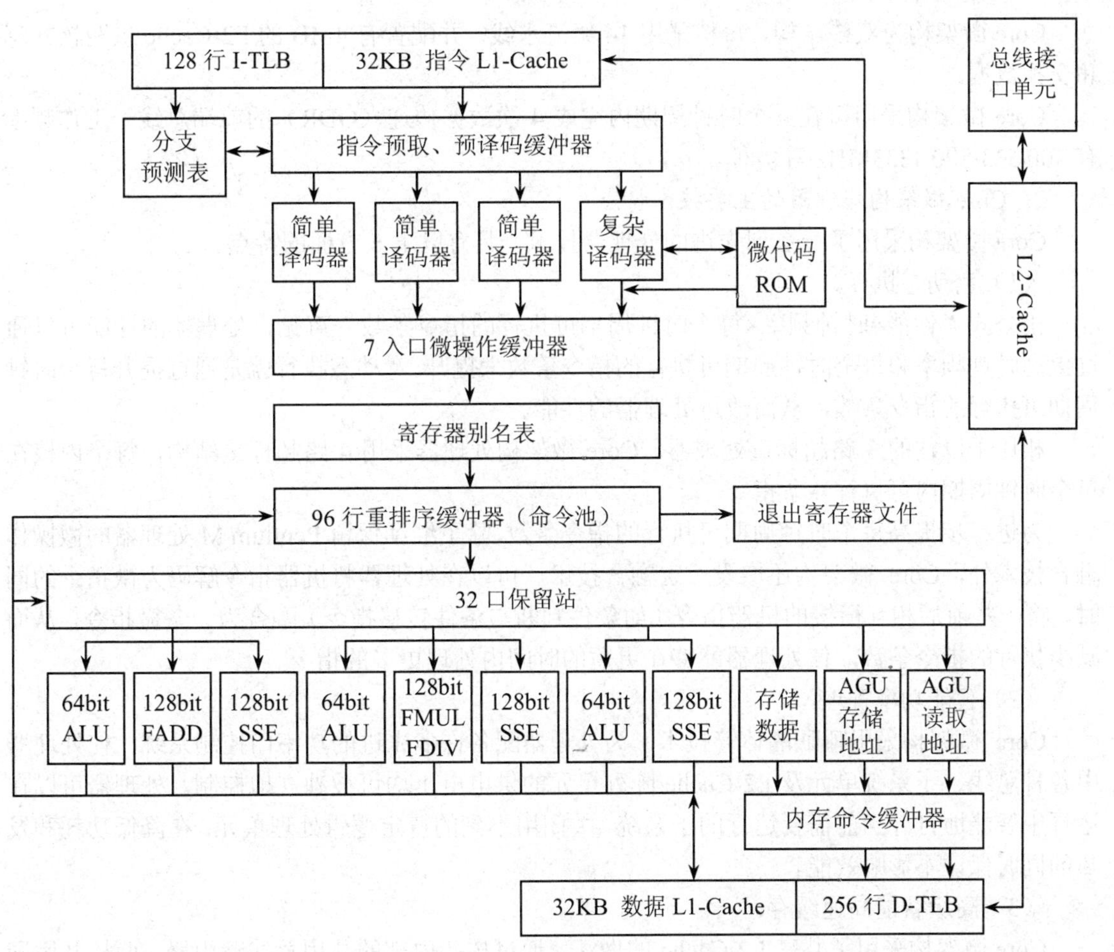

图 2-33 Core 微架构处理器内部结构

Core 微架构配置了 32KB 数据 L1-Cache 和 32KB 指令 L1-Cache，分别用于数据和指令的缓存，同时，指令 L1-Cache 中配有 128 行的 I-TLB，数据 L1-Cache 中配有 256 行的 D-TLB。指令预取、预译码缓冲器与分支预测表相结合，用于分支指令的转移预测。

Core 微架构采用 4 路超标量结构，配置了 4 个译码器。其中 3 个简单译码器用于将简单指令译码成一条微指令，一个复杂译码器用于将复杂指令译码成 1～4 条微指令，故在一个时钟周期内，Core 微架构的译码器最多可译码产生 7 条微指令，发送至微操作缓冲器。如果遇有复杂译码器也无法处理的更复杂指令，指令译码器将借助微代码 ROM 进行译码，转换成多于 4 条的微指令。

译码产生的微指令经寄存器别名表将微指令中的寄存器换名后，进入具有 96 个缓冲行的重排序缓冲器（指令池）中暂存。32 口保留站（派遣单元）通过不断扫描重排序缓冲器，寻找可执行指令，当扫描到不存在控制相关、数据相关以及资源冲突的微指令时，就交由执行单元完成微指令的执行，并将执行结果仍送回重排序缓冲器中暂存。Core 微架构增置了更多的运算处理单元，进一步增强了处理器的指令处理能力。处理器的退出单元通过扫描重排序缓冲器，将执行完毕的微指令运算结果送入相应的寄存器和 Cache，同时将其标志改为回收就绪，退出重排序缓冲器。

Core 微架构为双核结构，每核采用 14 级流水线，并配置有 4MB 的 L2-Cache 供两核共享和交换数据。

Core 微架构采用可在一个时钟周期内完成 4 次数据传递（QDR）的前端总线，工作频率有 400/533/800/1333MHz 等多种。

2. Core 微架构处理器的主要技术特点

Core 微架构采用了一系列先进的处理器技术，具有以下 6 方面的特点。

（1）宽动态执行。

由公式“性能=时钟频率×每个时钟周期可执行的指令条数”可见，处理器的性能可以通过提高时钟频率和每个时钟周期可执行的指令条数来提升。宽动态执行就是通过提升每个时钟周期可执行的指令条数，从而改进处理器的性能。

相比于以往的 3 路超标量处理器，Core 微架构处理器采用 4 路超标量结构，每个内核在每个时钟周期内可执行 4 条指令。

为进一步提高每个时钟周期可执行的指令条数，除了继续保留 Pentium M 处理器的微操作融合技术外，Core 微架构还增设了宏融合技术，可以在处理器将机器指令解码为微指令的同时，将一些前后相互衔接的机器指令（如条件判断与条件转移指令）融合为一条微指令，从而减少执行的指令条数，使处理器能够在更短的时间内处理更多的指令。

（2）智能功率管理。

Core 微架构采用睡眠晶体管技术，为处理器配备许多先进的功率门控制系统，使处理器中各种总线、子系统单元及 L2-Cache 阵列单元的供电电压均可被独立地控制，处理器可以在运行中智能地打开当前需要运行的子系统，关闭用不到的特定逻辑处理单元，在降低功耗和发热的同时保证不影响效能。

（3）高级智能高速缓存。

Core 微架构采用了共享 L2-Cache 的做法，通过核心内部的共用总线路由器，两核共用同一个 L2-Cache。

当核心 1 的运算结果存入 L2-Cache 时，核心 0 便可通过共用总线路由器读取核心 1 放在共用 L2-Cache 上的资料，从而大大降低两核数据交互上的时间延迟，并减少了使用前端总线带宽。共用总线路由器不仅更有效地处理 L2-Cache 访问，还对两个核心共用的前端总线传输进行调配，改善双核共用前端总线时的效率。

高级智能高速缓存技术还使处理器的每个核心都可以动态支配全部 L2-Cache。当某个核心当前对缓存的使用率较低时，另一个核心就可以动态地增加占用 L2-Cache 的比例，从而大幅提高了 L2-Cache 的利用率。

（4）智能内存访问。

智能内存访问技术通过全新的内存消歧算法智能地评估数据是否可以预取，于是可以预取的数据便能够提早准备于 L1-Cache 之中，以降低内存读取的延迟时间，减少处理器的等候时间，实现可能性最高的指令级并行计算。智能内存访问技术还可以侦测出内存访问冲突，重新读取正确的数据并重新执行指令，大大提高执行效率。

智能内存访问技术还包含增强的预取器。Core 微架构处理器的每个核心均独立拥有两个数据 L1-Cache 预取器和一个指令 L1-Cache 预取器，芯片内还有两个共享的 L2-Cache 预取器。预取器负责“预取”内存内容并将其放入高速缓存 Cache 中，这些预取器同时检测多个数据流和大跨度的存取类型，使 L1-Cache 能够及时准备待执行的数据。两个 L2-Cache 预取器可以分析内核的访问情况，以确保 L2-Cache 拥有未来可能需要的数据。

智能访存技术改良了存储器的读取效能，可以将内存访问效率提升 30%。

（5）高级数字媒体增强。

Core 微架构拥有 128 位 SIMD 整数运算器和 128 位 SIMD 双精度浮点数运算器，执行 128 位的 SIMD 指令只需要 1 个时钟周期，执行效率比以往的处理器提升 1 倍。

同时，65nm 制程的 Core 微架构处理器还新增了含有 16 条指令的 sSSE3 指令集，进一步扩展了 SIMD 指令处理能力。2007 年，45nm 制程的 Core 微架构处理器又增加了含有 47 条指令的 SSE4 指令集，用于增强处理器在视频编码/解码、图形处理以及游戏等多媒体应用上的性能。

（6）支持 64 位数据处理。

Core 微架构处理器支持 64 位工作模式，属于 Intel 64 体系结构。

2.5.2 Core i7/i5/i3 微处理器

自 Core 微处理器之后，Intel 提出了“Tick-Tock”战略，即每两年为一个周期，一年主要提升处理器制程，一年主要改进处理器的微架构。这样在制程工艺和微架构的两条提升道路上交替进行，既可维持持续发展，又可降低研发周期。

2008 年，Intel 推出 Nehalem 架构微处理器，开启了 Core i7/i5/i3 微处理器时代。

1. Core i7/i5/i3 微处理器的发展

Core i7/i5/i3 微处理器的架构先后推出了多个版本，经历了多次的升级换代。

第一代：2008 年 11 月 Intel 发布全新的 45nm 制程的 Nehalem 微架构，基于 Nehalem 微架构，先后有 Bloomfield 和 Lynnfield 两种处理器核心，Bloomfield 核心集成度为 7.31 亿只晶体管，Lynnfield 核心集成度为 7.74 亿只晶体管。

2010 年 3 月，Intel 又推出基于 32nm 制程的 Westmere 微架构，Westmere 微架构有 Clarkdale 和 Gulftown 两种处理器核心，Clarkdale 核心集成度为 3.84 亿只晶体管，Gulftown 核心集成度为 11.7 亿只晶体管。

第二代：2011 年 1 月，Intel 发布 32nm 制程的 SandyBridge 微架构。

第三代：2012 年 4 月，Intel 推出 22nm 制程的 Ivy Bridge 微架构，它是 SandyBridge 的工艺升级版。

第四代：2013 年 Intel 推出 22nm 制程的 Haswell 微架构，它是 SandyBridge 的架构升级版。

2. Bloomfield 核心的 Core i7 微处理器系统结构

2008 年 11 月，Intel 推出基于 Nehalem 微架构、Bloomfield 核心的 Core i7 9xx 系列处理器。在系统结构上采用多项先进技术，使处理器的系统规模更大、数据通道更通畅、执行速度更高。

Bloomfield 核心的 Core i7 9xx 处理器内部结构如图 2-34 所示，其技术特点主要表现为以下几方面。

（1）具有同步四核八线程的运算规模。

处理器内部采用原生四核设计，并采用了超线程技术，使处理器可以四核八线程方式运行，大幅提升了处理器的多任务和多线程计算能力。

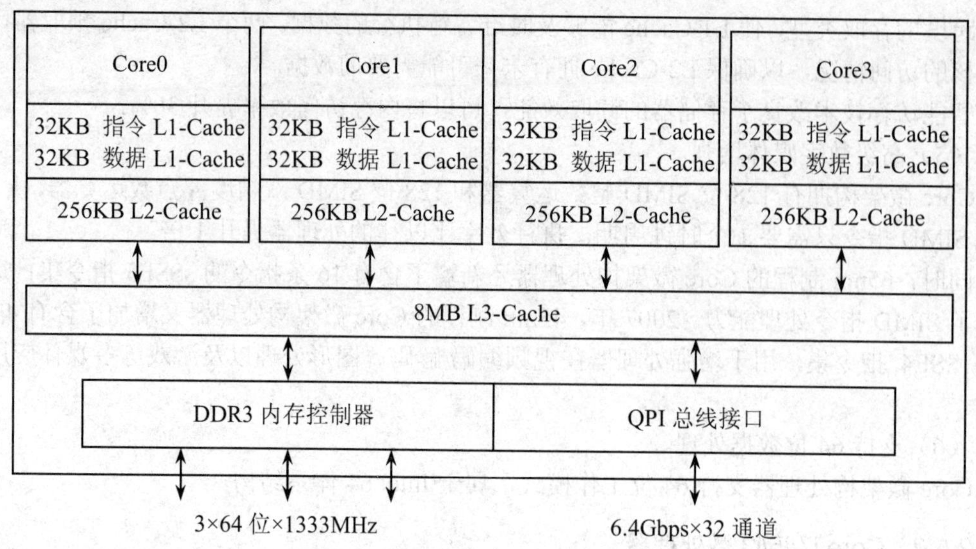

图 2-34　Bloomfield 核心处理器内部结构

最早出现在 Northwood 核心 Pentium 4 上的超线程（HT）技术，是利用特殊的硬件指令，把一个处理器核心模拟成两个逻辑处理器进行线程并计算，从而提高处理器的执行效率。Bloomfield 核心对超线程技术进行改进，使其具有更大的缓存和更高的内存带宽，超线程的运行效率提升了 20%～30%。改进后的超线程技术称为同步多线程技术（Simultaneous Multi-Threading，SMT）。

（2）全新缓存设计。

Core 2 处理器系列中的四核处理器 Core 2 Quad 实际上是将两个 Core 2 Duo 处理器封装在一起，两对处理器核心需通过狭窄的前端总线 FSB 来通信，数据延迟比较严重。

而 Core i7 则采用原生四核、三级内含式 Cache 设计。每核的 L1-Cache 设计与 Core 微架构一样；L2-Cache 采用超低延迟的设计，为核心所独占，每个核心具有 256KB 的 L2-Cache；Core i7 由共享式 L3-Cache 实现四个核心间的数据交互，L3-Cache 容量为 8MB，为片上所有内核共享。

（3）采用全新 QPI 总线。

Bloomfield 核心的最大改进在前端总线 FSB 上。传统的并行总线被废弃，转而采用基于 PCI Express 串行点对点传输技术的通用接口，称为 QPI（QuickPath Interconnect）总线。QPI 总线的单通道传输速度为 6.4Gbps（即 0.8GB/s），是以往 1333MHz 的 FSB 的 5 倍。于是，采用 32 通道传输的 QPI 总线带宽可以达到 25.6GB/s，传输带宽是以往 64 位 FSB 的 2.5 倍。

（4）集成了内存控制器。

将内存控制器集成在处理器芯片内部，可以直接支持三通道的 DDR3 内存，以 1333MHz 速率运行，使内存位宽从 128 位提升到 192 位，总的峰值带宽达到 32GB/s，是 Core 2 的 2～4 倍。同时，处理器内部集成内存控制器后，能够直接与物理存储器阵列相连接，极大地减少了内存延迟的现象，使内存不再是数据传输的瓶颈。

（5）自动超频技术。

Nehalem 微架构的自动超频模式（Turbo Mode）被称为第一代睿频加速技术（Intel Turbo

Boost Technology）。其基本原理是基于电源管理技术，通过分析当前处理器的负载情况，智能地关闭暂不用的核心，并使正在使用的核心运行在更高的频率下，既提升了正在运行核心的性能，又不使处理器的 TDP（热设计功耗）过大；相反，在需要多个核心工作时，处理器动态地开启相应的核心，智能地调整频率，使处理器的总体运行速度达到最高。

（6）加入 SSE4.2 指令集。

完整的 SSE4 指令集包含 54 条指令，在 Core 2 中已实现 47 条，称为 SSE4.1。SSE4.1 的引入，增强了处理器在视频编码/解码、图形处理以及游戏等多媒体应用上的性能，其余的 7 条指令在 Core i7 中也得以实现，称为 SSE4.2。

3. Lynnfield 核心的 Core i7/i5 微处理器系统结构

2009 年 9 月，Intel 推出基于 Nehalem 微架构、Lynnfield 核心的 Core i7 8xx 系列微处理器和 Core i5 7xx 系列微处理器，前者为四核八线程处理器，后者屏蔽了超线程技术，成为四核四线程处理器。

相比 Bloomfield 核心，Lynnfield 核心在处理器内核部分几乎没有任何改动，同样是原生四核设计，45nm 制程，L1-Cache、L2-Cache、L3-Cache 的容量未变，但在以下几方面作了改进，使处理器的功能更加实用。

（1）双内存通道设计。

Bloomfield 核心的三条内存通道成本太高，于是 Lynnfield 核心进行了简化，删除了一条，成为主流的双内存通道设计。

（2）整合了 PCI-Express 控制器。

Bloomfield 核心中已经整合了传统北桥中的内存控制器，对于北桥中剩余的 PCI-Express 控制器，Lynnfield 核心又作了简化（只有 16 条通道），并整合到处理器芯片内，于是，在构成计算机系统时，北桥芯片将不再需要。

（3）QPI 总线。

Bloomfield核心中已经整合了两条QPI总线，用于连接北桥芯片和多处理器互联。Lynnfield 核心删掉一条 QPI 总线，只保留一条 QPI 总线。

由于上述技术的改进，减少了 Lynnfield 核心的外接引线。构成计算机系统时，不再需要北桥芯片，处理器直接通过 DMI（Direct Media Interface，直接媒体接口）总线与南桥芯片相连。

4. Clarkdale 核心的 Core i5/i3 微处理器系统结构

2010 年 3 月，Intel 又推出基于 32nm 制程的 Westmere 微架构，相比 Nehalem 微架构，Westmere 微架构的制造工艺从 45nm 升级到 32nm，新增 7 组新指令集，用于加密、解密的运算。Westmere 微架构有 Clarkdale 和 Gulftown 两种处理器核心。

基于 Clarkdale 核心的处理器有 Core i5 6xx 系列微处理器和 Core i3 5xx 系列微处理器。前者支持睿频智能加速技术，工作频率较高且可以自动超频，后者工作频率较低且不支持睿频智能加速技术。

相比 Lynnfield 核心，Clarkdale 核心的主要改进是芯片内封装了 CPU 和 GPU（Graphics Processing Unit，图形处理单元）两部分，CPU 部分使用新一代的 32nm 工艺，双核四线程设计，L3-Cache 精简为 4MB。GPU 部分属于传统意义上的北桥，采用 45nm 制程，其内部不仅整合有一个集成图形处理单元，还集成了双通道 DDR3 内存控制器和 PCI-Express 控制器。CPU 和 GPU 两部分通过内部的 QPI 总线相连。Clarkdale 核心的内部结构如图 2-35 所示。

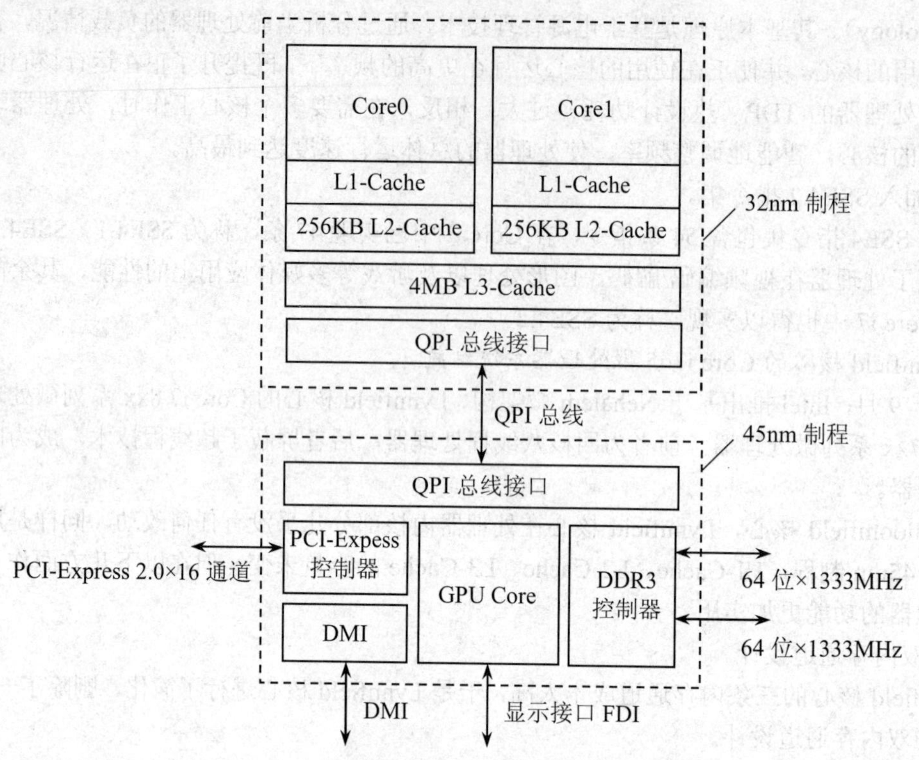

图 2-35　Clarkdale 核心处理器内部结构

5. Gulftown 核心的 Core i7 微处理器系统结构

Gulftown 核心实际上是 Bloomfield 核心的六核版本，基于 Westmere 架构、Gulftown 核心的 Core i7 9xx 系列微处理器与 Bloomfield 核心的 Core i7 处理器除了内核数量的差异之外，其他特性均是一样的。

6. SandyBridge 微架构的 Core i7/i5/i3 微处理器

2011 年 1 月，Intel 发布了基于 32nm 制程的 SandyBridge 微架构的 Core i7/i5/i3 处理器。实际上，Nehalem 微架构、Westmere 微架构以及 SandyBridge 微架构，其 CPU 部分的结构基本相同，改进的只是处理器指令集以及外围功能和控制模块。SandyBridge 微架构主要有以下四方面的改进。

（1）重新整合 GPU。

Clarkdale 核心的 Core i5 和 Core i3 处理器虽已将 GPU 整合到处理器芯片中，但存在着一些缺陷，一是 GPU 功能简单，2D、3D 性能不够强，二是由于 CPU 与 GPU 之间的数据交互需要通过内部 QPI 总线，而 QPI 总线上还连有双内存通道、DMI 总线和 PCI-Express 2.0×16 通道总线，所以数据带宽受到很大的限制。

SandyBridge 微架构对 GPU 与 CPU 计算单元进行了无缝融合，将 GPU 的运算单元作为处理器内核的一部分，不再通过 QPI 总线互联，GPU 可以直接使用 CPU 的三级缓存以及内存控制器，显卡驱动会控制访问 L3-Cache 的权限，将 GPU 与 CPU 相互通信时的延迟降到了最低，同时，GPU 有自己的电源岛和时钟域，也支持睿频加速技术，可以独立加速或降频。SandyBridge 微架构结构如图 2-36 所示。

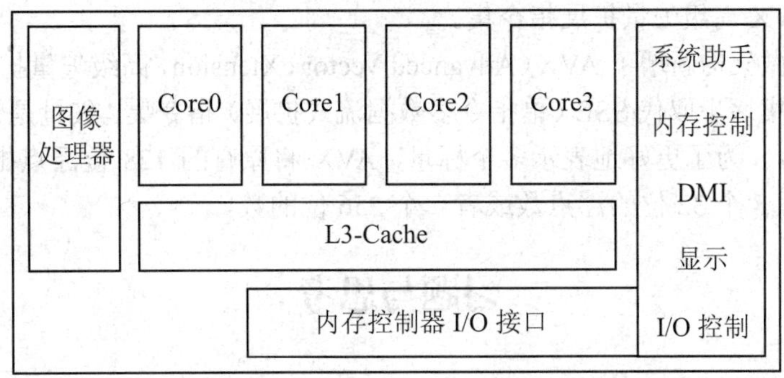

图 2-36 SandyBridge 微架构结构

此外，SandyBridge 微架构中的 HD Graphics（核芯显卡）除了 GPU 图形核心，还包括了一个独立的媒体处理器，专门负责视频解码、编码，使核芯显卡的解码能力和视频编码能力达到了较高水平。

（2）第二代睿频加速技术。

SandyBridge 微架构采用第二代睿频加速技术，增加自动超频的幅度，对于负载的判定更加准确，而且可以智能地分配 GPU 与 CPU 的负载，同时对 CPU 和 GPU 进行超频。

以往的处理器都是假设一旦开启动态加速，就会使处理器的发热达到限制温度。但事实上处理器的变热需要一段时间，在这段时间内，处理器的温度离限制温度还有一定差距，SandyBridge 微架构的功耗控制单元利用这一特性，允许功耗控制单元在短时间内将核心加速到 TDP（热设计功耗，CPU 满负荷时释放的热量）以上，然后慢慢降下来。功耗控制单元会自动跟踪功耗发热剩余时间，在系统负载加大时予以利用。

SandyBridge 微架构的 GPU 图形核心也可以独立动态加速，但如果软件需要更多 CPU 资源，那么 CPU 就会加速，同时 GPU 减速，反之亦然。除此之外，Intel 还提供了一款功能非常强大的软件，可供用户自行调节与优化 SandyBridge 微架构处理器的各项参数。

（3）环形总线与 L3-Cache。

Nehalem 微架构与 Westmere 微架构的每个核心都与 L3-Cache 单独相连，其连线很多，且效果并不太好。SandyBridge 微架构引入了环形总线（Ring Bus），每个核心、每一块 L3-Cache、集成图形核心、媒体引擎、系统助手等均在这条环形总线上拥有自己的接入点。

环形总线由四条独立的环组成，分别是数据环（DT）、请求环（QT）、响应环（RSP）、侦听环（SNP）。每条环的每个接入点在每个时钟周期内都能接受 32 字节数据，而且环的访问总会自动选择最短的路径，以缩短访问延迟。随着核心数量、缓存容量的增多，环形总线可以很好地扩展到更多核心、更大服务集群。

以往的 L3-Cache 只有一条缓存管线，所有核心的请求都须通过它，大数据量传输时容易引起阻塞。SandyBridge 微架构将 L3-Cache 划分成多个区块，每个区块在环形总线上均有自己的接入点和完整缓存管线，分别对应各个 CPU 核心。于是，每个核心都可以访问全部 L3-Cache，只是延迟时间不同。

SandyBridge 微架构的 L3-Cache 频率也与核心频率同步，因而速度更快，但是 L3-Cache 也会随着核心的降频而降频，所以如果 CPU 降频的时候 GPU 又正好需要访问 L3-Cache，那么速度会有所减慢。

（4）新增 AVX 高级矢量扩展指令集。

SandyBridge 微架构新增了 AVX（Advanced Vector eXtension，高级矢量扩展）指令集，Intel 打算用 AVX 指令集逐步取代 SSE（单指令多数据流式扩展）指令集。矢量是带有方向的标量，即多个标量的集合。为了更好地表示多个标量，AVX 将原有的 128 位浮点指令扩展到了 256 位，可以同时处理 8 个 32 位的浮点数或者一个 256 位的数。

习题与思考

2.1　某处理器具有 4GB 的寻址能力，那么该处理器的地址总线应该有（　　）条？

A．24　　B．32　　C．36　　D．64

2.2　80486 是（　　）位的微处理器？

A．16 位　　B．32 位　　C．64 位　　D．准 16 位

2.3　80386 在保护模式下可以直接访问（　　）物理内存空间？

A．1MB　　B．16MB　　C．4GB　　D．64GB

2.4　8086 系统中，读取一个规则字和一个非规则字分别需要（　　）个总线周期？

A．1　1　　B．1　2　　C．2　1　　D．2　2

2.5　（　　）工作模式能充分发挥 80386 的强大功能。

A．实模式　　B．保护模式　　C．虚拟 8086 模式　　D．系统管理模式

2.6　8086 微处理器具有 20 条地址线，可直接寻址 1MB 容量的内存空间，在访问 I/O 端口时，使用地址线 A15～A0，最多可寻址 64K 个 I/O 端口。这些说法（　　）。

A．对　　B．错

2.7　当 CPU 执行 OUT 28H,AL 指令时，其引脚 $M/\overline{IO}$=0，$\overline{RD}$=1，$\overline{WR}$=0，A15～A0 组合地址码为 00000000 00101000B。这个结论（　　）。

A．对　　B．错

2.8　8086 微处理器的指令队列有什么作用？

2.9　何谓超标量流水线结构？

2.10　8086 最大模式和最小模式的主要区别是什么？如何进行选择控制？

2.11　8086 微处理器从功能上分为哪几部分？各部分承担什么任务？

2.12　8086 标志寄存器有哪些标志位？各在什么情况下置位？

2.13　说明 8086 指令周期、总线周期、时钟周期三者的关系。

2.14　在 8086 读总线周期的 T1、T2、T3、T4 状态中，什么情况下、哪一状态后需要插入 Tw？

2.15　一个 8086 总线周期完成一次对外部的读/写操作，试针对某一次存储器写操作叙述一次总线操作的过程及各引脚的变化情况。

2.16　8086 微处理器是怎样解决地址线与数据线的复用问题的？

2.17　8086 系统的内存储器为什么要分段？怎样分段？

2.18　8086 系统中的物理地址是如何得到的？若某存储区存储 30 个字节，其首单元逻辑地址为 2000H:03A0H，问该存储区首单元、尾单元的物理地址是多少？

2.19　当 8086 最小模式下的引脚 $M/\overline{IO}$=1，$\overline{RD}$=0，$\overline{WR}$=1，$DT/\overline{R}$=0，A15～A0 有效

时，说明 CPU 进行什么操作？

2.20 8086 复位后，各寄存器的初始值如何？

2.21 80386 的内部结构主要包括哪些部件？各有何功能？

2.22 与 80386 相比，80486 微处理器主要有哪些新增加和改进之处？

2.23 Pentium 微处理器的数据 Cache 和指令 Cache 各有何作用？

2.24 试分析 Pentium 4 处理器采用的超长流水线技术的利弊。

2.25 试总结 Core 2 处理器的主要技术特点。

2.26 Core i7 将内存控制器集成在处理器芯片内有何优势？

2.27 何为睿频加速技术？超线程技术？

2.28 关注当今市场，了解酷睿系列微处理器的发展。

第3章　半导体存储器及其接口

学习目标

存储器是计算机系统中存储信息的主要部件。本章从存储器的分类、性能以及存储器基本结构着手，重点讨论随机存储器（RAM）和只读存储器（ROM）的工作原理，介绍存储器的容量扩展以及与微处理器的连接方法，最后介绍微型计算机系统中的多体存储器、高速缓冲存储器（Cache）和虚拟存储器技术。

通过本章的学习，读者应了解半导体存储器的分类、主要性能指标，掌握随机存储器和只读存储器的功能特性，掌握存储器容量扩展以及与微处理器的连接方法，领会存储系统的层次结构以及多体存储器、高速缓冲存储器和虚拟存储器的技术特点。

3.1　存储器概述

存储器是计算机系统中的存储部件，用于存储计算机工作时所用的程序和数据。计算机工作时，CPU 自动、连续地从存储器中取出指令并执行指令所规定的操作，每执行完一条或几条指令，要把处理的结果保存到存储器中。因此，存储器是计算机的记忆部件，是计算机系统的重要组成部分。

随着计算机技术的发展及广泛应用，存储系统的读写速度也在不断地提高，存储容量不断增加。特别是近些年多媒体技术的发展以及计算机网络的应用，要求计算机存储和处理的信息量越来越大，并对存储器的存取速度不断提出更高的要求，因而在存储系统中应用了存储器层次结构、多体结构、高速缓冲存储器、虚拟存储器等技术，外存储器容量也可以无限地扩充成为海量存储器。

3.1.1　存储器的分类

存储器的分类方法很多，通常从以下几方面对存储器进行分类。

1. 按系统中的作用分类

根据存储器在微型计算机系统中的不同作用，可分为内存储器和外存储器。

（1）内存储器。又称主存储器，简称内存或主存，是计算机主机的一个重要组成部分，用来存放当前正在运行或将要使用的程序和数据。CPU 可以通过指令直接访问内存。

系统对内存的存取速度要求较高，为了与 CPU 的处理速度相匹配，内存一般使用快速存储器件构成。但是由于受到地址总线宽度的限制，内存空间远远小于外存容量，例如在 8086/8088 系统中，由于地址总线为 20 位，所以最大内存空间只能达到 1MB（2^{20}）。

尽管内存容量远不及外存，但是由于它具有访问速度快的特点，使得内存被用来存放计算机工作时必须的系统软件、参数以及当前要运行的应用软件和数据；而更多的系统软件和所有的应用软件则存放于外存中，在需要时再由外存调入内存。

（2）外存储器。又称辅助存储器，简称外存或辅存，也用于存储程序和数据，但它存储的信息却是CPU当前操作暂时不用的。外存位于主机外部，CPU不能直接对其进行读写操作，当CPU需要使用外存中的信息时，要先通过专门的部件将其从外存调入到内存，然后再对内存中调入的数据进行直接的读写操作。

系统对外存速度的要求相对于内存可以慢一些，但对外存的容量却要求很大。由于外存具有长久保存信息的特点，所以多被用来保存和备份数据。

目前微型计算机主要采用硬盘作为外存储器，某些高档微型计算机中还配有速度更快的固态硬盘。此外，还有光盘、移动硬盘、U盘等大容量的可移动式存储器都是微型计算机系统中常见的辅助存储器，使计算机的外存成为“海量存储器”。

尽管计算机存储系统包括内存和外存，但内存是主机的一部分，而外存则属于外部设备。现代微型计算机的内存采用半导体存储器技术，主要以动态随机存储器构成内存，它具有断电则信息丢失的特点，考虑微型计算机启动的需要，在内存的高端地址还配有小容量的只读存储器，作为操作系统的引导程序存储空间。而外存作为内存的后备存储器，存储的数据可以方便地修改和永久地保存，不受断电影响。

另外，在现代高档微型计算机中，为了加快信息传递速度和提高计算机处理速度，广泛应用高速缓冲存储器（Cache）。Cache是微型计算机系统中一种高速小容量的存储器，位于CPU和内存之间，用于存储内存的部分副本，向CPU快速提供指令和数据。内存一般采用动态随机存储器，而Cache则主要由高速的静态随机存储器组成。

2. 按存储信息的可保存性分类

根据存储器中信息的可保存性，可将存储器分为易失性存储器和非易失性存储器。

（1）易失性存储器。是指断电后信息消失的存储器，如半导体随机存储器RAM，由于它具有读写速度快的特点，所以多被用于计算机内存。易失性存储器中的程序及数据可以在开机启动后由非易失性存储器调入，在断电前，要及时保存到非易失性存储器中。

（2）非易失性存储器。是指断电后仍然保持信息的存储器，如半导体只读存储器ROM、磁盘、光盘、U盘等。微型计算机系统软件中有一部分软件如引导程序、监控程序或者基本输入/输出服务程序BIOS，是计算机系统正常工作所必须的，而且不能被随意修改的，所以它们必须常驻内存，于是应用了半导体存储器ROM。希望长久保存的信息可存于硬盘、光盘、移动硬盘、U盘等非易失性存储器中。

在微型计算机系统中，要求系统至少有一部分存储器必须是非易失性的。

3. 按存储介质分类

存储二进制信息的物理载体称为存储介质，根据所使用存储介质的不同，存储器可分为半导体存储器、磁介质存储器、光盘存储器。半导体存储器多用于微型计算机内存，而磁介质存储器和光盘存储器则用于外存。

（1）半导体存储器。用半导体器件做成的存储器称为半导体存储器。半导体存储器包含只读存储器（Read Only Memory，ROM）和随机存储器（Random Access Memory，RAM），而随机存储器又可分为静态随机存储器（Static RAM，SRAM）和动态随机存储器（Dynamic RAM，DRAM）。

（2）磁介质存储器。目前计算机系统使用的磁介质存储器主要是硬盘。硬盘采用涂有磁性介质的盘片存储二进制数据，具有存储容量大、价格低、断电后数据不丢失的特点。但硬盘在数据存取时需要硬盘驱动器的机械驱动，所以数据存取速度远低于半导体存储器。

在微型计算机中，硬盘用于存储操作系统、其他各种系统软件、应用程序和数据，供计算机运行过程中随时调用。

（3）光盘存储器。光盘利用介质材料的光学性质（对聚集光束的反射率、偏振方向等）的变化来表示所存储的信息，光盘具有体积小、价格低、便于携带、易于长久保存等特点。但光盘在数据存取时需要光盘驱动器的机械动作，数据存取速度慢于硬盘。

目前的微型计算机中，光盘主要用作辅助存储器，多用于软件发布和数据备份。

3.1.2 存储器的主要性能指标

存储器是计算机系统中的重要部件，它的性能直接影响整机的性能。微型计算机系统存储器的性能指标很多，如存储容量、存取速度、存储器可靠性、功耗、价格、性能价格比等，但就功能和接口技术而言，最重要的性能指标是存储容量和存取速度。

1. 存储容量

存储容量是指存储器可以容纳的二进制信息总量。容量越大，意味着所能存储的二进制位（bit）越多。1 位二进制数是最小存储单位，8 位二进制数为 1 个字节（Byte，简写为 B），由于微型计算机都是按字节编址的，因此 B 是存储容量的基本单位，存储容量单位还有 KB、MB、GB、TB、PB，它们之间的关系为：

1 KB ＝1024 B ＝2^{10} B＝1 024 B

1 MB＝1024 KB＝2^{20} B＝1 048 576 B

1 GB ＝1024 MB＝2^{30} B＝1 073 741 824 B

1 TB ＝1024 GB＝2^{40} B＝1 099 511 627 776 B

1 PB ＝1024 TB＝2^{50} B＝1 125 899 906 842 624 B

存储容量越大，计算机系统的功能就越强，所以人们总是希望尽量提高存储容量。但是存储容量的提高受到 CPU 的寻址范围、所选用的存储芯片的速度、成本等诸多因素的限制，故不能设计得很大。

2. 存取速度

存储器的存取速度通常由存取时间来衡量，存取时间又称读写时间，是指从 CPU 发出有效的存储器地址从而启动一次存储器读/写操作，到读出或写入数据完毕所经历的时间。存取时间越短，则存取速度越快。内存存取速度的度量单位采用 ns 表示，如 5ns。

目前市场上也常用“内存主频”表示内存的速度，它代表着内存所能达到的最高工作频率，以 MHz 为单位，如 2400MHz。内存主频越高在一定程度上代表内存所能达到的速度越快。

3.1.3 内存储器的基本结构

内存储器由存储体、地址寄存器、地址译码器、读写驱动器、数据寄存器以及时序控制电路等部件组成，如图 3-1 所示。

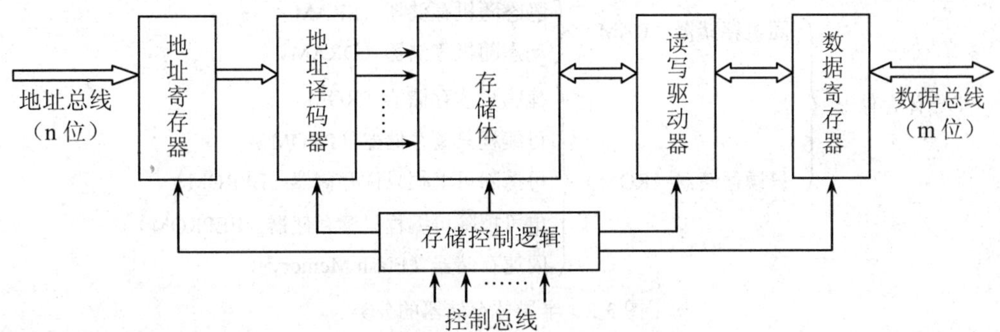

图 3-1　内存储器的基本组成

存储体是具体存储信息的场所，是存储单元的集合。假设存储器有 m 位数据总线、n 位地址总线和若干控制总线。地址总线给出所需访问的存储单元地址，最多可访问 2^n 个存储单元；数据总线用于在 CPU 与存储单元之间传送数据，一次可传送 m 位数据；控制信号则用来控制存储器的读/写等操作。

当 CPU 要访问内存时，首先通过地址总线把地址码送入地址寄存器中锁存，再传送给地址译码器，经译码后使对应于该地址的某一根选择线有效，从而选中相应的存储单元；接着 CPU 发出读/写命令，于是时序控制电路产生对存储单元的读/写操作控制信号。

在进行存储器读操作时，控制电路中的读信号线有效，于是把所选中的存储单元的信息读出并送入读/写驱动器放大，然后送至数据寄存器，再经数据总线送给 CPU。在进行存储器写操作时，CPU 不仅要把地址码送入地址寄存器，还要把待写入的数据传送给数据寄存器，并使控制电路中的写信号线有效，于是数据寄存器中的数据被存入选中的存储单元。

对内存写操作时，存储单元中原有的内容将被新写入的数据取代；读操作时，存储单元中的内容不受影响。所以说对内存的写是“破坏性”的写，对内存的读是“非破坏性”的读。

3.1.4　半导体存储器

半导体存储器具有工艺简单、集成度高、成品率高、可靠性高、存取速度快、体积小、功耗低等特点；其存储电路所占的空间小，可以和译码电路以及缓冲寄存器制作在同一芯片中。所以现代微型计算机的内存储器普遍采用半导体存储器。

半导体存储器从器件制造的工艺角度，分为双极型和 MOS 型。双极型存储器由 TTL 电路制成，其特点是存取速度快、集成度低、功耗大、价格较高。MOS 型存储器由金属氧化物半导体电路制成，与双极型存储器比较，其集成度高、功耗低、价格低，但存取速度慢。

从功能和应用的角度，半导体存储器又分为随机存储器 RAM 和只读存储器 ROM 两大类，如图 3-2 所示。

1. 半导体随机存储器 RAM

半导体随机存储器 RAM 可以对每个存储单元随机进行读出或写入，使用灵活，但它是一种易失性存储器，断电后信息会丢失。

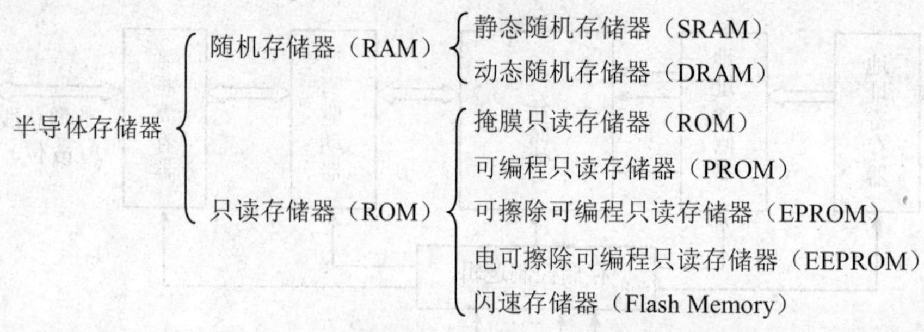

图 3-2　半导体存储器的分类

根据存储原理，随机存储器 RAM 又分为静态随机存储器 SRAM 和动态随机存储器 DRAM。SRAM 存放的信息在不断电的情况下可以长时间保存不变；而 DRAM 保存的内容即使在不掉电的情况下，隔一定时间后也会自动消失，因此要对其进行定期的刷新。

与 DRAM 相比，SRAM 不需要定时刷新，访问速度明显快于 DRAM，但是电路复杂，集成度低，且价格较高，因此多用于高速缓冲存储器 Cache，而 DRAM 具有价格低廉、集成度高等优点，内存条基本都采用 DRAM。

2．半导体只读存储器 ROM

半导体只读存储器 ROM 是一种只能读出但不能随机写入信息的存储器，所存储的信息可以长久保存，掉电后存储的信息仍不会改变。一般 ROM 用于存放固定程序，如启动程序、BIOS 程序等。

按存储单元的结构和生产工艺的不同，ROM 又可分成掩膜只读存储器（ROM）、可编程只读存储器（Programmable ROM，PROM）、可擦除可编程只读存储器（Erasable PROM，EPROM）、电可擦除可编程只读存储器（Electrically EPROM，EEPROM）、闪速存储器（Flash Memory）。

3.2　随机存储器 RAM

3.2.1　静态 RAM（SRAM）

1．SRAM 的基本存储电路

所谓基本存储电路是指存储一位二进制数的电路，又称单元电路。对于各种基本存储电路，不论其内部结构如何，对外呈现的特性均为用一个信号线选中该电路，电路中所存储的信息通过数据线与外界交换。

典型的 SRAM 基本存储电路如图 3-3 所示，T1、T2、T3、T4 这 4 个晶体管形成两个交叉耦合的反相器，存储单元有两个稳定的状态，分别表示二进制“1”和“0”，此外还需要 T5、T6 这两个晶体管为访问存储单元提供控制信号，因此 SRAM 至少需要 6 个晶体管才能存储和访问一位二进制信息。

在进行写操作时，字线上送来高电平有效信号，写入的信号从 D 线和 $\overline{D}$ 线输入。例如写入 1，则使 D 线为 1，$\overline{D}$ 线为 0，当字线信号消失后，T5、T6 截止，于是 T1～T4 组成的交叉耦合的反相器保持数据 1，只要不掉电这个状态会一直保持，直至重新写入新的数据。

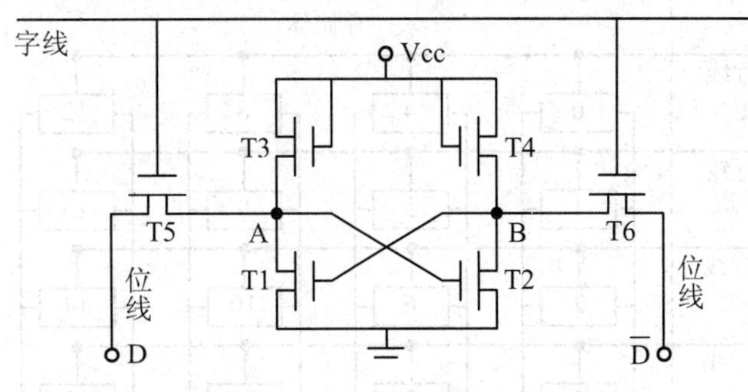

图 3-3 6 管静态 RAM 基本存储电路

在进行读操作时，字线上送来高电平有效信号，使 T5、T6 导通，A 点的状态被送到 D 线上，B 点的状态被送到 $\overline{D}$ 线上，如此读走了原来存储的信息。信息读出后，基本存储电路中原来存储的内容仍然保持不变。

基本存储电路的工作必须有电源，存入的数据才可以保留和读出，若掉电，存入的数据全部丢失。

由以上基本存储电路组成的 SRAM 芯片具有以下特点：

（1）可靠性高、速度快。不必配合内存刷新电路，可提高整体的工作效率。

（2）高稳定性。只要不掉电，SRAM 芯片中存储的信息永远不会丢失，所以无须外加刷新电路，故外围电路简单。

（3）集成度低。由于 SRAM 存储电路中所用的晶体管较多，因而集成度较低。

（4）功耗较大。由于 T1、T2 管组成的双稳态触发器总有一个是导通的，即电路中一直有电流通过，故功耗较大。

由于 SRAM 具有以上特点，它的每位价格较高，用它来构造大容量的存储器显然不划算。因此，SRAM 一般用作高速缓冲存储器 Cache，这可以充分发挥 SRAM 速度快和可靠性高的优势，采用小容量的 SRAM 作为 Cache，价格也不至于太高，这样可以保证微型计算机的高性能价格比。

2. SRAM 的结构

利用多个基本存储电路排成行列矩阵，再加上地址译码电路和读写控制电路，就可以构成读写存储器。下面以 4 行 4 列基本存储电路构成的 16×1 位 SRAM 为例说明它的结构。

如图 3-4 所示，这个可读写的静态随机存储器主要由存储体、读写控制电路、地址译码电路和 I/O 电路构成。

（1）存储体。存储体由多个基本存储电路有规则地组合而成。为了减少片内的连线，便于译码寻址，存储体内所有基本存储电路排列成行列矩阵。由图中可见，存储体排成 4 行×4 列矩阵，每个基本存储电路可存储一个二进制位，构成 16×1 位的存储体。

（2）地址译码电路。存储矩阵中，基本存储电路的地址译码一般有单译码和双译码两种方式。实际存储芯片的地址译码电路与存储体集成在一个芯片中，所以当存储容量较小时，可以使用单译码方式，即使用一个地址译码器。当存储容量较大时，为避免因地址译码器的输出选择线过多，导致集成电路内部结构复杂，所以采用双译码方式，即地址译码电路分为行地址译码和列地址译码两部分。

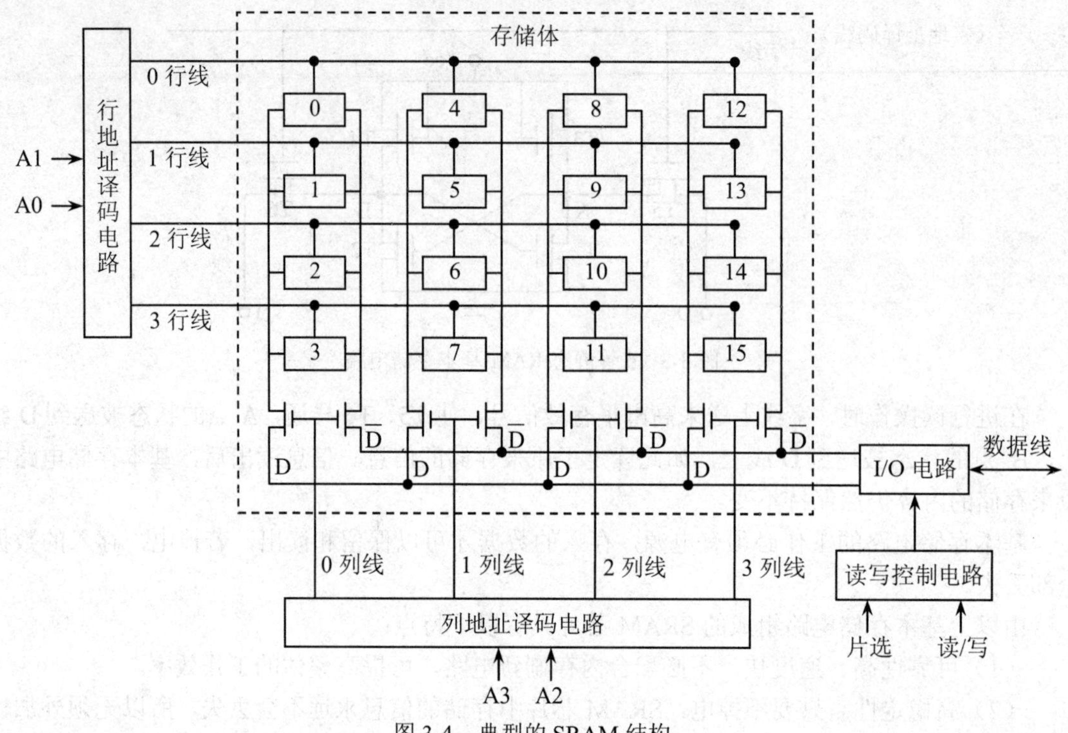

图 3-4　典型的 SRAM 结构

双译码方式中，行、列地址译码器分别接收地址总线上送来的高位、低位地址信号。若行译码器的地址输入信号为 n 位，则行译码器的输出选择线有 2^n 根，一根行选择线对应存储矩阵中的一行，与该行上各个基本存储电路的字线并联。同理，存储矩阵中同一列上各个基本存储电路的字线与同一列选择线并联。

如图 3-4 所示，当给定的地址码为 A3A2A1A0＝0000 时，A1A0 经行地址译码器译码后，使 0 行线为有效的高电平，A3A2 经列地址译码器译码后，使 0 列线为有效的高电平，于是 0 行与 0 列交叉处的 0 号基本存储电路被选中。又如，当给定的地址码为 A3A2A1A0＝0110 时，2 行与 1 列交叉处的 6 号基本存储电路被选中。如此，只要给定一个地址码，就会唯一选中一个存储单元。

（3）读写控制电路。读写控制电路接收 CPU 发来的片选及读/写控制信号，控制对本存储器的数据读写方向。

由于单片存储器的容量限制，所以一般的系统存储器都是由多个芯片组成的，由于地址信号和读写控制信号同时加到所有芯片上，若想选中一个芯片中的某一单元，那么其他芯片中相同地址的单元就不应该同时被选中，所以每个芯片还要有一个片选控制信号。当片选端送来有效信号时，该存储芯片被唯一选中，这时才能进行读写操作。

读/写控制信号用来规定对存储器进行读或写操作。所以，一个存储芯片中某单元的信息能否与系统数据总线的信息交换，是受地址、片选和读写控制三个信号同时控制的。

（4）I/O 电路。I/O 电路处于数据总线与存储体之间，具有数据传送功能，并具有放大信号的作用。I/O 电路内部的三态双向缓冲器，连接存储体中各个基本存储电路的位线及系统数据总线，在存储芯片未被选中时，三态缓冲器呈高阻态，使存储器与系统数据总线隔离；当片选信号有效时，在读写控制信号的控制下，可以对被选中的单元进行数据的读出或写入。

3. 典型的SRAM芯片

常用的SRAM芯片有1K×4位（如2114）、2K×8位（如2128、6116）、4K×8位（如6132、6232）、8K×8位（如6164、6264、3264、7164）、32K×8位（如61256、71256、5C256）、64K×8位（如64C512）等。

（1）Intel 2114芯片。

Intel 2114为NMOS静态RAM，单一+5V电源，4位数据输入/输出端，采用三态控制。所有的输入端和输出端都与TTL兼容，其引脚排列如图3-5所示。

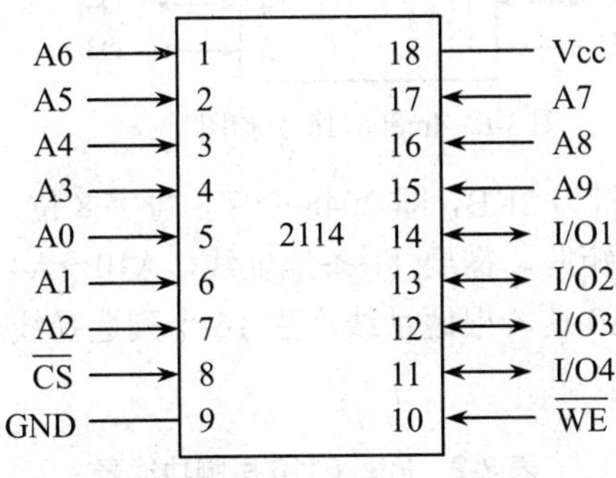

图3-5 Intel 2114引脚图

Intel 2114容量为1K×4位，即1024个字，每字4位。芯片内部共有4096个基本存储电路，排列成64×64的矩阵。地址线共10根（A9～A0），其中A8～A3这6根用于行译码，产生64个行选择信号；A9、A2、A1、A0这4根地址线用于列译码，产生16个列译码信号，并且每个列译码信号同时接4位。各信号线的意义如表3-1所示。

表3-1 Intel 2114引脚功能表

引脚	功能	说明	
A9～A0	地址	输入，三态	
I/O4～I/O1	数据线	双向，三态	
$\overline{CS}$	片选	输入，低电平有效	
$\overline{WE}$	写允许	=0	写
		=1	读
Vcc	电源		
GND	地		

在$\overline{CS}$片选信号低电平有效的情况下，当写允许控制端$\overline{WE}$为低电平时，可以对存储芯片2114进行写操作，当$\overline{WE}$为高电平时，可以对2114进行读操作。

（2）Intel 6116芯片。

Intel 6116采用CMOS工艺制造，与TTL兼容，完全静态，无需时钟脉冲或定时选通脉冲，24引脚封装，引脚信号排列如图3-6所示。

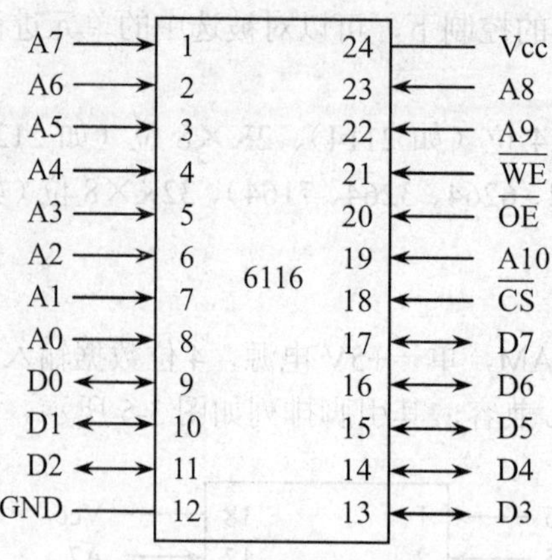

图 3-6　Intel 6116 引脚图

Intel 6116 芯片的存储容量为 2KB，即 2048 个字，每字 8 位。芯片内部有 16384 个基本存储电路，排列成 128×128 的矩阵。需要 11 条地址线，A10～A4 这 7 根地址线用于行译码，产生 128 个行选择线，A3～A0 这 4 根地址线产生 16 个列选择线，每个列选择线同时接 8 位。各信号线的意义如表 3-2 所示。

表 3-2　Intel 6116 引脚功能表

引脚	功能	说明
A10～A0	地址	输入，三态
D7～D0	数据线	双向，三态
$\overline{CS}$	片选	输入，低电平有效
$\overline{WE}$	写允许	输入，低电平有效
$\overline{OE}$	读允许	输入，低电平有效
Vcc	电源	
GND	地	

在$\overline{CS}$片选信号低电平有效的情况下，当写允许端$\overline{WE}$ =0 且$\overline{OE}$ =1 时，可以对 Intel 6116 进行写操作，当$\overline{WE}$ =1 并且$\overline{OE}$ =0 时，可以对 Intel 6116 进行读操作。

其他 SRAM 芯片的结构与 Intel 6116 相似，不过容量及地址线数量有所不同。如 8KB 容量的 Intel 6264 芯片为 28 个引脚的双列直插式，使用单一的+5V 电源。

SRAM 的外部引脚设置与 EPROM 引脚兼容，从而使接口电路的连线更为方便。

3.2.2　动态 RAM（DRAM）

动态 RAM 的基本存储电路是利用 MOS 管的栅极分布电容充电、放电来保存信息的。

1. 单管 DRAM 基本存储电路

单管 DRAM 基本存储电路如图 3-7 所示，由一只 MOS 管和一个与源极相连的电容 C 组成。DRAM 中信息的存放依靠电容 C，电容 C 有电荷时表示存储的信息为 1，无电荷时表示存储的是 0。但是由于任何电容都存在漏电现象，所以即使电容 C 有电荷，过一段时间后随着电荷的泄漏，信息也就丢失了。解决的办法就是定时刷新，每隔一定时间刷新一次，使电容中的电荷得到补充。

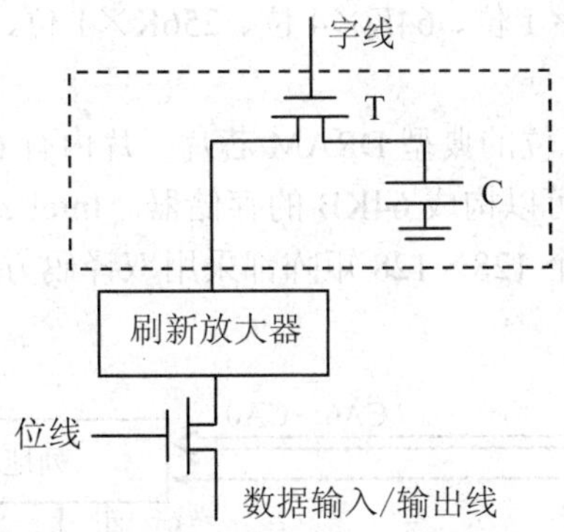

图3-7　单管动态RAM基本存储电路

在未进行读写操作时，字线处于低电平，MOS管T截止，电容C与外电路断开，不能进行充电、放电，电路保持原状态。

读操作时，字线为高电平，基本存储电路中的T管导通，刷新放大器读取存储于电容C上的电压值。刷新放大器的灵敏度很高，放大倍数较大，它能将读来的电压值转换为对应的逻辑电平0或1。位线上的选择信号的作用是驱动基本存储电路，从而可以由输入/输出线将信息输出。

在读出过程中，由于基本存储电路中的电容受到干扰，为了在读出之后，仍能保存原来信息，刷新放大电路在对这些电容上的电压值读取之后，又立即重写回存储电容C中，即在读操作时完成刷新。由于刷新时位线信号总为低电平，所以电容C上的信息不会再被送到数据总线上。

DRAM的存取速度不及SRAM，需要定时刷新。但由于DRAM所用的MOS管少，集成度较高，功耗降低，价格低，所以在微型计算机中被大量用作内存。

2. *DRAM的刷新方式*

动态存储器刷新就是周期性地对动态存储器进行读出、放大、再写回的过程。

DRAM是利用电容存储电荷的原理来保存信息的，由于电容会泄漏放电，所以为了保证电容中的电荷不丢失，每隔一定时间必须对DRAM读出、放大、再写回一次，从而使原来处于逻辑电平1的电容上所泄漏的电荷得到补充，而原来处于电平0的电容仍保持0，这就是对DRAM的刷新。

一般来说，DRAM应在2ms时间内将全部基本存储电路刷新一遍。但是，由于读写操作的随机性，不能保证在2ms内对DRAM的所有行都能遍访一次，所以需要依靠专门的存储器刷新周期来系统地完成对DRAM的刷新。

在存储系统中，刷新是按行进行的，即一行内所有的基本存储电路同时读出、放大、再写回，一个刷新周期内对所有行中所有的基本存储电路都刷新一遍。例如，对一个64行×32列的存储矩阵进行刷新，一次对一行中32个基本存储电路同时刷新，在一个刷新周期2ms内必须将64行全部刷新完毕，所以对每行的刷新必须在31μs（2ms/64≈31μs）内完成。

DRAM的刷新常采用两种方法：一是利用专门的DRAM控制器实现刷新控制，如Intel 8203控制器；二是在每个DRAM芯片上集成刷新控制电路，使存储器件自身完成刷新，这种器件叫综合型 DRAM，如 Intel 2186/2187。

3. 典型 DRAM 芯片

常用的 DRAM 芯片有 64K×1 位、64K×4 位、256K×1 位、256K×4 位、1M×1 位、1M×4 位、4M×4 位等。

Intel 2164 是容量为 64K×1 位的典型 DRAM 芯片，片内有 65536 个存储单元，每个单元存放 1 位数据，用 8 片 2164 就可以构成 64KB 的存储器。Intel 2164 片内 64K×1 位存储体分为 4 个 128×128 存储矩阵，每个 128×128 矩阵都采用双译码方式，行、列各需要 7 位地址，如图 3-8 所示。

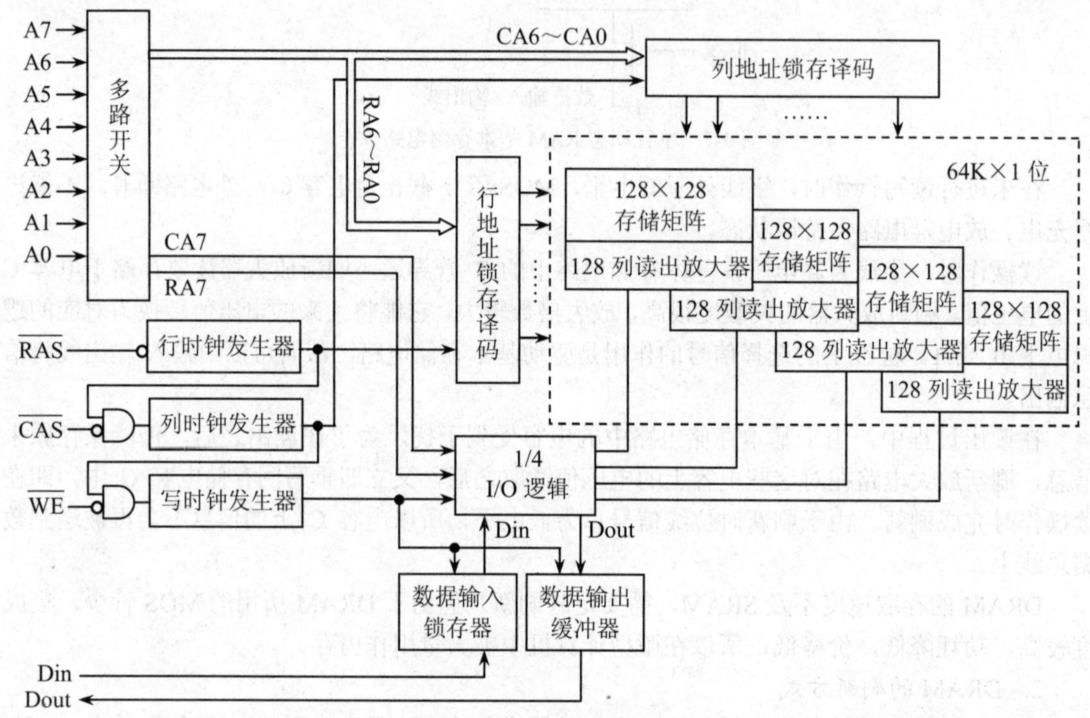

图 3-8 Intel 2164 的内部结构

若想在片内寻址 64K 个单元，通常需要 16 条地址线。为了减少地址线引脚数，Intel 2164 采用分时复用技术，将片内地址线分为行地址线和列地址线，这样芯片对外只需引出 8 条地址线，于是 16 位地址信号可以拆分成低 8 位和高 8 位，分两次送至芯片中。芯片内部利用多路开关和地址锁存器，首先由行地址选通信号 $\overline{RAS}$（低电平有效）把先送来的 8 位地址中的低 7 位（RA6～RA0）送至行地址锁存器中，随后列地址选通信号 $\overline{CAS}$（低电平有效）把后送来的 8 位地址中的低 7 位（CA6～CA0）送至列地址锁存器中。

需要说明一点，7 位行地址和 7 位列地址是同时加到存储体内 4 个 128×128 存储矩阵上的，也就是说，经行、列地址译码后，4 个存储矩阵中的同位置存储单元被同时选中。那么到底选择 4 个存储矩阵中的哪一个呢？由芯片内部行、列地址中的最高位 RA7 和 CA7 决定。RA7 和 CA7 接至 1/4 的 I/O 逻辑，在对芯片读/写时，通过这两位地址的 4 种不同编码，实现对 4 个矩阵的选 1 操作。

Intel 2164 的数据输入和输出是分开的，由 $\overline{WE}$ 信号控制对芯片的读写。当 $\overline{WE}$ 为低电平时，数据输入缓冲器允许，于是 Din 引脚上的数据经数据输入缓冲器对选中单元进行写入；当 $\overline{WE}$ 为高电平时，数据输出缓冲器允许，于是所选中单元的内容经过数据输出缓冲器由 Dout 引脚读出。

Intel 2164 芯片的引脚如图 3-9 所示，各引脚的说明如表 3-3 所示。Intel 2164 芯片没有片选信号，实际上用 $\overline{RAS}$ 和 $\overline{CAS}$ 作为片选信号。

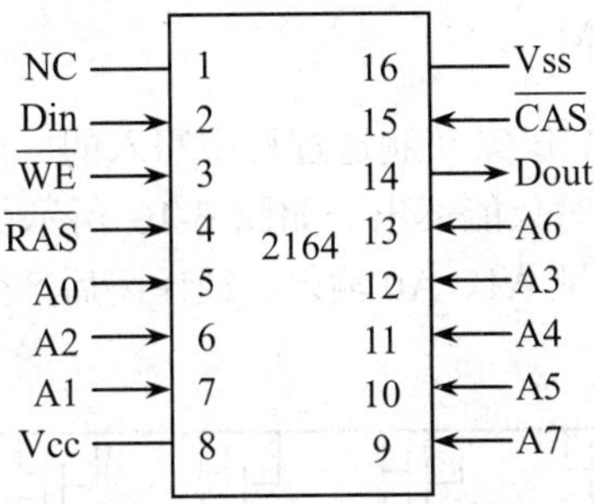

图 3-9　Intel 2164 引脚图

表 3-3　Intel 2164 引脚功能表

引脚	功能	说明	
A7～A0	地址	输入，三态	
Din	数据输入线	输入，三态	
Dout	数据输出线	输出，三态	
$\overline{RAS}$	行地址选通	输入，低电平有效	
$\overline{CAS}$	列地址选通	输入，低电平有效	
$\overline{WE}$	写允许	=0	写
		=1	读
Vcc	电源		
Vss	地		

Intel 2164 的 8 条地址线也用于刷新（刷新时地址计数，逐行刷新，2ms 内全部刷新一遍）。刷新时只用 $\overline{RAS}$ 信号和低 7 位行地址 RA6～RA0，RA7 不用。$\overline{RAS}$ 的低电平状态会使 $\overline{CAS}$ 和 $\overline{WE}$ 禁止，从而保证刷新时不使用列地址，并且暂时禁止新的数据写入。$\overline{RAS}$ 为有效低电平时，行地址 RA6～RA0 被锁存到行地址锁存器中，因为这 7 位行地址是同时加到 4 个 128×128 存储矩阵上的，所以一次行地址译码就有 4 个存储矩阵的同一行被选中。刷新是周期性的，平均每隔 15μs（2ms/128≈15μs）刷新一次，每次刷新一行，一行中 512 个存储单元的信息被选通送至 512 个读出放大器，经过鉴别后再重新写回。

3.3　只读存储器 ROM

半导体只读存储器 ROM 具有如下特点：

（1）信息一旦写入就可以长期保存，不受电源掉电的影响。

（2）信息一旦写入只能读出，不能再随机写入新的内容。

（3）结构简单、成本低、集成度高。

（4）可靠性高。

因此，在微型计算机系统中，ROM 常用来存储一些固定的程序，如监控程序、启动程序、基本输入/输出服务程序等。

3.3.1 掩膜只读存储器 ROM

掩膜式 ROM 中的信息是生产厂家在制造过程中写入的。掩膜式 ROM 制成后，存储的信息就不能再改变了，用户在使用时只能读出。如图 3-10 所示是一个简单的 4×4 位 MOS 管 ROM，采用单译码方式，两位地址 A1、A0 输入，经译码后产生 4 条选择字线，可分别选中 4 个单元，每个单元有 4 位。

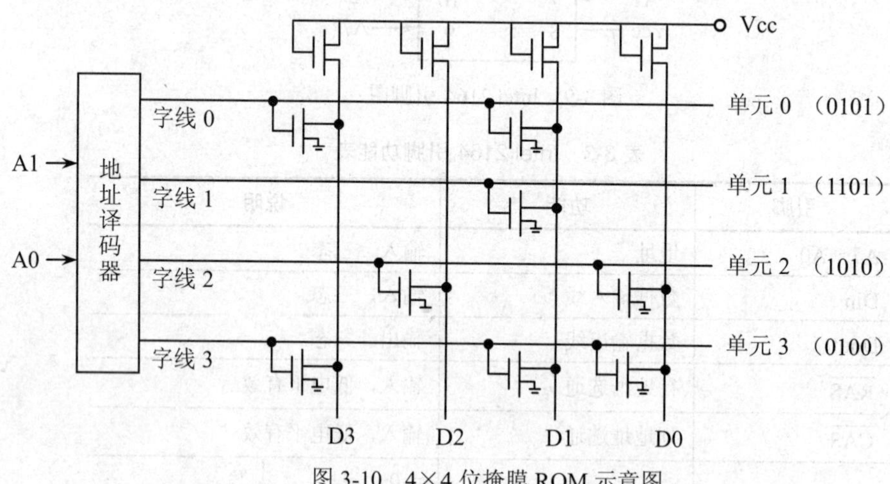

图 3-10 4×4 位掩膜 ROM 示意图

图中所示的矩阵中，在行与列的交叉点上，有的接有管子，有的没有，这是厂家根据用户提供的程序对芯片图形（掩膜）进行二次光刻所决定的，所以称掩膜 ROM。最上排的 4 个 MOS 管起到上拉电阻的作用，它永远处于导通状态，但具有一定的导通电阻，保证了无 MOS 管的位输出为 1，有 MOS 管的位输出为 0。

例如，当地址线 A1A0＝00 时，经地址译码后选中 0 号单元，即字线 0 为高电平，若有管子与其相连，如图中的 D3 和 D1，其相应的 MOS 管导通，输出为 0；而 D2 和 D0 没有管子与字线 0 相连，则输出为 1，故单元 0 的 D3D2D1D0＝0101。

因为掩膜式 ROM 需要专门制作掩膜板，成本很高，制作周期较长，所以只在生产批量较大时，才做成这种掩膜式 ROM。

3.3.2 可编程只读存储器 PROM

半导体 PROM 适用于用户根据自己的需要来写入存储信息的场合。厂家生产的 PROM 芯片不事先存入固定内容，存储矩阵的所有字线和位线的交叉处均连接有二极管或三极管，即出厂时，存储单元的内容是全 1。使用时，用户可根据自己的需要，将某些位的内容改写为 0，但只能改写一次。

如图 3-11 所示为用双极型晶体管和熔丝组成的 PROM 的基本存储结构。晶体管的集电极接 Vcc，基极连接字线，发射极通过一个熔丝与列线相连，所以也称为熔丝式 PROM。

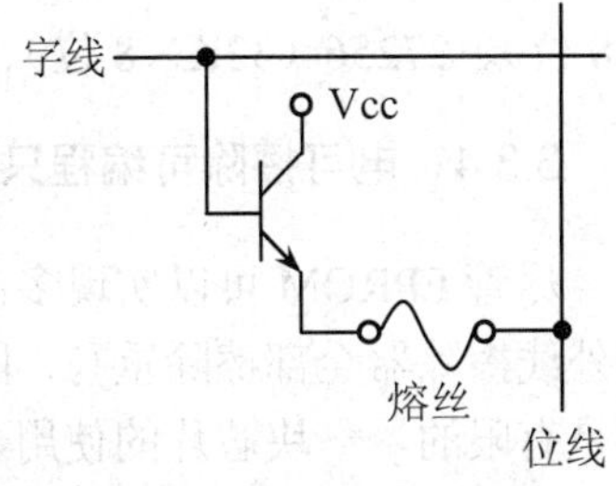

图 3-11 PROM 基本存储电路

PROM 在出厂时，晶体管阵列的熔丝均为完好状态。编程时，通过字线选中某个晶体管，当写入信息时，可在 Vcc 端加高电平。若某位写 0，则向相应位线送低电平，此时管子导通，控制电流使该位熔丝烧断，即存入 0；若某位写 1，向相应位线送高电平，此时管子截止，使熔丝保持原状，即存入 1。

可见，熔丝一旦烧断，就不能再复原，所以这种 PROM 是一种一次性写入的只读存储器。PROM 的电路和工艺要比 ROM 复杂，所以价格较贵。

3.3.3 可擦除可编程只读存储器 EPROM

由于 PROM 的内容在一次写好后就不能再改变，因此能够重复擦写的 EPROM 被广泛应用。EPROM 芯片的顶部开有一个圆形的石英玻璃窗口，通过紫外线的照射可将片内存储的原有信息“擦除”，恢复为出厂时的原始状态。根据需要可利用 EPROM 的专用编程器对其编程写入，以不透光的贴纸或胶布封住窗口后，信息可长久保持。这种芯片可反复使用。

EPROM 基本存储电路如图 3-12（a）所示，在每个字线与位线的交叉点都设计一个浮栅 MOS 管，根据 MOS 管的导通或截止状态确定该位为 0 或 1。

浮栅 MOS 管结构如图 3-12（b）所示，该管与普通 P 沟道增强型 MOS 管相似，只是它的栅极没有引出端，而被 SiO2 绝缘层包围，处于浮置状态。出厂时浮置栅极（简称浮栅）上没有电荷，源极与漏极之间不形成导电沟道，MOS 管处于截止状态，此时存储的信息为 1。

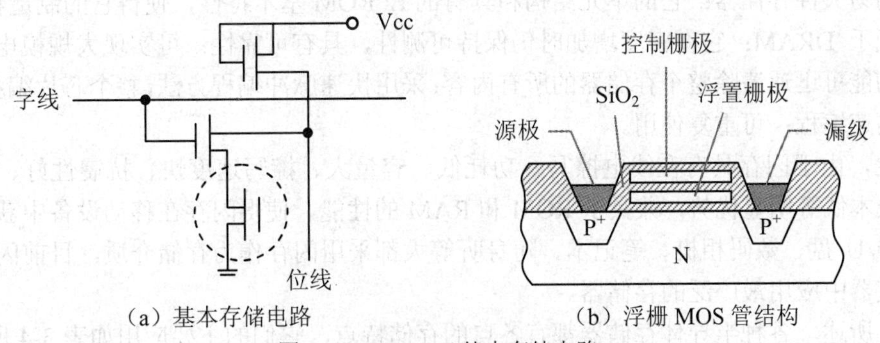

（a）基本存储电路　（b）浮栅 MOS 管结构

图 3-12 EPROM 基本存储电路

在对其编程时，如果在漏源极之间加上较高电压（通常为 15V 以上，称为编程电压），会产生雪崩击穿现象，获得能量的电子会穿过 SiO2 注入到浮栅中，编程结束后，在漏源极之间感应出的导电沟道将会保持下来，MOS 管处于导通状态，表示存入 0。

EPROM 芯片在出厂时，浮栅中没有积存电荷，存储的信息为全 1。EPROM 的编程过程实际是对某些单元写入 0 的过程，即借助专门的编程器对某些位施加高压，从而向浮栅注入电子的过程。需要擦除时可用一定强度的紫外线灯照射 EPROM 芯片的透明窗口，经 15～20 分钟后浮栅上的电荷泄漏掉，芯片内所有存储单元全部擦除，为全 1。读操作时，由于控制栅极施加的电压较小，不足以改变浮栅中原有的电荷量，所以不会改变芯片的原有数据。

常用的 EPROM 有 2716（2K×8 位）、2732（4K×8 位）、2764（8K×8 位）、27128（16K×8 位）、27256（32K×8 位）、27512（64K×8 位）等典型芯片。

3.3.4 电可擦除可编程只读存储器 EEPROM

尽管 EPROM 可以实现多次编程，但在编程过程中，整个芯片即使只写错一位，也必须用紫外线擦除器全部擦除重写，因此操作起来比较麻烦。另外，EPROM 可被擦除后重写的次数也是有限的，一块芯片的使用寿命往往不太长。

EEPROM 也是一种可用电擦除和编程的只读存储器，原理与 EPROM 类似，但是擦除的方式是使用高电场来完成，因此不需要透明窗。

EEPROM 主要特点是能在应用系统中进行在线读写，并且在断电情况下保存的数据信息不会丢失，它既能像 RAM 那样随机地改写，又能像 ROM 那样在掉电的情况下非易失地保存数据，可作为系统中可靠保存数据的存储器。其擦写次数可达 1 万次以上，数据可保存 10 年以上，故 EEPROM 比 EPROM 具有更大的优越性。

由于 EEPROM 兼有 RAM 和 ROM 的双重优点，因此，在计算机系统中使用 EEPROM 以后，可使整机的系统应用变得更加灵活和方便。

3.3.5 闪速存储器 Flash Memory

闪速存储器（Flash Memory），简称闪存，它与 EEPROM 类似，也是一种电擦写型 ROM。EEPROM 是按字节擦写，速度慢，而闪存是以块为单位进行擦写，速度快。

闪存是近年来发展最快的一种新型半导体存储器。由于闪存是以 EPROM 的存储单元为基础的，因此具有非易失性，在断电时也能保留所存储的内容，这使它优于需要持续供电才能存储信息的易失性存储器；它的单元结构和具有的 EPROM 基本特性，使得它的制造特别经济，其价格低于 DRAM；它在密度增加时仍保持可测性，具有可靠性；可实现大规模电擦除，它的擦除功能可迅速清除整个存储器的所有内容；采用快速脉冲编程方法，整个芯片编程时间短，可实现高速编程；可重复使用。

总之，由于闪存具有在线电擦写、功耗低、容量大、擦写速度快、抗震性好、存储可靠性高、成本低等明显优势，兼具了 ROM 和 RAM 的性能，使得闪存在移动设备中获得广泛的应用，如 U 盘、数码相机、笔记本、随身听等大都采用闪存作为存储介质。目前闪存是非易失性存储器中应用最广泛的存储器。

综上所述，各种半导体存储器都有各自的存储特点，它们的主要应用如表 3-4 所示。

表 3-4 各种半导体存储器的应用

存储器	应用	存储器	应用
SRAM	Cache	EPROM	用于产品试制阶段试编程序
DRAM	内存储器	EEPROM	IC 卡上存储信息
ROM	固化程序	闪速存储器	固态盘、U 盘、存储卡
PROM	自编程序，用于工业控制或电器中		

3.4 半导体存储器接口

通常内存储器是由多个半导体存储芯片组成的。内存储器与 CPU 的连接就是多个半导体存储芯片与 CPU 芯片的连接。就 CPU 而言，CPU 是通过数据总线 DB、地址总线 AB 和控制总线 CB 与外部交换信息的，因此，半导体存储芯片与 CPU 的连接也就是与 CPU 三种总线的连接。

3.4.1 存储器的选址

微型计算机系统中，CPU 对内存进行读/写时，首先要对存储芯片进行选择，使相应芯片的片选端 $\overline{CS}$ 有效，称为片选，然后在选中的芯片内部再选择某一存储单元，称为字选。片选信号和字选信号均由 CPU 发出的地址信号经译码电路译码后产生。

片选信号由存储芯片本身不使用的高位地址经外部译码电路按一定方式译码后产生，这部分译码电路在存储芯片外部，是需要自行设计的部分。每个存储芯片都有一定数量的地址输入端，在接收 CPU 输出的低位地址后，经内部译码电路译码后产生字选信号，选中芯片内部指定的存储单元，这部分译码电路在芯片内部，不需要用户设计。

实现片选的存储芯片外部译码电路的具体接法决定了存储芯片的寻址空间。设计微型计算机的存储系统时，要保证存储芯片中的每个存储单元与实际地址一一对应，这样才能通过准确寻址对存储单元进行读写操作。在存储系统中，通常使用存储芯片本身不用的高位地址实现片选，一般有以下 3 种：

（1）线选法。所谓线选法，是指用某一条高位地址线直接作为存储芯片的片选信号的方法。在简单的微型计算机系统中，由于存储容量不大，存储芯片数也不多，可以使用存储芯片本身不使用的单根地址线作片选信号，每个存储芯片只用一根地址线选通。

这种方法的优点是连接简单，无须专门的译码电路。但是局限性较大，首先表现在存储器寻址空间可能不连续，会造成大量的地址空间浪费；其次，若有多片存储器均使用线选法，可能会出现地址不唯一现象，造成数据冲突，这是不允许的。所以线选法不适合于系统中存在多片存储器的情况。

（2）部分译码法。所谓部分译码法，是指将部分高位地址通过译码电路或译码器产生存储器片选信号的方法。该方法只使用部分高位线进行译码，从而产生片选信号，剩余高位线可以空闲或直接用作其他存储芯片的片选控制信号，使用这种方法可能会出现地址不唯一的现象。

（3）全译码法。全译码法是指存储芯片本身不使用的高位地址全部参与译码的方法。在 CPU 输出的所有地址总线中，除了将低位地址线直接连至各存储芯片的地址线外，余下的高位地址线全部送至译码电路或译码器，译码输出作为各芯片的片选信号。

这种方法可以提供对全部存储空间的寻址能力；还可以使每片存储器的寻址空间唯一确定，而且是连续的，若安排合理，可避免空间浪费。

3.4.2 存储器的容量扩展

在实际应用中，由于单个存储芯片的容量总是有限的，很难满足实际存储系统的要求，因此需要将多个存储芯片连接在一起进行容量扩展，从而满足 CPU 数据总线宽度的需要或提供给 CPU 更大的存储空间。

在进行存储器容量扩展时，首先要确定内存储器的大小，并根据所选择的存储芯片容量确定需要的存储芯片数目，最后再将选择好的存储芯片与 CPU 有机地连接起来。下面具体介绍几种连接方法。

1. 位扩展

位扩展又称横向扩展，指扩展存储单元的位数，增加字长，而不需要增加单元数。

RAM 芯片具有 1 位、4 位和 8 位等不同结构，如 64K×1 位、256K×4 位、128K×8 位等。当内存储器的单元数与存储芯片的单元数相等，而存储芯片的位数小于内存储器的字长时，就要进行位扩展。

位扩展的连接方法是地址线、片选信号线、读/写信号线分别并联，而数据线串联。例如，要将 64K×1 位的芯片扩展为 64K×8 位的内存储器，其扩展连接方法如图 3-13 所示。

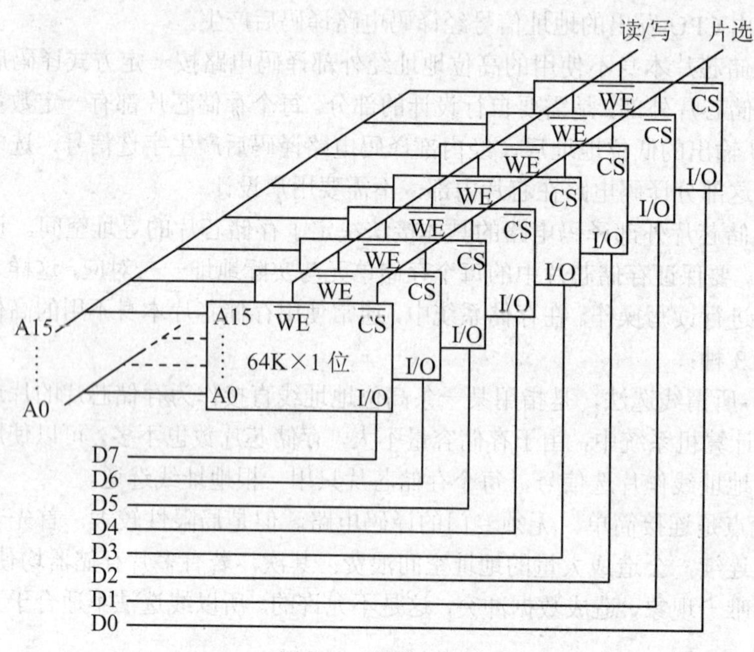

图 3-13　位扩展的连接示例

用 64K×1 位的芯片扩展为 64K×8 位的内存储器，需要 8 片存储芯片，连接时，将 8 个芯片的地址线 A15～A0、读/写信号线 $\overline{WE}$、片选信号线 $\overline{CS}$ 分别并接在一起，而 8 个芯片的数据线（每片 1 位）分别与 CPU 的数据线 D7～D0 相连。

2. 字扩展

字扩展又称纵向扩展，是指扩展存储单元的个数，存储单元的位数并不改变。

其方法是将地址线、数据线、读/写信号线分别并接在一起，而将片选信号线单独引出，用以决定每一芯片的地址范围，使存储器的地址空间为各个芯片地址空间之和。例如用容量为 16K×8 位的存储芯片组成一个 64K×8 位的内存储器，则需要 4 片这样的存储芯片，其扩展连接方法如图 3-14 所示。

连接时，将 4 个芯片的地址线 A13～A0、读/写信号线 $\overline{WE}$、数据线 D7～D0 分别并接在一起，而 4 个芯片的片选信号线 $\overline{CS}$ 单独引出，连至地址译码器的四个输出选择端。

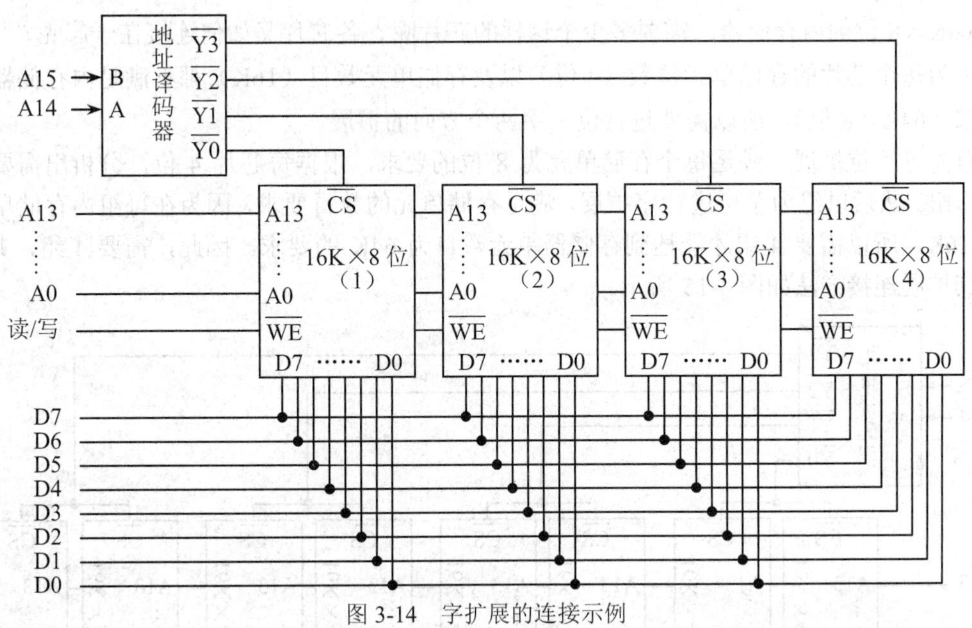

图 3-14　字扩展的连接示例

参与片选译码的应为高位地址。由于每个存储芯片的容量为 16K×8 位，芯片内的存储单元所需的地址线为 A13～A0（16K=2^{14}），故由 A15 和 A14 经地址译码器译码后，得到 4 个芯片的片选信号线 $\overline{Y3}$～$\overline{Y0}$，分别对应 A15 和 A14 的 11～00 编码；每个芯片内部地址 A13～A0 的地址范围为 0000H～3FFFH。由此将片选地址 A15、A14 与片内地址 A13～A0 统一在一起，最后可以得出 4 个存储芯片的存储单元地址范围，具体如表 3-5 所示。

表 3-5　64KB（4 片 16KB 芯片字扩展）存储器单元地址范围

芯片 \ 地址范围	A15 A14	A13 A12 A11 A10 A9 A8 A7 A6 A5 A4 A3 A2 A1 A0	寻址空间
芯片（1）	0 0	0 0 0 0 0 0 0 0 0 0 0 0 0 0 0 0 0 0 0 0 0 0 0 0 0 0 0 1 …… 1 1 1 1 1 1 1 1 1 1 1 1 1 1	0000H～3FFFH
芯片（2）	0 1	0 0 0 0 0 0 0 0 0 0 0 0 0 0 0 0 0 0 0 0 0 0 0 0 0 0 0 1 …… 1 1 1 1 1 1 1 1 1 1 1 1 1 1	4000H～7FFFH
芯片（3）	1 0	0 0 0 0 0 0 0 0 0 0 0 0 0 0 0 0 0 0 0 0 0 0 0 0 0 0 0 1 …… 1 1 1 1 1 1 1 1 1 1 1 1 1 1	8000H～BFFFH
芯片（4）	1 1	0 0 0 0 0 0 0 0 0 0 0 0 0 0 0 0 0 0 0 0 0 0 0 0 0 0 0 1 …… 1 1 1 1 1 1 1 1 1 1 1 1 1 1	C000H～FFFFH

3. 字位扩展

实际的存储器常常需要在字方向和位方向同时扩展。例如，若采用 16K×4 位的存储芯片组成 64K×8 位的内存储器，需要多少个这样的芯片呢？各芯片又如何连接在一起呢？

因为每个芯片的存储单元位数（4 位）以及存储单元数目（16K）都不满足内存储器的容量要求（64K×8 位），所以需要进行位、字两个方向的扩展。

首先进行位扩展，满足每个存储单元为 8 位的要求，根据每芯片 4 位，分析出需要两片构成一组。然后以组为单位进行字扩展，满足存储单元的数目要求，因为在每组内存储单元数仍为 16K，所以需要 4 组才能达到存储器单元数目为 64K 的要求。因此，需要 4 组，共计 8 片，其扩展连接方法如图 3-15 所示。

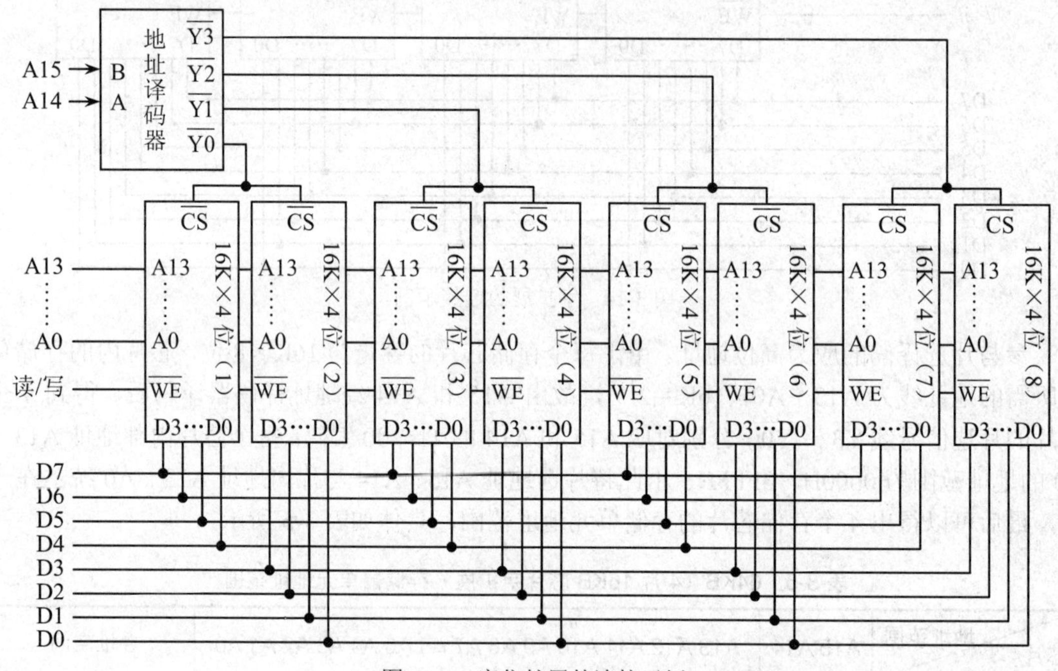

图 3-15　字位扩展的连接示例

由图中可见，寻址 64KB 容量的存储器需要 16 根地址线。这 16 根地址分为高位地址和低位地址两部分。首先各个芯片内的 14 根地址线 A13～A0 直接与系统地址总线的 A13～A0 并联在一起，用于片（组）内寻址；还需要两根高位地址线 A15 和 A14 经地址译码器译码后产生 4 根选择信号线，用作组间寻址。同组芯片的 $\overline{CS}$ 端并接后，分别与 4 根选择信号线 $\overline{Y3}$～$\overline{Y0}$ 相接。同组内两个芯片的各自 4 位数据线 D3～D0 分别与系统数据总线 D7～D0 相连。读/写信号线与 8 个芯片的 $\overline{WE}$ 端并接在一起。这样，经过组合后就形成了容量为 64KB 的存储器。依此类推，就可以得到容量更大的存储器结构。

【例 3.1】使用 2114（1K×4 位）存储芯片组成 2K×8 位的内存储器，需要多少片这样的芯片？如何连接？

分析过程如下：

（1）根据存储器总容量及单片 2114 的容量计算出所需的芯片数：$\dfrac{2K\times 8位}{1K\times 4位}$＝4（片）。

（2）根据存储器及单片 2114 的单元数计算出字扩展所需的芯片组数：$\dfrac{2K}{1K}$＝2（组）。

（3）根据存储器及单片 2114 的单元位数计算出位扩展所需的芯片数：$\frac{8位}{4位}$=2（片/组）。

（4）每个 2114 芯片内部的 A9～A0 分别与系统地址总线 A9～A0 并接，A10 用来作片选端，接至两组芯片（4 片）的 $\overline{CS}$ 端，A10 与第一组芯片的 $\overline{CS}$ 直接相连、经非门取反后与第二组芯片的 $\overline{CS}$ 相连。

（5）系统读/写信号直接与各个芯片的 $\overline{WE}$ 端相连。

（6）同组内两个芯片的各自 4 位数据线 I/O4～I/O1 分别与系统数据总线 D7～D0 相连。

（7）存储器容量扩展连接方法如图 3-16 所示。

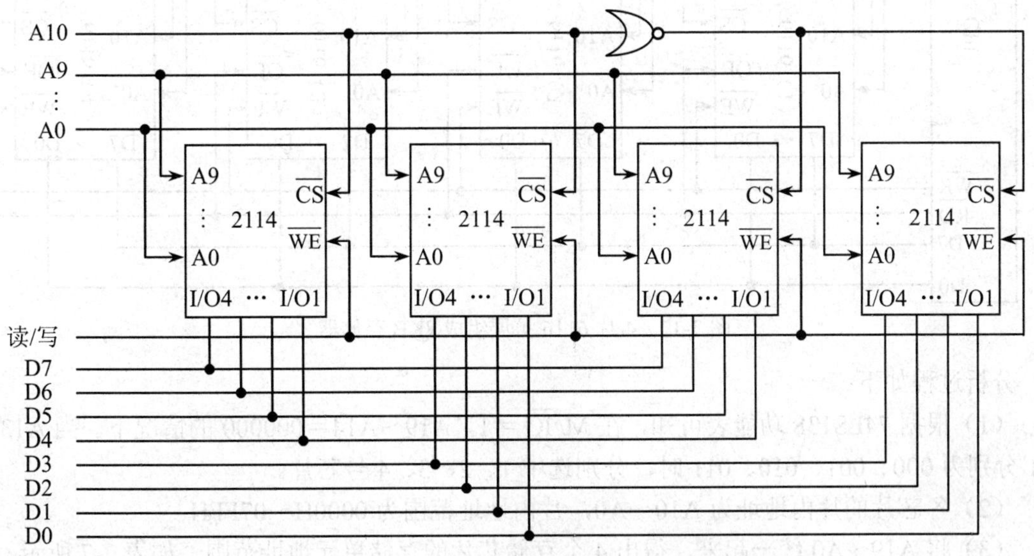

图 3-16　4 片 2114 扩展组成 2K×8 位存储器

【例 3.2】利用 74LS138 作为地址译码器（其功能表如表 3-6 所示），使用 4 片 6116（2K×8 位）存储芯片组成 8KB 的存储器，存储器容量扩展连接方法如图 3-17 所示，试分析各存储芯片的寻址范围。

表 3-6　74LS138 功能表

G_1	$\overline{G}_{2A}$	$\overline{G}_{2B}$	C B A	输出
1	0	0	0 0 0	$\overline{Y0}$=0，其他输出均为 1
			0 0 1	$\overline{Y1}$=0，其他输出均为 1
			0 1 0	$\overline{Y2}$=0，其他输出均为 1
			0 1 1	$\overline{Y3}$=0，其他输出均为 1
			1 0 0	$\overline{Y4}$=0，其他输出均为 1
			1 0 1	$\overline{Y5}$=0，其他输出均为 1
			1 1 0	$\overline{Y6}$=0，其他输出均为 1
			1 1 1	$\overline{Y7}$=0，其他输出均为 1

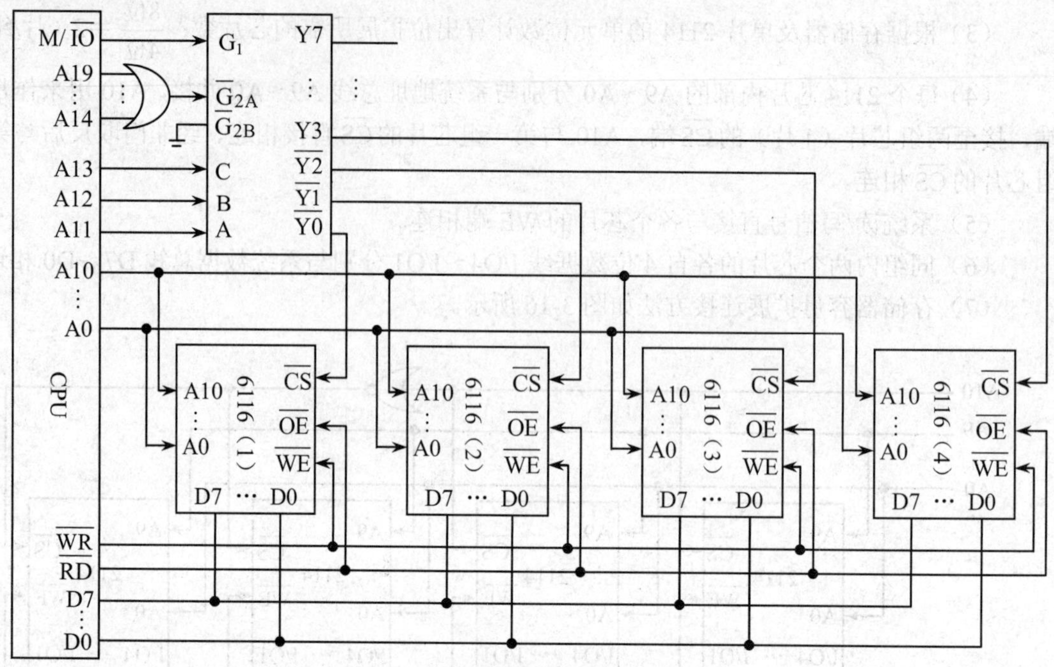

图 3-17　4 片 6116 扩展组成 8KB 存储器

分析过程如下：

（1）根据 74LS138 功能表可知，在 M/$\overline{IO}$ －1，A19～A14＝000000 的情况下，当 A13～A11 分别为 000、001、010、011 时，分别选中 1、2、3、4 号芯片。

（2）各芯片的片内地址为 A10～A0，片内地址范围为 0000H～07FFH。

（3）将 A19～A0 统一起来，得出 4 个存储芯片的存储单元地址范围，如表 3-7 所示。

表 3-7　8KB（4 片 6116）存储器单元地址范围

地址范围 芯片	A19～A13	A12 A11	A10 A9 A8 A7 A6 A5 A4 A3 A2 A1 A0	寻址空间
6116（1）	0000000	0　0	0 0 0 0 0 0 0 0 0 0 0 …… 1 1 1 1 1 1 1 1 1 1 1	00000H～007FFH
6116（2）		0　1	0 0 0 0 0 0 0 0 0 0 0 …… 1 1 1 1 1 1 1 1 1 1 1	00800H～00FFFH
6116（3）		1　0	0 0 0 0 0 0 0 0 0 0 0 …… 1 1 1 1 1 1 1 1 1 1 1	01000H～017FFH
6116（4）		1　1	0 0 0 0 0 0 0 0 0 0 0 …… 1 1 1 1 1 1 1 1 1 1 1	01800H～01FFFH

3.4.3　典型 CPU 与内存储器的连接

一台微型计算机无论内存储器容量多大，不管字长是 8 位、16 位、32 位还是 64 位，都是以 8 位为 1 个字节，以字节为单位进行编址，每个字节单元拥有一个唯一的物理地址。

8086 CPU 和 8088 CPU 地址总线均为 20 位，可管理 1MB 的内存空间；8086 的内部总线和外部总线均为 16 位，而 8088 的内部结构与 8086 基本相同，但外部数据总线却为 8 位，由此导致两种 CPU 与内存储器在连接上的不同。

1. 8088 CPU 与内存储器的连接

8088 存储系统与 CPU 的连接比较简单，其存储器结构如图 3-18 所示。

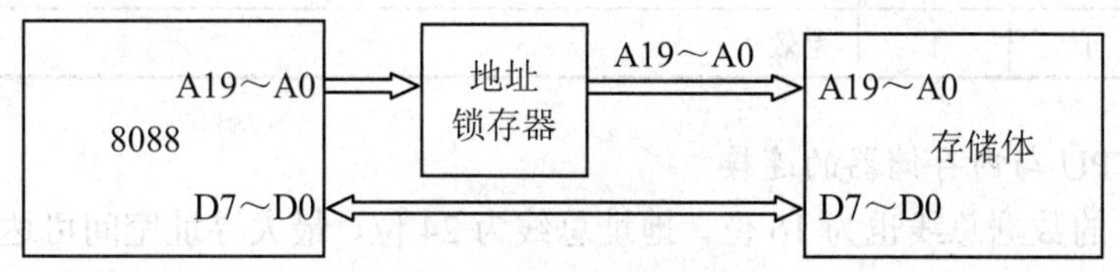

图 3-18　8088 存储器结构

在一个总线周期内，8088 CPU 对内存只能按字节操作，而 8086 CPU 对内存既可以按字节操作，也可以按 16 位的字操作。显然，由于 8088 CPU 对 1 个 16 位数据的存取必须经过两次，所以 8086 CPU 对内存的访问速度必然高于 8088 CPU。

2. 8086 CPU 与内存储器的连接

在 8086 系统中，内存采用分体结构，即将 1MB 的内存空间分成两个 512KB 的存储体，一个存储体中包含偶数地址单元，称为偶地址存储体，另一个存储体包含奇数地址单元，称为奇地址存储体。偶地址存储体与 8086 CPU 的低 8 位数据总线（D7~D0）相连，奇地址存储体与 8086 CPU 的高 8 位数据总线（D15～D8）相连。A19～A1 是体内地址线，它们并行连接到两个存储体上，如图 3-19 所示。

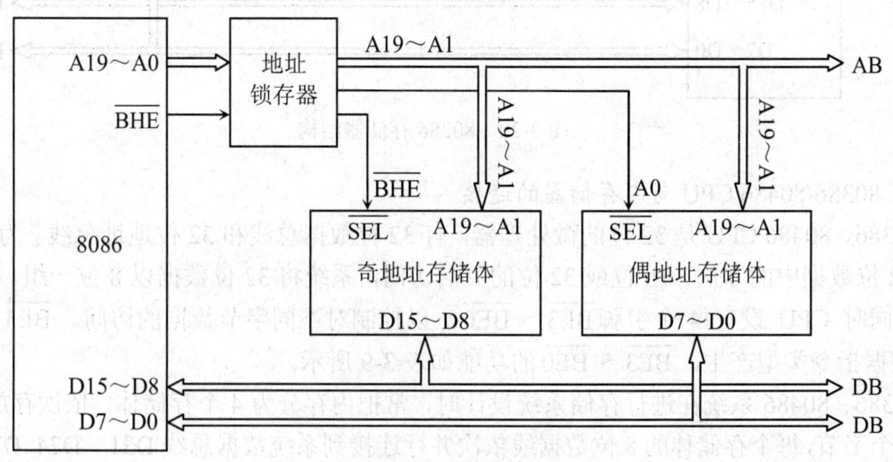

图 3-19　8086 存储器结构

为使 CPU 不仅能访问内存中的一个字节（只访问一个存储体），也能访问内存中的一个字

（同时访问两个存储体），8086 给出了一个有用的控制信号 $\overline{BHE}$。$\overline{BHE}$ 称为高字节数据总线允许信号，当 $\overline{BHE}$ =1 时，奇地址存储体被禁止读/写；当 $\overline{BHE}$ =0 时，可以对奇地址存储体进行读/写操作。当 A0=0 时，可以对偶地址存储体进行读/写。$\overline{BHE}$ 与地址线 A0 配合使用实现了对字和字节寻址的控制，如表 3-8 所示。

表 3-8　8086 存储体的操作

$\overline{BHE}$	A0	传送的信息
0	0	同时访问两个存储体，传送一个字（D15～D0）
0	1	只访问奇地址存储体，传送高位字节（D15～D8）
1	0	只访问偶地址存储体，传送低位字节（D7～D0）
1	1	无效

3. 80286 CPU 与内存储器的连接

80286 CPU 的数据总线也为 16 位，地址总线为 24 位，最大寻址空间可达 16MB，其存储器结构与 8086 存储器结构相似，也将内存分为奇地址存储体和偶地址存储体，由 $\overline{BHE}$ 和 A0 作为奇、偶存储体的选择信号，具体如图 3-20 所示。

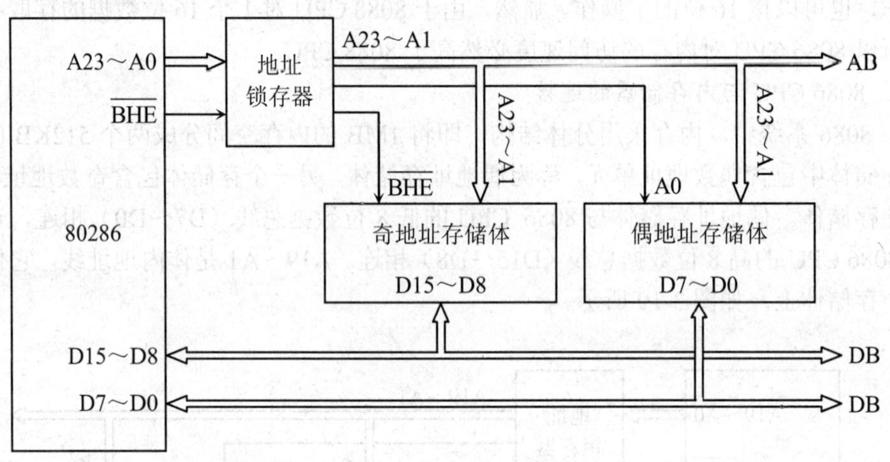

图 3-20　80286 存储器结构

4. 80386/80486 CPU 与内存储器的连接

80386、80486 CPU 是 32 位的微处理器，有 32 位数据总线和 32 位地址总线。为了实现对一个 32 位数据中的 8 位、16 位或 32 位的灵活访问，系统将 32 位数据以 8 位一组，分成 4 个字节，同时 CPU 设有 4 个引脚 $\overline{BE3}$～$\overline{BE0}$，以控制对不同字节数据的访问。$\overline{BE3}$～$\overline{BE0}$ 由 CPU 根据指令类型产生，$\overline{BE3}$～$\overline{BE0}$ 的功能如表 3-9 所示。

80386、80486 系统在进行存储系统设计时，常把内存分为 4 个存储体，依次存放 32 位数据的 4 个字节，每个存储体的 8 位数据线依次并行连接到系统数据总线 D31～D24、D23～D16、D15～D8、D7～D0 上，如图 3-21 所示。CPU 的 32 位地址总线中，高位地址 A31～A2 直接输出，低 2 位地址 A1、A0 经由内部编码产生 $\overline{BE3}$～$\overline{BE0}$，以选择不同字节。

表 3-9 $\overline{BE3}$～$\overline{BE0}$ 功能表

字节允许				允许访问的数据位			
$\overline{BE3}$	$\overline{BE2}$	$\overline{BE1}$	$\overline{BE0}$	D31～D24	D23～D16	D15～D8	D7～D0
1	1	1	0	——	——	——	D7～D0
1	1	0	1	——	——	D15～D8	——
1	0	1	1	——	D23～D16	——	——
0	1	1	1	D31～D24	——	——	——
1	1	0	0	——	——	D15～D8	D7～D0
1	0	0	1	——	D23～D16	D15～D8	——
0	0	1	1	D31～D24	D23～D16	——	——
1	0	0	0	——	D23～D16	D15～D8	D7～D0
0	0	0	1	D31～D24	D23～D16	D15～D8	——
0	0	0	0	D31～D24	D23～D16	D15～D8	D7～D0

尽管 CPU 具有 4GB（2^{32}＝4G）的寻址能力，但实际应用中无需那么大的内存容量。若每个存储体的容量为 256KB，则 4 个存储体构成的内存储器容量为 1MB，所以至少需要 20 位（2^{20}＝1M）地址进行内存单元寻址，如图 3-21 所示，每个存储体的 18 位（256K＝2^{18}）地址 A17～A0 接至 CPU 的系统地址线 A19～A2，片选信号 $\overline{CE}$ 由高位地址的译码结果与 $\overline{BE3}$～$\overline{BE0}$ 相“或”后产生。

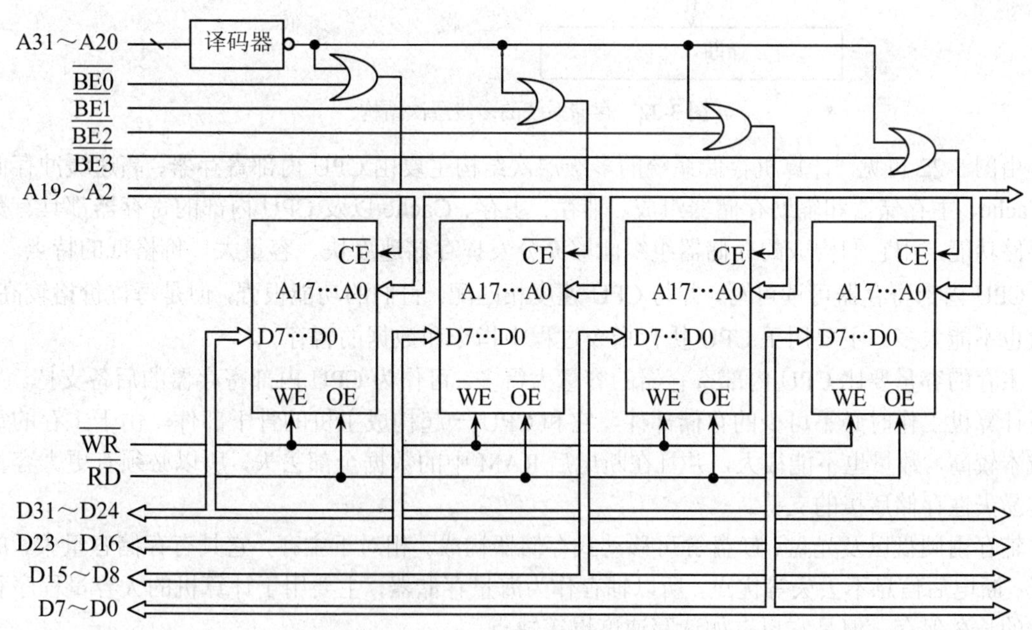

图 3-21 80386/80486 存储器结构

一旦地址码确定，$\overline{BE3}$～$\overline{BE0}$ 决定某个或某几个存储体被选中，A19～A2 确定被选中的存储体内指定的字节单元，然后即可对选中单元进行读/写操作。

3.5 存储体系结构

存储器有三个主要性能指标：容量、速度和价格（每位价格），计算机对存储器性能指标的基本要求是容量大、速度快和成本低。但是要想在一个存储器中同时兼顾这些指标是很困难的，有时甚至是相互矛盾的。速度越快，每位价格就越高；容量越大，每位价格就越低；容量越大，速度就越慢。为了解决存储器的容量、速度和价格之间的矛盾，人们在不断地研制新的存储器件和改进存储性能的同时，还从存储系统体系上不断研究合理的结构模式。

3.5.1 存储系统的层次结构

人们把各种不同存储容量、存取速度和价格的存储器按层次结构组织起来，并通过管理软件和辅助硬件有机地组成统一的整体，使所存放的程序和数据按层次分布在各级存储器中，形成存储系统的多级层次结构。一般计算机存储系统的多级层次结构如图 3-22 所示。

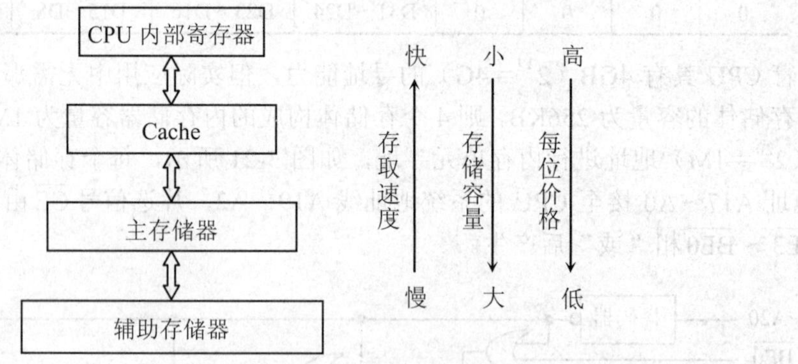

图 3-22 存储系统的多级层次结构

由图 3-22 可见，计算机存储系统的多级层次结构主要由 CPU 内部寄存器、高速缓冲存储器 Cache、主存储器和辅助存储器组成。辅存、主存、Cache 以及 CPU 内部的寄存器都具有数据存储功能，由它们构成的存储器组织能够充分发挥存储速度快、容量大、价格低的特点。

CPU 内部寄存器可读可写，并与 CPU 速度相匹配。它们的功能很强，但是每位价格较高、数量也不能太多。主要用于 CPU 执行指令过程中指令和数据的暂存。

主存的容量要比 CPU 内部寄存器的容量大得多，可作为 CPU 内部寄存器的后备支持。主存是计算机工作时必不可少的存储部件，它和 CPU 一起构成主机的骨干部件。由于主存的每位成本较高，数量也不能很大，并且在断电后 RAM 中的数据全部丢失，所以必须有更大容量的非易失性存储后援的支持。

辅存由硬盘以及光盘、U 盘等可移动式存储器构成。相对于主存，它具有存储容量大、成本低、断电后信息不丢失等优点，所以辅存作为海量存储器，主要用于计算机的大容量程序和数据的长久保存。但是它也有如读写速度慢等缺点。

随着计算机技术的发展，CPU 的速度不断提高，远远超过了以 DRAM 为基础的主存储器，为了不影响 CPU 的效率，人们在微型计算机的 CPU 与主存之间使用了高速缓冲存储器 Cache，Cache 以 SRAM 为存储介质，存取速度接近 CPU 的工作速度，作为主存储器的副本，可直接向 CPU 提供程序和数据，从而进一步提高向 CPU 提供数据的速度。

如图 3-22 所示，在存储系统多级层次结构中，由上而下，其容量逐渐增大，速度逐级降低，成本则逐次减少。这样构成的存储系统可以接近 CPU 的高速度，并获得大容量辅存的支持，价格也能为用户所承受。如此，多级层次结构的计算机存储系统有效地解决了存储器速度、容量和价格之间的矛盾。

整个结构又可以看成两个层次：主存－辅存层次、Cache－主存层次。这两个层次系统中的每种存储器都不再是孤立的存储器，而是一个有机的整体。它们在计算机操作系统和辅助硬件的管理下工作，可把主存－辅存层次作为一个存储整体，形成的可寻址空间远远大于主存空间，而且由于辅存容量大、价格低，使得存储系统的整体平均价格降低。另外，由于 Cache 的存取速度和 CPU 的工作速度相当，故 Cache－主存层次可以缩小主存与 CPU 之间的速度差距，从整体上提高存储系统的存取速度。

3.5.2 多体存储结构

CPU 需要频繁访问主存储器，但是主存的存取速度跟不上系统需求，这是影响整个计算机系统性能的重要问题。解决这个问题最直接的办法就是采用多个存储器并行访问和交叉访问，从而使 CPU 在一个存储周期内可以同时访问多个数据。

例如，一般主存储器在一个存储周期内只能访问到一个存储字，如图 3-23（a）所示，把多个这样的存储器组合后可构成多体存储结构，如图 3-23（b）所示。

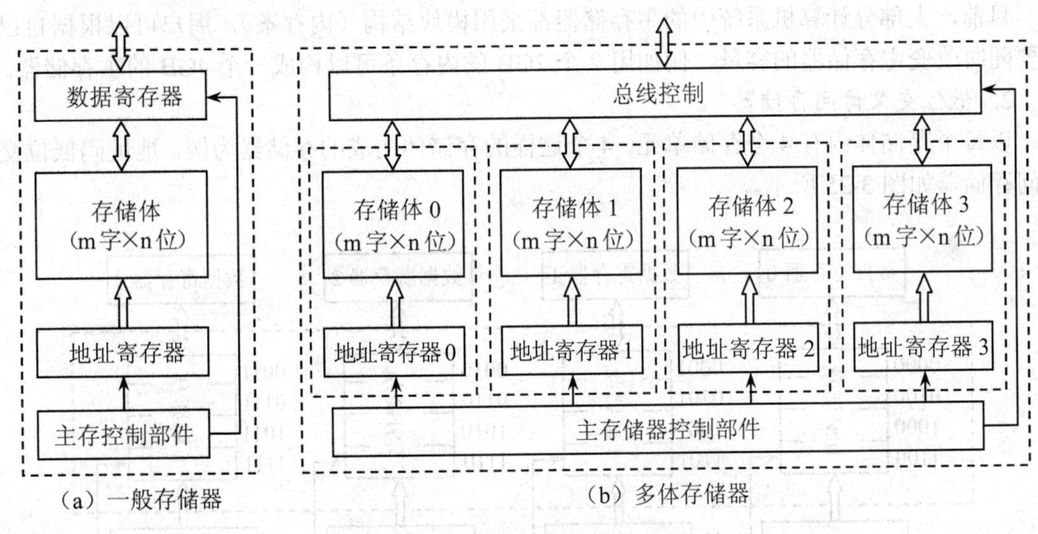

图 3-23 多体存储器与一般存储器比较

对多体存储器交叉访问通常有两种工作方式：地址码高位交叉、地址码低位交叉。

1. 高位交叉访问存储器

以每个存储体内有 4 个存储单元、4 个这样的存储体构成的存储器为例，地址码高位交叉访问存储器如图 3-24 所示。

地址码的低位部分直接送至各存储体，作为各存储体的体内地址；高位地址部分送至译码器，用来区分存储体的体号。高位交叉访问存储器要求每个存储模块都有各自独立的存储体和控制部件，控制部件包括地址寄存器、数据寄存器、驱动放大电路、地址译码电路和读写控制电路等，每个独立存储模块均可独立工作。因此高位交叉访问存储器具备了并行工作的条件，这种存储器不仅提高了存取速度，更主要的目的是用来扩大存储器容量。

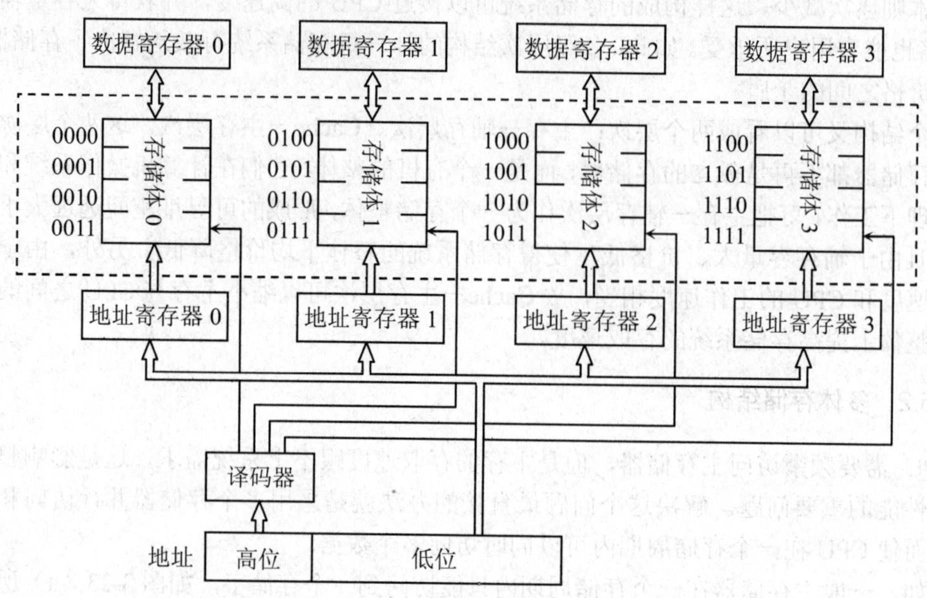

图 3-24　高位交叉访问存储器结构示例

目前，大部分计算机系统中的主存储器都采用模块结构（内存条），用户可以根据自己的需要随时改变主存储器的容量，例如用 2 个 2GB 的内存条可以构成一个 4GB 的主存储器。

2. 低位交叉访问存储器

以每个存储体内有 4 个存储单元、4 个这样的存储体构成的存储器为例，地址码低位交叉访问存储器如图 3-25 所示。

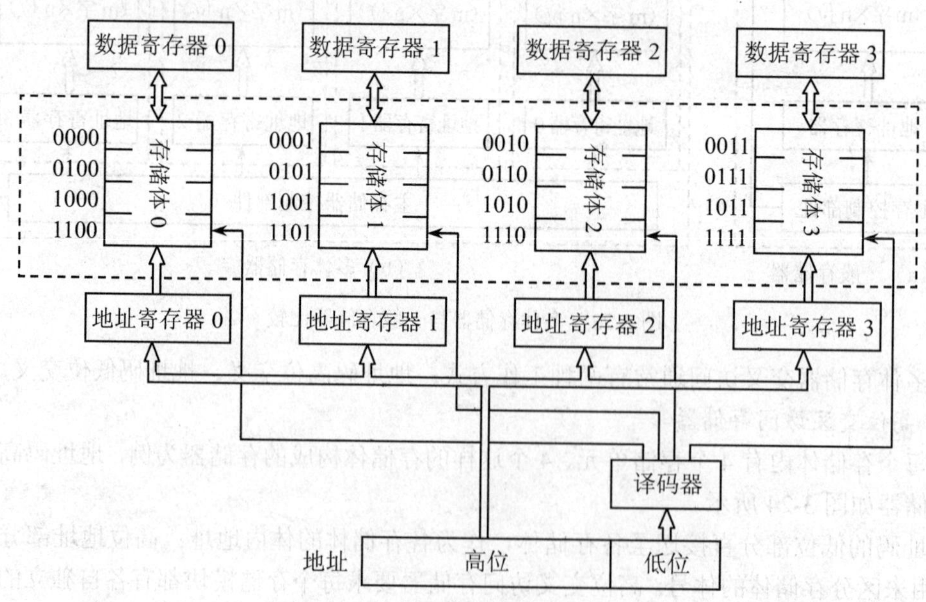

图 3-25　低位交叉访问存储器结构示例

低位交叉访问存储器的地址码的使用方法与高位交叉访问方式恰恰相反，其低位地址送至译码器，用来区分存储体的体号；高位地址直接送存储体，作为各个存储体的体内地址。

低位交叉访问存储器的主要目的是提高存储器的访问速度。当然，在提高访问速度的同时，由于增加了存储器模块的数目，也就增加了存储器的容量。

3.5.3 高速缓冲存储器

高速缓冲存储器（Cache）是位于CPU和主存之间的一种存储器，容量比主存小，但速度比主存快。它用来存放CPU频繁使用的指令和数据。由于使用Cache后可以减少对慢速主存的访问次数，缓解了CPU与主存之间的速度差异，所以提高了CPU的工作效率。目前，在微型计算机中广泛使用高速缓冲存储器技术。

1. Cache工作原理

在半导体存储器中，只有SRAM的存取速度与CPU的工作速度接近，但SRAM的功耗大、价格较贵、集成度低，而DRAM的功耗小、成本低、集成度高，但是存取速度却跟不上CPU的工作速度。于是产生了一种折衷的分级处理办法：在以DRAM为基础的大容量主存与高速CPU之间增加一个容量较小的SRAM作为Cache，用于保存那些使用频率较高的主存副本。CPU需要数据时，首先在Cache中查找，Cache中没有才从主存中读取。

由于程序执行和数据访问具有局域性，通过指令预测和数据预取技术，可以尽可能将CPU需要的指令和数据预先从主存中读出，存放在Cache中，据统计，CPU90%以上的存储器访问都发生在Cache中，只有不到10%的几率需要访问主存，即命中率可达90%以上，因此少量Cache可以极大地提高存储系统的访问速度，缓解由于主存存取速度比CPU工作速度慢而产生的性能瓶颈问题，进而提高系统性能。

Cache－主存结构存储系统一般由高速缓冲存储器Cache、主存储器和Cache控制器组成，如图3-26所示。

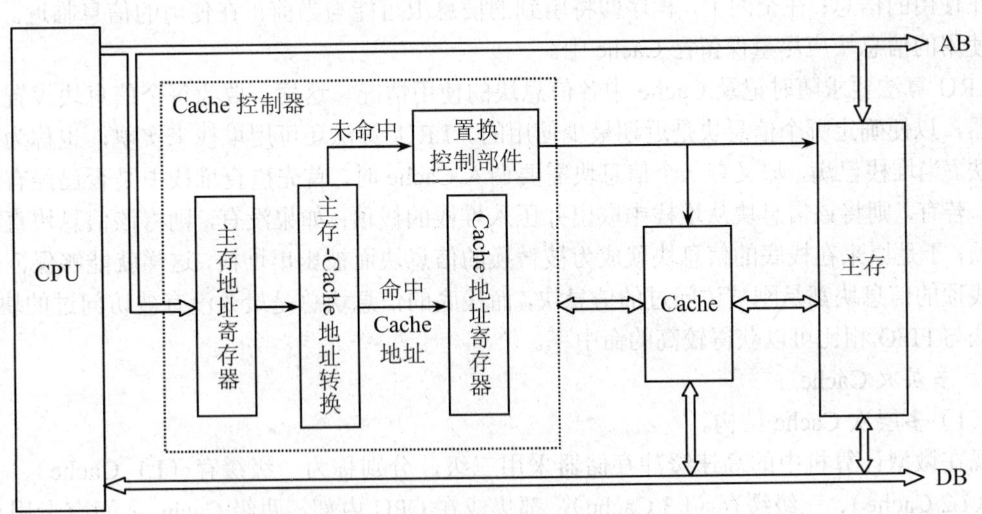

图3-26 Cache工作原理图

在高速缓冲存储系统中，所有数据和指令都存放在主存中，而使用频率较高的数据和指令则复制到Cache中。Cache的内容是在读写过程中逐步调入的，是主存中部分内容的副本。

主存和 Cache 的存储区都划分成多个块，每块由多个单元组成，主存与 Cache 之间以块为单位交换信息。

信息块调往 Cache 时的存放地址与它在主存时的地址不一致，但二者之间有一定的对应关系，这种对应关系称为地址映射函数。将主存地址变换成 Cache 地址的过程是通过 Cache 控制器内的地址转换机构按照所采用的地址映射函数自动完成的。

当 CPU 访问存储器时，首先检查 Cache，如果要访问的信息已在 Cache 中，CPU 就能很快地访问它，这种情况称为"命中"，否则称为"未命中"。若未命中，CPU 必须从主存中提取信息，同时还要把含有这个信息的整个数据块从主存中取出送到 Cache 中。CPU 访问 Cache 时，找到所需要信息的百分比称为命中率，命中率是 Cache 的一个重要指标，命中率越高，在 Cache 中找到所需指令和数据的可能性就越大，CPU 去访问慢速主存的次数就越少。

Cache 的全部功能由硬件实现，并且对程序员来说是"透明"的，就像不存在一样，程序员不需要明确知道 Cache 及 Cache 控制器的存在。

2. 替换算法

当新的主存块需要调入 Cache，而它的可用位置已被占用时，就需要替换算法来解决。一个好的替换算法既要考虑提高访问 Cache 的命中率，又要考虑容易实现替换，从而减少 CPU 访问主存的机率。替换算法有多种，通常采用以下两种算法：

（1）先进先出法（First Input First Output，FIFO）。这种算法是把最早调入 Cache 的信息块替换掉。为了实现这种算法，需要在地址变换表中设置一个历史位，每当有一个新块调入 Cache 时，就将已进入 Cache 的所有信息块的历史位加 1。需要进行替换时，只要将历史位值最大的信息块替换掉即可。这种算法比较简单，容易实现，但不一定合理，因为有些信息块虽然调入较早，但可能仍需使用。

（2）最近最少使用法（Least Recently Used，LRU）。LRU 算法是把近期使用最少的信息块替换掉。这种算法利用了程序访问的局部性原理：在时间上，程序即将用到的信息很可能就是正在使用的信息；在空间上，程序即将用到的信息很可能与当前正在使用的信息临近。所以最近使用的信息块应尽量保留在 Cache 中。

LRU 算法要求随时记录 Cache 中各信息块的使用情况。这样，要为每个信息块设置一个计数器，以便确定哪个信息块是近期最少使用的。LRU 算法还可用堆栈来实现，也称为堆栈型算法。当堆栈已满，却又有一个信息块需要调入 Cache 时，首先检查堆栈中是否已经有该信息块。若有，则将该信息块从堆栈中取出并压入堆栈的栈顶；如果没有，则将该信息块直接压入栈顶，于是原来在栈底的信息块就成为被替换的信息块而被压出堆栈，这样就能够保证任何时候栈顶的信息块都是刚被访问过的信息块，而栈底的信息块总是最久没有被访问过的块。这种算法与 FIFO 相比可以获得较高的命中率。

3. 多层次 Cache

（1）多层次 Cache 结构。

现在微型计算机中的高速缓冲存储器采用三级，分别称为一级缓存（L1 Cache）、二级缓存（L2 Cache）、三级缓存（L3 Cache），都集成在 CPU 内部，两级 Cache 之间有专用总线相连。

超高速 L1 Cache 的存取速度与 CPU 的工作速度相匹配，L1 Cache 又分为数据 Cache 和指令 Cache，但容量较小，一般为几 KB～几十 KB；过去 L2 Cache 放在 CPU 外，随着制造工艺的提高，Pentium Ⅱ以后L2 Cache被集成在CPU内部，但不区分指令和数据，容量一般为几百KB～几MB；现代高端微型计算机的CPU中还集成有L3 Cache，容量为几MB～几十MB。

由L1 Cache 到L3 Cache，存储容量逐级增大，存取速度逐级降低。L1 Cache与L2 Cache之间、L2 Cache 与L3 Cache之间、以及L3 Cache与主存之间的映射、替换算法和读写操作全部由辅助硬件来完成，从而实现了Cache的高速处理功能。

（2）指令Cache和数据Cache。

80486之后，Pentium开始在CPU内部将Cache分为指令Cache和数据Cache两部分，CPU可以同时访问指令Cache和数据Cache，从而减少了指令与数据存取的冲突。

例如，Pentium内有8KB数据Cache和8KB指令Cache，原生四核的Intel Core i7 9××微处理器内，每核有32KB数据L1 Cache和32KB指令L1 Cache。

4. Cache一致性问题

当要访问的信息在Cache时，若是读操作，则CPU可以直接从Cache中读取数据，不涉及主存；若是写操作，则Cache和主存中相应两个单元的内容都需要改变。这时有两种处理办法：一种是Cache单元和主存中相应单元同时被修改，称为“直通存储法”；另一种是只修改Cache单元的内容，同时用一个标志位作为标志，当有标志的信息块从Cache中移去时，再修改相应的主存单元，把修改信息一次性写回主存。显然“直通存储法”比较简单，但对于需要多次修改的单元来说，可能导致不必要的主存重复写工作。

3.5.4 虚拟存储器

虚拟存储器（Virtual Memory）是在“主存－辅存”层次结构上进一步发展和完善的存储管理技术，是现代操作系统的重要特征之一。

虚拟存储器把主存和辅存视为一个统一的虚拟主存，提供比实际主存容量大得多的、可使编程空间不受限制的虚存空间；在程序中使用虚地址，使程序不必作任何修改，即可用接近主存的速度在这个虚拟存储器上运行。使得计算机系统好像只有一个大容量、高速度、使用方便的存储器，而没有主存、辅存之分。

1. 虚拟存储器工作原理

虚拟存储系统对主存和辅存构成的虚存空间重新进行统一编址，称为虚地址。虚存空间并不是主存容量加上辅存容量，而是一个比主存大得多的虚拟空间，它与主存和辅存空间的容量无关；虚地址并非主存的实际物理地址，例如80386/80486的虚地址码长为46位，虚存空间可达 64TB（2^{46}），这是任何计算机系统中主存储器所不可能达到的容量，而主存实际物理地址只有32位。

计算机程序员可以按虚地址空间来编制程序。在程序运行时，只把虚地址空间的一小部分映射到主存，其余大部分虚地址空间则映射到辅存（如大容量硬盘）上。当按虚地址访问虚拟存储器时，存储器管理部件首先查看该虚地址所对应的内容是否已在主存中，若已在主存中（命中），就将该虚地址自动转换为主存实际物理地址，对主存进行访问；若不在主存中（未命中），就将虚拟存储器中待访问的程序或数据由辅存调入主存，再进行访问。故每次访问虚拟存储器时，都必须进行虚地址向实地址的转换。

虚拟存储器是通过存储器管理部件和操作系统自动管理和调度的，主存和辅存的地位和性质并未改变，但虚拟存储器相对于每个用户来说是透明的，这样大大方便了用户。

2. 虚拟存储器与Cache的对比

“主存－辅存”层次与“Cache－主存”层次从原理上看是相同的，因而它们有很多相似之处，如它们都采用地址变换及映射方法和替换策略，对于程序员来说，Cache和虚拟存储器都是透明的。但虚拟存储器和Cache仍有很明显的区别：

（1）Cache用于弥补主存与CPU的速度差距，而虚拟存储器则用来弥补主存容量较小的缺憾。

（2）CPU可以直接访问Cache，但CPU却不能直接访问辅存。

（3）Cache 每次传送的信息块是定长的，且信息块短小，只有几个或几十个字节；而虚拟存储器每次调动的信息块较大，可达几百或几千个字节，可以分页（信息块定长）或分段（信息块可变长）调动。

（4）Cache 操作全部由辅助硬件实现，而虚拟存储器则由辅助硬件（存储器管理部件）和辅助软件（操作系统的存储管理软件）综合管理。

3. 虚拟存储器的分类

在实际应用中，根据如何对主存空间与磁盘空间进行分区管理、虚实地址怎样转换、采取何种替换算法等，可以有页式、段式和段页式三类虚拟存储器。

（1）页式虚拟存储器。页式虚拟存储器是以“页”为信息传送单位的虚拟存储器。在页式虚拟存储系统中，将虚拟空间等分成固定大小的页，页面大小随机器而异，一般计算机系统中一页的大小为 1KB～16KB。虚存空间中所划分的页称为“虚页”，主存空间也等分成同样大小的页，称为“实页”。页面都是由0开始顺序编号的，分别称为虚页号和实页号。

虚地址分成虚页号和页内地址两部分：虚页号占用高位部分，低位部分则为页内地址。主存的实际物理地址也由两部分组成：实页号和页内地址，实页号占用高位部分，低位部分为页内地址。页内地址的长度取决于页面大小，实页号的长度取决于主存的容量。

信息是以页为单位由虚页向主存中的实页调入的。因为虚页和实页大小相等，所以调入时只要页边界对齐，页内地址无需修改就可以直接使用。这样的话，虚－实地址的转换主要是虚页号向实页号的转换，这个转换是由“页表”实现的。

每道程序都有一个独立的虚存空间，在程序运行时，存储管理软件根据主存的运行情况自动为每道程序建立一张独立的“页表”。在页表中，对应每个虚页号有一行表目，每个表目记录着虚页号对应到实页号的一些信息。所有页表都存放于主存的特定区域——页表区。当一个虚页号向实页号转换时，首先找到对应该程序的页表在页表区的首地址，然后在页表中按虚页号顺序找到该虚页所对应的表目，找到表目就可以实现虚地址向实地址的转换。

页式虚拟存储器的页表简单，地址变换速度较快，页面长度较小，主存空间的利用率高，对辅存的管理比较容易，因而得到了广泛应用。但是页式虚拟存储器的页面大小固定，无法反映程序内部的逻辑结构，不便于程序的执行、保护和共享。

（2）段式虚拟存储器。一个复杂的大程序总可以分解成多个在逻辑上相对独立的模块（程序段），每个模块的大小可以各不相同。段式虚拟存储器就是以程序的逻辑结构所自然形成的模块作为主存分配单位进行存储器管理的。其中每个模块（段）的长度可以不同，也可以独立编址，有的段还可以在执行时动态决定大小。

程序运行时，以段为单位整段从辅存调入主存，一段占用一个连续的存储空间。CPU 访问时仍需要进行虚－实地址的转换，段式虚拟存储器与页式虚拟存储器技术十分相似，每道程序都有一个“段表”，存放该程序中各段装入主存的状态信息，每个段的信息在段表中占一行，主要包括段号、段起点、段长度等，根据段表可进行虚地址到实地址的转换，从而确定其在主存中的位置。

段式虚拟存储器有效配合了模块化程序设计，各段之间相互独立，程序按逻辑结构分段，便于程序和数据的共享，段的大小、位置可变，模块可独立编址，可提高按段调度的命中率。但是段式虚拟存储器的地址变换所花费的时间较长，主存空间的利用率往往比较低，对辅存的管理比较困难。

（3）段页式虚拟存储器。为了能够同时获得页式虚拟存储器在管理主存和辅存空间方面的优点和段式虚拟存储器在程序模块化方面的优点，把二者结合起来就形成了段页式虚拟存储器，即存储空间仍按程序的逻辑模块分段，每段又等分为若干个页，页面大小与实存页面相同。

虚地址包括段号、页号和页内地址三部分，实地址则只有页号和页内地址。虚存与实存之间的信息调度以页为基本单位。每个程序有一张段表，每段对应有一张页表，CPU 访存时，由段表指出每段对应页表的起始地址，而每一段的页表可指出该段的虚页号对应在实存空间的实页号，最后与页内地址拼接即可确定 CPU 要访问信息的实存地址。

段页式虚拟存储器的特点表现为分两级查表实现虚实地址转换，以页为单位调进或调出主存，按段来共享与保护程序和数据。

习题与思考

3.1 在某微型计算机中，地址总线为20位，可寻址的内存空间应该是（　　）。

A．640KB　　B．16MB

C．1MB　　D．1GB

3.2 在微型计算机中，主存储器以（　　）方式进行编址。

A．以字节为单位　　B．以字为单位

C．以数据块为单位　　D．以磁道、扇区为单位

3.3 下列关于微型计算机存储系统的说法错误的是（　　）。

A．内存的存取速度高于外存

B．外存的存储容量远大于内存

C．内存和外存都具有非易失性

D．DRAM一般用作微型计算机内存，SRAM用作高速缓冲存储器

3.4 内存某一单元中存储着数据60H，CPU对其读操作后，该单元的内容是（　　）。

A．00H　　B．FFH

C．60H　　D．不确定

3.5 某微型计算机的内存容量为1MB，按字节编址，它的寻址范围是（　　）。

A．00H～FFH　　B．000H～FFFH

C．0000H～FFFFH　　D．00000H～FFFFFH

3.6　下列SRAM芯片各需要多少位地址输入线，多少位数据信号线？

A．512K×4位　　B．1K×8位　　C．2K×1位

D．16K×8位　　E．64K×1位

3.7　对下列存储器组成方案，各需要（　　）个芯片。

A．用64K×1位芯片组成64K×8位的存储器

B．用1K×4位的芯片组成4K×8位的存储器

C．用2K×1位的芯片组成32K×8位的存储器

3.8　已知一个具有 16 位地址和 8 位数据的存储器，回答下列问题：

（1）该存储器能存储多少字节的信息？

（2）如果存储器由16K×4位RAM芯片组成，需要多少片？

（3）至少需要多少位地址作芯片选择？

3.9　存储器有哪些主要性能指标？

3.10　简述半导体存储器的分类。

3.11　半导体存储器 SRAM、DRAM、ROM、PROM、EPROM、EEPROM 和闪速存储器各有何读写特点？一般应用于何种场合？

3.12　DRAM 为什么必须定期刷新？Intel 2164 芯片中的 $\overline{RAS}$ 和 $\overline{CAS}$ 信号有何作用？

3.13　在某一微型计算机系统中，CPU有20位地址线和8位数据线，主存储器扩展了两片Intel 6116（2K×8位），它们的硬件连接如图3-27所示，试分析这两片6116的寻址范围。

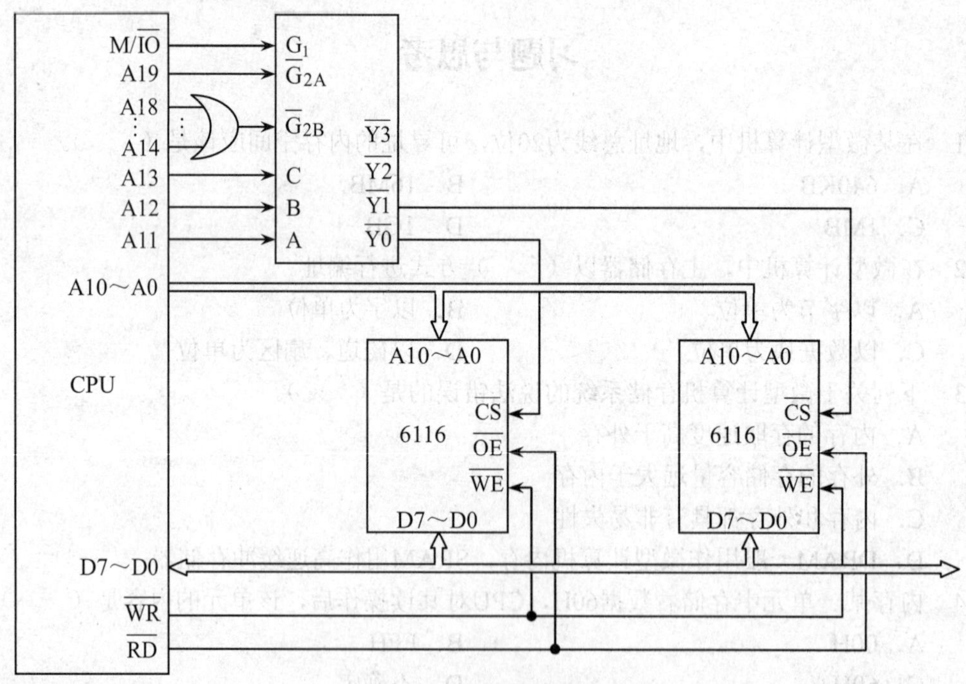

图 3-27　存储器容量扩展实例

3.14　微型计算机中某存储器芯片的首单元地址为2000H，末单元地址为9FFFH，试分析该存储器芯片的容量是多少？

3.15 在微型计算机的存储器中，某 RAM 芯片容量为 4KB，它的首单元地址为 4000H，那么最后一个单元的地址是多少？

3.16 某微型计算机有20位地址线、8位数据线，现用两片Intel 2114（1K×4位）组成2K×8位的存储器，并将它们的起始地址设置为04800H，试画出硬件连接图。

3.17 为什么微型计算机存储系统要采用层次结构？

3.18 在微型计算机系统中，为什么要使用 Cache？为什么要使用虚拟存储器？

第 4 章　微型计算机输入/输出系统概述

学习目标

接口技术是微型计算机应用的重要技术之一。众多结构不同、速度各异的外部设备不能与 CPU 直接相连，而与接口电路连接，由接口负责接收 CPU 的命令，监控外设的状态，在主机与外设之间进行信号、格式的转换，协调双方的工作时序，使得高速 CPU 与慢速外设都可以高效率地工作，完成主机与外界的信息交换。本章主要介绍基本输入输出接口技术。分别介绍了 I/O 接口的概念、功能、分类，I/O 端口的编址方法，CPU 与外设之间传递的信息类型以及几种输入输出控制方式。

通过本章的学习，读者应领会接口在计算机系统中的重要作用，掌握接口及端口的概念和分类、I/O 端口的编址方法，了解接口的一般结构，掌握各种输入/输出控制方式的基本原理、特点及应用场合。

4.1　微型计算机接口技术概述

在完整的微型计算机系统中，除了主机内部微处理器与主存储器之间频繁地交换信息外，主机与外界的信息交换也是必不可少的。例如，通过键盘或鼠标向主机输入数据或命令，通过显示器或打印机把各种文字、图形、图像等信息输出给用户，通过音箱或耳机把音频信息播放出来，通过磁盘等存储介质保存系统的各种程序和数据。

在微型计算机系统中，主机与各种外部设备之间的信息交换称为输入/输出（简称 I/O），输入/输出操作是微型计算机系统的重要操作之一；外部设备统称为输入/输出设备（简称 I/O 设备），输入/输出设备又分为输入设备、输出设备和兼具输入及输出功能的输入输出设备（如硬盘）。

微型计算机系统从结构上分为三大子系统：CPU 子系统、存储器子系统和 I/O 子系统。I/O 子系统又包括 I/O 接口、I/O 设备、与 I/O 相关的软件。I/O 接口在系统的输入/输出过程中起着极为重要的作用。

4.1.1　接口及接口的功能

I/O 接口是指连接微型计算机主机与外部设备的逻辑控制电路，它是 CPU 与外界进行信息交换的通道。在微型计算机系统中，各种接口电路很多，如显卡、声卡、网卡、硬盘控制器等。各种 I/O 设备都是通过相关的接口电路与系统相连，例如，显示器通过显卡与主机相连，音箱通过声卡接收 CPU 送出的音频信息。

每个接口电路中包含有一组寄存器，CPU 与外设之间进行数据传输时，各类信息在 I/O 接口中存入不同的寄存器，通常把接口电路中能被 CPU 直接访问的寄存器或某些特定器件称为 I/O 端口。

接口技术是研究如何将 CPU 与外界最佳地耦合与匹配，以实现双方高效、可靠地交换信息的一门技术。接口技术的应用减轻了 CPU 的负担，更充分地发挥了 CPU 的任务管理和数据处理能力，提高了 CPU 的工作效率，从而提高整机性能。接口技术是微型计算机应用的关键，目前，微型计算机接口技术多采用软硬件技术相结合的方法实现。

为什么不让 CPU 直接与外设相连从而直接控制外设呢？I/O 接口具体有哪些功能呢？

1. 应用 I/O 接口的必要性

（1）I/O 设备种类繁多，结构和工作原理各不相同。在微型计算机系统中，外设的种类很多，如键盘、鼠标、显示器、打印机、音箱等，这些设备结构各不相同，有机械式、电子式、电磁式、光电式等，它们的信号也多种多样，所以它们的工作原理各有不同。

（2）各种 I/O 设备的工作速度差异大，与 CPU 速度不匹配。不同的 I/O 设备，其工作速度各有不同，如键盘的文字输入速度是手工控制的，速度很慢，只在秒数量级；打印机的打印速度也远远慢于 CPU 的工作速度；硬盘的读写速度虽比打印机的工作速度快很多，但与 CPU 的速度相比，还是相差好几个数量级。

（3）不同的 I/O 设备工作时序有差异，难以与 CPU 配合。各种 I/O 设备都有自己的定时控制电路，按照各自特定的时序进行数据传输，所以不与 CPU 的工作时序相统一。

（4）各种 I/O 设备的信息表示格式不一致。由于不同的 I/O 设备存储和处理信息时的格式可能不同，数据的传输方式可能并行或串行，数据传输时的基本单位可能是 16 位、8 位、1 位或其他格式，数据的编码有补码、ASCII 码、BCD 码等，于是造成信息在格式上表示的不一致性。

（5）各种 I/O 设备所处理的信息类型及信号电平不一致。不同的 I/O 设备所处理的信息形式有的是模拟量，有的是数字量或开关量；采用的信号电平有的是 TTL 电平，正逻辑，有的是 RS-232C 电平，负逻辑。

由于以上各种原因，如果让 CPU 直接控制和管理各种 I/O 设备，直接与 I/O 设备交换数据，由 CPU 直接控制外设的启动、数据转换，势必使 CPU 背负沉重的负担，严重降低 CPU 的效率，降低整个系统的性能。为此，CPU 与 I/O 设备之间必须通过接口电路进行连接，利用接口来控制和管理 I/O 设备。

2. I/O 接口的功能

接口是介于 CPU 与外设之间的逻辑控制电路，要面对 CPU 和外设两方面。接口主要负责接收、解释并执行 CPU 发来的命令；向 CPU 传送外设的状态；在 CPU 与外设之间传输双方的数据；管理双方的工作逻辑、协调它们的工作时序。使得双方能够有条不紊地协调动作，从而完成 CPU 与外界的信息交换。

在微型计算机系统中，接口电路的数据传输方向决定于指令，如果是输入指令，则把数据或状态信息送到数据总线上，由 CPU 读走；若为输出指令，接口就把数据总线上的数据或控制字收入接口内部寄存器中，然后继续将数据送往外部设备。

由于外部设备的多样性和复杂性，I/O 接口电路应具备以下主要功能：

（1）数据缓冲与锁存功能。为了协调高速主机与低速外设之间的速度差异，避免数据丢失，接口中一般都设有数据锁存器或缓冲器。

在微型计算机系统中，主机与所有部件都是通过数据总线这个公共数据通道进行数据传输的，在某一总线周期内，只有被选中的部件才能使用数据总线传输数据，该总线周期过后，数据总线上就换成了下一总线周期的另一数据。

对于输出设备，不可能在短短的一个总线周期内接收并驱动设备产生动作，这就需要在输出接口电路中安排寄存器或锁存器，以便锁存待输出的数据，使较慢的外设有足够的时间进行处理，避免数据丢失。对于输入设备，欲将数据送给主机时，而主机不一定及时响应，不能马上取走数据，所以需要输入接口设置缓冲器暂时保存数据，等到 CPU 选通时，该数据才被允许送到系统总线上。

（2）地址译码和设备选择功能。在微型计算机中一般接有多个外设，这就需要多个接口。这些接口电路都挂在同一系统总线上，但某一时刻只允许选中一个接口使用数据总线传输数据，其他未被选中的接口应呈高阻态，与数据总线隔离。当 CPU 与外设交换数据时，一个外设往往要与 CPU 之间交换多种信息（如数据信息、状态信息、控制信息），因而在一个接口中，通常包含多个端口，而 CPU 在同一时刻只能与一个端口交换信息。

因此，系统中的各个 I/O 设备都分配有不同的地址。通常采用地址信号的高位经过地址译码器输出有效的选通信号，实现接口芯片的选择；用地址信号的低位进行芯片内部的端口选择，只有被选中的设备才能与 CPU 进行数据交换。

（3）接收并执行 CPU 命令，控制和监测外设的功能。CPU 对外设的控制都是将命令代码发送到接口电路的控制寄存器（简称控制口）中，再由接口电路对命令代码进行译码，产生若干控制信号，控制接口内部逻辑电路以及 I/O 设备。

在主机与外设交换信息的过程中，常常需要了解外设的有关状态，以便掌握外设的工作是否正常，是否准备就绪，通常外设的这些工作状态是以状态字的形式或应答信号的形式，通过接口反馈给 CPU，从而由 CPU 决定是否与其立即进行数据交换。

（4）数据格式转换功能。在主机内部系统总线上传输的数据都是一个或多个字节的并行数据，而接口与外设之间传输的数据格式和数据宽度可能与之不同，因此需要由接口将与外设之间传输的数据转换为 CPU 要求的格式。

例如，有的外设只能处理串行数据，需要接口将串行数据转换成并行数据传递到系统总线上，并能将计算机输出的并行数据转换成串行数据，传送给外设，为此接口中应设置移位寄存器，实现串/并、并/串转换功能。

（5）信号转换功能。由于外设所需的控制信号及其所提供的状态信号往往与微型计算机的总线信号不兼容，外设的电平和时序关系与 CPU 的不一致，CPU 只能处理二进制数字信号，不能识别某些外设传送的模拟信号，因此，需要接口进行信号转换，否则 CPU 与外设之间无法沟通。接口的信号转换一般包括 CPU 的信号与外设的信号在逻辑上、时序配合上、电平匹配上的转换，数/模、模/数转换，这些都是接口应完成的重要任务。

（6）中断或 DMA 管理功能。有时外设需要得到 CPU 的即时服务，特别是在出现故障时应得到 CPU 的立即处理，就要求在接口中设有中断控制器，或中断优先级管理电路，从而由接口负责及时接收外设发来的中断请求，并经过中断优先级裁决后，向 CPU 发出中断请求并接收 CPU 回送的中断响应信号，再由接口向 CPU 提供中断类型号，以便 CPU 即时处理相关的中断事件。接口的中断管理功能不仅能使 CPU 实时处理紧急事件，还能使快速 CPU 与低速外设并行工作，从而大大提高 CPU 的工作效率。

当主机与外设之间需要大批量、快速传输数据的时候，可以采用 DMA 工作方式，即由接口代替 CPU 管理总线，控制数据的传输，这就要求接口具有 DMA 控制管理功能。例如硬盘与内存之间的数据块传递，就是由接口采用 DMA 方式控制传输的。这样 CPU 就从繁琐的控制慢速外设的数据传输工作中解脱出来，从而大大提高 CPU 的效率，提高整机效率。

（7）可编程功能。为了使接口具有较强的通用性、灵活性和可扩充性，许多接口芯片是可编程的，即软硬件技术相结合。

如果接口功能完全由硬件来实现，则会造成硬件结构复杂、不灵活的问题，如果完全用软件来实现，则速度太慢、甚至有的难以实现。为此，常常采用软硬件技术相结合的方法，充分利用硬件的快速性和软件的灵活性，在不改变硬件电路的情况下，只需修改接口驱动程序就可以改变接口的工作方式和功能，使接口功能多样，以适应不同的应用场合。

需要说明的是，上述各种功能并非每个接口都需具备，对于不同的 I/O 设备、不同的用途，其接口的功能及实现方式也有所不同。

在微型计算机系统中，CPU、主存储器、各种 I/O 接口都与系统总线相连，相互间的信息传递都需通过数据总线，为了避免高速 CPU 因与各种繁杂的慢速外设直接通信而降低工作效率，所以由接口连接外设，充分发挥接口的以上各种功能，控制和管理各种外设。

4.1.2 接口的类型

由于微型计算机可以连接多台外设，需要多个接口电路，所以接口的种类也因外设的多样性而有多种类型。一般地，从不同角度划分，接口有如下几种类型。

1. 按数据传送方式分类

（1）并行接口。这类接口连接 CPU 与并行外部设备，可以实现 CPU 与外设之间数据的并行传送，每次可以同时接收或发送一个或多个字节的并行数据。

（2）串行接口。这类接口连接CPU与串行外部设备，每次从外设接收或向外设发送一位数据，实现数据的串行输入或输出。

在主机内，CPU是并行发送和接收数据的，串行接口的主要任务就是将CPU输出的并行数据转换成串行数据，然后传输给串行外设，或将串行外设输入的串行数据转换为并行数据，然后传输给CPU。

2. 按输入/输出的信号类型分类

（1）数字接口。这类接口电路是由数字电路组成的，在 CPU 与外设之间传输的信号都是数字信号，并行接口和串行接口就属于数字接口。

（2）模拟接口。这类接口电路由数字电路和模拟电路组成，其功能是将 CPU 发来的数字信号转换成模拟信号，然后发送给外设；或将外设发来的模拟信号转换为数字信号，发送给 CPU。

3. 按使用灵活性分类

（1）不可编程接口。这类接口的功能完全由电子逻辑电路实现，接口电路的硬件逻辑一经连接其功能便不可改变，若想改变接口功能，只能改变接口电路的连接。因此不可编程接口使用起来很不灵活。

（2）可编程接口。这类接口的功能是由硬件和软件相结合的方法实现的，即在接口的硬件逻辑电路确定后，通过程序设置可以改变接口的工作方式，以适应不同外设的接口要求。可编程接口的使用方便、灵活，所以微型计算机中的接口芯片多是可编程的。

4. 按接口使用的功能特征分类

（1）通用接口。这类接口是按照某种标准为多类外设设计的标准接口电路，具有较好的通用性，它连接各种不同外设时可不必增加或只须增加少量附加电路。如此，同一接口芯片可适用于多种场合，可管理不同种类的多台外设。

（2）专用接口。这类接口是为某种用途或某类外设而专门设计的接口电路，如数/模转换器、DMA 控制器。

4.1.3 CPU 与外设之间交换的信息类型

I/O 设备不同，CPU 与其交换的信息也有所不同，一般地，CPU 与 I/O 接口及外设之间传递的信息包括数据信息、状态信息和控制信息，如图 4-1 所示。

1. 数据信息

数据信息是 CPU 与外设之间交换的基本信息，通常为 8 位、16 位或 32 位，数据信息又分为数字量、模拟量和开关量。

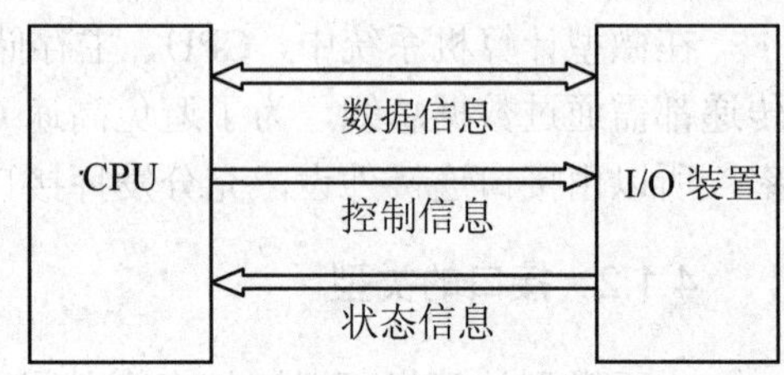

图 4-1 CPU 与 I/O 接口之间传递的信息

（1）数字量。在微型计算机中，键盘、显示器、打印机、硬盘等外设与 CPU 交换的信息就是数字量，它们是以二进制编码表示的字符、数字、图形、图像等信息。

（2）模拟量。所谓模拟量就是随时间变化的连续量。当计算机应用于检测或过程控制时，大量的现场信息（如温度、湿度、压力、流量等）经过传感器由非电量信息转换为电信号，并经过放大器放大处理后得到模拟电压或电流，这些模拟量必须先经过模/数转换器转换成数字信号后，才能被计算机接收；反之，若工业现场需要的是模拟量，则计算机输出的数字量也必须先经由数/模转换器转换成模拟量。

（3）开关量。开关量是指只具有两个状态的量。如开关的断开与闭合、电机的运转与停止、阀门的打开与关闭等。这些开关量通常经过相应的电平转换才能与计算机连接，采用 1 位二进制数即可表示。

2. 状态信息

状态信息是反映外部设备或接口电路当前工作状态的联络信息。CPU 通过对外设状态信息的读取，可以了解其工作状态，如输入设备的数据是否准备好，输出设备是否已准备好接收数据，若准备好，CPU 就可以执行输入或输出指令传输数据，否则 CPU 等待。

状态信息是由接口送往 CPU 的，若输出设备正在输出信息，通常用 BUSY 信号表示输出设备正忙，若输入设备已准备好输入数据，通常用 READY 信号表示输入设备已准备就绪。

3. 控制信息

控制信息是 CPU 控制外设及接口工作的命令信息。控制信息是由 CPU 发给接口电路的，经由接口电路解释并做适当变换后，再去控制外设的动作。最常见的控制信息如 CPU 发出的读/写信号。

4.1.4 I/O 接口的基本结构

数据信息、状态信息和控制信息是不同性质的信息，在接口电路中分别存储于不同的寄存器中。接口中的寄存器又称为端口，所以存放数据信息、状态信息和控制信息的寄存器分别称为数据端口、状态端口和控制端口。

尽管这三种信息在接口与 CPU 之间应该分别传送，但是在微型计算机中，状态信息和控制信息也被广义地当作数据信息，通过数据总线进行传送。

那么怎样区分数据总线上传输的是数据信息、状态信息还是控制信息呢？方法是，通过输入/输出指令读/写不同的端口来区分：通过数据总线向控制端口写入的信息为控制信息，从状态端口读出的信息为状态信息，对数据端口读/写的信息为数据信息。

典型的 I/O 接口电路的基本结构如图 4-2 所示，通常包括数据寄存器、控制寄存器、状态寄存器、数据缓冲器、内部定时、地址译码及控制逻辑等基本部件。

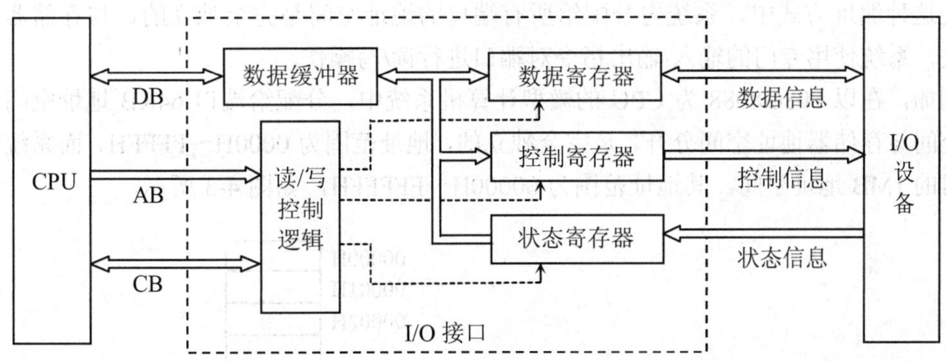

图 4-2　接口电路的一般结构

（1）数据缓冲器。数据缓冲器是 CPU 与外设之间信息传送的通道，它与 CPU 的数据总线 DB 连接，外设与 CPU 交换的数据信息、控制信息、状态信息都是通过数据缓冲器进行的。数据缓冲器在高速 CPU 与慢速外设之间起到协调和缓冲的作用。

（2）数据寄存器。数据寄存器用于存放 CPU 与外设之间交换的信息。CPU 可以对数据寄存器读或写。

（3）控制寄存器。控制寄存器用于存放 CPU 向外设发送的控制命令，以确定接口电路的工作方式。对于可编程接口，有多种工作方式和功能，选定或改变哪一种工作方式，可以通过向控制寄存器写入控制字的办法实现，十分方便、灵活。控制寄存器的内容只能由 CPU 单向写入，而不能读出。

（4）状态寄存器。状态寄存器用于保存接口及外设当前的工作状态。每一种状态通常占用状态寄存器中的一位，例如，输入设备的准备就绪状态通常用 READY 表示，输出设备的忙/闲状态通常用 BUSY 表示，对应于状态寄存器中各占一位，用 1 或 0 表示。状态寄存器的内容一般只能被 CPU 读出，不能被写入。

（5）内部定时、读/写控制逻辑。内部定时逻辑提供接口电路工作时所需的内部定时信号；读/写控制逻辑与 CPU 的地址总线 AB 和控制总线 CB 连接，接收 CPU 发送给接口的读/写控制信号和端口选择信号，选择接口内部的寄存器进行读/写操作。

4.1.5　I/O 端口的编址方法

一个 I/O 接口电路可能包含一个或几个 I/O 端口，CPU 对外设的输入/输出操作，实际上就是对端口的读/写操作。一般地，对数据端口可读可写，对状态端口只能做读操作，对控制端口只能写入不能读出。

在微型计算机中，CPU 需要与多个外设交换信息，一个接口中可能有多个端口，因而可访问的端口也就很多，为此，系统为每个端口赋予一个唯一的地址码，称为端口地址，又称端口号。CPU 与外设之间传送信息都是通过数据总线写入端口或从端口读出的，所以说，CPU 对接口及外设的寻址，实质上就是对端口的寻址。

在微型计算机中，对 I/O 端口的编址通常有两种方式：I/O 独立编址方式、I/O 端口与存储器统一编址方式。

1. *I/O 独立编址方式*

在这种编址方式中，系统内分配给所有端口的地址空间是完全独立的，与存储器地址空间无关，系统使用专门的输入/输出指令对端口进行读/写操作。

例如，在以 8086/8088 为 CPU 的微型计算机系统中，分配给端口 64KB 地址空间，这段地址空间与存储器地址空间分开，是完全独立的，地址范围为 0000H～FFFFH，而系统分配给存储器的 1MB 地址空间，其地址范围为 00000H～FFFFFH，如图 4-3 所示。

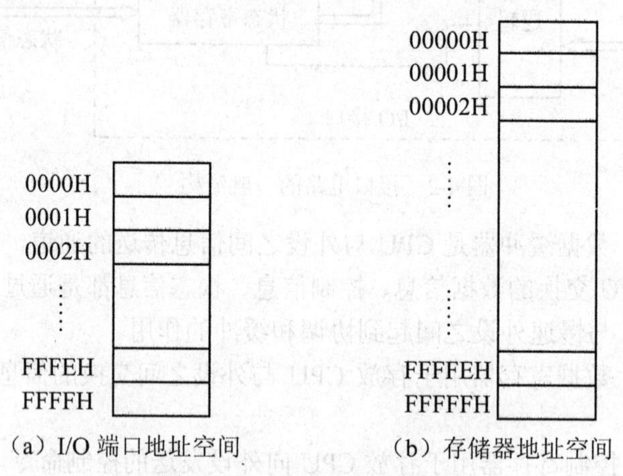

图 4-3　I/O 独立编址示意图

Intel 80x86 系统就采用这种编址方式。那么如何区分 CPU 发送到地址总线上的地址是存储器地址还是端口地址呢？从硬件上 CPU 通过 $M/\overline{IO}$ 引脚来区分，从软件角度 CPU 的指令系统中有专用的 IN 和 OUT 指令对端口进行读写操作。

这种编址方式的优点：程序阅读方便，可根据指令判断操作对象；由于端口的地址空间完全独立，所以存储器全部地址空间不受 I/O 寻址的影响；I/O 指令和端口地址码较短，译码线路简单，指令执行速度快。缺点是：对端口操作的指令类型少，编程灵活性相对降低。

2. *存储器统一编址方式*

在这种编址方式中，系统把存储器地址空间的一部分作为 I/O 端口空间，即把接口中可以访问的端口看作一个存储单元，纳入统一的存储器地址空间，为每一个端口分配一个存储器地址，如图 4-4 所示。如此，CPU 可以用访问存储器的方式来访问端口，而不必另设专门的 I/O 指令。

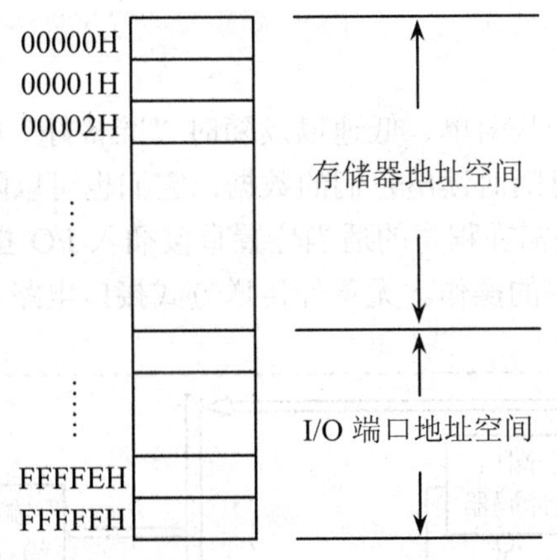

图 4-4 存储器统一编址示意图

这种编址方式的优点是：指令类型丰富，编程灵活、方便；不需要专门的 I/O 指令，简化了指令系统的设计。缺点是：由于端口占用了存储器地址空间，使存储器地址范围减小；程序阅读不方便，因为对外设的访问与对存储器的访问指令一样，程序中不易看出操作对象是存储器还是外设。这种编址方式多用在单片机系统中。

4.1.6 接口技术的现状及发展

随着计算机技术的飞速发展和日益广泛的应用，外设的种类也越来越多，对外设的管理就越来越复杂，CPU 与外设间的速度差异越来越大。I/O 接口电路代替 CPU 管理和控制外设，在 CPU 与外设之间架起一道桥梁，大大减轻了 CPU 的负担，简化了 CPU 的控制和逻辑电路，也大大提高了 CPU 的效率。

同时，因为有了接口电路管理各种外设，CPU 不与外设直接打交道，而直接面对标准化的接口，使得微型计算机中的微处理器和外部设备这两大功能部件可以按照各自的更新规律，发展各自的结构特点，从而进一步促进了微型计算机系统的发展。

接口技术日益成熟，目前，计算机接口都采用超大规模集成电路，多为可编程的，具有较好的通用性，某些接口芯片还具有智能性，即接口本身具有专用微处理器，能够自动执行接口内部的固化程序。

接口技术的发展趋势是大规模和超大规模、超高速芯片，并继续朝着标准化、系列化、通用化和智能化方向发展。

4.2 输入/输出控制方式

在微型计算机系统中，主机与外设之间的数据传送实际上是 CPU 与 I/O 接口之间的数据传送。因为系统中的外设种类不同，各种外设的速度相差很大，所以数据传送方式也不同，CPU 对数据输入/输出的控制方式也不同。

一般地，CPU 控制数据输入/输出的方式有无条件传送、查询、中断、直接存储器存取（DMA）和 I/O 通道方式。无论哪种方式，除了对应接口的硬件支持外，还需要 I/O 程序的配合。

4.2.1 无条件传送方式

无条件传送方式是针对一些简单、低速以及随时“准备好”的外部设备，这些外部设备的工作方式十分简单，CPU 可随时读出它们的数据，它们也可以随时接收 CPU 输出的数据。所以不必查询外设的状态，只需在程序的适当位置直接插入 I/O 指令，当 CPU 执行到 I/O 指令时，立即开始输入/输出数据的操作。无条件传送方式接口电路工作原理如图 4-5 所示。

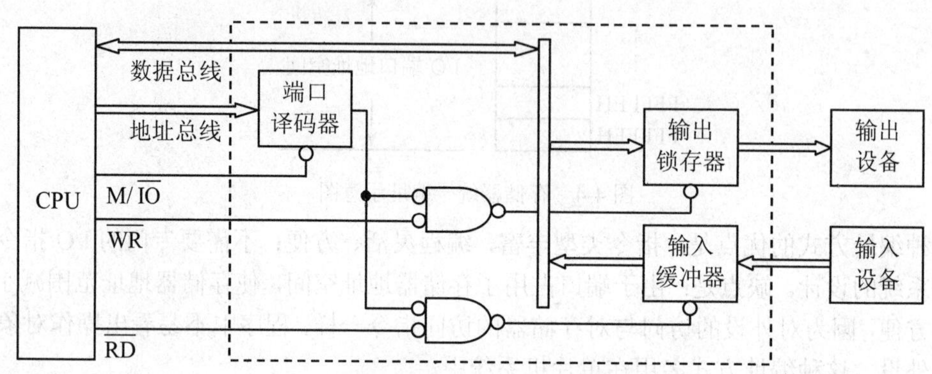

图 4-5　无条件传送方式接口电路

对于简单输入设备，由于输入数据保持时间相对于 CPU 的处理时间要长得多，所以可以直接使用三态输入缓冲器与数据总线相连，不必加锁存器，当 CPU 执行输入指令时，首先将地址送上地址总线，并从选择信号线 M/$\overline{IO}$ 发出低电平信号，指明 CPU 要访问外部设备，接着读信号 $\overline{RD}$ 变为有效的低电平，三态输入缓冲器被选通，使缓冲器中早已准备好的数据被送上数据总线，读入 CPU。

对于简单输出设备，要求接口具有锁存功能，使 CPU 送出的数据在接口的输出端保持一定的时间，以适应慢速外设的动作。当 CPU 执行输出指令时，首先将地址送上地址总线，并从选择信号线 M/$\overline{IO}$ 送出低电平信号，指明 CPU 要访问外部设备，输出数据也由 CPU 送出到数据总线上，接着写信号 WR 变成有效的低电平，将数据总线上的数据锁存到输出锁存器中，锁存器保持这个数据直至外部设备取走。

无条件传送方式是一种简单的传送方式，其特点是硬件结构和软件设计都十分简单，接口电路中只需数据端口即可，程序中不需要查询和等待外设。适用于对一些简单外设的操作，主要应用于定时为已知或固定不变的低速 I/O 设备或无需等待时间的 I/O 设备，如开关、LED 显示屏等。

4.2.2 查询方式

查询方式也称条件传送方式，其工作步骤如图 4-6 所示，CPU 通过执行程序，不断地读取并测试外设的状态，当输入设备处于准备好状态，或输出设备处于空闲状态时，即外设已就绪，CPU 就执行一条 I/O 指令，传送一个数据；否则，CPU 不断地循环测试外设的状态，即“等待”慢速外设，直至外设状态为“就绪”。

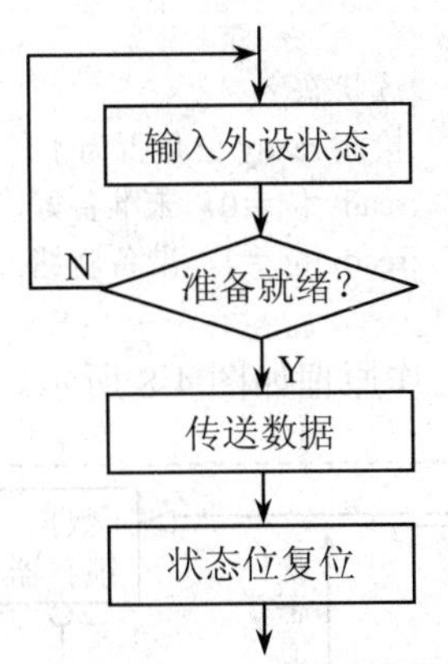

图 4-6　查询传送方式工作流程图

为此，接口电路中除了有传送数据信息的数据端口外，还应有传送状态信息的状态端口。状态端口中有一位或几位与外设状态相对应。对于输入过程，当输入设备将数据准备好时，状态端口中的“准备好”标志位被置成有效状态；对于输出过程，当输出设备取走一个数据后，状态端口中的对应标志位被置成有效状态，表示当前输出数据端口已经处于空闲状态，可以接收下一个数据。

在查询方式下，数据输入接口电路工作原理如图 4-7 所示。

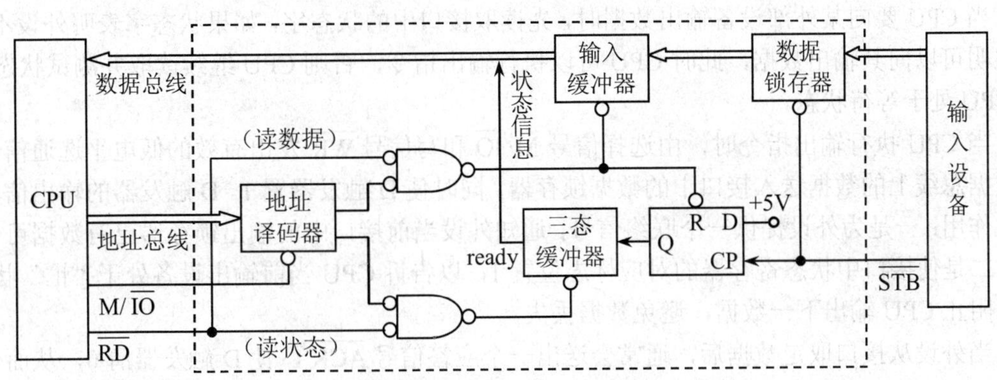

图 4-7　查询方式输入接口电路

当输入设备的数据准备好后，就向接口发出一个选通信号 STB，该选通信号将准备好的数据打入锁存器，同时将接口中的 D 触发器置 1，从而使三态缓冲器的 ready 位置 1，表明锁存器中已有数据。三态缓冲器的 ready 位作为状态信息，被 CPU 通过数据总线读入并测试，当 CPU 判断该位为 1 后，发出读数据端口命令，使选择信号 M/$\overline{\text{IO}}$ 和读信号 $\overline{\text{RD}}$ 产生有效的低电平选通信号，选通数据缓冲器，将数据通过数据总线读入 CPU。

注意，数据信息和状态信息是从数据端口和状态端口经过数据总线送入 CPU 的。

根据查询方式的工作步骤，CPU 从外设输入数据时，先读取状态字并检查状态字的相应位，查明数据是否准备就绪，即数据是否已进入接口的锁存器中，如果准备就绪，则执行输入指令，读取数据，并将状态位清 0。

例如，设数据端口地址为 PORT_D，状态端口地址为 PORT_S，8 位状态字中的最高位为 ready 位，用查询方式控制输入一个字节的数据，参考程序如下：

```
DIN:  MOV    DX,PORT_S
      IN     AL,DX            ;读状态字
      TEST   AL,80H           ;检测 ready 位是否为 1
      JZ     DIN              ;ready 位＝0，未准备好，循环检测
      MOV    DX,PORT_D        ;ready 位＝1，准备就绪，可以输入数据
      IN     AL,DX
```

在查询方式下，数据输出接口电路工作原理如图 4-8 所示。

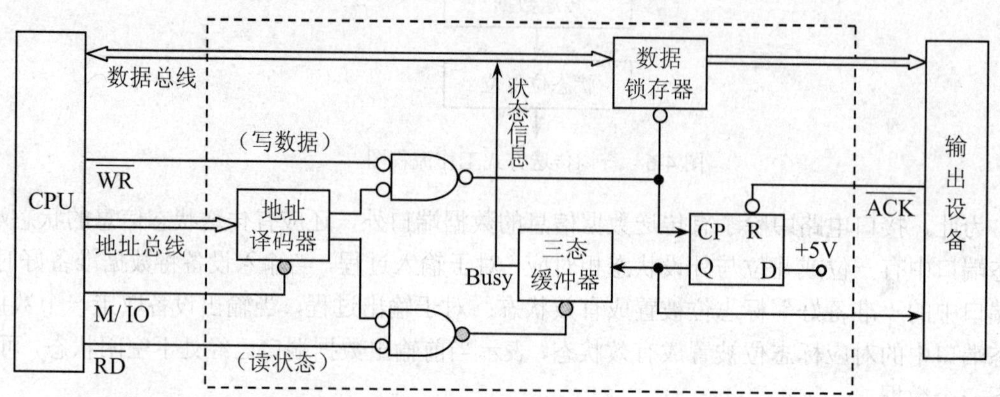

图 4-8　查询方式输出接口电路

当 CPU 要向某外部设备输出数据时，先读取接口中的状态字，如果状态字表明外设不忙，则说明可以向其输出数据，此时 CPU 可以执行输出指令，否则 CPU 继续读取并测试状态字，即 CPU 处于等待状态。

当 CPU 执行输出指令时，由选择信号 M/$\overline{\text{IO}}$ 和写信号 $\overline{\text{WR}}$ 发出有效的低电平选通信号，将数据总线上的数据送入接口中的数据锁存器，同时使 D 触发器置 1。D 触发器的输出信号有两个作用：一是为外设提供一个联络信号，通知外设当前接口中的输出锁存器已有数据可供读取，二是使接口中状态寄存器的对应标志位置 1，以告诉 CPU 当前输出设备处于“忙”状态，从而阻止 CPU 输出下一数据，避免数据丢失。

当外设从接口取走数据后，通常会送出一个应答信号 $\overline{\text{ACK}}$，使 D 触发器清 0，从而使状态寄存器中的对应标志位清 0，当 CPU 测试到该位为 0 时，就可以输出下一数据。

例如，设数据端口地址为 PORT_D，状态端口地址为 PORT_S，8 位状态字中的最低位为 busy 位，用查询方式控制一个字节数据的输出，参考程序如下：

```
DOUT: MOV    DX,PORT_S
      IN     AL,DX            ;读状态字
      TEST   AL,01H           ;检测 busy 位是否为 0
      JNZ    DOUT             ;busy 位＝1，外设忙，循环检测
      MOV    DX,PORT_D        ;busy 位＝0，外设空闲，可以输出数据
      OUT    DX,AL
```

在查询方式下，由于 CPU 的大量时间被消耗在反复查询外设状态、循环等待慢速外设的过程中，而且 CPU 与外设不能并行工作，所以 CPU 的效率很低，但实现这种方式的接口电路简单，硬件开销小，因而在 CPU 不太忙，而且传送速度要求不高的情况下，可以采用查询方式。

4.2.3 中断方式

在实际应用中，很多外设对 CPU 要求的服务是随机的，是编程时无法预测的，而外设的这些要求又需要 CPU 的即时响应。查询方式不仅 CPU 效率低，而且由于接口处于被查询的被动地位，而不能保证外设的需求得到 CPU 的及时响应，无法满足实时控制系统对 I/O 的要求。这就要求系统中的外设应具有主动性，CPU 应具有即时响应和处理随机事件的能力，于是出现了中断方式。

中断过程实质上是一种程序切换过程，当某一外部事件需要 CPU 即时响应处理时，就向 CPU 发出数据传送请求（即中断请求），CPU 暂停正在执行的程序（即中断响应），切换到针对该事件而预先编写的处理程序，完成外设的数据传送任务（即中断服务），然后再恢复执行被暂停的原程序（即中断返回）。这种 I/O 控制方式称为中断方式。

通常将被中断的原程序称为主程序，相对于主程序，中断处理程序是临时嵌入程序段，称为中断服务子程序。

微型计算机都设有中断控制功能，其工作特点是：慢速外设只在准备好后才向 CPU 主动发出中断请求；CPU 在执行每条指令时都会查询是否有外部中断请求；当 CPU 检测到外部请求信号，若 CPU 没有更急的工作，则在执行完当前指令后即时响应中断，转去执行与该中断源相应的中断服务子程序；中断服务子程序中有输入/输出指令传输数据。

为了保证 CPU 在中断处理之后正确返回主程序，在执行中断服务子程序前，CPU 要保护好当时的现场（如标志位、当前寄存器内容等）和断点（即主程序返回地址），中断结束后，再恢复现场和断点，以继续执行原来的主程序。

当有多个中断源发出中断请求时，由中断优先权管理逻辑负责判断中断请求的缓急，将优先级高的中断请求优先送给 CPU。

为了实现中断方式输入/输出，微型计算机系统应提供相应的软件和硬件支持。

1. 软件支持

微型计算机系统中可能有多种中断请求，如键盘中断、时钟中断等，这就需要分别为每种中断处理编制中断服务子程序模块，并固化在主存 ROM 中，再赋予每个模块一个编号（即中断类型号）；将每个模块的首地址（即中断向量）按中断类型号的顺序写入主存的最低地址区（该存储区又称中断向量表），以便于 CPU 根据中断类型号找到相应模块，执行中断服务子程序。

2. 硬件支持

CPU 的标志寄存器中有一个中断允许位，开中断指令使其置 1，表示允许 CPU 响应外部中断请求，此时称为开中断状态；关中断指令使其清 0，表示禁止 CPU 响应外部中断请求，此时称为关中断状态。

为了实现中断控制功能，在接口电路中应设置中断控制逻辑。以输入操作为例，中断方式输入接口电路工作原理如图 4-9 所示。

当输入设备准备好一个数据后便发出选通信号 $\overline{STB}$，使数据存入数据锁存器，同时该信号又使 D 触发器置 1，于是 D 触发器 Q 端发出中断请求。这个中断请求信号经过中断控制器，最终送至 CPU 的中断请求信号 INTR 端。

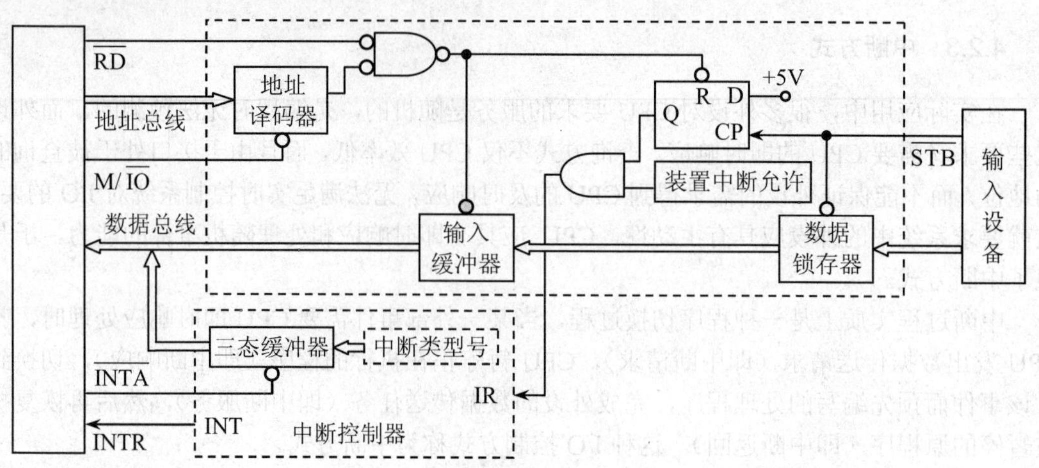

图 4-9 中断方式输入接口电路

CPU 执行完当前指令后，若此时为开中断状态，会响应这个中断请求，回送出 $\overline{INTA}$ 中断响应信号给中断控制器，于是中断控制器将对应中断源的中断类型号通过数据总线送给 CPU，CPU 从中断向量表查找对应这个中断类型号的中断向量，转去执行相应的中断服务子程序，最终把接口中的数据读入 CPU，实现中断方式的一次数据输入。

在中断方式下，慢速外设处于主动地位，只在自身准备就绪后才会请求 CPU 中断处理；高速 CPU 可同时管理多个外设，与外设并行工作，只在收到中断请求后才可能响应执行中断服务子程序。CPU 能对外设的随机中断请求做出及时响应（即实时处理），而且能对紧急事件优先响应，所以中断方式大大提高了系统的工作效率。

中断管理是一种被广泛使用的重要技术，中断方式适用于处理中低速外设的 I/O 操作与随机请求的场合，尤其适合实时控制及紧急事件的处理。在微型计算机系统中，采用中断方式进行输入/输出控制。

当然，中断管理的实现有许多具体问题需要解决，如中断请求、中断屏蔽、中断识别、中断判优、中断返回、中断嵌套等，相关介绍详见第 8 章。

4.2.4 DMA 方式

尽管中断方式提高了 CPU 的利用率，系统的实时性也优于查询方式，但是中断方式仍是通过 CPU 执行程序来输入/输出数据，每次中断只传送一次数据，却需要对现场和断点进行保护与恢复，这对于外设管理有一定的延迟，也增加了 CPU 的开销。

在对高速外设传送大批量数据时，因中断次数过于频繁，上述开销就成为不可忽视的问题，所以使用中断方式反而很慢。例如硬盘与内存之间大批量的数据传送、高速通信设备的数据传送，其工作特点是既要求快速，又要求数据传送的连续性，因此不能用中断方式，而需依靠专门硬件直接控制，即直接存储器存取（DMA）方式。

DMA 方式实际上就是在内存与外设接口之间开辟一条高速的数据通道，使外设与内存之间直接交换数据，CPU 把管理权交给 DMA 控制器（DMAC），由 DMAC 管理系统总线，控制和管理外设与内存之间的数据交换过程，无需 CPU 的干预。

在进入 DMA 方式传送数据之前，应先初始化 DMAC。即由 CPU 控制系统总线，向 DMAC

写入控制字及其他初始化信息，告诉 DMAC 数据传送方向、访问内存的首地址、数据块长度，然后 CPU 启动 DMAC 与外设。此后的传送工作完全由 DMAC 来管理，直到 DMA 传送结束，DMAC 交还系统总线使用权。

下面以从硬盘向内存调入一个数据块为例，说明 DMA 方式下传送一个字节数据的过程，如图 4-10 所示。

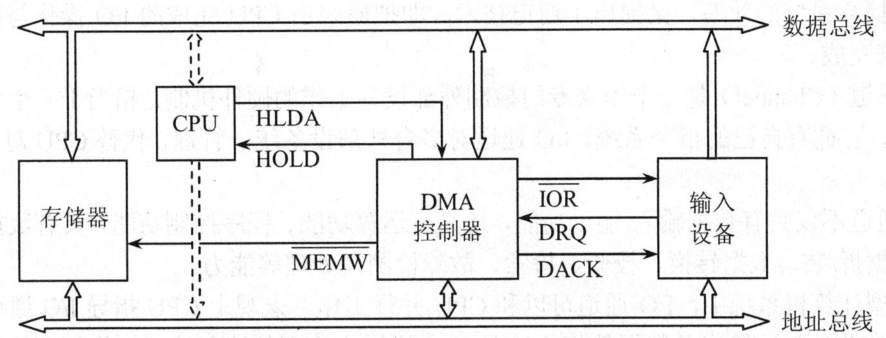

图 4-10　DMA 方式工作原理示意图

（1）当硬盘准备好一个字节的数据后，向 DMA 控制器（DMAC）发出 DMA 请求信号 DRQ。

（2）DMAC 接收到 DRQ 有效信号后，即向 CPU 发出总线请求信号 HOLD，请求 CPU 让出系统总线使用权。

（3）CPU 收到 HOLD 有效信号，在当前总线周期结束后，使地址总线、数据总线和控制总线处于高阻状态，即 CPU 释放系统总线使用权（图中虚线所示），并发出 HLDA 信号以响应 DMAC 的请求。

（4）DMAC 检测到 HLDA 信号有效后，即获得了系统总线的控制权，便向硬盘发出 DACK 信号，通知硬盘进入 DMA 状态。并按如下方式开始 DMA 传送：DMAC 将访问内存的地址送上地址总线，向外设和内存分别发出 $\overline{\text{IOR}}$ 、$\overline{\text{MEMW}}$ 有效信号。于是硬盘数据被送上数据总线，并被写入内存对应单元；之后 DMAC 中的字节计数器自动减 1，表示一个数据已经传送完毕，同时 DMAC 中地址寄存器内的地址码自动修改，以备写入下一个内存单元。

（5）硬盘向内存传送数据结束后，DMAC 撤消 HOLD 信号，使系统总线浮空。CPU 检测到 HOLD 失效后，撤消 HLDA 信号，在下一时钟周期开始收回系统总线，重新掌握系统总线的使用权。

显然，因为数据传送是在专门的硬件控制下完成的，所以响应时间短，数据传送速度快，也省去了 CPU 的开销。对于高速外设的成组数据交换，采用 DMA 方式不仅节省了 CPU，而且提高了系统的吞吐能力。在微型计算机系统中，广泛采用中断方式和 DMA 方式进行系统的 I/O 处理。DMA 方式的缺点是硬件接口比较复杂，硬件开销增大。

DMA 方式不仅适合于高速外设与内存之间的数据传输，还可以在内存的两个区域之间或两种高速外设之间进行。

尽管 CPU 不直接控制内存与外设之间的数据传送过程，但是在 DMAC 获得总线使用权之前，对 DMAC 的初始化工作还是由 CPU 运行初始化程序来实现的。

有关 DMA 方式及 DMA 控制器的介绍详见第 9 章。

4.2.5 I/O 通道方式

引入 DMA 方式之后，数据的传送速度和响应速度均有很大提高，但是数据输入之后或输出之前的运算和处理，如数据的装配、拆卸、校验等，还是要由 CPU 完成。随着微型计算机系统的扩大，外设的增多以及性能的提高，CPU 管理输入/输出的负担不断加重。为了减轻 CPU 的负担，提高系统的效率，又提出了通道技术，即把原来由 CPU 完成的 I/O 操作与控制交给 I/O 通道来完成。

I/O 通道（Channel）是一个用来专门控制外部设备工作的硬件机制，相当于一个功能简单的处理器，它拥有自己的指令系统。I/O 通道对多台外部设备统一管理，代替 CPU 对 I/O 操作进行控制。

I/O 通道不仅具有数据输入/输出功能，还具有运算功能、程序控制功能，具有数据的外设监控、数据拆/装、数据转换、校验、检索、故障检测及处理等能力。

在微型计算机系统中，I/O 通道可以和 CPU 并行工作。宏观上 CPU 指导 I/O 通道，微观上 I/O 通道控制输入/输出及数据的相关处理。I/O 通道方式下的输入输出工作具有较强的独立性，I/O 通道能自己处理传送中的出错和异常情况，能对传送的数据进行格式转换等，实现高速的数据传送，减少了 CPU 对 I/O 操作的控制，从而提高了整个系统的效率。

习题与思考

4.1 什么是接口？主机与外设交换数据时，为什么要通过 I/O 接口？

4.2 什么是端口？CPU 与外设交换信息时，寻址的是接口还是端口？

4.3 I/O 接口具有哪些主要功能？

4.4 对接口分类，接口有哪几种类型？

4.5 主机与外设之间传送的信息有哪几种？在接口中存放相应信息的端口分别称为什么端口？各有什么样的读/写特性？

4.6 计算机对 I/O 端口的编址方式有哪两种？各有何特点？80x86 系统采用哪种编址方式？

4.7 输入/输出控制方式有哪几种？各有何优缺点？适用于什么场合？

4.8 在 I/O 接口电路中为什么常常要用锁存器和缓冲器？

4.9 为什么说中断方式可以实现 CPU 与外设并行工作？

4.10 利用中断方式进行数据传送是通过软件还是硬件手段？

4.11 为什么在硬盘与内存之间的数据传送采用 DMA 方式？

第 5 章　并行接口技术

学习目标

本章主要介绍并行通信、并行接口的概念和特点，重点介绍了并行接口芯片 8255A 的内部结构、引脚功能、工作方式、编程结构及应用方法。

通过本章的学习，读者应理解并行通信和并行接口的概念及特点，领会并行技术在微型计算机系统中的重要作用，掌握可编程并行接口芯片 8255A 的内部结构和引脚功能，掌握 8255A 的工作方式、工作原理以及编程应用。

5.1　并行通信及并行接口

在 CPU 与外部设备之间、计算机与计算机之间的信息交换都称为数据传输，又称为通信。数据传输分为串行数据传输和并行数据传输两种基本方式，又称串行通信和并行通信。串行传输方式是利用单条传输线，将多位数据按照先后顺序逐位传输的方式，并行传输方式则是在多条传输线上同时传输多位数据的一种方式。

在微型计算机系统中，数据的传输通常以字节或字为单位，每次传输一个或多个字节的数据。不同的传输方式需要有不同的 I/O 接口电路（简称接口），实现并行传输的接口称为并行接口，实现串行传输的接口称为串行接口，如图 5-1 所示。

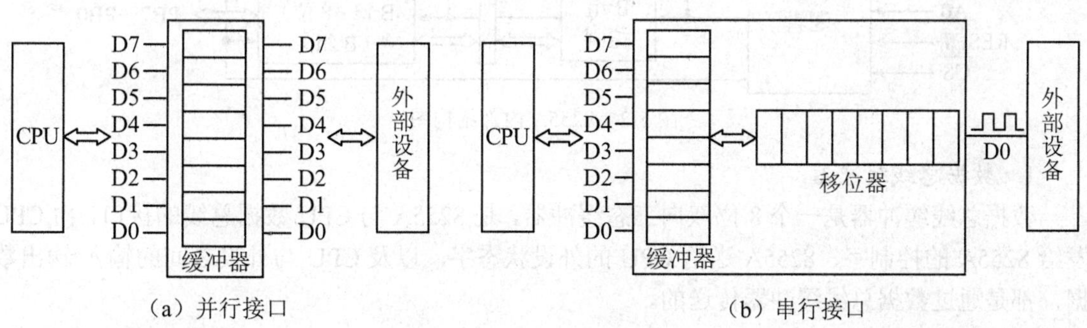

图 5-1　并行接口和串行接口

并行接口与外部设备之间使用多条数据线，以并行方式同时传输一个数据的所有位；串行接口与外部设备之间使用单根数据线，每次传输一位，一个数据需要分时逐位地传输。可见并行接口的传输效率高于串行接口，但是由于并行通信所用的传输线多、成本高，所以并行通信只适合于传输数据量大、传输速率要求高，而传输距离又较短的场合，远距离传输则适于用串行通信方式。

对于微型计算机主机，CPU 与主存之间、CPU 与 I/O 接口之间，通过系统总线，使用高速率的并行传输方式；在主机与外部设备之间，数据传输更多地使用串行传输方式，如键盘、鼠标、显示器与主机之间的通信一般为串行通信方式。

根据实际需要，一个并行接口可以设计成只用于输出的单向接口，或只用于输入的单向接口，也可以设计成既可以输入又可以输出的双向接口。实现并行接口的芯片既可以是可编程的接口芯片，也可以是不可编程的接口芯片。

5.2　可编程并行接口 8255A

8255A 是 Intel 公司生产的通用可编程并行接口芯片，采用双列直插式封装，单一的+5V 电源，全部输入/输出与 TTL 电平兼容，它的工作方式可以通过软件编程的办法设定或改变，所以用 8255A 连接外部设备时，通常不需要再附加其他电路，故使用方便灵活，通用性强。

5.2.1　8255A 的内部结构

8255A 的内部主要由三个数据端口、两组控制电路、一个数据总线缓冲器和一个读/写控制逻辑电路组成，其内部结构如图 5-2 所示。

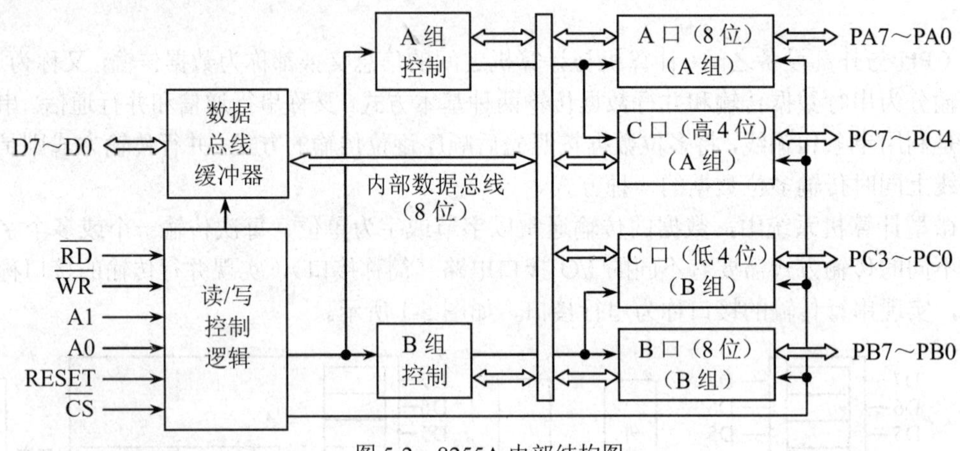

图 5-2　8255A 内部结构图

1. 数据总线缓冲器

数据总线缓冲器是一个 8 位双向三态缓冲器，是 8255A 与 CPU 数据总线的接口，由 CPU 发给 8255A 的控制字、8255A 送给 CPU 的外设状态字，以及 CPU 与外设之间的输入/输出数据，都是通过数据总线缓冲器传送的。

2. 读/写控制逻辑

读/写控制逻辑接收来自 CPU 的读/写控制信号、复位信号、地址信号，发出命令给 A 组和 B 组控制电路，控制数据缓冲器以及三个数据端口的工作，实现数据信息、控制信息、状态信息的传送，即把外设的状态或输入的数据从相应的端口通过数据总线缓冲器送给 CPU，把 CPU 发出的控制字或输出的数据通过数据总线缓冲器送到相应的端口。

3. 三个数据端口

三个数据端口分别是端口 A、端口 B、端口 C（以下简称 A 口、B 口、C 口），在功能上这三个端口各有各的特点，均可被编程设置为输入端口或输出端口使用，可用来与外部设备相连，与外部设备之间进行数据信息、控制信息和状态信息的交换。这三个端口又被分成A组和B组，A组包括A口和C口的高4位，B组包括B口和C口的低4位。

A口和B口的内部均有一个8位数据输入锁存器和一个8位数据输出锁存/缓冲器，C口内部有一个8位数据输入缓冲器和一个8位数据输出锁存/缓冲器。

当外部设备与CPU之间进行数据交换时，通常A口和B口作为独立的输入端口或输出端口，与外部设备连接，进行数据输入或输出；当CPU与外设之间不需要联络信号时，C口可作为独立的数据端口用于输入或输出，需要联络信号时，一般使用C口的部分位作联络用。

4. A组控制和B组控制

A口和C口的高4位（PC7～PC4）构成A组，受控于A组控制电路，B口和C口的低4位（PC3～PC0）构成B组，受控于B组控制电路。A组控制电路和B组控制电路接收来自读/写控制逻辑电路的控制信号、从内部数据总线接收CPU发送过来的控制字，并分别发出相应命令到A组、B组，控制A组端口、B组端口的工作方式和输入/输出状态；A组、B组控制电路还可以根据CPU的命令字对C口各位进行置位或复位操作。

5.2.2 8255A的引脚功能

8255A有40根引脚，采用双列直插式封装，如图5-3所示。

1. 与外设相连的引脚

（1）PA7～PA0：A口数据信号线，双向，三态。用于向外设输入/输出8位数据。

（2）PB7～PB0：B口数据信号线，双向，三态。用于向外设输入/输出8位数据。

（3）PC7～PC0：C口数据信号线，双向，三态。用于向外设输入/输出8位数据，当8255工作于应答I/O方式时，C口部分位用于传送联络信号。

2. 面向系统与CPU相连的引脚

（1）D7～D0：数据线，8位，双向，三态。与CPU的数据总线相连，用于传送CPU与8255A之间的数据信息、控制信息、状态信息。

（2）$\overline{CS}$：片选信号线，低电平有效，单向输入。系统的高位地址信号经I/O地址译码后产生片选信号，接入$\overline{CS}$端。当$\overline{CS}$为低电平时，8255A被选中。只有当$\overline{CS}$有效时，CPU才可以对8255A进行读/写操作。

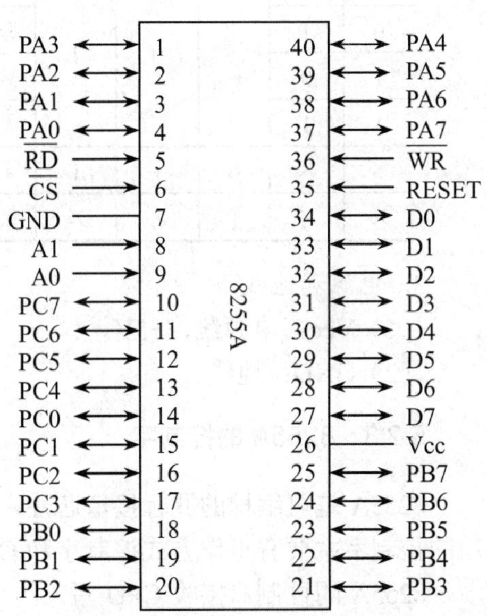

图5-3　8255A引脚图

（3）$\overline{RD}$：读信号线，低电平有效，单向输入。当$\overline{RD}$为低电平时，CPU可以从8255A读走数据或状态信息。该信号应与系统总线中的$\overline{RD}$（最小模式下）或$\overline{IOR}$（最大模式下）相连。

（4）$\overline{WR}$：写信号线，低电平有效，单向输入。当$\overline{WR}$为低电平时，CPU可以向8255A写入数据或命令信息。该信号应与系统总线中的$\overline{WR}$（最小模式下）或$\overline{IOW}$（最大模式下）

相连。

（5）RESET：复位信号线，高电平有效，单向输入。当 RESET 信号到来时，所有内部寄存器都被清除，同时 8255A 内部 3 个数据端口被自动置为输入状态，面向外设的 24 条数据信号线全部高阻态。

（6）A1、A0：端口选择信号线，单向输入。8255A 内部有 A 口、B 口、C 口这 3 个数据端口和 1 个控制口，A1 和 A0 地址信号经片内译码后可以产生 4 个有效地址，分别对应芯片内部的这 4 个端口，即 CPU 通过地址线 A1 和 A0 进行片内端口选择。

A1、A0 的编码与 $\overline{RD}$、$\overline{WR}$、$\overline{CS}$ 的组合可以实现对 A 口、B 口、C 口和控制口的读/写操作，有关端口分配及读/写功能如表 5-1 所示。

表 5-1　8255A 的端口分配与读/写功能表

<table>
<tr><th>A1</th><th>A0</th><th>$\overline{CS}$</th><th>$\overline{RD}$</th><th>$\overline{WR}$</th><th>操作</th><th>信息流向</th></tr>
<tr><td>0</td><td>0</td><td rowspan="8">0</td><td rowspan="4">1</td><td rowspan="4">0</td><td>数据由系统数据总线送到 A 口</td><td rowspan="4">CPU→8255A</td></tr>
<tr><td>0</td><td>1</td><td>数据由系统数据总线送到 B 口</td></tr>
<tr><td>1</td><td>0</td><td>数据由系统数据总线送到 C 口</td></tr>
<tr><td>1</td><td>1</td><td>控制字由系统数据总线送到控制口</td></tr>
<tr><td>0</td><td>0</td><td rowspan="4">0</td><td rowspan="4">1</td><td>数据由 A 口送到系统数据总线</td><td rowspan="3">CPU←8255A</td></tr>
<tr><td>0</td><td>1</td><td>数据由 B 口送到系统数据总线</td></tr>
<tr><td>1</td><td>0</td><td>数据或状态由 C 口送到系统数据总线</td></tr>
<tr><td>1</td><td>1</td><td>无操作</td><td rowspan="3">数据总线
为高阻态</td></tr>
<tr><td>×</td><td>×</td><td>0</td><td>1</td><td>1</td><td>无操作</td></tr>
<tr><td>×</td><td>×</td><td>1</td><td>×</td><td>×</td><td>禁止</td></tr>
</table>

3. 电源和地线

（1）Vcc：电源线，+5V。

（2）GND：地线。

5.2.3　8255A 的控制字

8255A 是可编程的并行接口芯片，可以编程设置各端口的数据传输方向以及工作方式。可用的控制字主要有工作方式控制字和 C 口置位/复位控制字。

8255A 的控制口接收 CPU 写入的 8 位控制字。在这 8 位控制字中，最高位称为特征位，根据特征位或 0 或 1，其他各位的意义也不同。特征位为 1 时，为工作方式控制字，用来指定 A 组和 B 组的工作方式和数据输入/输出方向；特征位为 0 时，称 C 口置位/复位控制字，可对 C 口的任意一位清 0 或置 1，即控制 C 口的指定位输出低电平或高电平信号。

1. 工作方式控制字

8255A 工作方式控制字的格式如图 5-4 所示。

最高位为特征位，为 1 时，标识它是工作方式控制字。

在 8255A 的工作方式控制字中，低 3 位 D2～D0 用于 B 组控制，D0 说明 C 口低 4 位 PC3～PC0 的数据输入/输出方向，D1 说明 B 口的数据输入/输出方向；D2 说明 B 组工作于方式 0 或者方式1。D6～D3位用于A组控制，D3说明C口高4位PC7～PC4的数据输入/输出方向，D4说明A口的数据输入/输出方向；D6D5说明A组的工作方式，D6为1时，A组工作于方式2，否则A组工作于方式0或方式1。

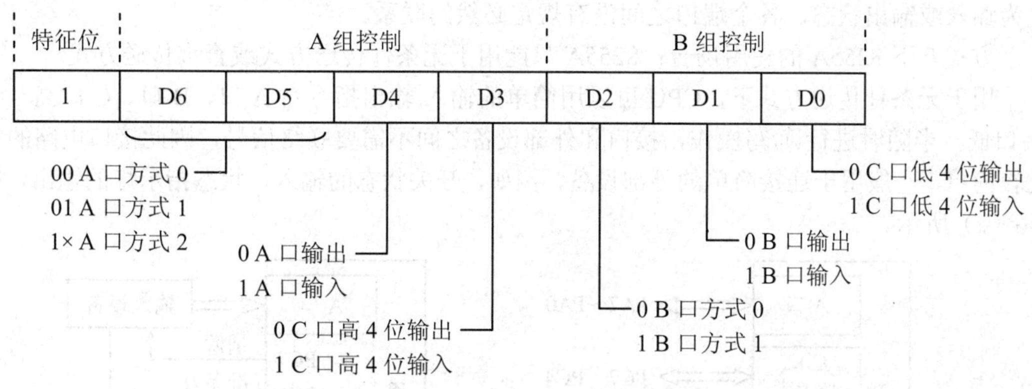

图5-4　8255A工作方式控制字格式

例如，8255A的工作方式控制字为10010000B时，则8255A的工作方式是：A口方式0输入，B口方式0输出，C口输出。

2. C口置位/复位控制字

8255A的C口置位/复位控制字格式如图5-5所示。

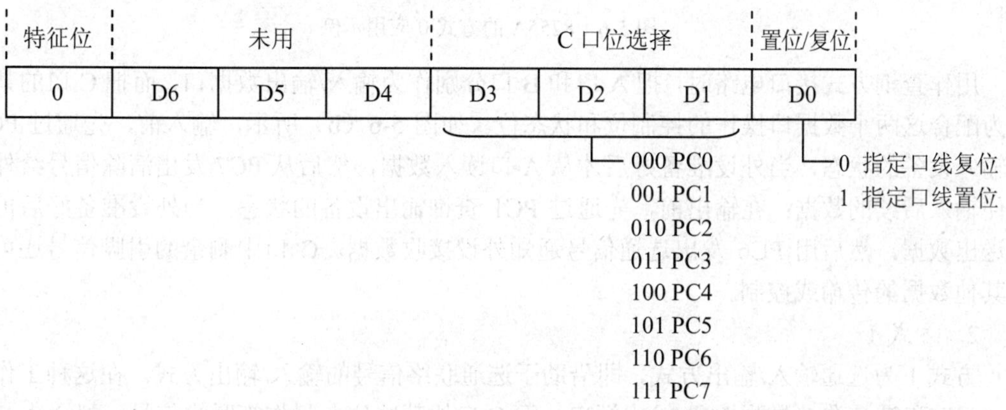

图5-5　8255A的C口置位/复位控制字格式

最高位为特征位，为0时，标识它是C口置位/复位控制字。

在8255A的C口置位/复位控制字中，D6～D4为任意位，不影响控制字的功能，一般写成0；D3～D1指定C口中被选择的位，如D3 D2 D1＝100时，说明选择PC4位；D0用来设定指定口线复位/置位，置位即向选择位写入1，使C口的该位输出高电平，复位则是向选择位写入0，使C口的该位输出低电平。

例如8255A的C口置位/复位控制字为00000101B时，则对PC2位置1。

5.2.4　8255A的工作方式

8255A的工作方式有3种，分别为方式0、方式1、方式2。

1. 方式 0

方式 0 称为基本输入/输出方式。在这种方式下，无需固定的联络信号，不使用中断。方式 0 下的 A 口（8 位）、B 口（8 位）、C 口高一半（4 位）和 C 口低一半（4 位）可以任意设置为输入或输出状态，各个端口之间没有规定必然的联系。

方式 0 下 8255A 的使用场合：8255A 只能用于无条件传送方式或查询传送方式。

用于无条件传送方式下，CPU 可以用简单的输入/输出指令对 A 口、B 口、C 口高一半或 C 口低一半随时进行读/写操作，接口和外部设备之间不需要联络信号，因此接口电路的实现比较简单，一般用于连接简单的外部设备，例如，开关状态的输入，状态指示灯的输出，如图 5-6（a）所示。

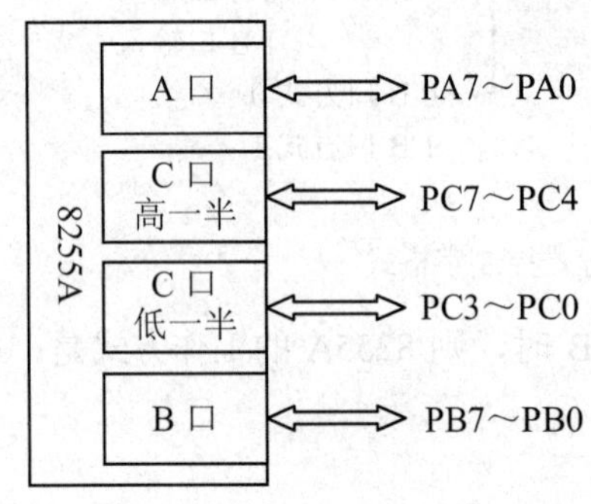

（a）8255A 用于无条件传送方式示例

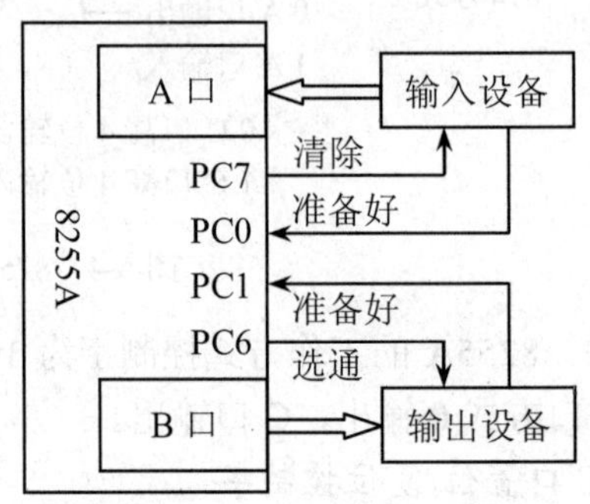

（b）8255A 用于查询传送方式示例

图 5-6　8255A 的方式 0 应用示例

用作查询方式接口电路时，把 A 口和 B 口分别作为输入/输出数据口，而把 C 口的某些位作为配合这两个数据口操作的控制位和状态位。如图 5-6（b）所示，输入前，先通过 PC0 查询输入设备的状态，当外设准备好后才从 A 口读入数据，然后从 PC7 发出清除信号给外设，以便输入后续的数据；在输出前，先通过 PC1 查询输出设备的状态，当外设准备好后再从 B 口送出数据，然后用 PC6 发出选通信号通知外设接收数据。C 口中剩余的引脚信号还可以用于其他数据的传输或控制。

2. 方式 1

方式 1 为选通输入/输出方式，即借助于选通联络信号的输入/输出方式。在这种工作方式下，A 口和 B 口作为数据输入/输出端口，而 C 口的某些位专门作为联络信号，配合 A 口和 B 口的数据传输。A 口和 B 口的数据传输方向通过工作方式控制字来设定，C 口用于联络用的位是固定的，不是由软件设定或改变的。

方式 1 的主要特点是：

① A 组和 B 组均可以工作于方式 1。A 组中，8 位数据端口 A 工作于方式 1 时，端口 C 中有固定三位用于端口 A 的输入/输出控制；B 组中，8 位数据端口 B 工作于方式 1 时，端口 C 中有固定三位用于端口 B 的输入/输出控制。

② 两组可同时工作于方式 1，那么余下的 C 口两位仍可由程序设定作为输入或输出位，也可进行置位/复位操作；当一组工作于方式 1 时，另一组中的 8 位端口和余下的 4 位 C 口也可工作于方式 0 输入/输出，或者由程序设定余下的 C 口各位置位/复位。

③ 每组端口提供有中断请求逻辑和中断允许触发器。对中断允许触发器 INTE 的操作是

通过对端口 C 的置位/复位控制字进行的。

④ 方式 1 下输入/输出数据均有锁存功能。

⑤ 方式 1 通常用于查询方式或中断方式传送数据。

方式 1 下，A 组、B 组输入或输出时的控制信号各有不同，下面分别介绍。

（1）方式 1 输入。

A 组方式 1 输入时，8 位 A 口为输入数据口，指定用 C 口的 PC5、PC4、PC3 作为外部设备与 CPU 之间的联络信号；B 组方式 1 输入时，8 位 B 口作输入数据口，固定用 C 口的 PC2、PC1、PC0 作联络信号，如图 5-7 所示，各信号的意义如下：

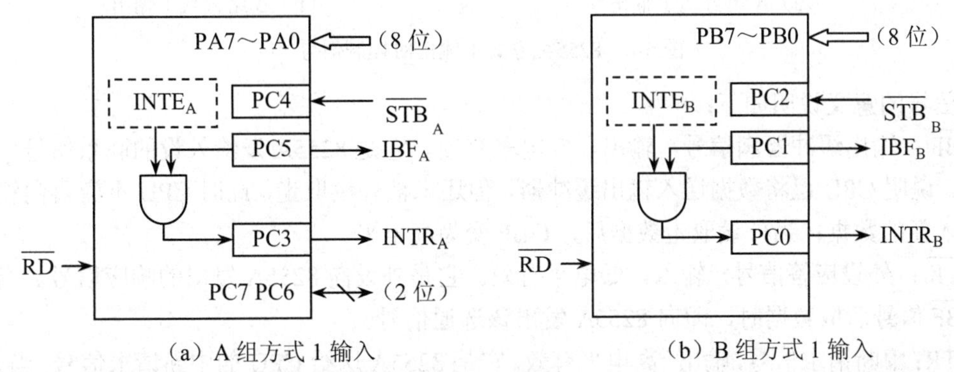

（a）A 组方式 1 输入　　（b）B 组方式 1 输入

图 5-7　8255A 方式 1 输入时控制信号

$\overline{STB}$：输入选通信号，输入，低电平有效。$\overline{STB}$ 是外设提供的输入信号。当它有效时，将外设的输入数据送至 8255A 的输入锁存器中。

IBF：输入缓冲器满信号，输出，高电平有效。IBF 是 8255A 发给外设的状态信号。当它有效时，说明外设送来的数据已经接收，但还未被 CPU 读走，此时外设不应送来新的数据；当 CPU 用输入指令读走数据后，此信号被清除，表明输入缓冲器可以接收外设送来的新数据。

INTR：中断请求信号，输出，高电平有效。它是 8255A 送给 CPU 的中断请求信号。当 $\overline{STB}$ 和 IBF 均为高电平时，即当外设已经把一个数据送入输入缓冲器，而 CPU 还未把数据读走时，8255A 就应该向 CPU 发出中断请求信号 INTR，请求 CPU 将输入缓冲器中的数据读走。在 CPU 响应中断请求，从输入缓冲器读走数据时，INTR 端变为低电平。

INTE 是中断允许触发器。当 8255A 输入缓冲器满时，中断请求信号 INTR 能否向 CPU 发出，取决于 8255A 内部 INTE 的状态，当 INTE 为高电平时，中断请求信号才被允许通过"与"门电路，然后由 INTR 引脚发出。INTE 没有外部引出的引脚，是由 C 口置位/复位控制字对 PC4（用于 A 组）或 PC2（用于 B 组）置位/复位来控制的，置 1 时，允许中断请求，为 0 时，禁止中断请求。

在方式 1 输入时，PC6 和 PC7 是空闲的，这两位可作为输入/输出数据线，由方式选择控制字的 D3 位设定输入或输出方向，也可由 C 口置位/复位控制字设定其置位/复位功能。

（2）方式 1 输出。

A 组方式 1 输出时，8 位 A 口为输出数据口，指定用 C 口的 PC7、PC6、PC3 作为外部设备与 CPU 之间的联络信号；B 组方式 1 输出时，8 位 B 口作输出数据口，固定用 C 口的 PC2、PC1、PC0 作联络信号，如图 5-8 所示。

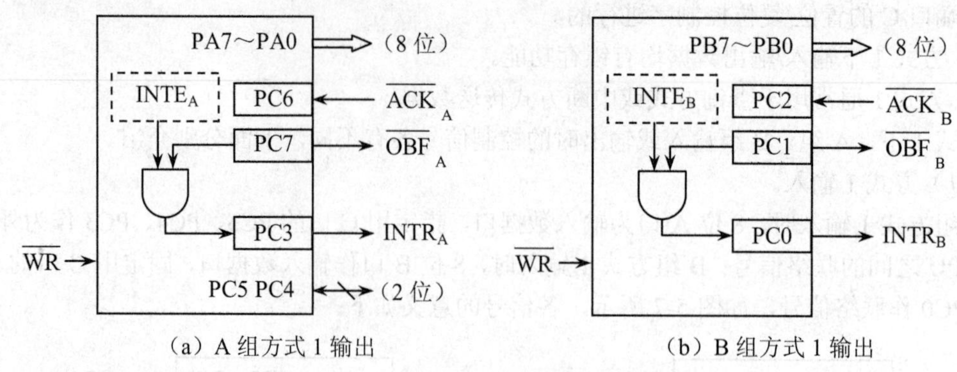

（a）A 组方式 1 输出　　　　（b）B 组方式 1 输出

图 5-8　8255A 方式 1 输出时控制信号

各信号的意义说明如下：

$\overline{\text{OBF}}$：输出缓冲器满信号，输出，低电平有效。它是 8255A 发给外设的联系信号。当它有效时，说明 CPU 已将数据送入输出缓冲器，但还未被外设取走，此时 CPU 不应再向输出缓冲器送入新的数据；当外设取走数据后，$\overline{\text{OBF}}$ 变为高电平。

$\overline{\text{ACK}}$：外设应答信号，输入，低电平有效。它是外设向 8255A 发出的响应信号。当外设收到 $\overline{\text{OBF}}$ 信号后取数据时，即向 8255A 发出该选通信号。

INTR：中断请求信号，输出，高电平有效。它是 8255A 送给 CPU 的中断请求信号。当 $\overline{\text{ACK}}$ 和 $\overline{\text{OBF}}$ 均为高电平时，即当外设已经把输出缓冲器中的数据取走，而 CPU 还未把下一个数据送入输出缓冲器时，8255A 就应该向 CPU 发出中断请求信号 INTR，请求 CPU 将下一个数据送入输出缓冲器。在 CPU 响应中断请求，向输出缓冲器写进数据时，INTR 端变为低电平。

INTE 是中断允许触发器，其作用与方式 1 输入时相同。当 8255A 输出缓冲器满时，能否向 CPU 发出 INTR 信号，取决于 8255A 内部 INTE 的状态，当 INTE 为高电平时，方允许 INTR 引脚发出中断请求。A 组的 INTE 由 PC6 控制，B 组的 INTE 由 PC2 控制，置 1 时，允许中断请求，否则禁止中断请求。

在方式 1 输出时，PC4 和 PC5 是空闲的，可用作输入/输出数据线，也可由 C 口置位/复位控制字设定其置位/复位。

方式 1 下 8255A 的使用场合：8255A 可用于查询方式或中断方式的数据传输。当外设与 8255A 之间需要输入/输出联络信号时，就可以采用 8255A 方式 1 查询方式工作，若使用 A 口输入则读取 PC5，若用 A 口输出则读取 PC7，若用 B 口输入或输出则读取 PC1，从而查询 IBF、$\overline{\text{OBF}}$ 信号的当前状态，决定是否立即输入/输出数据。选择 8255A 中断方式传输数据时，可以使用 INTR 信号向 CPU 发出中断请求，注意将 INTE 置 1，A 组方式 1 输入/输出时，使用 PC3 作中断请求信号，B 组方式 1 输入/输出时，使用 PC0 作中断请求信号。

3. 方式 2

方式 2 为双向选通输入/输出方式，这种方式只适用于 A 口。在方式 2 下，通过 8 位 A 口可以双向分时传送数据。此外，与 A 口工作于方式 1 时相类似，C 口在配合 A 口工作于方式 2 时自动提供相应的联络、控制和中断请求信号。

方式 2 的主要特点是：

① 方式 2 是一种分时双向传输方式，只适用于 A 口。

② A口工作于方式2时，C口中有固定5位用于配合A口的输入/输出控制。此时C口余下的三位仍可进行置位/复位操作，也可以由程序设定作为输入或输出位，或者配合B口方式1控制。

③ A口方式2工作时，提供有中断请求逻辑和中断允许触发器。对中断允许触发器INTE的操作是通过对C口置位/复位控制字的设置进行的。

④ A口方式2下输入和输出数据均有锁存功能。

⑤ 方式2通常用于查询方式或中断方式传送数据。

方式2下，A口输入/输出时的控制信号如图5-9所示。

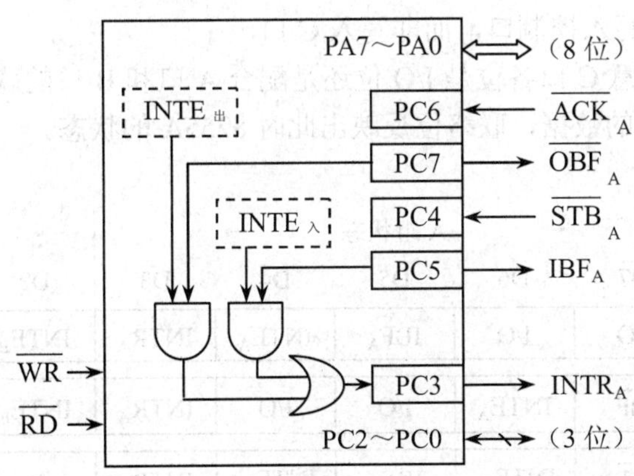

图5-9 8255A方式2时控制信号

$\overline{STB}$、IBF、$\overline{OBF}$、$\overline{ACK}$信号定义与方式1的相同，此处不再赘述。

INTR：中断请求信号，输出，高电平有效。它是8255A送给CPU的中断请求信号。它有输入中断请求和输出中断请求双重意义：输入时，若输入缓冲器满，那么INTR引脚应该为高电平，向CPU发出输入中断请求，请求CPU读走A口数据；输出时，若输出缓冲器空，那么INTR引脚应该为高电平，向CPU发出输出中断请求，请求CPU向A口送来数据。无论输入还是输出，都通过INTR引脚向CPU发出中断请求。

但只有当输入中断允许触发器$INTE_{入}$为1（由PC4控制），或输出中断允许触发器$INTE_{出}$为1（由PC6控制）时，INTR中断请求信号才被允许发给CPU。

在A口工作于方式2时，PC0、PC1、PC2是空闲的，可作为输入/输出数据线，也可由C口置位/复位控制字设定其置位/复位，或用于B口方式1输入/输出的联络信号。

方式2下8255A的使用场合：只有8255A的A口可以使用方式2工作，可以查询方式或中断方式双向传输数据。当然这种双向的输入和输出一定是分时进行的。

8255A三个端口的使用情况总结如下：

① 8255A的三个端口都是8位端口，A口和B口以独立的8位口形式传送数据，A口与B口互不影响；而C口的8位则分为高低两个4位口，A口或B口工作于方式0时，这两个4位口也独立作数据口分别传送操作，互不影响。

② 当A口工作于方式1时，C口的部分位被固定用作配合A口操作的联络信号；当B口工作于方式1时，C口的另一部分位被固定用作配合B口操作的联络信号。

③ 方式 0 适用于 A 口、B 口、C 口，方式 1 适用于 A 口、B 口，方式 2 只适用于 A 口。当某一个端口工作于某种方式时，不影响其他端口和空闲位的工作方式及输入/输出方向。具体地说，无论 A 口工作于方式 0、方式 1 或者方式 2，都不影响 B 口和 C 口空闲位；无论 B 口工作于方式 0 还是方式 1，都不影响 A 口和 C 口空闲位。

④ 无论 A 口、B 口工作于哪种方式，C 口的空闲位都可以独立实现 I/O 操作，输入或输出方式可由工作方式控制字的 D3、D0 位设置。设置工作方式控制字的 D3=1 时，C 口高一半中的空闲位输入，否则输出；设置工作方式控制字的 D0=1 时，C 口低一半中的空闲位输入，否则输出。

⑤ C 口的空闲位也可用于置位/复位功能，通过 C 口置位/复位控制字来设定，但要注意 C 口置位/复位控制字是被写入控制口，而非写入 C 口。

⑥ 读 C 口时，应注意 C 口各位是 I/O 位还是配合 A 口和 B 口的联络位，如图 5-10 所示，I/O 位是此时该位所传输的数据，联络位反映出此时 8255A 的状态。

	← A 组状态 →					← B 组状态 →		
	D7	D6	D5	D4	D3	D2	D1	D0
方式 1 输入	I/O	I/O	IBF_A	$INTE_A$	$INTR_A$	$INTE_B$	IBF_B	$INTR_B$
方式 1 输出	$\overline{OBF}_A$	$INTE_A$	I/O	I/O	$INTR_A$	$INTE_B$	$\overline{OBF}_B$	$INTR_B$
方式 2 输入/输出	$\overline{OBF}_A$	$INTE_{出}$	IBF_A	$INTE_{入}$	$INTR_A$	×	×	×

图 5-10　8255A 端口 C 读出的数据或状态

5.2.5　8255A 的编程

8255A 是可编程的并行接口芯片，其 3 种不同的工作方式及各端口的输入/输出状态可由编程设置。具体地，CPU 把决定 8255A 各端口工作方式和数据输入/输出方向的工作方式控制字写入 8255A 的控制端口中，由 A 组、B 组控制电路译码，转而发出相应的控制信号，控制 A 口、B 口和 C 口的工作方式。

当 8255A 工作之前，首先应对其进行初始化，初始化后的 8255A 才能够正式进入输入/输出的工作状态，实现 CPU 与外设之间的数据传送。初始化编程很简单，根据实际硬件连接，确定 A 口、B 口、C 口的数据输入/输出方向，定义出 8255A 的工作方式控制字或 C 口置位/复位控制字，编程将该控制字输出到 8255A 的控制端口中去即可。

【例 5.1】在某系统中，要求 8255A 工作于方式 0，A 口、B 口全部输出，试编写其初始化程序。假定系统分配给 8255A 的控制口地址为 303H。

分析：根据要求，8255A 的 A 组、B 组均工作于方式 0，A 口输出，B 口输出，确定 8255A 的工作方式控制字为 80H，因为 C 口未用，所以在控制字中可以不对 C 口作规定，一般情况下，为了程序的可读性，不用位置 0 即可。

初始化程序段设计如下：

```
        MOV  AL,80H                ;8255A 的工作方式控制字为 80H
        MOV  DX,303H               ;8255A 的控制口地址为 303H
```

```
        OUT    DX,AL                          ;输出控制字
```

【例 5.2】在某系统中，要求 8255A 工作于方式 0，A 口输入，B 口输出，试编写其初始化程序。假定系统分配给 8255A 的端口地址为 300H～303H。

分析：由 8255A 的 A1、A0 两引脚确定内部端口，可知 A 口、B 口、C 口、控制口的端口地址分别是 300H、301H、302H、303H；确定 8255A 的工作方式控制字为 90H。

初始化程序段设计如下：

```
        MOV   AL,90H
        MOV   DX,303H
        OUT   DX,AL                           ;向控制口 303H 写入工作方式控制字 90H
```

【例 5.3】在某系统中，要求 8255A 的 B 口方式 1 输出，A 口和 C 口的剩余部分方式 0 输入，并且允许 B 口在输出数据被外设取走之后能申请中断，试编写其初始化程序。假定系统分配给 8255A 的端口地址为 300H～303H。

分析：由 8255A 的 A1、A0 两引脚确定内部端口，可知 A 口、B 口、C 口、控制口的端口地址分别是 300H、301H、302H、303H；确定 8255A 的工作方式控制字为 9DH，若允许 B 口在输出的数据被外设取走之后能够申请中断，就应该使中断允许触发器 $INTE_B$ 为 1，实现方法是置 PC2 为 1，由此确定 8255A 的 C 口置位/复位控制字为 05H。

初始化程序段设计如下：

```
        MOV   AL,9DH
        MOV   DX,303H
        OUT   DX,AL                           ;向控制口 303H 写入工作方式控制字 9DH
        MOV   AL,05H
        OUT   DX,AL                           ;向控制口 303H 写入 C 口置位/复位控制字 05H
```

【例 5.4】令 8255A 的 C 口 PC3 位输出连续方波脉冲信号，试编写初始化程序。8255A 的端口地址为 FF30H～FF33H。

分析：由 PC3 位输出方波脉冲，只需令 PC3 位连续交替输出高电平、低电平即可，所以可以设计 8255A 的 C 口置位/复位控制字，使 PC3 位交替置位、复位。

初始化程序段设计如下：

```
        MOV     DX,0FF33H          ;8255A 的控制口地址为 0FF33H
LL:     MOV     AL,07H             ;C 口置位/复位控制字为 07H，对 PC3 位置位
        OUT     DX,AL              ;输出控制字，使 PC3 输出高电平
        CALL    DALLY              ;调用延时子程序，延时
        MOV     AL,06H             ;C 口置位/复位控制字为 06H，对 PC3 位复位
        OUT     DX,AL              ;输出控制字，使 PC3 输出低电平
        CALL    DALLY              ;调用延时子程序，延时
        JMP     LL
```

5.3　8255A 的应用

8255A 是一个多功能的并行接口芯片，在微型计算机与外部设备的通信中经常使用，例如在 PC/XT 系统中，8255A 用于键盘扫描码的读取、加电自检时配置开关状态的读取、系统内部一些控制信号的输出等。下面举几个实例，介绍 8255A 的基本使用方法。

5.3.1 8255A 控制 LED 显示

【例 5.5】应用并行接口芯片 8255A，设计一个并行接口，控制 8 段 LED 显示。要求：8 位 LED 指示灯依次流水循环显示，直至键盘上的任意键被按动则停止显示。设 8255A 的端口地址范围为 3340H～3343H。

分析：8 段 LED 显示器是一个简单的显示输出设备，可以设计 8255A 在方式 0 下，以无条件传送方式控制 LED 显示输出。选择 A 口、B 口或 C 口中的任意一个口均可。流水显示效果的实现比较简单，令 LED 显示器的 D0～D7 指示灯循环逐次点亮即可。

这里使用 8255A 的 A 口方式 0 输出，实现 LED 流水显示控制，硬件连接如图 5-11 所示。

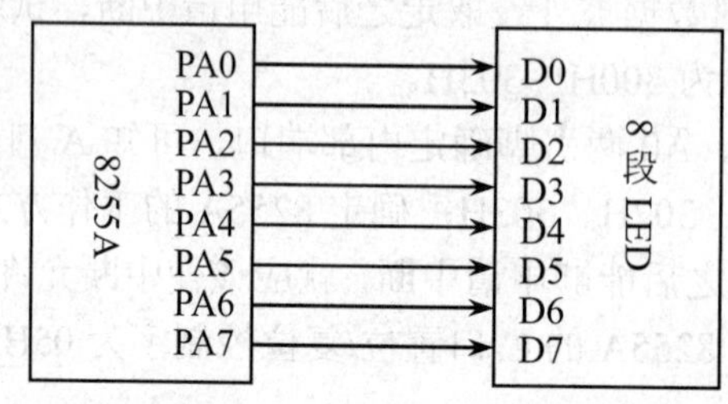

图 5-11 8255A 控制 8 段 LED 显示接口电路

8255A 并行接口控制程序设计如下。

```
PORT_A   EQU  3340H
PORT_B   EQU  3341H
PORT_C   EQU  3342H
PORT_MODE EQU 3343H
         …
;8255A 初始化:
         MOV  DX,PORT_MODE          ;PORT_MODE 为 8255A 控制口地址
         MOV  AL,80H                ;8255A 的工作方式控制字为 80H
         OUT  DX,AL                 ;向控制口写入控制字，令 A 口方式 0 输出
;控制 LED 显示主程序:
         MOV  DX,PORT_A             ;由 A 口输出控制指示灯显示的信号
         MOV  AL,01H                ;亮灯的指示位为 1，先从 LED 的 D0 亮起
LL:      OUT  DX,AL
         ROL  AL,1                  ;亮灯的指示位左移，准备令邻位指示灯亮
         CALL DALLY                 ;调用延时子程序，延时
         JMP  LL
```

5.3.2 8255A 用于键盘接口

【例 5.6】利用 8255A 设计一个 4×8 非编码键盘扫描接口。要求用逐行扫描法识别有无按键及按键的位置码。8255A 的端口地址分别为 0FFF8H、0FFFAH、0FFFCH、0FFFEH。

分析：键盘是微型计算机中最基本的输入设备（11.1 节详细介绍），通常分为编码键盘和非编码键盘。非编码键盘是由一组行、列交叉开关组成的矩阵式电路，有无按键及按键位置码的识别由键盘接口电路来完成，多用逐行扫描法。逐行扫描法的基本思想是由程序逐行对键盘矩阵进行扫描，通过检测列状态来判断有无按键及按键的位置码。

应用8255A设计非编码键盘扫描接口，可以使用8255A的A口、B口、C口中任意一个端口作为输出端口，输出行扫描信号，其他任意一个作输入端口，输入列线信号，然后判断有无按键及按键位置。

这里设计8255A的A口方式0输出，用低4位输出行扫描信号，B口方式0输入，输入列信号，硬件连接如图5-12所示。键盘为4行8列32个键位，位置码依次为0～31。

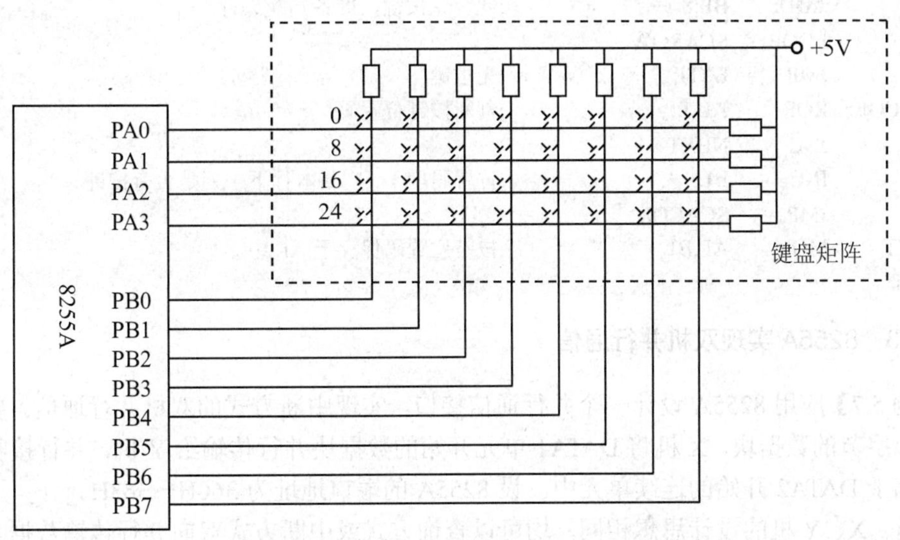

图5-12　8255A实现键盘扫描接口电路

8255A并行接口控制程序设计如下。

```
PORT_A    EQU    0FFF8H
PORT_B    EQU    0FFFAH
PORT_C    EQU    0FFFCH
PORT_MODE EQU    0FFFEH
;8255A初始化:
          MOV    DX,PORT_MODE
          MOV    AL,82H
          OUT    DX,AL          ;写工作方式控制字，令A口方式0输出，B口方式0输入
;行扫描法判断有无按键及按键位置码:
SCAN:     MOV    DX,PORT_A
          MOV    AL,00H
          OUT    DX, AL         ;A口输出全0，选通所有行
          MOV    DX,PORT_B
          IN     AL,DX          ;B口输入，读各列值
          CMP    AL,0FFH        ;判断有无按键
          JZ     SCAN           ;若读入的为全1，说明无按键，则循环测试
          ;                     ;若读入的非全1，说明有按键，则准备识别位置码
          MOV    BL,0           ;键盘按键位置码起始号为0
          MOV    BH,0FEH
          MOV    CX,4           ;逐行扫描4行，设置行计数器
SCAROW:   MOV    AL,BH
```

```
        MOV     DX,PORT_A
        OUT     DX,AL               ;选通一行
        ROL     BH,1                ;准备下次选通邻行
        MOV     DX,PORT_B
        IN      AL,DX               ;读入列值
        CMP     AL,0FFH             ;判断有无按键
        JNZ     SCACOL              ;若读入的非全 1，则此行有键按下，转去判断按键所在列
        ADD     BL,8                ;此行无按键，准备判断邻行
        LOOP    SCAROW
        JMP     EXIT                ;无按键
SCACOL: ROR     AL,1                ;判断按键位置码
        JNC     NEXT
        INC     BL                  ;位置码增 1，判断本行下一列是否有按键
        JMP     SCACOL
NEXT:   MOV     AL,BL               ;按键位置码保存于 AL 中
EXIT:   …
```

5.3.3 8255A 实现双机并行通信

【例 5.7】应用 8255A 设计一个并行通信接口，实现中断方式的双机并行通信。要求收发各 200 个字节的数据块，X 机将 DATA1 单元开始的数据块并行传输给 Y 机，并行接收到的数据块存储于 DATA2 开始的连续单元中。设 8255A 的端口地址为 360H～363H。

分析：X、Y 机的设计思想相同，均可以查询方式或中断方式双向并行传输数据。这里设计 X 机中断方式、Y 机查询方式并行通信，硬件连接如图 5-13 所示。

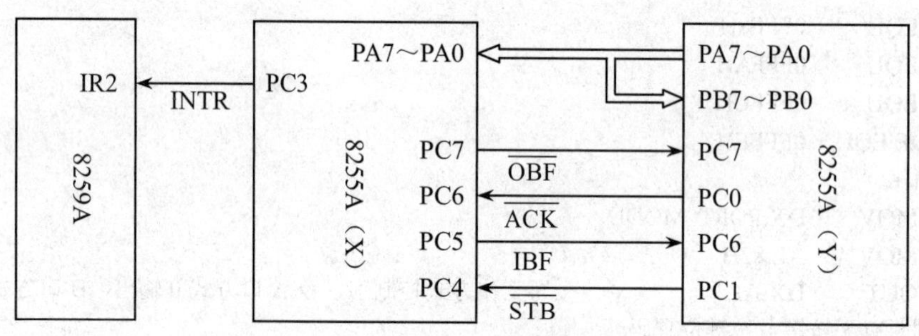

图 5-13 双机并行通信接口电路

设计 Y 机使用 8255A 的 A 口方式 0 输出、B 口方式 0 输入，利用 PC7、PC6、PC1、PC0 作联络信号线以查询方式双向传输数据。设计 X 机使用 8255A 的 A 口方式 2 中断方式双向传输数据，PC3 中断请求线接至 8259A 的 IR2（系统 0AH 号中断），由于输入中断请求和输出中断请求共用一条线，所以需要 CPU 读取 8255A 的状态字，即 C 口，通过查询 IBF 和 $\overline{OBF}$ 状态位来决定执行输入操作还是输出操作。

X 机中断方式收发数据控制程序如下（Y 机程序略）。

```
PORTA   EQU   360H
PORTB   EQU   361H
PORTC   EQU   362H
```

```
CONTR   EQU     363H
        ...
;8255A 初始化:
        MOV     DX,CONTR
        MOV     AL,0C0H
        OUT     DX,AL               ;写工作方式控制字，令 A 口方式 2 双向
        MOV     AL,09H              ;C 口置位/复位控制字为 09H
        OUT     DX,AL               ;令 PC4 置位，使 INTE 入=1，输入中断允许
        MOV     AL,0DH              ;C 口置位/复位控制字为 0DH
        OUT     DX,AL               ;令 PC6 置位，使 INTE 出=1，输出中断允许
        ;
;中断方式收发数据块主程序:
        MOV     SI,DATA1            ;发送数据块首地址
        MOV     DI,DATA2            ;接收数据块首地址
        MOV     CL,200              ;发送数据个数
        MOV     CH,200              ;接收数据个数
        ;准备将 IRP 中断服务子程序设为系统 0AH 号中断服务子程序（详见 8.2.3 节）:
        CLI
        PUSH    DS
        MOV     AX,SEG IRP
        MOV     DS,AX
        MOV     DX,OFFSET IRP
        MOV     AL,0AH
        MOV     AH,25H
        INT     21H
        POP     DS
        ;已将 IRP 中断服务子程序的中断类型号设为 0AH
TURN:   STI
        HLT                         ;等待 INTR 引脚的中断请求，准备传输数据
        OR      CL,CH
        JNZ     TURN                ;若 CL 和 CH 非 0，说明数据块未传输完，则继续等待传输
        MOV     AX,4C00H            ;当 CL 和 CH 皆为 0 时，表明已完成所有数据的收发，结束
        INT     21H
        ;
;中断服务子程序 TRP，收/发一个数据:
TRP     PROC    FAR
        PUSH    AX                  ;保护现场
        PUSH    DX
        MOV     DX,CONTR
        MOV     AL,08H              ;PC4 复位，使 INTE 入=0，输入中断禁止
        OUT     DX,AL
        MOV     AL,0CH              ;PC6 复位，使 INTE 出=0，输出中断禁止
        OUT     DX,AL
        CLI
        MOV     DX,PORTC
        IN      AL,DX               ;读 8255A 的 C 口，即读 8255A 的状态字
```

```
            AND     AL,20H          ;分析状态字，准备判断是输入中断请求还是输出中断请求
            JZ      OUTP
;有输入中断请求，接收一个数据:
INP:        CMP     CH,0
            JE      RETURN
            MOV     DX,PORTA
            IN      AL,DX           ;从 A 口输入一个数据
            MOV     [DI],AL
            INC     DI              ;接收数据指针下移，准备接收下一个数据
            DEC     CH
            JMP     RETURN
;有输出中断请求，发送一个数据:
OUTP:       CMP     CL,0
            JE      RETURN
            MOV     DX,PORTA
            MOV     AL,[SI]
            OUT     DX,AL           ;从 A 口输出一个数据
            INC     SI              ;发送数据指针下移，准备发送下一个数据
            DEC     CL
;收/发一个数据完毕，恢复，返回:
RETURN:     MOV     DX,CONTR
            MOV     AL,09H          ;PC4 置位，使 INTE 入=1，输入中断允许
            OUT     DX,AL
            MOV     AL,0DH          ;PC6 置位，使 INTE 出=1，输出中断允许
            OUT     DX,AL
            MOV     AL,62H          ;8259A 操作命令字 OCW2（参见 8.3.6 节）为 62H
            OUT     20H,AL          ;向 8259A 发中断结束命令
            POP     DX              ;恢复现场
            POP     AX
            STI
            IRET                    ;中断返回
TRP         ENDP
```

习题与思考

5.1 可编程并行接口芯片 8255A 的 B 口可以选择下列（　　）工作方式。

A．方式 0　　B．方式 1　　C．方式 2　　D．以上都可以

5.2 通过 C 口置位/复位控制字，可以对 C 口的某一位置位，即控制该位引脚输出高电平。因为是控制 C 口，所以该控制字要写入 8255A 的 C 口，这种说法（　　）。

A．对　　B．错

5.3 并行接口有何特点？应用于什么样的场合？

5.4 8255A 是一种什么类型的接口芯片？试说明 8255A 的结构。

5.5 当数据从 8255A 的 B 口送往系统数据总线上由 CPU 读走时，8255A 的引脚 $\overline{CS}$、A1、

A0、$\overline{RD}$、$\overline{WR}$ 分别是高电平还是低电平？

5.6 8255A 的编程命令（控制字）有哪两个？其格式及每位的含义是什么？8255A 如何区分这两个控制字？程序设计时，把它们写入哪个端口？

5.7 试指出下列各工作方式组合时，8255A 的端口 C 各位的作用。

（1）A 口工作于方式 2。

（2）A 口方式 1 输出，B 口方式 1 输入。

（3）A 口方式 1 输入，B 口方式 1 输出。

（4）A 口方式 0 输出，B 口方式 0 输出。

5.8 分别写出下列几种情况下对 8255A 初始化的程序段（8255A 端口地址为 90～93H)。

（1）A 口方式 0 输入，B 口方式 0 输出，C 口的高 4 位输入，低 4 位输出。

（2）A 口方式 1 输入，B 口方式 1 输出。

（3）A 口方式 1 输出，B 口方式 1 输入。

（4）A 口中断方式双向数据传输（允许中断)。

5.9 试写出将 C 口的 PC3 位清 0、第 PC4 位置 1 的程序段。

5.10 若 8255A 的控制口地址为 63H，试编写一段程序，使 PC3 输出一个负脉冲。

5.11 在某一接口电路中，应用 8255A 实现并行输入/输出控制，通过按动 2 个拨动开关（K0、K1）来控制一组指示灯（P0、P1、P2、P3）的亮灭，接口电路如图 5-14 所示，已知 8255A 各端口的地址为 80H～83H，运行下面程序时，试回答下列问题：

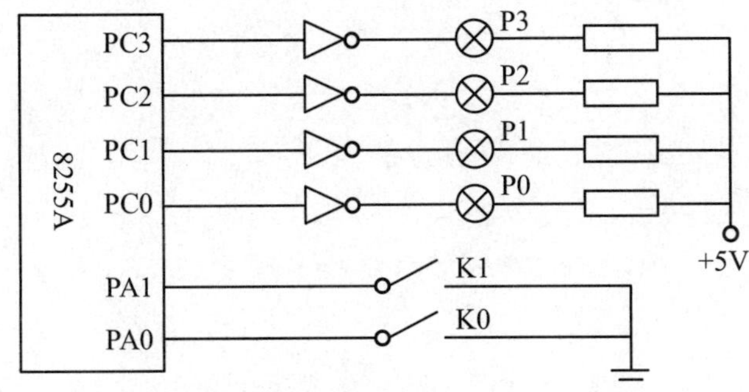

图 5-14 应用 8255A 输入/输出控制实例

（1）K0 闭合，K1 闭合时，哪些灯亮？

（2）K0 断开，K1 断开时，哪些灯亮？

（3）K0 闭合，K1 断开时，哪些灯亮？

（4）K0 断开，K1 闭合时，哪些灯亮？

程序如下：

```
        MOV   AL,90H
        OUT   83H,AL
START:  IN    AL,80H
        AND   AL,03H
        JZ    L3
        CMP   AL,02H
        JE    L2
```

```
        CMP     AL,01H
        JE      L1
L0:     MOV     AL,04H
        OUT     82H,AL
        JMP     WORK
L1:     MOV     AL,02H
        OUT     82H,AL
        JMP     WORK
L2:     MOV     AL,01H
        OUT     82H,AL
        JMP     WORK
L3:     MOV     AL,0FH
        OUT     82H,AL
WORK:   JMP     START
```

第 6 章　定时/计数技术及其接口

学习目标

定时/计数是微型计算机及其应用系统中常用的技术，许多微型计算机的动态存储器刷新、系统时钟控制等都需要定时计数技术的支持，特别是在测控系统中，需要一些定时计数或延时控制操作。本章主要介绍了定时/计数技术及典型的定时/计数器芯片 8253。重点介绍了 8253 的内部结构、引脚功能、工作方式、编程结构及应用方法。

通过本章的学习，读者应理解定时/计数的概念，领会定时/计数技术在微型计算机及其应用系统中的作用，了解 8253 的内部结构和引脚功能，掌握 8253 的工作原理以及编程应用。

6.1　定时/计数技术概述

在微型计算机及其应用系统中，特别是工业测控系统中，经常需要定时或延时控制，需要对外部事件计数。例如，微型计算机的动态存储器需要定时刷新以保证不丢失数据，系统时钟需要定时更新以保证系统时间的准确性，系统扬声器的发声需要声源的定时脉冲；又如，在计算机实时控制和处理系统中，需要计算机定时采样，并及时处理采样到的数据；许多工业现场需要实时时钟信号，以对外部事件发生的次数进行统计，实现计数功能。

系统中的定时采样、定时中断、定时检测、定时扫描、定时计数、定时显示、定时传送数据、定时处理等一系列定时或延时控制都涉及到与时间相关的定时和计数问题。定时是指 CPU 通过接口电路产生在时间上符合要求的信号的过程，这样的接口电路称为定时器。计数是指 CPU 通过接口电路对外部事件的数量进行统计的过程，这样的接口电路称为计数器。

在微型计算机系统中，通常把定时器和计数器集成在一起，称为定时/计数器。

6.1.1　定时系统

微型计算机系统中的定时分为内部定时和外部定时。内部定时是指计算机自身运行的定时，以保证计算机在精确的定时信号控制下，按照严格的时间节拍执行每一操作；外部定时是指外部设备实现某种功能时，在主机与外设之间、外设与外设之间的时间配合问题。

计算机内部定时已在计算机设计时由其硬件结构确定了，系统具有固定的时序关系，是无法更改的。而外部定时则因为各种外设或被控对象的内部结构不同、功能各异、需要完成的任务不同，需要的定时信号也就不同，没有统一的模式，所以往往需要用户针对不同的应用场合自行设计外部定时系统。因此，外部定时技术是我们研究的重点。

当然在考虑外设或被控对象与 CPU 的连接时，不能脱离 CPU 的定时要求，应以 CPU 的时序关系为依据，以内部定时为基准来设计外部定时系统，这一点称为与主机的时序配合。计算机本身的时间基准就是它的主频，为了保证计算机各部件的工作能在时序上同步，系统中的各时钟信号都源于同一个主频。

6.1.2 定时方法

为了获得准确的定时，必须有稳定的时间基准。定时的本质就是计数，即把若干小片的计时单元累加起来，获得一个固定的时间段。因此我们把计数作为定时的基础来讨论。

定时的方法分为软件定时、硬件定时和软硬件结合的可编程定时三种。

1. 软件定时

我们知道，在计算机自身的时间基准——主频的基础上，有了时钟周期、总线周期、指令周期，多条指令组成一段程序。软件定时就是利用 CPU 运行程序占用若干指令周期的原理，编写循环程序延时一段时间以进行定时，再配合简单输出接口就可以向外送出定时控制信号。例如下面的程序段就实现了延时功能：

```
DALLY: MOV    CX,8800H
L1:    MOV    AX,0FFFFH
L2:    DEC    AX
       JNZ    L2
       LOOP   L1
```

软件定时的优点是定时精确，灵活性较好，硬件开销小。软件定时不需要增加硬件或硬件很简单，只需编制延时程序以备 CPU 调用，改变定时时间只要修改程序参数即可。缺点是在定时过程中，CPU 一直执行该延时程序，而且不能响应中断，否则定时就不准确了，软件定时还会增加 CPU 的时间开销，降低 CPU 的效率，另外，由于软件定时随计算机主频的不同，延迟时间也不同，故通用性差。软件定时是实现定时或延时控制的最简单方法，主要用于短时间的定时。

2. 硬件定时

硬件定时就是用专门的定时电路产生定时或延时信号的方法。硬件定时由专用的多谐振荡器件或单稳器件产生定时信号，定时的时间间隔由外接电阻和电容的阻值和电容量决定。

硬件定时的优点是不占用 CPU 时间，而且硬件电路简单，价格便宜。缺点是一旦硬件电路连接好后，其定时时间和范围也就确定了，不能改变和控制，所以使用很不方便，通用性和灵活性差。因此硬件定时只适用于定时时间间隔固定的场合。

3. 可编程定时

在实际应用中，大多采用软硬件结合的方法，使用通用的可编程定时/计数器芯片，并结合编程来选择不同的工作方式，确定不同的定时计数功能。这种可编程芯片的定时精度高、定时时间长、使用灵活，只要在初始化编程时改变控制参数就可以改变定时时间或工作方式，初始化后不再占用 CPU 的时间。因此，这种可编程的硬件定时方式在实际应用中获得了广泛的应用，特别是在微型计算机系统中是一种必备的接口部件。

6.1.3 可编程定时/计数器的工作原理

1. 定时与计数功能

可编程定时/计数器具有定时和计数两种功能。计数功能表现为：当接收到计数初值并被启动后，便开始减 1 计数，直至减为 0 时，输出一个信号；定时功能表现为：在设置好初值并启动后，开始减 1 计数，并按定时常数不断地输出为时钟周期整数倍的定时间隔。

定时和计数的差别是：作为计数器，在减至 0 时，输出一个信号便结束了。而作为定时器，在计数至 0 并输出一个信号后并不停止，而是按照初值重新减 1 计数，从而不断地产生信号。实际上，这两种工作方式都是基于减 1 计数操作的。

2. 基本结构与工作原理

典型的可编程定时/计数器的基本工作原理如图 6-1 所示。

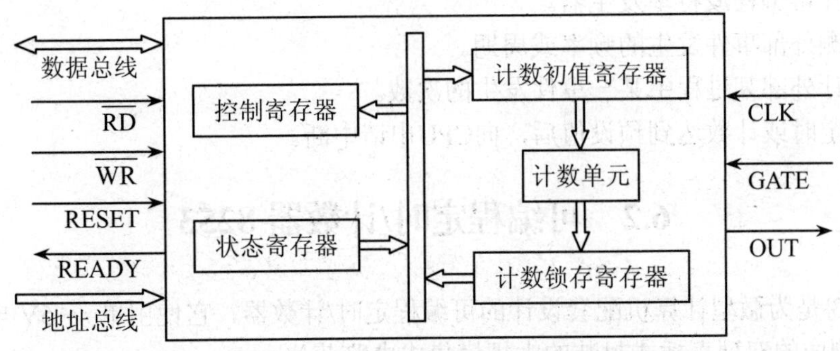

图 6-1　典型定时/计数器基本原理图

可编程定时/计数器的定时、计数过程主要由控制寄存器、状态寄存器、计数初值寄存器、计数锁存寄存器和计数单元完成。CPU 可以通过系统数据总线对这四个寄存器读/写。可以向控制寄存器写入控制字，向计数初值寄存器写入计数初值；也可以从状态寄存器读取定时/计数器当前的工作状态，从计数初值寄存器读取计数初值，从计数锁存寄存器读取当前计数值。

在可编程定时/计数器进入计数状态之前，应先对其初始化，即由 CPU 向控制寄存器写入控制字，设定其工作方式，再向计数初值寄存器写入计数初值。

初始化并启动后，内部计数单元开始计数。CLK 输入端每输入一个脉冲，计数单元就完成一个减 1 计数操作，减至 0 时，由 OUT 输出端输出一个信号。计数单元还受控于门控信号 GATE，作为对时钟的控制信号，当 GATE 输入有效信号时，使时钟有效，允许计数单元计数，当 GATE 输入无效信号时，使时钟无效，禁止计数单元计数。

计数初值被送入计数初值寄存器的同时也被送入计数单元，在计数的过程中，计数锁存寄存器的内容跟随计数单元的内容变化。CPU 若要掌握定时/计数器某一时刻的计数值，可以先将计数锁存寄存器锁定，然后对其读取，同时计数单元的计数工作不受影响，所以计数单元不与 CPU 直接联系。

CLK输入端作为计数器的工作时钟，决定了计数单元的计数速率；GATE输入信号一般来自于其他设备或接口；OUT输出端可以接到系统控制总线的中断请求线上，那么当计数到0时，OUT端输出的就是中断请求信号，该信号还可以接到输入/输出设备上，作为外设输入/输出的启动信号。

例如，定时/计数器应用于一个实时巡回检测系统中，定时/计数器的工作时钟由 CLK 端输入，门控端 GATE 维持有效电平的输入，OUT 输出端作为检测时钟连至中断请求线上。当系统启动时，定时/计数器首先初始化，确定循环计数方式和计数初值；然后进入工作状态，由 OUT 端定时地输出中断请求信号给 CPU，CPU 即时响应中断，调用中断服务子程序，执行子程序中的检测指令，实现实时巡回检测。

在这种循环计数方式中，计数初值 n 与 CLK 工作时钟频率 f_{clk} 及 OUT 输出时钟频率 f_{out} 的关系是：$n=f_{clk}/f_{out}$。

3. 主要用途

可编程定时/计数器的应用广泛，通常有以下几方面的用途。

（1）以均匀的时间间隔中断分时操作系统，以便切换程序。

（2）向I/O设备输出周期可控的、精确的定时信号。

（3）用作可编程波特率发生器。

（4）检测外部事件发生的频率或周期。

（5）统计外部某过程中某一事件发生的次数。

（6）在定时或计数达到预设值后，向CPU申请中断。

6.2 可编程定时/计数器 8253

Intel 8253 是为微型计算机配套设计的可编程定时/计数器，它使用单一+5V 电源，是采用 NMOS 工艺制成的双列直插式封装的大规模集成电路芯片。

6.2.1 8253 的主要特性

（1）片内具有 3 个独立的 16 位计数通道，每个计数通道又分为高、低 8 位两部分。

（2）计数频率（CLK 时钟频率）为 0～2.6MHz。

（3）每个计数通道单独定时/计数，且都可以按照二进制计数或按 BCD 码计数。

（4）每个计数通道都可由编程设定 6 种不同的工作方式。

（5）可由软件或硬件控制开始计数或停止计数。

（6）所有输入/输出引脚都与 TTL 兼容。

6.2.2 8253 的内部结构

8253 内部结构如图 6-2 所示，有数据总线缓冲器、读/写控制逻辑电路、控制字寄存器，以及 3 个独立的计数通道：计数通道 0、计数通道 1 和计数通道 2。

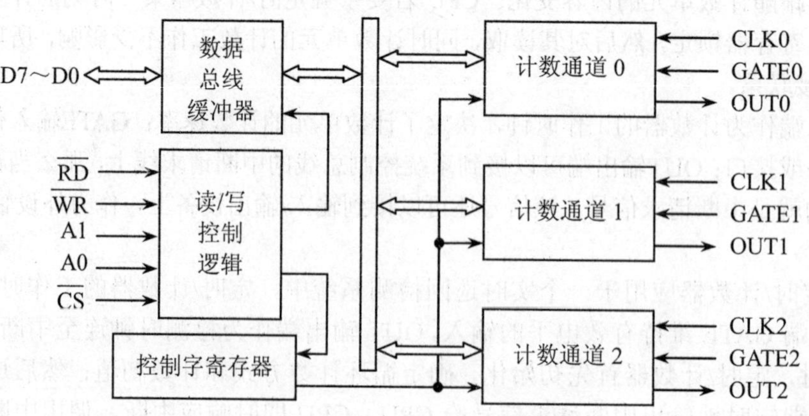

图 6-2 8253 定时/计数器内部结构图

1. 数据总线缓冲器

数据总线缓冲器是8253连接CPU数据总线的8位双向三态缓冲器。CPU读/写8253的所有数据都经过这个缓冲器。

CPU用输出指令向8253控制字寄存器写入的控制字，以及向某个计数通道写入的计数初值，都经由CPU数据总线送至8253数据总线缓冲器，再送上8253内部总线。CPU用输入指令读取的某个计数通道的当前计数值，也是经过8253内部总线和数据总线缓冲器传送到系统数据总线上，然后读入CPU的。

2. 读/写控制逻辑

读/写控制逻辑是8253内部操作的控制部件，接收来自CPU的地址及读写控制信号，经过译码后产生8253内部各种操作和控制信号，选择读/写操作的对象（计数通道或者控制字寄存器），决定内部总线上的数据传送方向。

读/写控制逻辑接受芯片选择信号$\overline{CS}$的控制。当$\overline{CS}$为1时，对8253的读/写被禁止，数据总线缓冲器呈高阻态，与系统的数据总线脱离，这时已经对芯片设置的工作方式和各计数通道的现行工作不受影响。当$\overline{CS}$为0时，CPU可以读/写计数通道或向控制字寄存器写入控制字。

3. 控制字寄存器

当$\overline{CS}$为0并且A1、A0都为1时，控制字寄存器被选中，可以接收来自CPU的控制字。控制字是CPU向8253发出的命令，用来指定计数通道、选择计数方式、规定读/写的数据格式。控制字寄存器只能写入，其内容不能读出。

4. 计数通道0、计数通道1、计数通道2

每个计数通道是一个16位的减1计数器，可以接收预置的计数初值，3个计数通道的内部结构和功能完全相同，它们可以按照各自的方式独立工作。每个计数通道内部结构如图6-3所示。由16位计数初值寄存器、16位计数单元和16位输出锁存器组成。

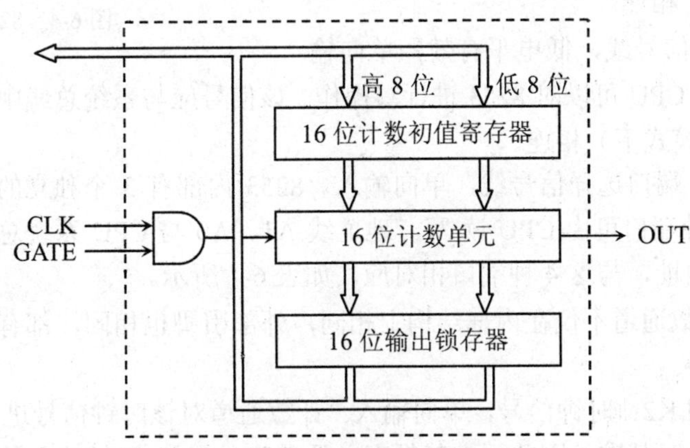

图6-3　8253计数通道内部结构图

（1）计数初值寄存器。16位计数初值寄存器分为高8位和低8位两部分。该寄存器能够接收初始化时由CPU写入的计数初值，并保存这个初值不变，除非又有新的计数初值写入。

（2）计数单元。16位计数单元是计数通道的核心部件，在计数初值寄存器接收计数初值后，这个初值同时也被写入计数单元并启动，以CLK端输入的脉冲频率，从这个初值开始减1计数，直至减为0时，OUT端输出一个信号。

（3）输出锁存器。它的内容总是随计数单元的当前计数值而变化，除非接收到 CPU 发来的锁存命令，其内容就被锁定不变，等待 CPU 来读取。

有时 CPU 需要知道计数通道在某一时刻的计数值，但不能直接读取计数单元，原因是：计数单元按照 CLK 工作时钟连续地减 1 计数，而 CPU 发出读命令以及从系统数据总线读走计数值却不在同一个时钟周期内，那么 CPU 真正读进来的计数值有可能不是它发出读命令时的计数值。

所以 CPU 欲读取计数通道某一时刻的计数值时，应先向计数通道发出锁存命令，将输出锁存器中的当前计数值锁定，然后再读取输出锁存器，而计数单元不受影响，照常计数。所以输出锁存器的作用就是支持 CPU 准确读取计数通道的当前计数值。

6.2.3 8253 的引脚功能

8253 有 24 根引脚，采用双列直插式封装，各外部引脚如图 6-4 所示。

（1）D7～D0：数据线，8 位、双向、三态。它与系统数据总线的低 8 位相连，用于传送 CPU 与 8253 之间的控制字、计数初值和当前计数值。

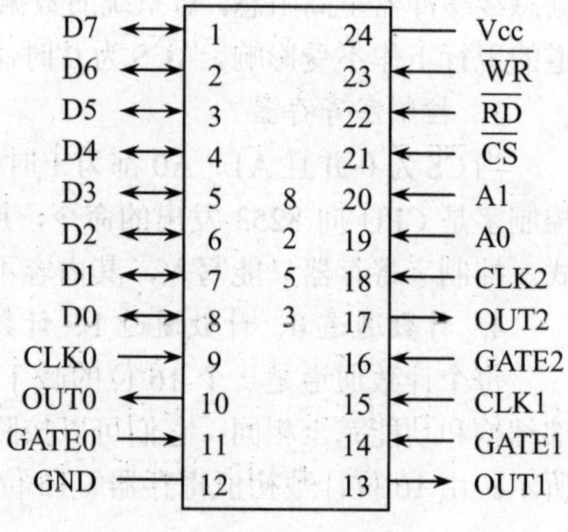

图 6-4　8253 引脚图

（2）$\overline{CS}$：片选信号线，低电平有效，单向输入。系统高位地址信号经 I/O 地址译码后产生 8253 的片选信号，接入 $\overline{CS}$ 端。当 $\overline{CS}$ 低电平时 8253 被选中，CPU 才可以对其进行读/写操作。

（3）$\overline{RD}$：读信号线，低电平有效，单向输入。当 $\overline{RD}$ 有效时，CPU 可以对 8253 进行读操作。该信号应与系统总线中的 $\overline{RD}$（最小模式下）或 $\overline{IOR}$（最大模式下）相连。

（4）$\overline{WR}$：写信号线，低电平有效，单向输入。当 $\overline{WR}$ 有效时，CPU 可以对 8253 进行写操作。该信号应与系统总线中的 $\overline{WR}$（最小模式下）或 $\overline{IOW}$（最大模式下）相连。

（5）A1、A0：端口选择信号线，单向输入。8253 内部有 3 个独立的计数通道和一个控制字寄存器，这 4 种端口可由 CPU 读/写。地址线 A1、A0 与 CPU 系统总线相连，经片内译码后产生 4 个有效地址，与这 4 种端口相对应，如表 6-1 所示。

8253 的 3 个计数通道不仅在内部结构上相同，外部引脚也相同，都有时钟信号、门控信号和计数器输出信号。

（6）CLK0～CLK2：时钟信号，单向输入。计数通道对该时钟信号进行计数。CLK 信号是计数通道工作的计时基准，因此要求其频率必须精确。CLK 时钟输入脉冲可以是任意脉冲源提供的脉冲，包括系统内部时钟、系统时钟经分频后的脉冲、外部时钟源提供的脉冲，但脉冲周期不能小于 380ns。

（7）GATE0～GATE2：门控信号，单向输入。用于控制计数通道的启动和停止。多数情况下，该引脚输入高电平时允许计数，输入低电平时停止或暂停计数。但在某些工作方式下用 GATE 的上升沿启动计数，启动后 GATE 的状态不再影响计数过程。

表 6-1　8253 的端口与基本操作选择表

<table>
<tr><th>A1</th><th>A0</th><th>$\overline{CS}$</th><th>$\overline{RD}$</th><th>$\overline{WR}$</th><th>操作</th><th>信息流向</th></tr>
<tr><td>0</td><td>0</td><td rowspan="8">0</td><td rowspan="4">1</td><td rowspan="4">0</td><td>向计数通道 0 写入计数初值</td><td rowspan="4">CPU→8253</td></tr>
<tr><td>0</td><td>1</td><td>向计数通道 1 写入计数初值</td></tr>
<tr><td>1</td><td>0</td><td>向计数通道 2 写入计数初值</td></tr>
<tr><td>1</td><td>1</td><td>向控制字寄存器写入控制字</td></tr>
<tr><td>0</td><td>0</td><td rowspan="4">0</td><td rowspan="4">1</td><td>读计数通道 0</td><td rowspan="3">CPU←8253</td></tr>
<tr><td>0</td><td>1</td><td>读计数通道 1</td></tr>
<tr><td>1</td><td>0</td><td>读计数通道 2</td></tr>
<tr><td>1</td><td>1</td><td>无操作</td><td rowspan="3">数据总线为高阻态</td></tr>
<tr><td>×</td><td>×</td><td>0</td><td>1</td><td>1</td><td>无操作</td></tr>
<tr><td>×</td><td>×</td><td>1</td><td>×</td><td>×</td><td>禁止</td></tr>
</table>

（8）OUT0～OUT2：计数器输出信号，单向输出。不论 8253 工作在计数方式还是定时方式，只要计数单元计数到 0 时，OUT 端都会产生输出信号，输出波形取决于计数通道的工作方式。

（9）Vcc：电源线，+5V。

（10）GND：地线。

6.2.4　8253 的工作方式

8253 的 3 个计数通道各自独立工作，作为可编程的定时/计数器，每个计数通道都有 6 种工作方式可供选择。在对 8253 初始化时，由 CPU 向 8253 控制字寄存器（也称控制口）写入控制字，以指定计数通道选择指定的工作方式。区分 6 种工作方式的主要标志有以下三点：

（1）OUT 端的输出波形不同。

（2）计数的启动方式不同。

（3）在计数过程中，GATE 门控信号对计数操作的影响不同。

无论哪种工作方式，都遵守以下规则：

（1）设定工作方式时，总是先写入控制字再写入计数初值。

（2）向控制口写入控制字时，所有控制逻辑电路立即进入复位状态，OUT 输出端进入规定的初始状态。

（3）初值被写入计数通道后，经过一个 CLK 时钟周期，计数单元才开始计数工作。

（4）在 CLK 时钟脉冲的上升沿对 GATE 门控信号进行采样，检测触发信号是否到来。GATE 的触发方式有电平触发和边沿触发两种，方式 0 和方式 4 为电平触发，方式 1 和方式 5 为上升沿触发，方式 2 和方式 3 既可电平触发也可上升沿触发。

（5）计数通道真正开始减 1 计数是在每个 CLK 时钟脉冲的下降沿开始的。

下面借助 OUT 输出波形，分别说明这 6 种工作方式的特点。

1. 方式 0——计数结束产生中断

方式 0 的工作过程是：在 CPU 向 8253 写入控制字之后，OUT 输出端变为低电平，CPU

向计数通道写入计数初值后的下一个 CLK 脉冲下降沿，计数初值寄存器的内容（计数初值）被送入计数单元，只要此时的 GATE 门控端为高电平，就开始计数。在 GATE 端保持高电平的情况下，随后的每一个 CLK 脉冲下降沿都会使计数单元减 1 计数，直至减为 0 时计数结束，OUT 输出端变为高电平。

方式 0 输出波形如图 6-5 所示。

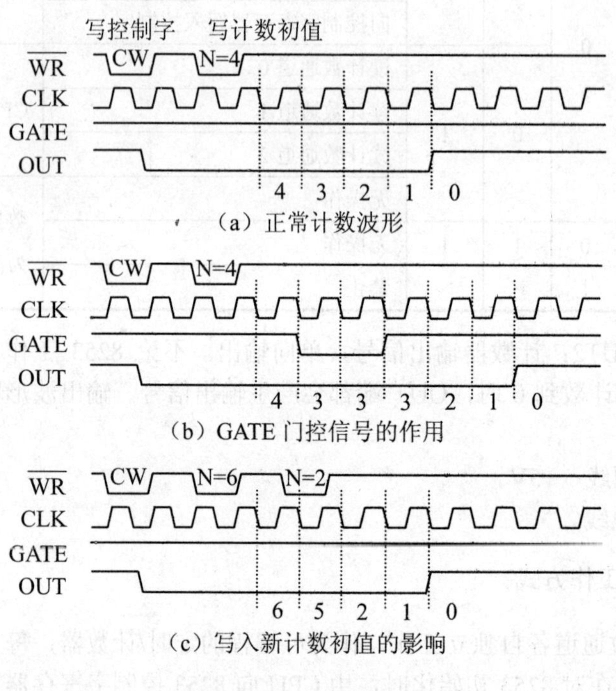

图 6-5　方式 0 波形图

方式 0 工作具有如下特点：

（1）当控制字写入控制口确定为方式 0 时，OUT 输出端变为低电平，并一直保持到计数值减为 0。

（2）在计数初值写入后，需要经过一个 CLK 时钟周期后，计数单元才开始计数。

（3）当计数到 0 时，OUT 输出端由低变高，并一直保持高电平，直到有新的计数初值写入，或有新的方式控制字写入。

（4）若计数初值为 n，正常情况下，从计数开始到计数结束经过 n 个 CLK 时钟周期。

（5）计数过程可由 GATE 门控信号控制暂停或继续。当 GATE＝1 时，允许计数；当 GATE 变为 0 时计数暂停，当 GATE 恢复为 1 时计数继续。

（6）计数过程中，即当前计数未结束时，可以重新装入新的计数初值，在新计数初值写入后的下一个 CLK 时钟脉冲下降沿，计数通道终止原来未完的计数，按新的计数值重新开始计数。此时 OUT 输出仍保持低电平。

（7）计数由软件启动，每当写入一个计数初值，也就启动一次计数。而且，当计数到 0 时，并不自动恢复计数初值，也不会自动重复计数。

在计数通道工作于方式 0 下，当计数值减到 0 时，OUT 输出信号可作为中断申请信号。

2. 方式 1——可重复触发的单稳态触发器

方式 1 的工作过程是：写入控制字后，OUT 输出端变为高电平（若原为高电平，则继续保持）。计数初值被写入计数通道后，并不开始计数，而是等到 GATE 门控信号由低变高（上升沿触发）跳变后的下一个 CLK 脉冲的下降沿，计数初值寄存器的内容被送入计数单元，开始计数。同时使 OUT 输出变为低电平，从而形成输出脉冲的前沿，在整个计数过程中，OUT 输出一直保持低电平，直至计数到 0 时，OUT 输出才恢复为高电平，形成输出脉冲的后沿，并且在下一次触发之前，一直维持高电平。所以，方式 1 计数过程输出一个由 GATE 上升沿触发的单拍负脉冲，是一种硬件触发方式。

方式 1 输出波形如图 6-6 所示。

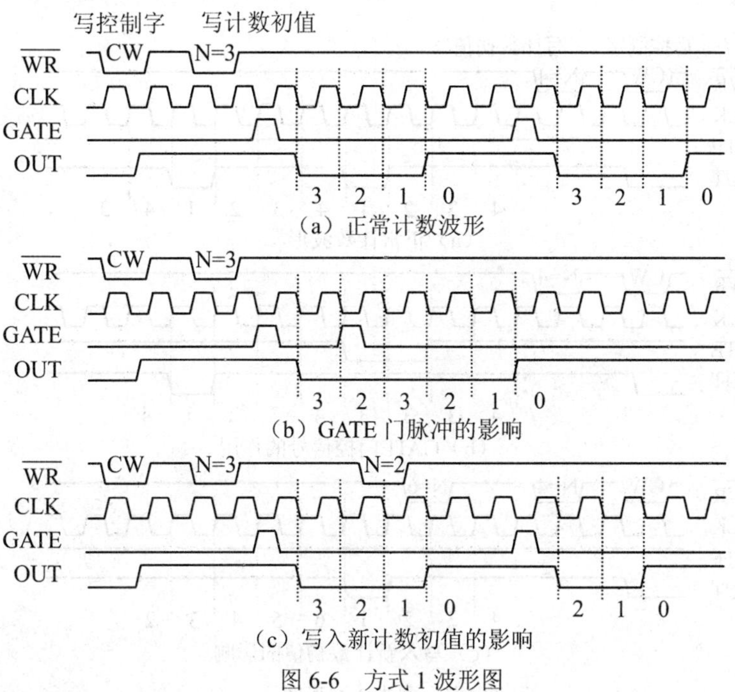

图 6-6　方式 1 波形图

方式 1 工作具有如下特点：

（1）当控制字写入控制口确定为方式 1 时，OUT 输出端保持高电平作为起始电平。

（2）在计数初值写入后，并不开始计数，而是由GATE脉冲上升沿启动，并在该上升沿之后的下一个CLK脉冲的下降沿开始计数。

（3）启动计数的同时，OUT 输出端变为低电平，直至计数到 0，OUT 输出电平才变高。

（4）若计数初值为 n，正常情况下，OUT 输出的单拍负脉冲宽度为 n 个 CLK 周期。

（5）该方式是可重复触发的，即计数到 0 后，无需重新输入计数初值，只要有 GATE 脉冲就再次触发，计数通道会按原计数初值计数，输出一个同样宽度的单拍负脉冲。即计数后 GATE 脉冲再触发会输出一个同样的脉冲。

（6）在计数过程中，未计数到 0 时，GATE 脉冲可以进行再触发。在再触发脉冲 GATE 上升沿之后的下一个 CLK 脉冲的下降沿，计数通道在保持 OUT 仍为低电平的情况下，按照新的计数初值重新开始计数。实际上，计数过程中的 GATE 脉冲再触发会增加 OUT 输出的单拍负脉冲宽度。

（7）在计数过程中，可以装入新的计数初值，但不影响当前的计数过程。只有再次 GATE 脉冲触发启动后，计数通道才按新的计数初值计数，即新的初值下次有效，OUT 端输出新宽度的单拍负脉冲。

3. 方式 2——分频器

方式 2 的工作过程是：写入控制字后，OUT 输出端变为高电平。在写入计数初值后的下一个 CLK 脉冲下降沿，计数初值寄存器的内容被送入计数单元，并立即开始计数。在计数过程中 OUT 输出始终保持高电平，直到计数减到 1 时，OUT 输出变为低电平。经过一个 CLK 时钟周期后，OUT 输出又恢复为高电平，并且计数通道自动重新开始下一轮计数。

方式 2 输出波形如图 6-7 所示。

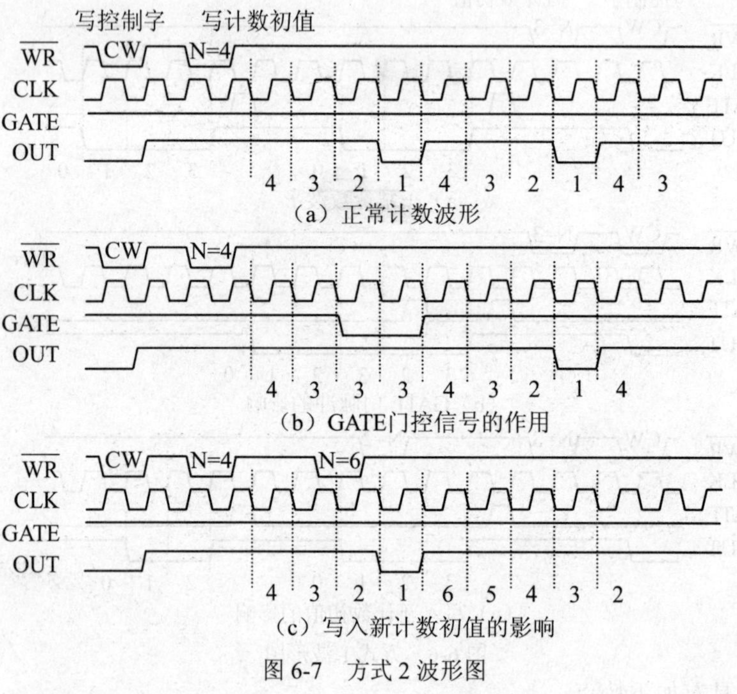

（a）正常计数波形

（b）GATE门控信号的作用

（c）写入新计数初值的影响

图 6-7　方式 2 波形图

方式 2 工作具有如下特点：

（1）方式 2 的突出特点是不用重新写入计数初值，计数通道就能自动连续工作。

（2）若计数初值为 n，在 GATE 门控端一直保持高电平的正常情况下，在每个计数周期 OUT 端输出 n-1 个 CLK 时钟周期的高电平和 1 个 CLK 时钟周期的低电平，并形成连续的脉冲波。即 OUT 的输出是对 CLK 输入的 n 分频，该方式类似于一个频率发生器或分频器。

（3）计数过程可由 GATE 门控信号控制。当 GATE＝0 时，计数停止。当 GATE 由低再次变高后（计数初值寄存器的内容被重新装入计数单元）的下一个 CLK 脉冲下降沿使计数通道从初值重新开始计数。

（4）在计数过程中，可以改变计数初值，但对当前的计数过程没有影响，计数通道照常计数，当计数到 1 时 OUT 输出端变低，过了一个 CLK 时钟周期 OUT 输出又变高，之后，计数通道才按新的计数初值计数，所以说改变计数初值是对下一次有效。可以随时通过重新送入计数初值来改变输出脉冲的频率。

4. 方式 3——方波发生器

方式 3 与方式 2 类似，也是在初始化后立即开始计数，并能自动重复计数。二者的主要区别是 OUT 输出的波形不同，方式 3 输出的是对称方波。在方式 3 的整个计数过程中，OUT 输出的电平，先一半为高，后一半为低，构成方波。故计数初值为 n 时，方式 3 的 OUT 输出是周期为 n 个 CLK 周期的连续方波。所以常用方式 3 作为方波发生器或产生实时时钟中断。

方式 3 的工作过程是：写入控制字后，OUT 输出端变为高电平。在写入计数初值后的下一个 CLK 脉冲的下降沿开始计数，OUT 输出保持高电平。当计数到初值的一半时，OUT 输出变低，直至计数到 0 时，计数通道自动将计数初值寄存器中的内容重新装入计数单元，OUT 端重新变高，开始又一轮的计数。

方式 3 输出波形如图 6-8 所示。

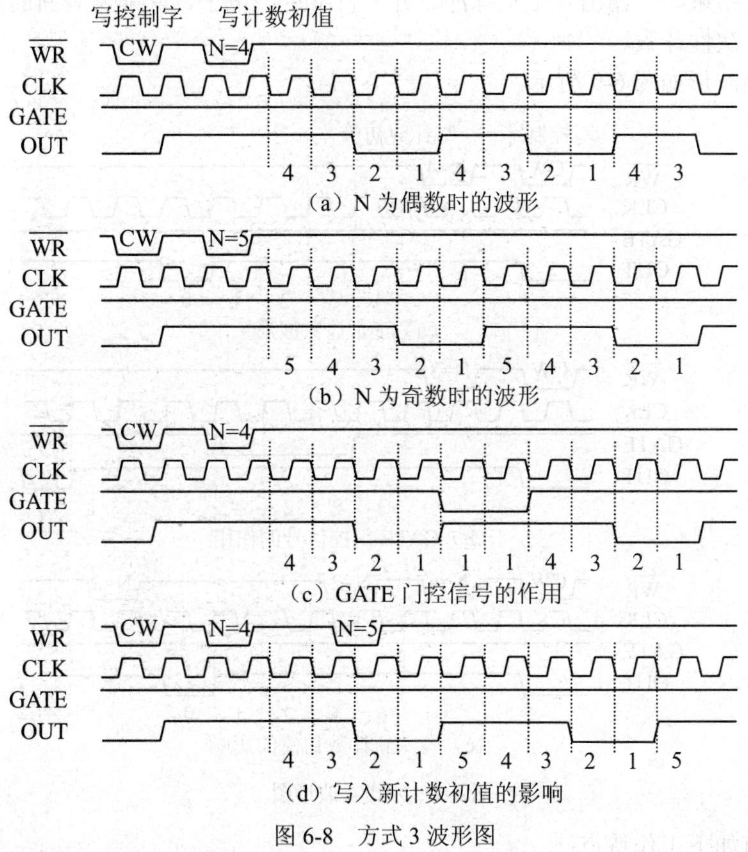

图 6-8 方式 3 波形图

方式 3 工作具有如下特点：

（1）与方式 2 一样，不用重新写入计数初值，计数通道就能自动工作，产生连续方波。

（2）若计数初值 n 为偶数，则 OUT 的输出为 n/2 个 CLK 周期的高电平和 n/2 个 CLK 周期的低电平，输出波形是连续方波。若计数初值为奇数，OUT 输出的高电平比低电平多 1 个 CLK 周期，这时输出波形为连续的近似方波。

（3）GATE门控信号的作用与方式2一样。当GATE＝0时，禁止计数，当GATE＝1时，允许计数。如果在OUT输出为低电平期间，若GATE＝0，OUT输出端将立即变高，停止计数。当GATE门控信号重新变高以后，计数通道将重新装入计数初值，重新开始计数。即GATE信号影响OUT输出波形。

（4）若在计数过程中写入新的计数初值，是否影响当前的计数过程呢？具体分两种情况，一种情况是当 GATE＝1 时，新写入的计数初值不影响现行的计数，只是在下一个计数过程中，按新值进行计数，这一点与方式 2 相同。另一种情况则不同，在计数过程中若有新的计数初值写入，之后若 GATE 端出现一个脉冲信号，就会终止现行计数过程，在 GATE 门控信号上升沿后的下一个 CLK 脉冲的下降沿，按新的计数初值开始计数。

5. 方式 4——软件触发的选通信号发生器

方式 4 与方式 0 相似，其工作过程是：写入控制字后，OUT 输出端变为高电平（若原为高电平，则继续保持）。在 GATE 为高电平的情况下，如果写入计数初值，则在之后的下一个 CLK 脉冲下降沿计数开始。减到 0 时，OUT 输出变低一个时钟周期，然后自动恢复为高电平，即一个计数过程结束时，输出一个负脉冲。并一直维持高电平，除非又有新的计数初值写入，这种方式也是一次性计数。

方式 4 输出波形如图 6-9 所示。

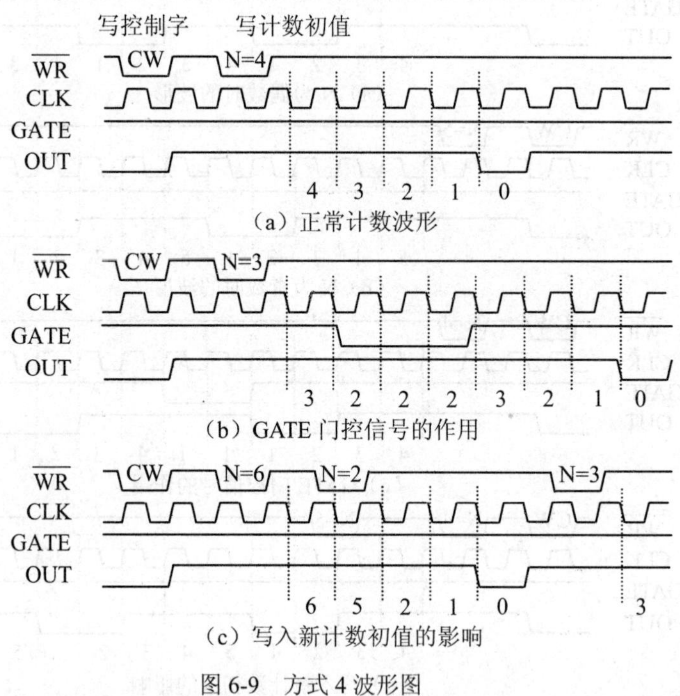

图 6-9　方式 4 波形图

方式 4 具有如下工作特点：

（1）正常情况下，若计数初值为 n，则在一个计数过程中，OUT 输出端自写入初值后维持 n 个 CLK 周期的高电平、1 个周期的低电平。这个负脉冲可作选通信号使用。

（2）因为无论何时，只要 GATE＝1，新写入的计数初值就立即生效，所以说方式 4 的计数是由软件启动的。但是计数初值只有一次有效，当计数到 0 时，并不自动重复计数。如果要继续计数操作，必须重新装入计数初值。

（3）当 GATE＝1 时，允许计数；当 GATE＝0 时，禁止计数。所以，要做到软件启动，必须保证 GATE 保持为 1。当 GATE 变为低电平禁止计数时，OUT 输出维持当时的电平状态，也就是说，GATE 由低向高的变化不会影响 OUT 输出状态。当 GATE 重新变为高电平时，计数通道从计数初值重新开始计数。

（4）在计数过程中，新写入的计数初值立即生效。即在计数结束前，若有新的计数初值写入，将立即终止现行的计数过程，并在下一个 CLK 脉冲的下降沿，按照新的计数初值开始计数。如果计数初值是 16 位，在写入低 8 位时，停止计数，写完高 8 位后，才按新的计数初值开始计数。

6. 方式 5——硬件触发的选通信号发生器

方式 5 的工作过程是：写入控制字之后，OUT 输出端变为高电平（若原为高电平，则继续保持）。在写入计数初值后，并不立即开始计数，当有 GATE 门控脉冲的上升沿到来时，才在下一个 CLK 脉冲的下降沿，开始减 1 计数，即由 GATE 的上升沿触发启动，是一种硬件触发方式。当计数到 0 时，停止计数，OUT 输出端变低一个 CLK 周期后又恢复为高电平，并一直保持高电平，直至下一个 GATE 门控脉冲的上升沿到来。由于计数过程的启动是靠 GATE 门控脉冲触发的，所以称方式 5 为硬件触发。

方式 5 输出波形如图 6-10 所示。

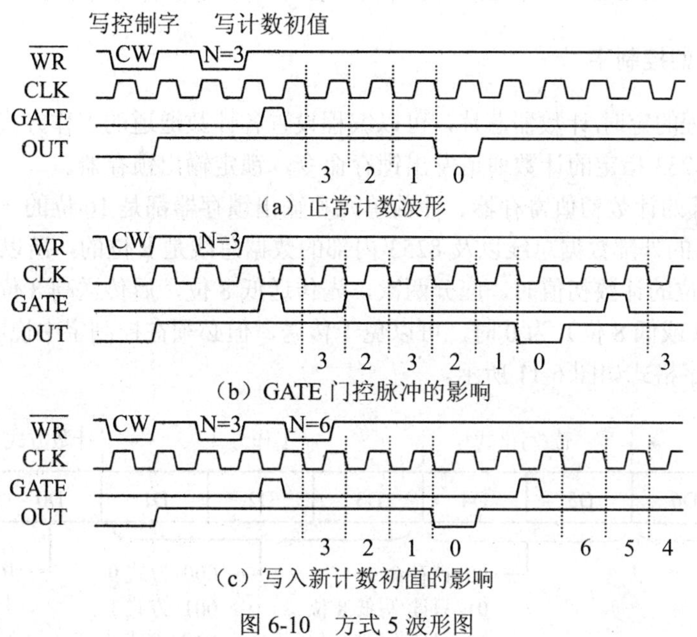

图 6-10　方式 5 波形图

方式 5 的工作特点是：

（1）如果在计数过程中，过来一个 GATE 门控脉冲的上升沿，则立即终止现行计数，且在下一个 CLK 脉冲的下降沿，又从初值开始计数。

（2）如果在计数结束后，出现一个 GATE 门控脉冲的上升沿，计数通道也会在下一个 CLK 脉冲的下降沿，从计数初值开始减 1 计数，不必重新写入初值。

（3）若在计数期间写入新的计数初值，不影响当前计数过程。当计数结束后，如果有新的 GATE 门控脉冲触发，新的计数初值才被装入计数执行单元，在这个 GATE 上升沿出现后的下一个 CLK 脉冲的下降沿，按照新的计数初值开始计数。但在新的计数初值写入后，如果当前计数过程还未结束就有新的 GATE 门控脉冲触发，则当前计数被终止，并在这个 GATE 上升沿出现后的下一个 CLK 脉冲的下降沿，按新的初值开始计数。

（4）若计数初值为 n，则在 GATE 门控脉冲触发后，OUT 输出端维持 n 个 CLK 周期的高电平和 1 个时钟周期的低电平，这个负脉冲可作选通信号。

8253 的工作方式较多，不同方式下的 OUT 输出波形也不同，表 6-2 列出了 8253 的 6 种工作方式的一些特点及主要用途。

表 6-2　8253 的 6 种工作方式对比

工作方式	计数启动方式	计数终止条件	自动重复计数	OUT 输出波形	用途
方式 0	软件（写入初值）	GATE=0	否		计数（定时）中断
方式 1	硬件（GATE 脉冲）	/	否		单脉冲发生器
方式 2	软件（写入初值）	GATE=0	是		频率发生器或分频器
方式 3	软件（写入初值）	GATE=0	是		方波发生器或分频器
方式 4	软件（写入初值）	GATE=0	否		单脉冲发生器
方式 5	硬件（GATE 脉冲）	/	否		单脉冲发生器

6.2.5　8253 的控制字

8253 是可编程的定时/计数器芯片，可以编程设置各计数通道的工作方式和计数方式，也可以用控制字向 8253 指定的计数通道发出锁存命令，锁定输出锁存器。

计数通道内部的计数初值寄存器、计数单元和输出锁存器都是 16 位的（参见图 6-3），而 8253 与 CPU 通信的外部数据总线以及 8253 内部的数据总线是 8 位的，所以 CPU 向 8253 某计数通道写入 16 位的计数初值时，应分两次，先传送低 8 位，后传送高 8 位。当要传送的计数初值的高 8 位（或低 8 位）为 0 时，可以免于传送，但必须在控制字中说明。

8253 的控制字格式如图 6-11 所示。

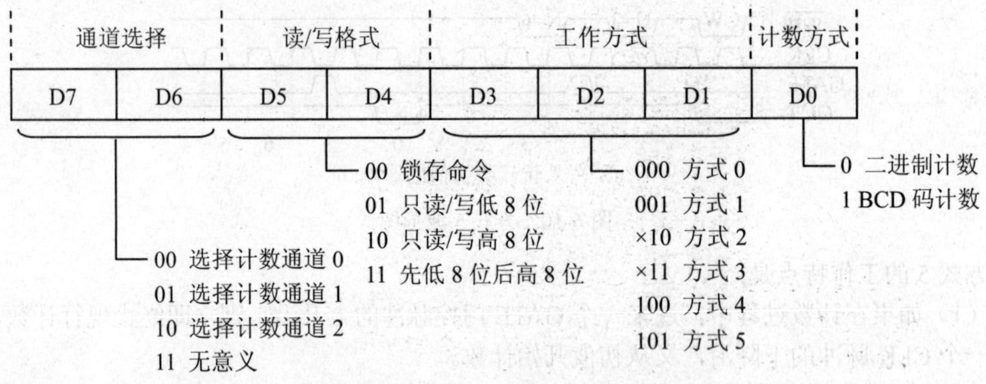

图 6-11　8253 控制字格式

D7D6 两位用于计数通道的选择。

D0 位用于控制所选计数通道的计数方式。D0＝0 时，按照二进制计数；D0＝1 时，按照 BCD 码计数。例如，写入的计数初值为 2030H 时，若按二进制计数，则计数 8240（2030H＝8240D）次，若按 BCD 码计数，则计数 2030 次。

D5D4 两位用于说明写入计数初值时，是送入高 8 位还是低 8 位。当 D5D4＝01 时，说明只写入低 8 位，高 8 位默认为 0；D5D4＝10 时，说明只写入高 8 位，低 8 位默认为 0；D5D4＝11

时，需要分两次写入计数初值，先写入的8位送入计数初值寄存器的低8位，后写入的8位送入计数初值寄存器的高8位。

当D5D4＝00时，表示要对D7D6指定的计数通道进行锁存，即锁定该通道的输出锁存器，以备CPU读取。

6.2.6　8253的编程

1. *初始化编程*

在8253工作之前，应对其初始化，初始化后的8253才能够按照设定的工作方式工作。对8253的初始化步骤是：

（1）先向8253写入控制字，以指定要选择的计数通道，并设置该通道的工作方式、数据读/写格式和计数方式。

（2）然后根据控制字所确定的格式，向指定的计数通道写入计数初值。

需要说明几点：

（1）8253的3个计数通道是相互独立的，各计数通道分别有各自的端口地址，因此对3个计数通道的初始化没有先后顺序，根据实际使用需求对所选用的计数通道分别初始化编程即可。

（2）初始化时，应先向8253写入控制字，后写入计数初值。

（3）无论哪个计数通道的控制字都必须写入同一个控制端口，计数初值则写入指定的计数通道对应的端口。

（4）写计数初值时，要符合控制字中的格式规定，即计数初值要写入控制字中所选定的计数通道，同时还要注意数据写入的格式是16位，还是只写高8位或低8位。

（5）按照16位二进制计数时，因为计数初值0即2^{16}，而2^{16}＝10000H，所以计数初值若为0则表示65536；按照BCD码计数时，计数初值0即10^4，表示10000。所以选择最大的计数初值65536时，只要向计数通道写入计数初值0，规定计数方式为二进制即可。

（6）在工作过程中或计数结束后，可以改变某个计数通道的计数初值，重写计数初值也必须遵守控制字所规定的格式。

【例6.1】在某系统中，要求8253的计数通道2工作于方式2，按照二进制计数，计数初值为0080H，设8253的控制口地址为0FBH，计数通道2地址为0FAH。试对该8253进行初始化编程。

分析：由题意要求，控制字应为94H（10010100B，只送计数初值的低8位），计数初值为80H；或者控制字为B4H（10110100，先送计数初值的低8位后送高8位），计数初值为0080H。控制字先写入控制口，然后将计数初值写入计数通道。

初始化程序段设计如下（二进制计数，只送计数初值的低8位）：

```
        MOV     DX,0FBH                 ;8253 的控制口地址为 0FBH
        MOV     AL,94H                  ;8253 的控制字为 94H
        OUT     DX,AL                   ;写控制字
        MOV     DX,0FAH                 ;8253 通道 2 的口地址为 0FAH
        MOV     AL,80H                  ;计数初值的低 8 位为 80H
        OUT     DX,AL                   ;只写低 8 位，高 8 位自动置 0
```

初始化程序段也可以如下设计（二进制计数，先送计数初值的低8位，后送高8位）：

```
        MOV     DX,0FBH
        MOV     AL,0B4H
        OUT     DX,AL               ;向控制口 0FBH 写入控制字 0B4H
        MOV     DX,0FAH
        MOV     AL,80H
        OUT     DX,AL               ;先向通道 2 写计数初值的低 8 位 80H
        MOV     AL,00H
        OUT     DX,AL               ;后向通道 2 写计数初值的高 8 位 00H
```

【例 6.2】在某系统中，要求 8253 的计数通道 1 工作于方式 3，按照 BCD 计数，计数初值为 4000，3 个计数通道的端口地址分别为 0F0H、0F2H、0F4H，控制口的地址为 0F6H。试写出初始化程序段。

分析：由题意要求，控制字应为 67H（01100111B，只送计数初值的高 8 位），计数初值为 40H；或者控制字为 77H（01110111，先送计数初值的低 8 位后送高 8 位），计数初值为 4000H。控制字先写入控制口，后将计数初值写入计数通道 1。

初始化程序段设计如下（BCD 计数，只送计数初值的高 8 位）：

```
        MOV     AL,67H
        OUT     0F6H,AL             ;向控制口 0F6H 写入控制字 67H
        MOV     AL,40H
        OUT     0F2H,AL             ;向通道 1 写入计数初值高 8 位 40H，低 8 位自动置 0
```

初始化程序段也可以如下设计（BCD 计数，先送计数初值的低 8 位，后送高 8 位）：

```
        MOV     AL,77H
        OUT     0F6H,AL             ;向控制口 0F6H 写入控制字 77H
        MOV     AL,00H
        OUT     0F2H,AL             ;先向通道 1 写入计数初值的低 8 位 00H
        MOV     AL,40H
        OUT     0F2H,AL             ;后向通道 1 写入计数初值的高 8 位 40H
```

【例 6.3】在某应用系统中扩展了一块 8253，该芯片配置的地址为 300H～303H，要求使用计数通道 0 的 OUT 端输出周期为 100ms 的方波，CLK 输入的时钟频率为 50kHz，试选定其工作方式，并计算出计数通道 0 的计数初值，然后编制初始化程序段。

分析：由于计数通道 0 的 OUT 输出要求为方波，所以工作方式应设为方式 3。根据方波的输出周期要求 100ms，推算出 OUT 的输出频率为 10Hz（1/100ms＝10Hz），计数初值应设为 5000（50kHz/10Hz＝5000）。控制字可以设为 27H （00100111B，通道 0，方式 3，BCD 计数，只送高 8 位）。

初始化程序段设计如下：

```
        MOV     DX,303H
        MOV     AL,27H
        OUT     DX,AL               ;向控制口 303H 写入控制字 27H
        MOV     DX,300H
        MOV     AL,50H
        OUT     DX,AL               ;向通道 0 写入计数初值的高 8 位 50H，低 8 位自动置 0
```

【例 6.4】在某微型计算机的扩展板上使用了一片 8253，其端口地址为 3FF0H～3FF3H。要求从计数通道 1 的 OUT 端得到 500Hz 的方波信号，从计数通道 2 的 OUT 端得到 10Hz 的连续单拍负脉冲信号。已知系统提供的计数脉冲频率为 2MHz，其硬件连接如图 6-12 所示。试编制初始化程序段。

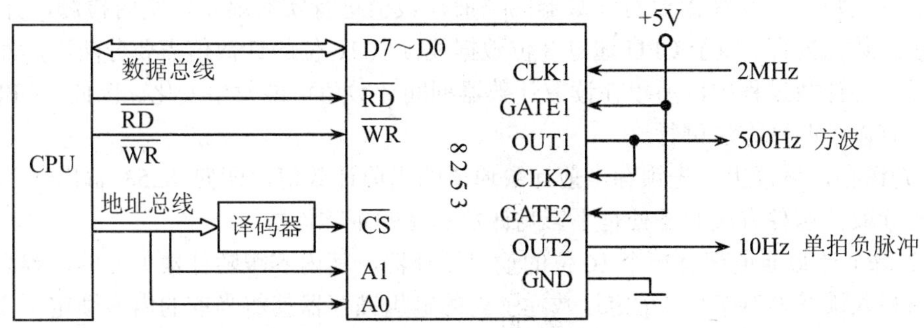

图 6-12 8253 硬件连接实例图

分析过程如下：

（1）确定工作方式。根据题意中由 OUT1 端输出方波的要求，确定计数通道 1 的工作方式为方式 3；根据由 OUT2 端输出连续单拍负脉冲的要求，确定计数通道 2 的工作方式为方式 2。

（2）确定计数初值。根据计数初值、CLK 工作时钟频率及 OUT 输出时钟频率的关系公式 $n=f_{clk}/f_{out}$，可以计算出计数初值。计数通道 1 的计数初值 n1＝2MHz/500Hz＝4000，将 2MHz 经过分频后输出的 OUT1 方波作为 CLK2 的工作时钟，那么计数通道 2 的计数初值 n2＝500Hz/10Hz＝50。

如果系统提供的 2MHz 直接输入 CLK2，那么计数通道 2 的计数初值应为 2MHz/10Hz ＝200000，但是 16 位计数通道的最大计数初值为 65536，所以 CLK2 不能直接利用系统提供的 2MHz。当某应用系统需要的 8253 计数初值超过 65536 时，可以采用本例中的方法解决，即利用一个计数通道的 OUT 输出方波，作为另一计数通道的 CLK 工作时钟输入。实际中这种方法最节省硬件资源，也可以采用多片 8253 级联的方法实现。

（3）确定控制字。根据以上的分析，确定计数通道 1 的控制字可以为 67H（01100111B，BCD 计数，只送高 8 位，方式 3），确定计数通道 2 的控制字可以为 94H（10010100B，二进制计数，只送低 8 位，方式 2）。

（4）控制字先写入控制口 3FF3H，计数初值后写入相应的计数通道。对这两个计数通道的初始化顺序无限定。

初始化程序段设计如下：

```
MOV    DX,3FF3H
MOV    AL,67H
OUT    DX,AL              ;控制通道 1 的控制字 67H 写入控制口 3FF3H
MOV    DX,3FF1H
MOV    AL,40H
OUT    DX,AL              ;向通道 1 写入计数初值的高 8 位 40H，低 8 位自动置 0
MOV    DX,3FF3H
MOV    AL,94H
OUT    DX,AL              ;控制通道 2 的控制字 94H 写入控制口 3FF3H
MOV    DX,3FF2H
MOV    AL,50
OUT    DX,AL              ;向通道 2 写入计数初值的低 8 位 50，高 8 位自动置 0
```

2. 锁存读出

在实际应用场合，往往需要对计数器的当前计数值进行实时显示、实时检测，并根据当前计数值进行数据处理。由于 CPU 通过 8 位数据线读取 16 位的计数值需要分两次，而且计数单元又在连续的计数过程中，所以在读取计数器期间计数值可能发生变化。因此，CPU 读取计数值时，有以下两种方法可行。

（1）先锁存，后读出。先锁存当前计数通道的当前计数值，即向 8253 输出一个锁存命令，然后再读取。这种方法的好处是不影响计数单元的正常计数。

8253 的每个计数通道都有一个 16 位的输出锁存器，其内容跟随计数单元的内容而变化，当向控制口写入锁存控制字后，指定计数通道内的输出锁存器就将当前的内容锁定不变，而不影响计数单元照常计数，然后 CPU 可以通过输入指令读该计数通道，获取通道内输出锁存器的锁存值。当 CPU 读走输出锁存器的当前计数值或重新编程后，锁存器会解除锁存状态，又随计数单元内容而变化。

具体读取格式取决于之前的控制字中的 D5D4 位。若 D5D4＝01，则只读一次，读出的是低 8 位；若 D5D4＝10，则只读一次，读出的是高 8 位；若 D5D4＝11，则读两次，先读出的是低 8 位，后读出的是高 8 位。

（2）先停止计数，然后读出。这种方法是在读之前，可用 GATE 信号停止计数通道的工作，然后用输入指令读取计数通道的当前计数值。但是这种方法的缺点是计数工作被停止了，所以这种方法一般不用。

【例 6.5】读出计数通道 1 的当前 16 位计数值，试编程设计实现。设 8253 的端口地址范围为 3FF0H～3FF3H。

分析：根据题意要求，控制字应为 40H（01000000B，计数通道 1 锁存）。先将锁存控制字写入控制口，然后再用输入指令读计数通道 1。

程序段设计如下：

```
MOV   AL,40H
MOV   DX,3FF3H
OUT   DX,AL                  ;向控制口 3FF3H 写入锁存控制字 40H
MOV   DX,3FF1H
IN    AL,DX                  ;先读通道 1 的低 8 位
MOV   AH,AL                  ;暂存于 AH 中
IN    AL,DX                  ;后读通道 1 的高 8 位
XCHG  AH,AL                  ;读取的 16 位当前计数值保存于 AX 中
```

6.3 8253 的应用

在 IBM PC/XT 系统板上使用了一片定时/计数器 8253，其连接如图 6-13 所示。

系统中 8255A 的端口地址范围为 60H～63H，8253 的端口地址范围为 40H～43H。8253 三个计数通道的 CLK 时钟脉冲都由系统主频 4.77MHz 经过 4 分频后产生，其频率均为 1.19MHz，时钟周期为 840ns（1/1.19MHz≈840ns）。其中计数通道 0 工作于方式 3，用于系统时钟中断；计数通道 1 工作于方式 2，用于为动态存储器刷新提供定时信号；计数通道 2 用于系统内部扬声器发声控制，用户也可以自定义使用。

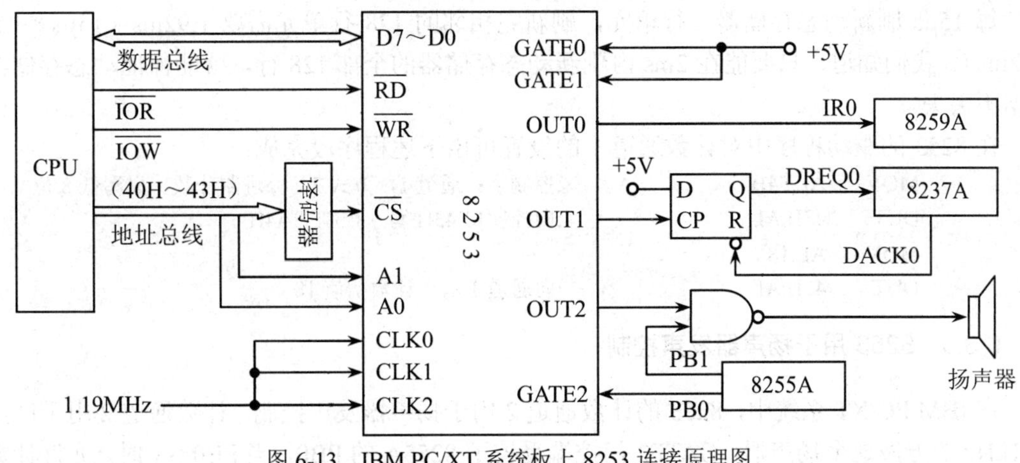

图 6-13　IBM PC/XT 系统板上 8253 连接原理图

6.3.1　IBM PC/XT 机上 8253 的时钟中断

8253 的计数通道 0 工作于方式 3，周期性地输出方波。GATE0 门控端接+5V，保证计数通道 0 始终处于允许计数状态。CLK0 工作时钟接入 1.19MHz，写入的计数初值为 0，即 65536，这对应于最大的输出方波周期 T＝65536×840ns≈55ms。

输出端 OUT0 接至 8259A（第 8 章详细介绍）的 IR0 端，由于 8259A 的 IR0 端为上升沿触发中断请求，因此每隔 55ms 从 8253 的 OUT0 发来一个上升沿，请求一次中断。每次 IR0 端有中断请求，CPU 便调用相应的中断服务子程序（INT 08H），该中断服务子程序的主要功能就是保证系统时钟的准确性，具体说明如下：

在 IBM PC/XT 系统中，在 0040H:006CH 字单元存放中断请求的计数值，每一次中断请求，该字单元内容增 1，当计数满 65536 后复位为 0000H，并产生进位，因为 55ms×65536≈3604.5s≈1h，所以每隔 1 小时该字单元产生进位。在 0040H:006EH 字单元存放小时数，每当 0040H:006CH 字单元进位，即满 1 小时该单元就增 1，若计满 24 小时（1 天），则复位该字单元并产生进位。类似地，用 0040H:0070H 单元统计天数。

在 ROM BIOS 中的 08H 中断服务子程序里，除了进行上述计数进位操作，以随时调整系统时钟外，还进行近似误差的修正。在这个中断服务子程序里含有一条定时报时中断 1NT 1CH，用户也可对其编程，实现每隔 55ms 使这个用户程序被调用一次。

在 8253 的驱动程序中，对计数通道 0 的设置可由下述程序段完成：

```
MOV   AL,16H        ;控制字：通道 0，方式 3，二进制计数，只写低 8 位
OUT   43H,AL        ;向控制口 43H 写入控制字 16H
MOV   AL,0
OUT   40H,AL        ;向通道 0 写入计数初值 0，即 65536
```

6.3.2　IBM PC/XT 机上 8253 的动态存储器刷新定时

8253 的计数通道 1 工作于方式 2，输出周期性的负脉冲。其计数初值为 18，能够输出周期为 15μs（18×840ns≈15μs）的连续负脉冲，每个负脉冲使 8237A（第 9 章详细介绍）的 DREQ0 输入端信号由 0 变为 1，从而请求 DMA 操作。每一次请求，使 8237A 产生控制信号，引发动态存储器刷新一行单元，同时存储器地址增 1，以备下次刷新下一行单元。

每 15μs 刷新动态存储器一行单元，刷新完相邻的 128 行单元需要 1.92ms（15μs×128=1.92ms）。我们知道，只要能在 2ms 内刷新动态存储器的全部 128 行，就能保证动态存储器的数据不丢失。

在 8253 的驱动程序中对计数通道 1 的设置可由下述程序段完成：

```
MOV    AL,54H        ;控制字：通道 1，方式 2，二进制计数，只写低 8 位
OUT    43H,AL        ;向控制口 43H 写入控制字 54H
MOV    AL,18
OUT    41H,AL        ;向通道 1 写入计数初值 18
```

6.3.3 8253 用于扬声器发声控制

在 IBM PC/XT 系统中，8253 的计数通道 2 用于扬声器发声控制。计数通道 2 用于产生近似 1kHz 的方波送至扬声器，GATE2 门控端受控于 8255A 的 PB0，当 PB0=1 时，允许计数通道 2 正常计数，OUT2 可以输出方波；扬声器发声还受 8255A 的 PB1 控制，当 PB1=1 时，OUT2 的输出才被允许送至扬声器，才可能发声。所以，PB0 和 PB1 都为高电平时，扬声器才被允许发声。

在这里，修改计数通道 2 的计数初值，即调整 OUT2 输出的方波频率，可以改变扬声器发声音阶的高低；可用 PB0 或 PB1 控制扬声器发声持续时间的长短。

当用户在应用程序中需要使用扬声器发声时，可根据 8253 的硬件连接关系编写相应程序。例如，要使 IBM PC/XT 系统中的扬声器发出 600Hz 的声音，程序段可以如下设计：

```
IN     AL,61H        ;读 8255A 的 B 口
OR     AL,03H
OUT    61H,AL        ;将 PB1 和 PB0 置 1，允许扬声器发声
MOV    AL,0B6H       ;8253 控制字：通道 2，方式 3，二进制计数，16 位计数初值
OUT    43H,AL        ;写控制字
MOV    AX,1989       ;计数初值=1.19MHz/600Hz≈1989
OUT    42H,AL
MOV    AL,AH
OUT    42H,AL        ;先写计数初值的低 8 位，后写高 8 位
```

【例 6.6】试编制一个完整的音响程序，利用 PC 机内定时/计数器控制扬声器发声，播放乐段 1234567i。

分析过程如下：

（1）根据题意要求，设计使用 PC 机内定时/计数器的通道 2 控制扬声器发声。

（2）乐段 1234567i 中有八个音符，根据它们的音阶不同，计数通道 2 的 OUT2 应输出不同频率的方波送扬声器。这里设计出计数初值分别为 680H、600H、580H、500H、480H、400H、380H、300H（假定微处理器主频为 2.2GHz）。

（3）控制字应为 B6H（10110110B，通道 2，方式 3，二进制计数，16 位计数初值）。

完整的音响程序设计如下：

```
DATA      SEGMENT
PORT_0    EQU    40H
PORT_1    EQU    41H
PORT_2    EQU    42H
PORT_MODE    EQU    43H
```

```
B_8255A  EQU    61H
BAK      DB     ?
MUSIC    DW     680H,600H,580H,500H,480H,400H,380H,300H        ;乐谱
         DW     0                    ;乐曲结束标志
DATA     ENDS
CODE     SEGMENT
         ASSUME  CS:CODE,DS:DATA
START:   MOV    AX,DATA
         MOV    DS,AX
         MOV    DX,B_8255A
         IN     AL,DX                ;读 8255A 的 B 口，准备将 PB1 和 PB0 置 1
         MOV    BAK,AL
         OR     AL,03H
         OUT    DX,AL                ;允许通道 2 计数，允许扬声器发声
         MOV    DX,PORT_MODE
         MOV    AL,0B6H
         OUT    DX,AL                ;写控制字：通道 2，方式 3，16 位计数初值，二进制计数
         LEA    SI,MUSIC
         MOV    AX,[SI]              ;取第一个音符数据，准备播放音乐
LLL:     MOV    DX,PORT_2
         OUT    DX,AL
         MOV    AL,AH
         OUT    DX,AL                ;向通道 2 写入计数初值，即音符数据
         INC    SI
         INC    SI
         MOV    AX,[SI]              ;取下一个音符数据
         TEST   AX,0FFFFH
         JZ     EXIT                 ;若到曲尾，则结束播放，否则准备播放下一音符
         CALL   DALLY                ;延时
         JMP    LLL
DALLY    PROC                        ;延时子程序
         MOV    CX,0A000H
L1:      MOV    DX,7000H
L2:      DEC    DX
         JNZ    L2
         LOOP   L1
         RET
DALLY    ENDP
EXIT:    MOV    AL,BAK
         AND    AL,0FCH
         MOV    DX, B_8255A
         OUT    DX,AL                ;使 PB0=0、PB1=0，禁止通道 2 计数，禁止扬声器发声
         MOV    AX,4C00H
         INT    21H
CODE     ENDS
         END    START
```

习题与思考

6.1 8253 的方式 2、方式 4、方式 5 的输出波形的共同之处是（　　）。

A．计数过程中 OUT 为低，计数结束时变高

B．计数过程中 OUT 为高，计数结束时输出 1 个负脉冲

C．在无新计数初值和 GATE=1 的情况下，波形自动连续重复

D．只要向 GATE 发送一个脉冲，OUT 输出波形就有变化

6.2 8253 的方式 2 与方式 3 的共同点有（　　）。

A．自动重复计数　　B．软件启动

C．硬件启动　　D．单次计数

6.3 8253 的计数通道工作于（　　）时，OUT 端能够输出连续方波。

A．方式 0　　B．方式 1

C．方式 2　　D．方式 3

E．方式 4　　F．方式 5

6.4 如果使用 8253 的某计数通道实现定时中断，用（　　）引脚发出中断请求。

A．CLK　　B．OUT　　C．GATE

6.5 8253 的计数值最大可达（　　）。

A．0　　B．65535　　C．65536

D．10000　　E．256

6.6 8253 的（　　）工作方式是在写入计数初值后，由 GATE 脉冲触发开始计数的。

A．方式 0　　B．方式 1　　C．方式 2

D．方式 3　　E．方式 4　　F．方式 5

6.7 8253 的每个计数通道都有 CLK、GATE、OUT 引脚与外界联系，这三个引脚功能以及它们之间的关系如何？

6.8 8253 的 3 个计数通道在 IBM PC 系列机中各有何用途？各用哪种工作方式？

6.9 在对 8253 初始化编程写入计数初值时，应在哪些方面注意与控制字保持一致？

6.10 当 8253 工作于方式 3 时，OUT 输出的方波频率 f_{out}、CLK 输入的时钟频率 f_{clk} 与计数初值 n 的关系如何？

6.11 8253 的计数通道 2 工作于方式 2，CLK 接 500kHz 时钟，GATE 接+5V，OUT 输出作为系统中断请求信号，当计数初值为 1000 时，试计算每隔多长时间请求一次中断？

6.12 某系统中，使用 8253 计数通道 2 产生周期为 100ms 的方波，若 CLK 输入的时钟脉冲为 1kHz，初始化时的计数初值应该设为多少？

6.13 设 8253 的端口地址范围为 308H～30BH，计数通道 0 工作于方式 4，计数初值为 400，试编写初始化程序段。

6.14 若 8253 计数通道 1 工作于方式 3，按二进制计数，计数初值为 0340H；计数通道 2 工作于方式 2，按 BCD 码计数，计数初值为 100，8253 的端口地址范围为 340H～343H，试编写初始化程序段。

6.15 在某系统中，需要采用一片 8253 将 2MHz 的时钟分频为 1Hz 的方波，8253 的端口

地址范围为 340H～343H，使用 8253 的 1 个计数通道能实现吗？试设计并说明 8253 计数通道引脚的连接方法及理由，并编写初始化程序段。

6.16 利用 PC 机内部的扬声器，参照下表，编写一个能够播放“祝你生日快乐”（音符为 $\underset{\cdot}{5}\underset{\cdot}{6}\underset{\cdot}{5}1\underset{\cdot}{7}\underset{\cdot}{7}$）的音响程序。

音　符	$\underset{\cdot}{1}$	$\underset{\cdot}{2}$	$\underset{\cdot}{3}$	$\underset{\cdot}{4}$	$\underset{\cdot}{5}$	$\underset{\cdot}{6}$	$\underset{\cdot}{7}$	1
计数初值	A00H	980H	900H	880H	800H	780H	700H	680H

第 7 章　串行通信及串行接口技术

学习目标

微型计算机与外设之间的数据交换多采用串行通信方式，计算机与远程计算机或通信设备的通信更离不开串行通信方式。随着计算机通信和网络技术的发展，串行接口的应用越来越广泛。本章主要介绍串行通信中的基本技术，重点介绍典型的串行接口芯片 Intel 8251 的结构、功能、编程及应用。

通过本章的学习，读者应了解串行通信的基本概念，领会调制与解调、奇偶校验与 CRC 校验在串行通信中的作用、了解 RS-232C 串行通信接口标准，掌握串行通信的两种方式——异步方式与同步方式，掌握可编程串行通信接口芯片 Intel 8251 的结构、功能及编程应用。

7.1　串行通信概述

7.1.1　串行通信与并行通信

主机与外部设备之间的信息交换、计算机与计算机之间的信息交换都称为通信。按照交换信息时的数据传输形式，通信分为并行通信和串行通信，如图 7-1 所示。

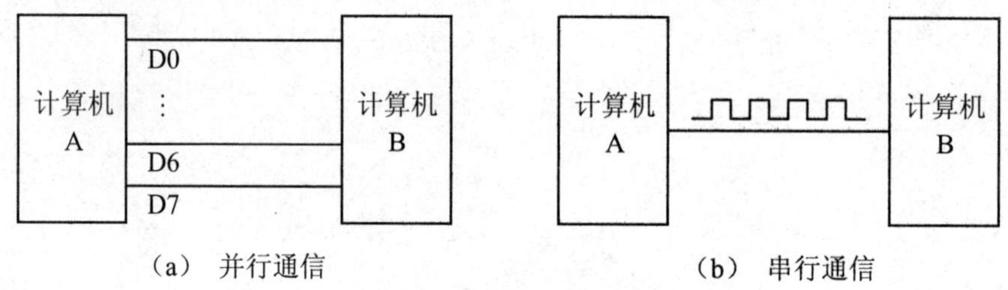

（a）　并行通信　　　　（b）　串行通信

图 7-1　并行通信与串行通信

并行通信是指将被传送的多位数据通过多条传输线同时传输，并行通信时，数据有多少位就需要多少条传输线，例如并行传输 1 个字节数据需要 8 根数据线。串行通信指被传送的多位数据通过一根传输线逐位地传输。

并行通信的传输速度快，但是成本高，适于短距离的高速传输。相对于并行通信，串行通信具有成本低的优点，而且可以借助现有的电话网进行数据传送，但是传输速度比较慢，所以串行通信适于远距离的中低速通信场合。

在微型计算机中，CPU 内部采用并行数据传输方式，CPU 与主存储器之间也采用并行数据传输方式，CPU 与 I/O 接口之间的数据传输大多采用并行传输方式，I/O 接口与外设之间大多采用串行通信方式。

串行通信接口是微型计算机应用系统常用的接口。随着计算机应用与通信技术的发展，计算机串行通信技术也越来越成熟，本章就串行通信及其接口技术进行介绍。

7.1.2 串行通信中的基本技术

1. 串行通信的数据传输方式

按照数据传送方向的不同，有三种传输方式：单工方式、半双工方式、全双工方式。

（1）单工方式。单工方式使用单条传输线进行单向的数据传输，如图 7-2（a）所示。通信双方中的一端固定为发送端，另一端固定为接收端，发送端只能发送数据，接收端只能接收数据。

（2）半双工方式。半双工方式使用单条传输线分时双向传输数据，如图 7-2（b）所示。此方式下的通信双方均具备数据的接收和发送能力，但两端不能同时发送、同时接收。因为单根传输线不能在同一时刻双向传输数据，所以任一时刻，一端作为发送端发送数据时，另一端只能作为接收端接收数据；若要进行反向数据传输，只能占用另一时刻。

（3）全双工方式。全双工是最常用的数据传送方式，通信双方可以同时发送数据或接收数据，如图 7-2（c）所示。利用双传输线，一条单向发送数据，另一条单向接收数据，从而实现双向数据同时传输。为了实现全双工的功能，两端必须分别具备一套完全独立的接收器和发送器。

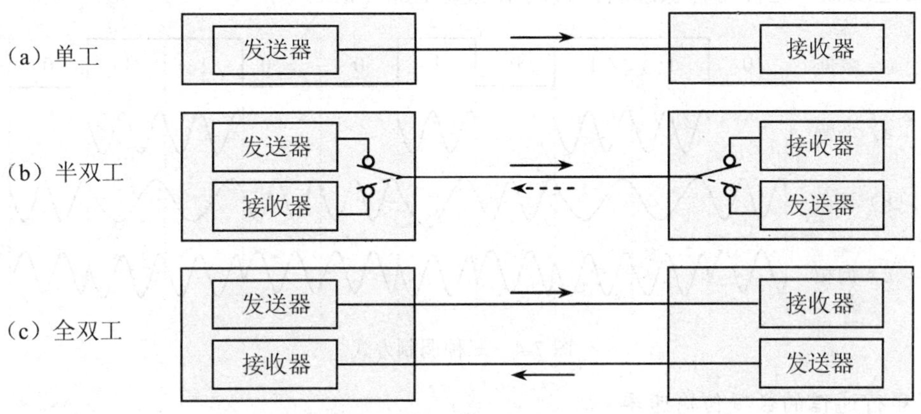

图 7-2 串行通信的数据传送方式

2. 信号的调制与解调

远程数据通信时，通信线路有时借用现有的公用电话网。但是由于计算机传输的是数字信号，数字信号的频带很宽，而电话网是为传输音频模拟信号设计的，没有那么高的带宽，不适合二进制数据的传输，所以利用电话网传送数字信号时，发送端必须将数字信号转换成适于电话网传输的模拟信号，接收端须将接收到的模拟信号恢复为数字信号。

这种将数字信号转换为模拟信号的过程称为调制，相应的设备为调制器。将模拟信号转换为数字信号的过程称为解调，相应的设备为解调器。通常将调制器和解调器统称为调制解调器（Modem），如图 7-3 所示。

调制的方法很多，按照调制技术的不同，有调幅、调频、调相三种调制方式。

（1）调幅。是用固定频率的正弦信号的两种不同的幅值表示二进制 0 和 1，其实现容易、设备简单，但抗干扰能力差，如图 7-4（a）所示。

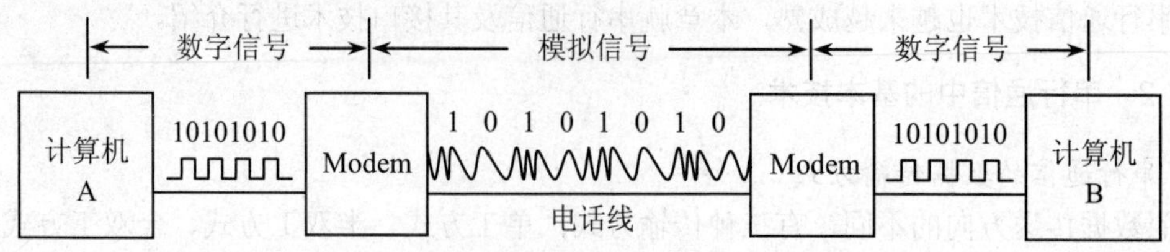

图 7-3　调制与解调示意图

（2）调频。其调制原理是把数字信号 0 和 1 分别调制成两个不同频率、容易识别的音频信号，其实现比较简单，抗干扰能力优于调幅方式，是一种较常用的调制方式，如图 7-4（b）所示。

（3）调相。用载波信号的不同相位表示二进制 0 和 1，根据确定相位参考点的不同，调相方式分为绝对调相和相对调相，绝对调相以未调载波信号的相位作为参考点，与参考点同相则表示二进制 0，若反相，即与参考点的相差为 180° 则表示二进制 1，如图 7-4（c）所示。相对调相是以前一位数据的相位作为参考点，与前一位的相位一致则为二进制 1，若反相则为 0。

绝对调相和相对调相的调相方式只有两种相位，称为两相调制。还可以用更多的不同相位进行调制，如用 $\pm 45^{o}$ 和 $\pm 135^{o}$ 四种相位，称为四相调制，它共有 4 种调制状态，每种状态代表 2 位二进制数，这样每种状态所携带的信息量增加一倍。

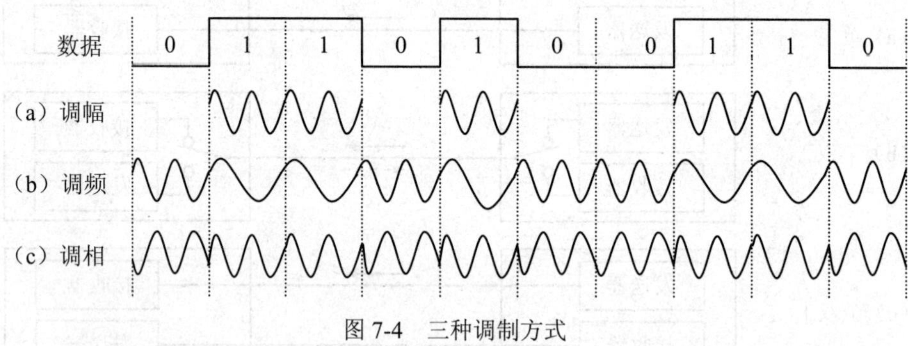

图 7-4　三种调制方式

3. 串行通信的数据传输速率

数据传输速率是指单位时间内传输的信息量，可用比特率或波特率表示。比特率是指每秒传输的二进制数据位数，以 bps（位/秒）为单位；波特率是指每秒传输的波特数，这里所说的波特是通信中的符号（也称离散状态）传输速率单位，每秒传输 1 个符号称传输率为 1 波特，在通信领域常用波特率表示串行数据传输的速率。

当采用调幅方式、调频方式或两相调制方式时，因为每个二进制位的时间宽度与调制状态的最小时间间隔是一致的，每个状态代表 1 位二进制数，所以波特率和比特率是一致的。但是在多相调制方式中情况就不同了，例如在四相调制中，每种调制状态表示 2 位二进制数，若波特率等于 1200，比特率就为 2400bps。

4. 发送时钟与接收时钟

在串行通信过程中，二进制数据序列是以数字信号波形的形式出现的，如何将这些连续波形定时发送出去或接收进来呢，这就涉及一个时钟定时问题。也就是说，发送器需要一定频率的时钟信号来决定发送的每一位数据所占用的时间长度，接收器也需要用一定频率的时钟信号来检测每一位输入数据。发送器使用的时钟信号称为发送时钟，接收器使用的时钟信号称为接收时钟。

二进制串行数据序列的发送由发送时钟控制。数据的发送过程是：首先把要发送的并行数据序列（如1个字节的8位）送入发送器中的移位寄存器，然后在发送时钟（下降沿）的控制下，把移位寄存器中的数据逐位串行移出到串行输出线上。每个数据位的时间间隔由发送时钟周期来划分。

二进制串行数据序列的接收由接收时钟对串行数据输入线进行采样定时。数据的接收过程是：在接收时钟的每个时钟（上升沿）周期采样一个数据，并将其移入接收器中的移位寄存器，最后组合成并行数据序列，存入系统存储器中。

5. 波特率因子

当用发送（或接收）时钟直接作为移位寄存器的移位脉冲时，串行传输线上的数据传输的波特率在数值上等于时钟频率；但若把发送（或接收）时钟按一定的分频系数分频后，再用来作为移位寄存器的移位脉冲，则串行线上的数据传输波特率不等于时钟频率，且二者之间存在着一定的比例关系，这个比例系数称为波特率因子或波特率系数。

发送（或接收）时钟频率与波特率的关系是：时钟频率=波特率因子×波特率。

这里的波特率因子可以为1、16、32或64。例如，当发送时钟频率为19.2kHz时，若波特率因子为16，则发送波特率为1200，若波特率因子为32，则发送波特率为600，说明当发送（或接收）时钟频率一定时，通过选择不同的波特率因子，可以得到不同的波特率。

在实际的串行通信接口电路中，发送和接收时钟信号通常由外部专门的时钟电路提供，或由系统主时钟信号分频产生，因此，发送和接收时钟频率往往是固定的，但是可以对可编程串行接口电路进行初始化编程，灵活地选择不同的波特率因子，从而得到不同的数据传输速率，十分方便。

6. 串行通信的检错与纠错

由于通信系统本身的软件、硬件故障，或者外界干扰等原因，串行数据在传输过程中，会产生信号畸变，引起误码，这直接影响通信系统的可靠性，所以对通信中的差错进行控制是非常重要的。

差错控制是为了减少误码，降低误码率。一方面要从硬件和软件两个角度对通信系统进行可靠性设计，以达到尽量少出错的目的；另一方面还要对传输信息采用一定的检错、纠错编码技术，以便发现和纠正传输过程中可能出现的差错。这里只讨论串行通信中常用的检错、纠错编码技术：奇偶校验、方阵校验、CRC循环冗余校验。

（1）奇偶校验。

奇偶校验主要用于对单字符传输过程的校验。其基本原理是：发送端在待传输的有效数据位中附加一个冗余位（称为校验位），使整个信息中1的个数具有奇/偶数的特征，这一过程称为编码；接收端对接收的整个信息由专门的检测电路进行分析检测，判断1的个数的奇偶性是否发生了变化，这一过程称为解码；若1的个数的奇偶性发生变化，则说明出现了传输差错，应重新传送，或作其他的专门处理。

这种利用信息位中1的个数的奇偶性来达到校验目的的编码，称为奇偶校验码。附加的冗余位，称为奇偶校验位。1的个数为奇数的编码称为奇校验码，1的个数为偶数的编码称为偶校验码。例如，有效数据 10101101B 加上偶校验位后，偶校验码为 101011011B（最后一位为偶校验位）；有效数据 11010101B 加上奇校验位后，奇校验码为 110101010B。

奇偶校验码的检错能力较低，只能检测出奇数个差错位，无法检测出偶数个差错位，而且检查出差错后不能判断差错位置，没有纠错能力。发现错误后，只能要求重发。但由于奇偶校验简单易行，编码和解码电路简单，所以这种校验方法在误码率不高的场合仍得到广泛应用。

（2）方阵校验。

方阵码是在奇偶校验码的基础上形成的一种校验码。其编码规则是：把多个待发送的数据组织在一起，列成一个方阵，方阵内每个数据占一行，排列整齐，按照奇（或偶）校验原则在每行尾加上一个校验位；在方阵内所有数据行的下面，增加一个校验行，校验行内各位或 1 或 0 的设定，取决于其上各行数据的对应列。如此按照奇（或偶）校验原则，在横纵双向形成水平和垂直校验码。例如对 4 字节数据 11100101 00110111 10001100 10101010 来说，其方阵校验码的生成原理如图 7-5 所示。

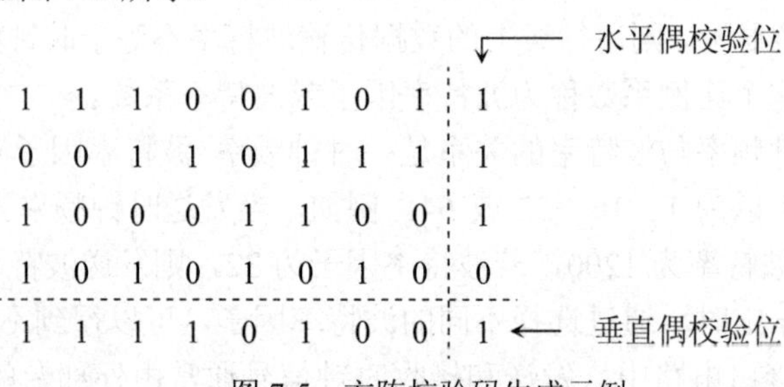

图 7-5　方阵校验码生成示例

接收器对接收到的数据块进行横纵双向判断，当某行出现差错位时，通过纵向判断，能够找到出错位的具体位置并予以纠正。所以方阵校验的检错、纠错能力很强，但是它的编码效率比奇偶校验低。

（3）CRC 循环冗余校验。

循环冗余校验（Cyclic Redundancy Check，CRC）是基于数据块传输的一种校验方法，它的编码效率高、校验能力强，还具有很高的纠错能力，易于用编码器及检测电路实现。CRC 是计算机串行通信中最常用的校验方法，这里仅介绍 CRC 校验原理。

可以把二进制数序列看作是二进制多项式 M(x)，二进制数序列中的 1 和 0 为多项式中每一项的系数，例如有下面一串二进制数：

A_7	A_6	A_5	A_4	A_3	A_2	A_1	A_0
1	0	1	0	1	1	0	0
↑	↑	↑	↑	↑	↑	↑	↑
2^7	2^6	2^5	2^4	2^3	2^2	2^1	2^0

其对应的二进制多项式为：

$$
\begin{aligned}
M(x) &= A_7x^7+A_6x^6+A_5x^5+A_4x^4+A_3x^3+A_2x^2+A_1x^1+A_0x^0 \\
&= 1\cdot x^7+0\cdot x^6+1\cdot x^5+0\cdot x^4+1\cdot x^3+1\cdot x^2+0\cdot x^1+0\cdot x^0 \\
&= x^7+x^5+x^3+x^2
\end{aligned}
$$

其中 x^i 仅表示各二进制位在多项式中的位置。可以看出，m 位二进制数据序列可以用(m-1)

次多项式来表示。

在发送端和接收端都使用一个共同的 k+1 位生成多项式 G(x)。CRC 循环冗余校验码（n 位）由信息码（m 位）和校验码（k 位）两部分组成，其中 n=m+k。

← n 位循环冗余校验码 →	
m 位信息码	k 位校验码

发送端生成 n 位 CRC 循环冗余校验码（以下简称 CRC 循环码），其中 k 位校验码是经过如下运算过程得到的：

1）根据生成多项式 G(x)的位数（假设为 k+1 位），确定校验位为 k 位。

2）将待发送信息的二进制多项式 M(x)扩大 2^k 倍，得到 $C(x)=M(x)\times 2^k$。

3）用 C(x)除以 G(x)，得到 k 位余数多项式 K(x)。

4）将 C(x)与 K(x)相加，得到一个 n 位多项式。

这个 n 位多项式各项的系数就是 CRC 循环码，其中前 m 位为信息位，后 k 位为校验位。

接收端对接收到的 n 位 CRC 循环码进行差错校验，具体运算过程是：

1）用这个 n 位 CRC 循环码除以 G(x)。

2）判断：若余数为 0，说明接收到的信息未出错；否则可判定为传输出错。

说明一点：二进制多项式的加减法运算规则是把二进制多项式系数进行模 2 相加。根据模 2 运算的规则，二进制多项式的加法是不进位的加，等于二进制多项式的减法。

【例 7.1】生成多项式 $G(x)=x^4+x^3+x^2+1$，信息码为 1101B，试生成 CRC 循环冗余校验码。

解：

1）根据信息码 1101B，得出 $M(x)=x^3+x^2+1$。

2）根据生成多项式 $G(x)=x^4+x^3+x^2+1$，可知生成多项式为 5 位，确定校验位 k=4。

3）$C(x)=M(x)\times 2^k=(x^3+x^2+1)\times 2^4=x^7+x^6+x^4$。

4）计算 C(x)/G(x)，求余数：

$$
\begin{array}{rll}
 & x^3+\quad x & \leftarrow \text{商} \\
x^4+x^3+x^2+1 \,\big) & x^7+x^6+\quad x^4 & \\
 & x^7+x^6+x^5+\quad x^3 & \text{（mod 2 加）} \\
\hline
 & \quad x^5+x^4+x^3 & \\
 & \quad x^5+x^4+x^3+\quad x & \text{（mod 2 加）} \\
\hline
 & \qquad\qquad x & \leftarrow \text{余数}
\end{array}
$$

得到余数多项式 K(x)=x。

5）$C(x)+K(x)=x^7+x^6+x^4+x$，相应的二进制序列为 11010010B。

6）最终得出 CRC 循环冗余校验码 11010010B。

这个运算过程也可以用下面的简化过程实现：

1）根据生成多项式 $G(x)=x^4+x^3+x^2+1$，可知相应的二进制序列 G=11101B。

2）根据生成多项式为 5 位，确定校验位 k=4。

3）$M(x)\times 2^k$，即在信息码之后添补 k 个二进制 0，于是二进制信息码 1101 后添补 4 个 0 便得到 C=11010000B。

4）计算 C/G，求余数：

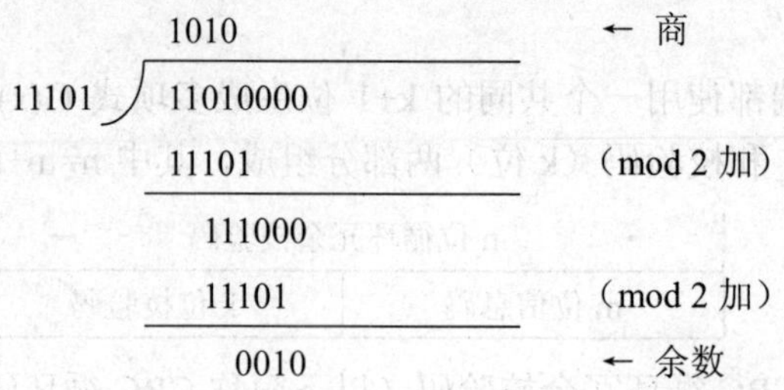

得到余数 K=0010B。

5）C+K=11010000B+0010=11010010B，即最终生成的 CRC 循环冗余校验码。

根据以上的 CRC 校验原理，串行通信时，收发双方共同使用事先约定的生成多项式 G(X)，按如下方法进行 CRC 校验：发送方在发送信息的同时，用 G(X)去除信息码，在信息码发送完毕时，除得的余数多项式即校验码也接着发送出去；接收方在接收信息的同时，用 G(X)去除接收到的信息，在信息位及校验位连续接收完毕的同时，除法运算停止。此时除得的余数若为 0，表明数据传输过程正确无误，否则说明传送出错。

每个循环码都有自己的生成多项式，CRC 检错能力决定于生成多项式，常用的 CRC 循环冗余校验标准多项式如下，其中 CRC-16 和 CRC-CCITT 最多产生 16 位余数，CRC-32 最多产生 32 位余数。

CRC-16：　　$G(x)=x^{16}+x^{15}+x^{2}+1$

CRC-CCITT：$G(x)=x^{16}+x^{12}+x^{5}+1$

CRC-32：　　$G(x)=x^{32}+x^{26}+x^{23}+x^{22}+x^{16}+x^{12}+x^{11}+x^{10}+x^{8}+x^{7}+x^{5}+x^{4}+x^{2}+x+1$

7.1.3 串行通信的分类

在串行数据通信中，发送方发送信息和接收方接收信息应当相互协调，保证发出的信息在到达接收方时，能够被及时采样并准确接收到，为此，收发双方需规定一个共同的时间参考，称为“同步”。串行通信的“同步”主要在传输的数据格式上采取措施。根据数据传输格式的不同，串行通信分为异步通信和同步通信两种基本方式。

1. 异步通信方式

串行异步通信方式以字符为单元进行传输，传输的数据格式如图 7-6 所示。

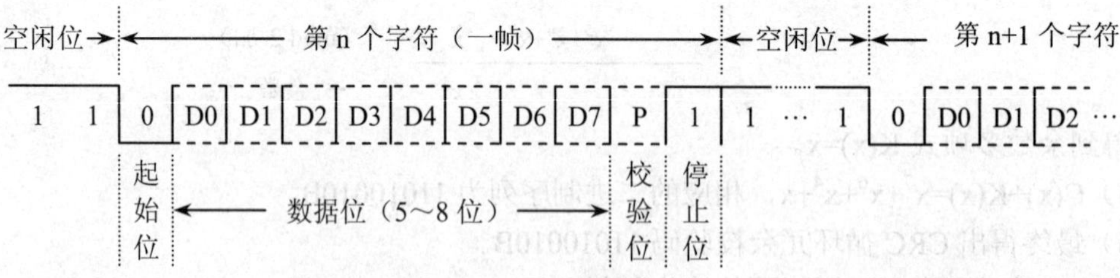

图 7-6 异步通信的数据格式

由图中可见，起始位、数据位、校验位、停止位构成一帧。起始位是一帧的开始位，占 1 位，低电平有效；字符数据紧跟起始位之后，是被传输的有效数据，先传输低位，后传输高位，可以是 5 位、6 位、7 位或 8 位；校验位可以是奇校验或偶校验，也可不设此位；停止位是一帧的结束标志，高电平有效，可以是 1 位、1.5 位或 2 位。数据位和停止位的宽度及校验位的选择由初始化编程设定。

一个字符的一帧传输结束，可以接着传输下一个字符，也可以停一段时间再传输下一个字符。若两帧不连续，则两帧之间要插入若干空闲位，空闲位高电平有效。

例如，以异步方式连续发送两个字符“J”“K”（ASCII码分别为1001010、1001011），要求奇校验，一个停止位，那么连续两帧的数据格式如图7-7所示。

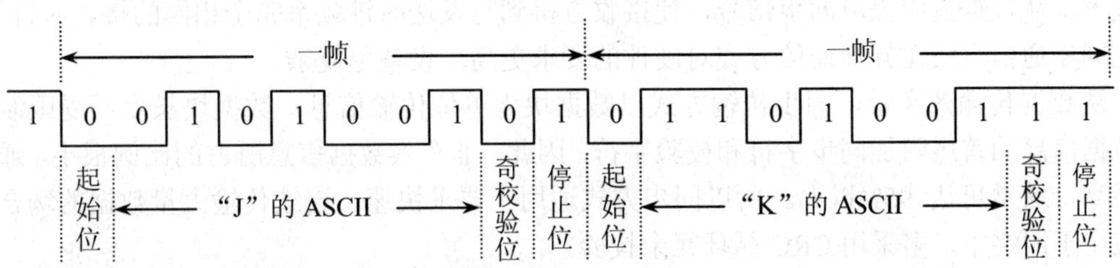

图7-7 异步传输的帧示例

异步通信双方的“同步”原理是：在发送方，发送器逐位地发送连续的数据帧，若在发送一帧后未能及时准备好下一个数据，则输出线连续输出空闲位1，直至下一个数据帧送出。在接收方，接收器不停地检测输入线路，若在一系列“1”之后采样到一个“0”，则判定一个数据帧的帧头到来，就开始接收规定的数据位和校验位，最后接收到一个“1”，确认该数据帧结束。经接收器处理，去掉停止位，把数据拼装成一个字节数据并校验无误后，才算正确地接收到一个字符，接下来，接收器继续测试传输线，监视下一个数据帧的到来。

可见，异步通信方式是靠起始位和停止位来实现字符的界定和同步的，通信双方可以各自使用自己的发送时钟和接收时钟。

异步通信方式按帧传输，一帧中每个字符前后附加起始位、停止位或校验位，这种额外开销降低了通信效率。例如，一个由1个起始位、7个数据位、1个偶校验位、1个停止位构成的数据帧中，帧长10位，数据位仅占7位，整个通信过程中，额外开销就占了30%。所以，异步通信通常用于传输数据量较少、传输效率要求不高的场合。需要快速传输大量数据时，一般采用通信效率较高的同步通信方式。

2. 同步通信方式

串行同步通信方式以数据块为基本传输单位，一个数据块包括多个字符，每个字符包括多个位，数据块内所有的数据位连续发送，中间不能有空隙，在数据块的前面设置1个或2个同步字符，在数据块的后面设置错误校验字符，如图7-8所示。

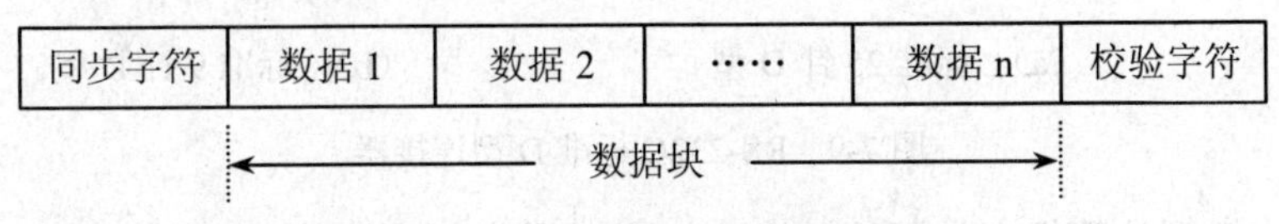

图7-8 同步通信的数据格式

同步字符作为数据块的起始标志，在通信双方起联络的作用，在接收方接收到同步字符后，就开始接收数据，并按规定的数据宽度拼装成一个个数据字节，直至整个数据块接收完毕，经过校验无误后，才结束一次传送。

同步字符通常占用1个字节宽度，可以采用一个同步字符（单同步方式），也可以采用两个同步字符（双同步方式）。在数据格式中加入同步字符的方式，称为内同步，若数据格式中没有同步字符，而用一条专用控制线来传送同步字符，这种方式称为外同步。

同步通信方式要求接收和发送双方对传输数据的每一位必须严格保持同步，所以收发两端必须使用共同的时钟。在近距离通信时，收发双方可以使用同一时钟发生器，在通信线路中增加一根时钟信号线；远距离通信时，发送端将时钟信号与数据一起编码，接收端可以采用锁相技术，从数据流中提取同步信号，使接收方得到与发送时钟频率完全相同的接收时钟信号。可见同步通信方式比异步通信方式对硬件的要求更高，设备更复杂。

从数据传输效率看，同步传输方式以数据块为单位传输信息，数据块长度不受限制，只在数据信息的首尾附加同步字符和校验字符，因此，非有效数据信息所占的比例很小，通信效率很高，通常可达 95%以上。所以同步方式适用于要求快速、连续传输大量数据的场合，主要应用于网络中，多采用 CRC 循环冗余校验。

7.1.4 RS-232C 串行接口标准

为了实现不同的计算机设备与各种通信设备之间的互连，国际上制定了一些物理接口的标准，使得无论哪一家生产的设备，只要具有标准物理接口，不需要任何转换电路，就可以互相插接。物理接口两端的设备分别称为数据终端设备（Data Terminal Equipment，DTE）和数据通信设备（Data Communications Equipment，DCE），DTE 包括各种用户终端、计算机等设备，DCE 包括各种通信设备，如调制解调器。

RS-232C 是美国电子工业协会（Electronic Industries Association，EIA）制定的国际通用的一种串行通信接口标准。最初是为远程通信连接数据终端设备（DTE）与数据通信设备（DCE）而制定的标准，后来广泛用于计算机与终端或外设的串行通信接口。PC 机上配置的 COM1 和 COM2 两个串行接口，就采用 RS-232C 标准。

1．RS-232C 接口的引脚

RS-232C 标准不仅规定了 25 针 D 型连接器，还规定在 DTE 端的 D 型插座为插针型，DCE 端的 D 型插座为插孔型。25 针 RS-232C 插针型插座的引脚排列如图 7-9（a）所示，实际应用中，绝大多数设备只使用其中的 9 个信号，于是就有了图 7-9（b）所示的 9 针连接器。

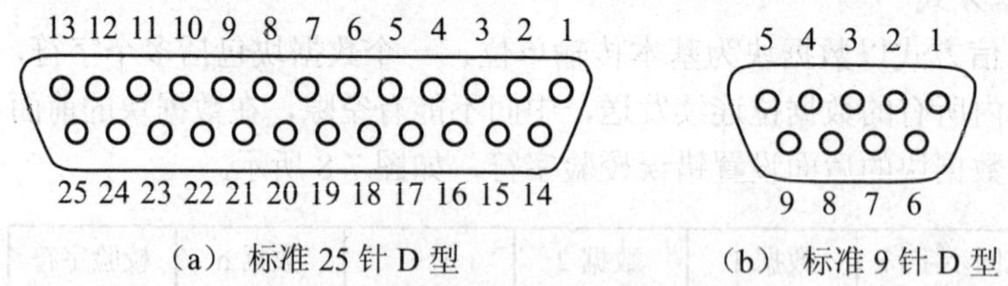

图 7-9 RS-232C 标准 D 型连接器

表 7-1 给出微型计算机中常用的 RS-232C 接口的主要引脚信号定义及功能。

（1）TxD：发送数据，输出。串行数据的发送端，数据由数据终端设备 DTE（如计算机或终端）向数据通信设备 DCE（如 Modem）发送数据。

（2）RxD：接收数据，输入。串行数据的接收端，从 DCE 端送来的数据由此引脚接收。

（3）DTR：数据终端就绪，输出。该引脚有效时表明 DTE 端准备就绪，可以使用。

（4）DSR：数据设备就绪，输入。该引脚有效时表明 DCE 端准备就绪，可以使用。

表 7-1 RS-232C 标准主要引脚功能

25 针引脚	9 针引脚	信号	方向	功能	25 针引脚	9 针引脚	信号	方向	功能
2	3	TxD	输出	发送数据	7	5	GND		信号地
3	2	RxD	输入	接收数据	8	1	DCD	输入	载波检测
4	7	RTS	输出	请求发送	20	4	DTR	输出	数据终端就绪
5	8	CTS	输入	允许发送	22	9	RI	输入	振铃指示
6	6	DSR	输入	数据设备就绪					

DSR 和 DTR 有时连在一个电源上，一经上电立即有效。这两个信号只表明设备自身有效，并不说明通信链路可以开始通信了。可否开始通信，由 RTS 和 CTS 来决定。

（5）RTS：请求发送，输出。当 DTE 端准备好数据时，该引脚有效，通知 DCE 端准备接收数据。

（6）CTS：允许发送，输入。当 DCE 端准备好接收 DTE 端传送的数据时，该引脚有效，表明同意接收数据，允许 DTE 端发送数据。

RTS 和 CTS 是一对请求、应答联络信号，又称为握手信号，用于半双工方式传输系统中发送方式与接收方式之间的切换。在全双工方式传输系统中，因配置有双向信道，所以不需要这对联络信号。

（7）DCD：载波检测，输入。当本地 DCE 端（如 Modem）接收到来自对方 Modem 的载波信号时，由该引脚向 DTE 端提供有效信号，告知通信链路有数据到来。并且本地 Modem 对收下来的载波信号解调成数字量，沿接收数据线 RxD 送至 DTE 端。

（8）RI：振铃指示，输入。该引脚有效时，表示 DCE 端已接收到通信链路上电话交换台送来的拨号呼叫。通过该引脚向 DTE 端发出通知。

RS-232C 传输电缆不能超过 15m，当传输距离较远时，两个数据终端设备 DTE（如两台计算机）之间可以通过 Modem 相连，如图 7-10 所示。

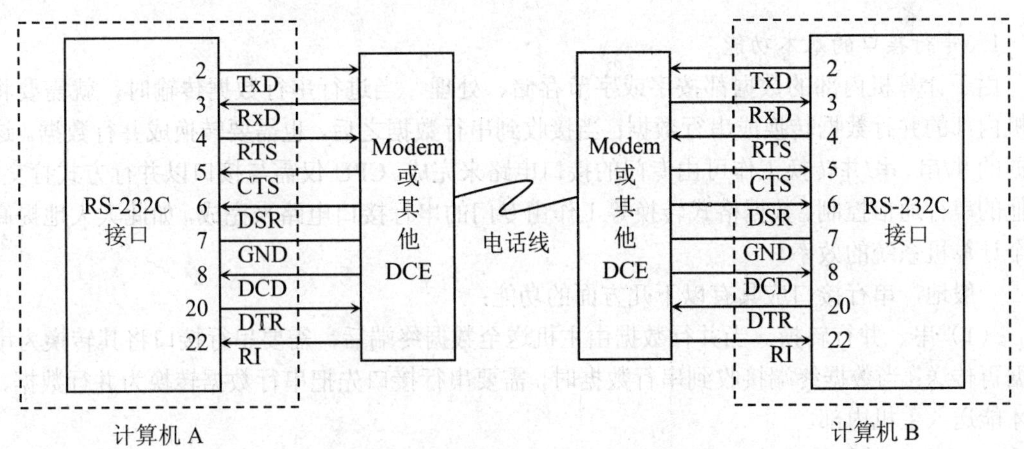

图 7-10 使用 Modem 的 RS-232C 接口连接

近距离（传输距离小于 15m）线路连接比较简单，只需要 3 根信号线（TxD、RxD、GND），将通信双方的 TxD 与 RxD 对接，地线连接即可，如图 7-11 所示。

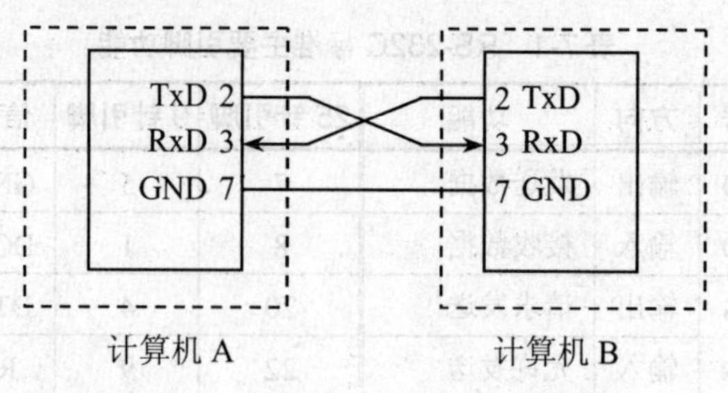

图 7-11　简单的 RS-232C 接口连接

2. RS-232C 接口的电气特性

RS-232C 的电气特性规定了各种信号传输的逻辑电平，即 EIA 电平，规定逻辑“0”为+3V～+25V（通常+3V～+15V），逻辑“1”为-3V～-25V（通常-3V～-15V）；而 TTL 电平规定+5V 为逻辑“1”，0V 为逻辑“0”。显然 RS-232C 的 EIA 电平与计算机的 TTL 电平不兼容。但 EIA 电平的抗干扰能力比 TTL 电平强很多。

在 RS-232C 与计算机连接时，必须进行 EIA 电平与 TTL 电平之间的转换。常见的电平转换芯片有 MC1488、SN75150（将 TTL 电平转换为 EIA 电平），MC1489、SN75154（将 EIA 电平转换为 TTL 电平）。采用 MC1488 和 MC1489 进行电平转换的原理如图 7-12 所示。

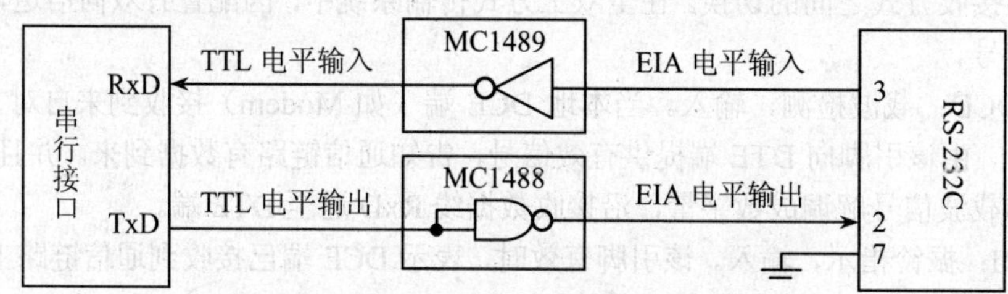

图 7-12　使用 MC1488 和 MC1489 电平转换原理

7.1.5　串行接口的基本结构与功能

1. 串行接口的基本功能

由于计算机内部的数据都按字或字节存储、处理，当进行串行数据传输时，就需要将计算机内部的并行数据转换成串行数据；当接收到串行数据之后，也需要转换成并行数据。这种数据的并/串、串/并转换工作可由专门的接口电路来完成。CPU 仅需与接口以并行方式打交道，其他的串行通信控制、数据格式转换等工作由专门的串行接口电路来完成，如此大大地提高了整个计算机系统的效率。

一般地，串行接口应具有以下几方面的功能：

（1）串、并行转换。当并行数据由主机送至数据终端后，需要串行接口将其转换为串行数据再传送；当数据终端接收到串行数据时，需要串行接口先把串行数据转换为并行数据，然后才能送入主机内部。

（2）串行数据格式化。CPU 送出的并行数据转换成串行数据后，接口电路应能实现不同通信方式下的数据格式化。在异步方式下，发送器发送数据时应自动生成起始位、停止位；在同步方式下，接口所做的数据格式化则主要是在数据块前面加上同步字符。

（3）可靠性检验。为确保接收/发送数据的可靠性，发送时，异步方式工作的接口电路要自动生成奇/偶校验位，同步方式工作的接口电路要生成CRC校验码；接收时，串行接口电路要检查字符的奇/偶校验位或其他校验码，以检测数据传输的正确性。

（4）串行接口与数据通信设备间的控制。计算机与外部设备之间的串行通信，是通过串行接口控制实现的，所以串行接口电路要提供符合串行通信标准（如RS-232C标准）的联络与控制信号线，以联络和控制外设的通信。

串行接口的种类很多。根据串行通信的异步通信方式与同步通信方式之分，串行接口也分为串行异步接口和串行同步接口，相应接口的结构及工作过程也有所不同。

2. 串行异步接口的一般结构及工作过程

（1）串行异步接口的一般结构。

典型的可编程串行异步接口主要包括发送缓冲寄存器、接收缓冲寄存器、发送移位寄存器、接收移位寄存器，还有控制寄存器、状态寄存器和数据总线缓冲器，如图7-13所示。

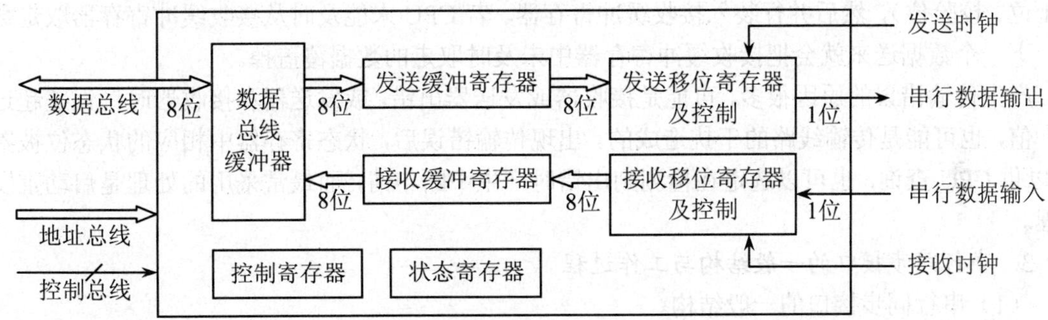

图7-13　串行异步接口的一般结构

1）数据总线缓冲器：是串行接口内部的发送缓冲寄存器和接收缓冲寄存器与CPU交换数据时的双向缓冲器，还用来传送CPU发送给端口的控制信息和端口返回给CPU的状态信息。

2）发送缓冲寄存器：从CPU数据总线接收待发送的并行数据，并暂存。

3）发送移位寄存器：从发送缓冲寄存器取来并行数据，以发送时钟的速率把装配好的数据（含起始位、停止位）逐位移出，送上串行传输线。

4）接收移位寄存器：以接收时钟的速率对串行数据线上的数据逐位接收，并移入接收移位寄存器，当接收移位寄存器接收到规定的一帧数据后，便将数据并行送往接收缓冲寄存器。

5）接收缓冲寄存器：从接收移位寄存器接收并行的输入数据，再将数据送往CPU。

6）控制寄存器：接收CPU送来的控制字，根据控制字确定接口的工作方式，控制接口实现数据的收发。

7）状态寄存器：状态寄存器的每一个状态位都用来指示传输过程中的某一种错误或者当前传输状态，可供CPU随时查询。

（2）串行异步接口的工作过程。

发送过程：CPU把待发送的并行数据送入串行接口内的发送缓冲寄存器，由发送控制逻辑对数据进行格式化，即加上起始位、奇/偶校验位（选用）和停止位，然后将格式化后的一帧数据并行送至发送移位寄存器，最后由发送移位寄存器及其控制逻辑将该帧数据按照选定的波特率串行输出。

接收过程：假定接收时钟为波特率的16倍（波特率因子=16），一旦检测到串行输入信号电平由高变低，接收控制部分的计数器就清 0，每个时钟信号使计数器增 1，当计数到 8 时，表明已到起始位的中间，采样起始位，并将计数器清 0；以后每计数到 16 即下一个数据位的中间时，就采样数据波形并将计数器清 0。采样重复进行，直至采样到停止位。然后差错检测逻辑按初始化时的帧格式对数据进行校验，校验的结果由状态寄存器中相应的状态位表示。其余的过程与发送过程相反，最终把串行接收的一帧数据拆卸为并行数据送往 CPU。

在接收过程中，一般可能产生的出错状态有：奇偶校验错、帧错、溢出错。

1）奇偶校验错：接收器按照约定的帧格式，进行奇偶校验，然后将校验的期望值与实际值比较，若二者不一致，便认为出现奇偶校验错。

2）帧错：一帧是以起始位开始，以停止位结束的，接收器在接收过程中，若在期望接收到停止位 1 时却没有收到逻辑 1，便认为出现帧错，最近接收到的字符不可信。

3）溢出错：当接收移位寄存器接收到一个正确的帧数据后，就会对其拆卸（去掉起始位、停止位、校验位），然后并行装入接收缓冲寄存器。若 CPU 未能及时从接收缓冲寄存器取走数据，下一个数据送来就会把接收缓冲寄存器中未及时取走的数据覆盖掉。

产生传输错误的原因很多，可能是接收器或发送器出错，或发送器和接收器时钟误差超过允许值，也可能是传输线路的干扰造成的。出现传输错误后，状态寄存器中相应的状态位被置 1，以供 CPU 查询，也可以选定在检测到出错时产生中断申请，而最常采用的处理是启动重发过程。

3. 串行同步接口的一般结构与工作过程

（1）串行同步接口的一般结构。

典型的可编程串行同步接口主要包括发送 FIFO、接收 FIFO、输出移位寄存器、输入移位寄存器、CRC 发生器、CRC 检验器、控制寄存器、状态寄存器和数据总线缓冲器，如图 7-14 所示。

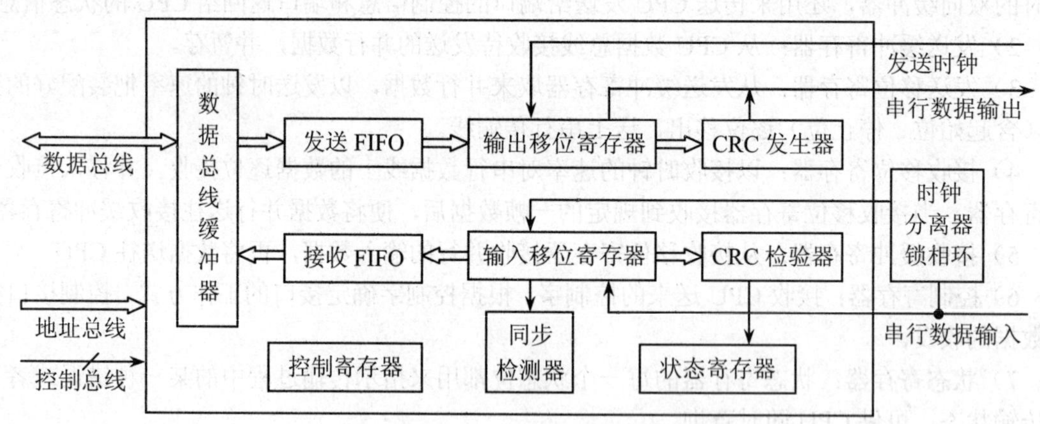

图 7-14　串行同步接口的一般结构

1）数据总线缓冲器：是 CPU 与串行接口交换数据的双向缓冲器，也用来传送 CPU 与串行接口之间的控制字和状态字。

2）发送 FIFO：先进先出缓冲器，由多个寄存器组成，在发送过程中，CPU 一次可以将多个字符预先装入其中。

3）输出移位寄存器：从发送 FIFO 取来并行数据，以发送时钟的速率串行发送数据。

4）CRC 发生器：根据发送数据流信息，计算出 CRC 校验码。

5）CRC 检验器：根据接收数据流进行 CRC 校验，从而判断接收数据流的准确性。

6）输入移位寄存器：从串行输入线上以时钟分离器提取出来的时钟速率接收串行数据流，每接收完一个字符数据，将其送往接收 FIFO。

7）接收 FIFO：从输入移位寄存器接收并行的输入数据，供 CPU 取走。

8）时钟分离器锁相环：用来从串行输入数据中提取时钟信号，以保证接收时钟与发送时钟的同频同相。

9）控制寄存器：接收 CPU 送来的控制字，根据控制字确定接口的工作方式，即确定同步通信时是内同步还是外同步、单同步还是双同步。

10）状态寄存器：反映传输过程中的当前传输状态，供 CPU 随时查询。

（2）串行同步接口的工作过程。

发送过程：CPU 将待发送的数据经系统数据总线送到接口内的发送 FIFO，内部控制逻辑首先将同步字符送到输出移位寄存器，在发送时钟的作用下，将同步字符逐位送至串行数据输出线上；接着把发送 FIFO 的内容分组并行送进输出移位寄存器，跟随同步字符之后被逐位移出，送上串行输出线；同时 CRC 发生器根据发出的数据信息不断地计算，最后产生 CRC 校验码，在数据信息之后发出。

接收过程：输入移位寄存器从串行数据输入线上逐位地接收数据，当接收到约定位数时，与内部设置的同步字符相比较，若相等，则视为有效数据来到，开始接收数据流信息，每接收一定的位数，就将其并行送入接收 FIFO；接收 FIFO 收到并行数据后，通知 CPU 取数据。重复上述过程，直至包括 CRC 校验码在内的全部数据接收完毕。CRC 检验器在整个接收串行数据信息流的过程中，不断地计算着，在最后的 CRC 检验码接收完毕的同时，CRC 检验器也计算完毕，根据计算结果判断出接收数据的正确性。

7.2 可编程串行接口 8251A

通用可编程串行接口芯片的种类很多，如 INS8250、NS16550、Intel8251 等，各种不同的可编程串行接口芯片尽管互有差异，各有特点，但基本功能和工作原理是相同的，使用方法也大同小异，下面以 Intel 8251A 为例进行介绍。

7.2.1 8251A 的主要特性

8251A 是一种可编程的通用同步/异步接收发送器，通常作为串行通信接口使用，被广泛应用于以 Intel 80x86 为 CPU 的微型计算机中。具有如下主要特性：

（1）全部输入/输出与 TTL 电平兼容，单一的+5V 电源，单向 TTL 电平时钟，28 针双列直插式封装。

（2）能够以全双工方式通信，具双缓冲器的接收/发送器，可以方便地与 Modem 连接。

（3）可工作于同步通信方式或异步通信方式。同步通信方式时的波特率在 0～64k 范围内；异步通信方式时的波特率在 0～19.2k 范围内。

（4）具有出错检测电路，能够检测出奇偶校验错、溢出错和帧错。

7.2.2 8251A 的内部结构

8251A 的内部结构分为五个主要部分：数据总线缓冲器、读写控制逻辑、接收器、发送器、调制解调控制逻辑，如图 7-15 所示。

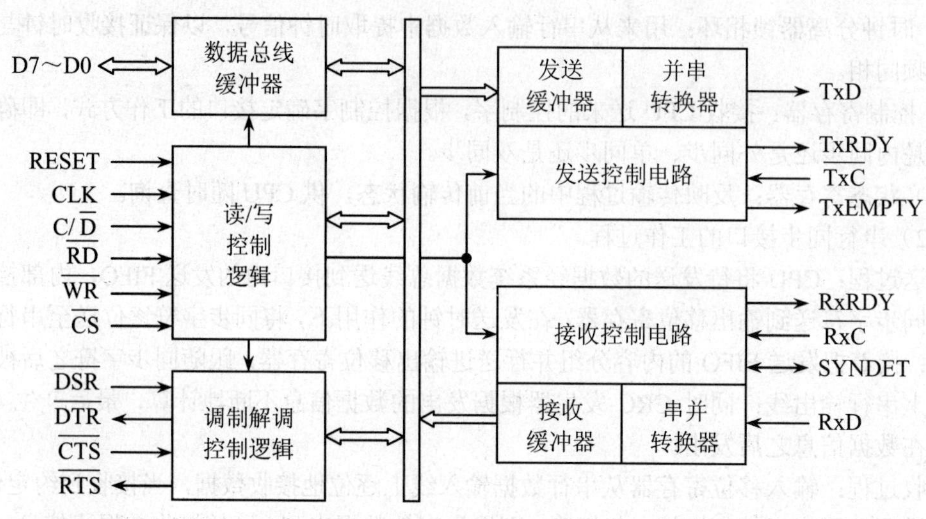

图 7-15 8251A 内部结构图

1. 数据总线缓冲器

数据总线缓冲器是一个 8 位双向三态缓冲器，是 8251A 与系统数据总线的接口。由 CPU 发给 8251A 的控制字、8251A 送给 CPU 的状态字都是通过数据总线缓冲器传送的。另外，8251A 与外界交换的串行数据最终都以并行数据形式经过数据总线缓冲器与 CPU 交换。

2. 读/写控制逻辑

读/写控制逻辑接收 CPU 送来的各种控制信号，对 8251A 内部数据总线上的数据传送方向进行控制。CPU 对 8251A 的整个控制过程都是通过读写控制逻辑实现的，包括读取 8251A 的状态信息，向 8251A 写入控制信息，发送和接收数据。

3. 发送器

发送器接收 CPU 输出的并行数据，经过格式化后，再将其转换成串行数据从移位寄存器移出，由 TxD 引脚串行输出。

在异步发送方式下，发送器为每一个字符自动格式化，即在字符前后加上起始位和停止位，也可以根据初始化编程时的要求在停止位前加上奇/偶校验位。在发送时钟 $\overline{TxC}$ 的下降沿，这一帧数据从 8251A 逐位发出。根据初始化编程时，方式选择控制字中所规定的波特率因子，数据传输的波特率可以是发送时钟频率的 1 倍、1/16 或 1/64。

在同步发送方式下，发送器在待发送的数据前面插入由初始化程序设定的一个或两个同步字符，然后在发送时钟的作用下，按时钟频率将数据逐位地由 TxD 引脚发送出去。当 8251A 正在发送数据，而 CPU 却未及时送来新的数据时，因为被传送的数据块内字符间不允许出现间隙，所以发送器会自动插入同步字符从 TxD 引脚发出。

4. 接收器

接收器接收出现在 RxD 端的串行数据，并将其逐位送入接收移位寄存器，然后按规定的格式转换为并行数据，存入数据总线缓冲器。

在异步接收方式下，接收器监视 RxD 线。若无字符传送来，RxD 线为高电平（空闲位），发现 RxD 线上出现低电平时，便启动内部计数器，计数到一个数据位宽度的一半时采样 RxD 线，若仍为低电平则认为是一帧信息的起始位，于是开始逐位接收后续的数据，并送至移位寄存器，经移位并拆卸掉停止位和奇偶校验位后，转换成并行数据，再送至接收数据缓冲器，同时发出 RxRDY 信号通知 CPU 读走字符。若检测到接收的数据存在奇偶校验错、帧错或溢出错，状态寄存器中相应的状态位会被及时置位。

同步接收方式有内同步和外同步之分。内同步又分为单同步和双同步。单同步方式下，接收器从 RxD 线不断地接收数据，并逐位送入移位寄存器，接收一个整字符后与同步字符寄存器的内容相比较，若相等，说明搜索到的是同步字符，于是，SYNDET 引脚输出高电平以示同步已经实现，继而接收有效数据，否则重复上述接收并比较同步字符的操作。双同步方式下，同步字符是 2 个，所以比单同步方式多一个比较同步字符的过程。外同步方式下，一旦 SYNDET 输入引脚出现高电平并维持一个接收时钟周期，8251A 便认为实现同步。

实现同步后，接收器按照接收时钟对 RxD 线上到来的数据位采样和移位，并按规定的字符位数把并行字符送至接收缓冲寄存器，同时发出 RxRDY 信号通知 CPU 读走字符。

5. 调制解调控制

远程通信时，8251A 与 Modem 相连，TxD 端数据经调制器调制后被送上传输线，从传输线送来的信号经解调器解调后送往 RxD 端。调制解调控制逻辑实现对 Modem 的控制。

7.2.3 8251A 的引脚功能

8251A 是具有 28 根引脚采用双列直插式封装的大规模集成电路芯片，图 7-16 是 8251A 芯片的引脚信号图，其外部引脚分为：

1. 面向系统与 CPU 相连的引脚

（1）D7～D0：数据线，8 位，双向，三态。它们与系统数据总线相连，用于并行传送 CPU 与 8251A 之间的数据信息、控制信息、状态信息。

（2）$\overline{\text{CS}}$：片选信号线，低电平有效，单向输入。由系统地址总线经地址译码器产生，是 8251A 芯片被选中的信号。当 $\overline{\text{CS}}$ 有效时，CPU 可以对 8251A 进行读/写操作。当 $\overline{\text{CS}}$ 为高电平时，8251A 未被选中，此时读/写信号对 8251A 芯片不起作用，8251A 的数据线处于高阻状态。

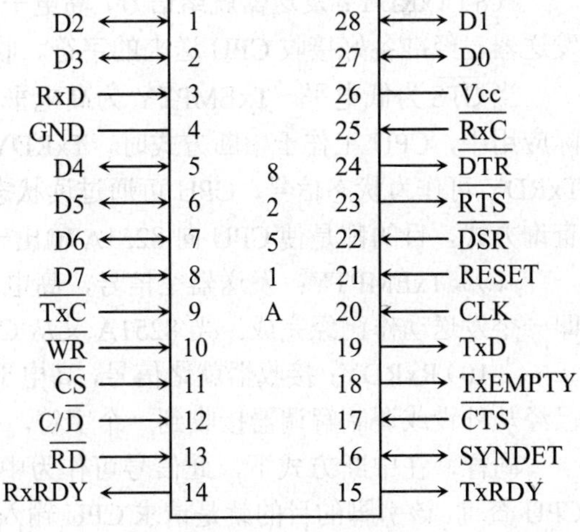

图 7-16 8251A 引脚图

（3）RESET：复位信号线，高电平有效，单向输入。通常与系统复位线相连。当 RESET 有效时，芯片复位进入空闲状态，等待接收控制命令。

（4）$\overline{RD}$：读信号线，低电平有效，单向输入。该信号应与系统总线中的$\overline{RD}$（最小模式下）或$\overline{IOR}$（最大模式下）相连。当$\overline{RD}$有效时，CPU 可以从 8251A 读走数据或状态信息。

（5）$\overline{WR}$：写信号线，低电平有效，单向输入。当$\overline{WR}$为低电平时，CPU 可以向 8251A 写入数据或控制字。该信号应与系统总线中的$\overline{WR}$（最小模式下）或$\overline{IOW}$（最大模式下）相连。

（6）C/$\overline{D}$：控制/数据选择信号线，单向输入。与系统地址总线低位相连，用于区分当前读/写的是数据信息、控制信息还是状态信息。

8251A 仅有两个端口地址，数据输入端口和数据输出端口共用一个端口地址（偶地址），状态端口和控制端口共用一个端口地址（奇地址），当 C/$\overline{D}$为低电平时访问偶地址，为高电平时访问奇地址。C/$\overline{D}$与$\overline{RD}$、$\overline{WR}$、$\overline{CS}$各引脚电平的组合可以形成对 8251A 的基本读/写操作，如表 7-2 所示。

表 7-2　8251A 的控制信号与对应操作表

$\overline{CS}$	C/$\overline{D}$	$\overline{RD}$	$\overline{WR}$	操作	信息流向
0	0	1	0	CPU 向 8251A 输出数据	CPU→8251A
		0	1	CPU 从 8251A 输入数据	CPU←8251A
	1	1	0	CPU 向 8251A 写控制字	CPU→8251A
		0	1	CPU 从 8251A 读状态字	CPU←8251A
0	×	1	1	无操作	数据总线为高阻态
1	×	×	×	禁止	

（7）CLK：时钟信号线，单向输入。CLK 是 8251A 内部各控制信号的定时基准，而非发送或接收串行数据的时钟信号。同步方式工作时，CLK 频率必须大于接收时钟和发送时钟频率的 30 倍；异步方式工作时，CLK 频率必须大于接收时钟频率的 4.5 倍。

（8）TxRDY：发送器就绪信号，高电平有效，单向输出。TxRDY 有效时，用以通知 CPU，发送器已经准备好接收 CPU 送来的字符。收到一个字符后，该信号电平变低。

当$\overline{CTS}$为低电平，TxEMPTY 为高电平，且发送缓冲器为空时，TxRDY 就变为有效。实际应用中，CPU 工作于中断方式时，TxRDY 可作为中断请求信号；CPU 按查询方式工作时，TxRDY 可作为状态信号，CPU 可通过读状态操作检查该引脚的状态。不论用中断方式还是用查询方式，目的都是使 CPU 向 8251A 输出一个字符。

（9）TxEMPTY：发送器空信号，高电平有效，单向输出。它表示 8251A 发送器已空，即一个发送动作已经完成。当 8251A 又从 CPU 得到一个字符时，该信号电平变低。

（10）RxRDY：接收器就绪信号，高电平有效，单向输出。当 RxRDY 有效时，表示 8251A 已经从外设或调制解调器接收到一个字符，等待 CPU 读走。

同样，在中断方式下，此信号可作为中断请求信号；在查询方式下，可作为状态信号供 CPU 查询。该引脚的目的就是请求 CPU 输入字符。当 CPU 从 8251A 读走一个字符后，RxRDY 自动变为低电平。若再次从外部接收到一个字符，该引脚又变为高电平。

（11）SYNDET：同步检测信号。该引脚的输入/输出方向取决于初始化编程时要求 8251A 工作于内同步还是外同步。内同步时该引脚单向输出，当 8251A 检测到同步字符时，该引脚电平变高，在 CPU 执行一次读操作后，变为低电平。外同步时该引脚单向输入，其电平信号取决于外部启动信号，向其输入一个正脉冲时，作为启动脉冲，8251A 开始接收并装配 RxD 线送来的串行字符。

2. 与外部装置相连的引脚

（1）TxD：数据发送线，单向输出。CPU 送往 8251A 的并行数据在 8251A 内部转换为串行数据后，由 TxD 端输出。

（2）RxD：数据接收线，单向输入。8251A 通过该引脚接收外部装置送来的串行数据，数据进入 8251A 后被转换成并行数据，等待 CPU 读走。

（3）$\overline{\text{DTR}}$：数据终端就绪信号，低电平有效，单向输出。该引脚为有效电平时，表示通知 Modem 或外设，8251A 已准备好。CPU 可以通过对 8251A 操作命令控制字（详见图 7-18）的 D1 位置位，从而对该引脚进行控制。

（4）$\overline{\text{DSR}}$：数据通信设备就绪信号，低电平有效，单向输入。若该引脚为低电平输入，表示 Modem 或外设已经就绪。CPU 可以通过读取 8251A 状态寄存器（详见图 7-19）的 D7 位来判断 Modem 或外设的状态。一般情况下 $\overline{\text{DTR}}$ 和 $\overline{\text{DSR}}$ 是一对握手信号。

（5）$\overline{\text{RTS}}$：请求发送信号，低电平有效，单向输出。8251A 可以通过该引脚向 Modem 或外设请求发送数据。CPU 可以通过对 8251A 操作命令控制字的 D5 位置位控制该引脚。

（6）$\overline{\text{CTS}}$：允许发送信号，低电平有效，单向输入。这是 Modem 或外设对 $\overline{\text{RTS}}$ 的响应信号，只有当 $\overline{\text{CTS}}$ 低电平（并且操作命令控制字中 D0 位置位允许发送）时，8251A 才能执行发送操作。通常 $\overline{\text{RTS}}$ 和 $\overline{\text{CTS}}$ 是一对握手信号。

以上 $\overline{\text{DTR}}$、$\overline{\text{DSR}}$、$\overline{\text{RTS}}$、$\overline{\text{CTS}}$ 四个信号主要用于远距离串行通信时与 Modem 的联络信号。当用于与计算机外设连接时，若外设不要求这些联络信号，可以不用。但 $\overline{\text{CTS}}$ 应该接地，这样才能使 TxRDY 为高电平，CPU 才能向 8251A 传送数据。其他三个信号 $\overline{\text{DTR}}$、$\overline{\text{DSR}}$、$\overline{\text{RTS}}$ 引脚可悬空不用。

3. 发送时钟与接收时钟信号

（1）$\overline{\text{TxC}}$：发送时钟信号线，单向输入。用于控制 8251A 发送器发送字符的速率。数据在 $\overline{\text{TxC}}$ 的下降沿由发送器移位输出。发送时钟频率与发送波特率之间的关系是，同步方式下，$\overline{\text{TxC}}$ 频率等于发送波特率；异步方式下，$\overline{\text{TxC}}$ 频率可以是波特率的 1、16 或 64 倍，具体在初始化编程时通过方式选择控制字（详见图 7-17）来设定。

（2）$\overline{\text{RxC}}$：接收时钟信号线，单向输入。用于控制 8251A 接收器接收字符的速率。其频率的规定与 $\overline{\text{TxC}}$ 相同。

多数情况下，8251A 的 $\overline{\text{TxC}}$ 和 $\overline{\text{RxC}}$ 连在一起，共同使用一个时钟源——波特率发生器。

7.2.4 8251A 的控制字及状态字

可编程串行通信接口芯片 8251A 在使用前必须初始化，以确定其工作方式、传送速率及字符格式。8251A 有方式选择控制字、操作命令控制字和状态字。

1. 方式选择控制字

方式选择控制字用于选择 8251A 的工作方式，指定数据格式，如图 7-17 所示。

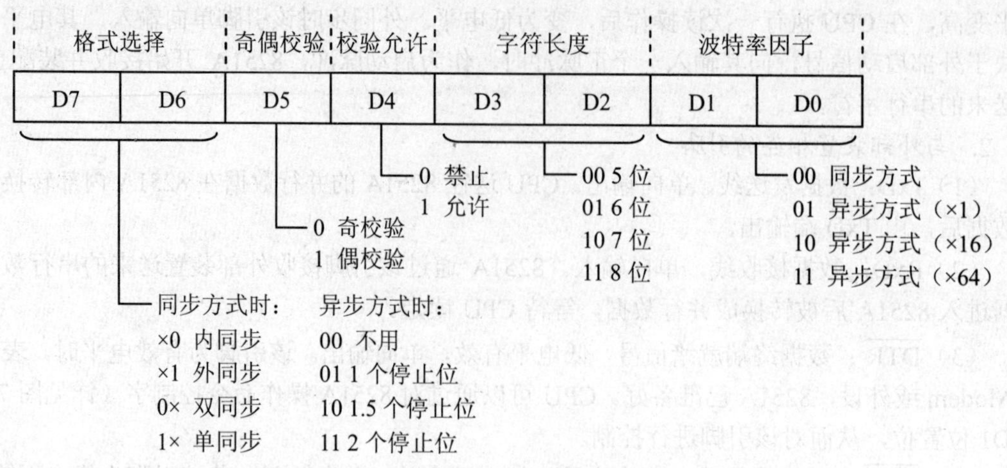

图 7-17　8251A 方式选择控制字格式

D1D0 用于确定 8251A 的工作方式，当 D1D0＝00 时，选择同步方式，D1D0≠00 时为异步方式，在异步方式下，用 D1D0 的三种组合来选择收发时钟频率与波特率的系数关系。

D3D2 两位的作用是确定每个字符的位数。

D4 位用于确定是否使用校验位。D5 位用于选择奇校验或偶校验，在 D4＝1 允许使用奇/偶校验时，D5 位才有效。

D7D6 两位在同步和异步方式时的含义不同，异步方式时，D7D6 两位用于确定停止位的个数；同步方式时，D7 位确定单同步字符还是双同步字符，D6 确定内同步还是外同步。

例如，设置 8251A 的方式选择控制字为 5EH，表示确定 8251A 进行异步通信，其数据格式采用每个字符 8 位、1 个起始位、1 个停止位、奇校验、波特率因子为 16。

2. 操作命令控制字

操作命令控制字用于确定 8251A 的具体操作，迫使 8251A 进入某种工作状态或进行某种操作，以便接收和发送数据，具体格式如图 7-18 所示。

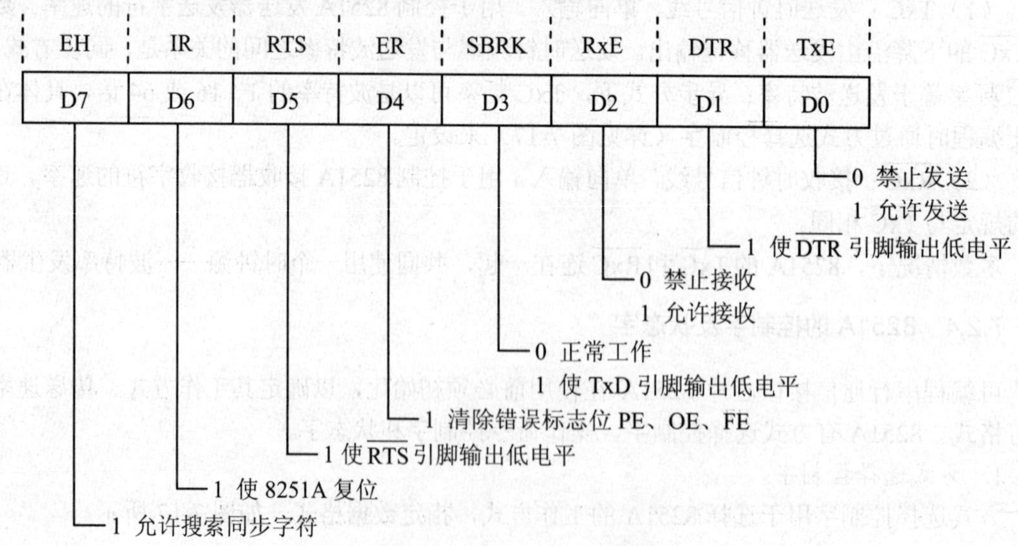

图 7-18　8251A 操作命令控制字格式

在 8251A 的操作命令控制字中，当 D0=1 允许发送时，发送器才能通过 TxD 端向外串行发送数据，否则禁止发送。D1=1 时，强制 $\overline{\text{DTR}}$ 端输出低电平，表示数据终端准备就绪，否则 $\overline{\text{DTR}}$ 端为无效状态。D2=1 时，允许接收器开始接收数据，否则禁止接收。D3=1 时，强迫 TxD 端输出低电平，发送连续的断点字符，D3=0 时正常工作。D4=1 时，使状态字中的所有错误标志（奇偶错、溢出错、帧错）复位，即撤消错误标志。D5=1 时，强迫 $\overline{\text{RTS}}$ 引脚输出低电平，置发送请求 $\overline{\text{RTS}}$ 有效，否则 $\overline{\text{RTS}}$ 无效。D6=1 时内部复位，使 8251A 返回到方式选择命令状态。D7=1 时，启动搜索同步字符，否则不搜索。

例如，若CPU已准备好且请求发送，应控制8251A允许接收和发送数据，使 $\overline{\text{DTR}}$ 和 $\overline{\text{RTS}}$ 都输出有效的低电平，那么可以向8251A发出操作命令控制字27H。又如，若向8251A输出一个操作命令控制字40H，表示要使8251A复位。

3. 状态字

8251A执行命令进行数据传送后，用状态寄存器来寄存自身的状态信息，CPU可读取状态寄存器，获得8251A当前状态，以决定下一步该如何操作，具体格式如图7-19所示。

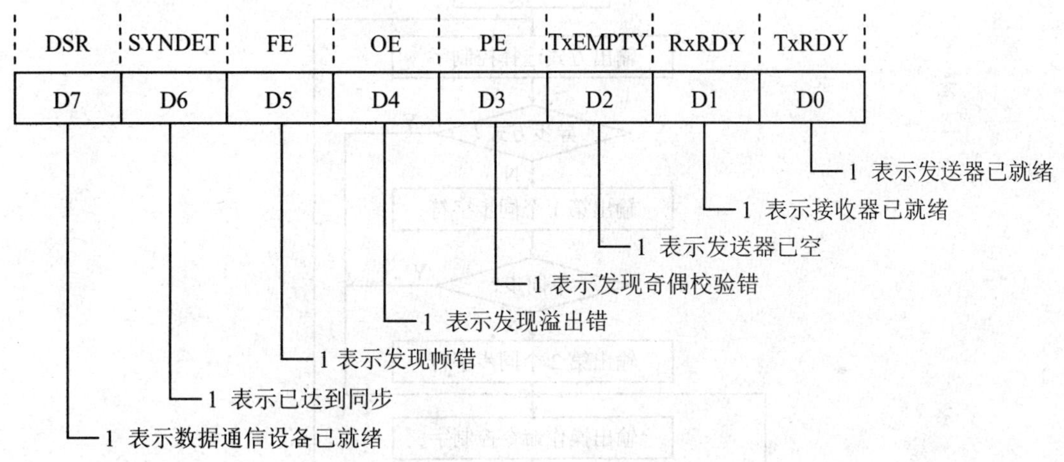

图 7-19　8251A 状态字格式

状态字中 D3、D4、D5 位为 1 时，表示在异步方式下接收器发现了奇偶校验错、溢出错、帧错，但这些错误并不禁止 8251A 的操作，它们由操作命令控制字中的 D4 位负责复位。

状态字中 D1、D2、D6、D7 位反映了 8251A 芯片上 RxRDY、TxEMPTY、SYNDET、DSR 引脚的状态，可供 CPU 查询。

TxRDY（D0 位）却与芯片上同名引脚的定义有些不同，TxRDY 位是发送就绪标志，只要发送数据缓冲器空，该位就被置 1，它仅表示 8251A 此时的工作状态。而芯片上 TxRDY 引脚若要输出高电平，还受到操作命令控制字中允许发送位 TxE（D0=1）和引脚 $\overline{\text{CTS}}$（为低电平）的控制。在数据发送过程中，TxRDY 状态位可供 CPU 随时查询，TxRDY 引脚可用作中断请求信号。

例如，某一时刻 8251A 读入状态寄存器的内容，若状态字为 40H，表示此时 8251A 接收已达到同步。

7.2.5 8251A 的编程

通过前面的介绍，我们可以编程控制 8251A 的工作，但是有三点需要强调：

（1）两个控制字及一个状态字的使用关系：由于方式选择控制字只是约定了通信方式（同步/异步）、数据格式（字符长度、停止位长度、校验特性、同步字符特性）、传输速度（波特率因子），并没有规定发送/接收方向，所以还不能进行数据传送。故需要操作命令控制字来控制数据的发送/接收。但何时才能发送/接收呢？这就取决于 8251A 的状态字，只有在 8251A 进入发送/接收就绪状态后，才能开始数据的传送。

（2）编程顺序：因为 8251A 的两个控制字都要送入同一个控制端口（奇地址），而控制字本身又无特征标志位，所以在写入两个控制字时，必须按照一定的顺序。如图 7-20 所示，先向控制口写入方式选择控制字，规定 8251A 工作方式后，再根据 8251A 的工作状态，随时向控制口写入操作命令控制字。

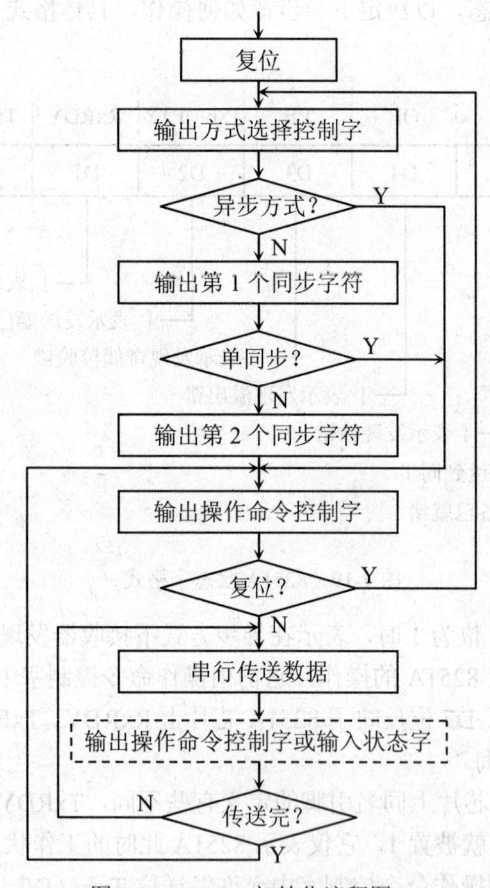

图 7-20 8251A 初始化流程图

（3）初始化程序必须在系统复位（内部复位或外部复位）之后，8251A 工作之前进行。若要在使用过程中改变 8251A 的工作方式，也必须先使 8251A 芯片复位（内部复位命令字为 40H），然后才可重新向 8251A 输出方式选择控制字。

8251A 既具有异步通信功能，又具有同步通信功能，可以通过不同的初始化程序使之工作于不同的通信方式。下面举例介绍初始化 8251A 的方法。

1. 异步方式下的初始化编程

【例 7.2】设定 8251A 工作于异步方式，波特率因子为 64，每字符 7 个数据位，奇校验，1 个停止位，8251A 的两个端口地址分别为 50H、51H，试对其初始化编程。

分析：根据 8251A 异步通信帧格式的要求，可以设定 8251A 的方式选择控制字为 5BH。设定操作命令控制字时，要考虑到应该使状态寄存器中的 3 个错误标志位复位，允许 8251A 发送和接收，使数据终端就绪信号 $\overline{DTR}$ 和请求发送信号 $\overline{RTS}$ 都输出有效的低电平，表明 CPU 已准备好且请求发送，所以操作命令控制字应设定为 37H。

8251A 只有 C/$\overline{D}$ 一个引脚负责接口内的端口选择，与系统地址总线的低位相连，该引脚为低电平时，可对 8251A 进行数据的输入/输出，当引脚为高电平时，可以访问 8251A 的控制口或状态口。因为 8251A 的两个控制字和一个状态字共用一个端口地址（奇地址），所以向 8251A 输出两个控制字的顺序一定要按初始化编程顺序要求，操作命令控制字绝对不能写在方式选择控制字之前。

初始化程序段设计如下：

```
MOV  AL,5BH
OUT  51H,AL          ;先向控制口 51H 输出方式选择控制字 5BH
MOV  AL,37H
OUT  51H,AL          ;后向控制口 51H 输出操作命令控制字 37H
```

2. 同步方式下的初始化编程

【例 7.3】假设 8251A 工作于同步方式，内同步、双同步字符、偶校验、每个字符 8 位，两个同步字符都为 AAH，8251A 的两个端口地址分别为 50H、51H，试对其初始化编程。

分析：根据 8251A 同步通信格式的要求，可以设定 8251A 的方式选择控制字为 3CH。其工作状态要求：应该使 8251A 允许发送和接收，使状态寄存器中的 3 个错误标志位复位，使 $\overline{DTR}$ 和 $\overline{RTS}$ 都输出有效的低电平，启动搜索同步字符，所以操作命令控制字应设定为 B7H。

初始化程序段设计如下：

```
MOV  AL,3CH
OUT  51H,AL          ;向控制口输出方式选择控制字 3CH
MOV  AL,0AAH
OUT  51H,AL          ;输出第 1 个同步字符
MOV  AL,0AAH
OUT  51H,AL          ;输出第 2 个同步字符
MOV  AL,0B7H
OUT  51H,AL          ;向控制口输出操作命令控制字 0B7H
```

7.3 8251A 的应用

随着计算机通信和网络技术的发展，串行接口的应用也越来越广泛。如 IBM PC/XT 系统中使用可编程异步串行接口芯片 INS 8250A 构成串行接口，其串口 1（COM1）的端口地址为 3F8H～3FFH，占用 IR4 中断，串口 2（COM2）端口地址为 2F8H～2FFH，占用 IR3 中断，在 80386 以上的 32 位微机中使用可编程同步/异步串行接口芯片 Intel 8251A 构成串行接口。

微型计算机系统中的两个串口对外使用 9 针或 25 针 D 型插座。

7.3.1 利用 8251A 实现与终端的串行通信

终端通常包括键盘和显示器两部分，所以计算机与终端之间需进行双向数据通信，即通过键盘向计算机输入需要执行和处理的命令和数据，通过显示器显示计算机的执行结果和运行状态。

【例 7.4】应用 8251A 串行接口芯片，实现计算机与终端的串行通信。要求：8251A 串行通信方式，从键盘串行输入，由显示器串行输出。其中 8251A 的数据口地址为 D0H，控制/状态口地址为 D1H。试编制程序段，分别实现将字符串 ABCDE 发送到显示器、接收键盘输入的一个字符并立即回送到显示器的功能。

分析：在本通信系统中，通信双方均为 DTE（数据终端设备），因此两条串行数据传输线 RxD 和 TxD 应交叉连接，即主机串行接口的 TxD 接到终端的 RxD，主机串行接口的 RxD 接到终端的 TxD。

另外，主机串行接口一侧的 $\overline{\text{DTR}}$ 与 $\overline{\text{DSR}}$ 形成“自环”，$\overline{\text{RTS}}$ 与 $\overline{\text{CTS}}$ 形成“自环”。自环连接可以简化通信控制程序，同时也可减少连接电缆的信号线数目，所以在通信双方总是就绪的情况下可以采用这种方法。

由于8251A的输入输出电平为TTL电平，而终端的对外接口RS-232C为EIA电平，所以实现8251A与终端的连接通信，需要使用电平转换电路。这里使用MC1488实现8251A输出的TTL电平向EIA电平的转换，使用MC1489将输入给8251A的信号由EIA电平转换为TTL电平。计算机串行接口与终端的连接如图7-21所示。

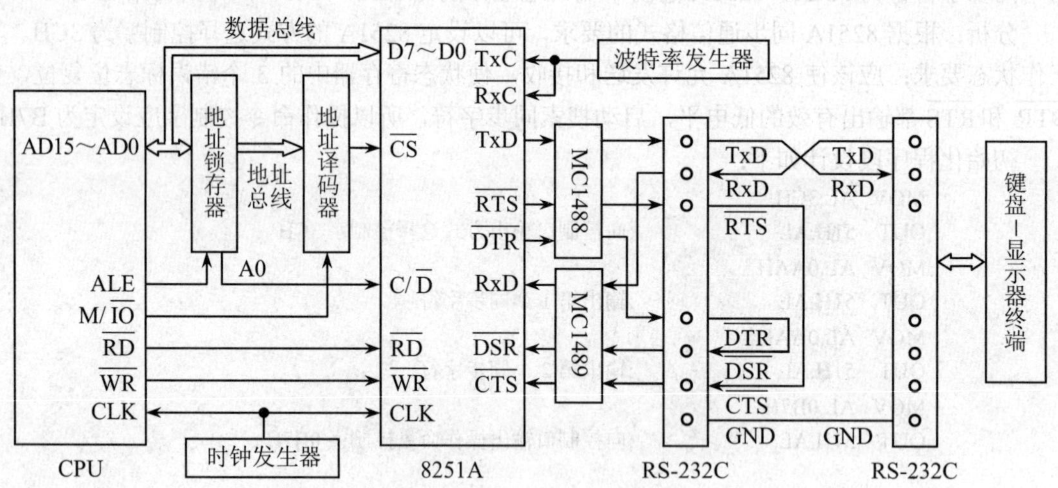

图 7-21　8251A 实现微机与终端的串行通信连接图

下面是采用查询方式的通信控制程序段：

1. 控制发送多个字符到显示器终端的程序段

```
BEGIN:  MOV   AL,7EH
        OUT   0D1H,AL          ;输出方式选择控制字 7EH：异步方式、每字符 8 位、
                               ;偶校验、1 个停止位、波特率因子为 16
        MOV   AL,33H
```

```
        OUT   0D1H,AL        ;输出操作命令控制字 33H：使发送器允许、
                             ;使错误标志位复位、使DTR与RTS输出低电平
        MOV   CX,5
        MOV   BL,41H         ;第一个待发送字符 A 的 ASCII 为 41H
L_TEST: IN    AL,0D1H        ;读 8251A 状态字
        TEST  AL,01H         ;测试状态位 TxRDY 是否为 1（是否为发送就绪）
        JZ    L_TEST         ;若发送未就绪，则继续测试
        MOV   AL,BL
        OUT   0D0H,AL        ;若发送就绪，则输出一个字符
        INC   BL             ;A～E 的 ASCII 分别为 41H～45H
        LOOP  L_TEST         ;循环 5 次，依次输出字符 A～E
        HLT
```

2. 控制键盘输入一个字符并回送显示器的程序段

```
BEGIN:   MOV   AL,7EH
         OUT   0D1H,AL       ;输出方式选择控制字 7EH：异步方式、每字符 8 位、
                             ;偶校验、1 个停止位、波特率因子为 16
         MOV   AL,37H
         OUT   0D1H,AL       ;输出操作命令控制字 37H：使发送器允许、接收器允许、
                             ;使错误标志位复位、使DTR与RTS输出低电平
L1_TEST: IN    AL,0D1H       ;读 8251A 状态字
         TEST  AL,02H        ;测试状态位 RxRDY 是否为 1（是否为接收就绪）
         JZ    L1_TEST       ;若接收未就绪，则继续测试
         IN    AL,0D0H       ;若接收就绪，则接收键盘终端输入的字符，并暂存于 BL 中
         MOV   BL,AL
L2_TEST: IN    AL,0D1H       ;读 8251A 状态字
         TEST  AL,38H        ;测试状态位，查询是否有奇偶错、溢出错、帧错
         JNZ   L_ERROR       ;若发现错误，则转去错误处理程序 L_ERROR 处
         TEST  AL,01H        ;测试状态位 TxRDY 是否为 1（是否为发送就绪）
         JZ    L2_TEST       ;若发送未就绪，则继续测试
         MOV   AL,BL
         OUT   0D0H,AL       ;若发送就绪，则将接收到的字符回送给显示器终端
L_ERROR: …     （略）
         HLT
```

7.3.2 利用 8251A 实现双机串行通信

【例 7.5】应用 8251A 串行接口芯片，实现两台微型计算机的近距离（不超过 15m）通信。要求：采用 8251A 串行异步通信方式，甲机发送，乙机接收，分别编程控制两台微机的发送及接收操作。其中 8251A 的数据口地址为 D0H，控制/状态口地址为 D1H。

分析：因为本系统为近距离通信，所以不需要使用 Modem，两台微机直接通过 RS-232C 线缆相连即可，且通信双方均作为 DTE；通信时均认为对方准备就绪，因此可以不使用 $\overline{DTR}$、$\overline{DSR}$、$\overline{RTS}$、$\overline{CTS}$ 联络信号，仅使 8251A 的 $\overline{CTS}$ 接地即可。由于采用 EIA RS-232 接口标准，所以需要 EIA/TTL 电平转换电路。利用 8251A 进行双机通信的硬件连接如图 7-22 所示。

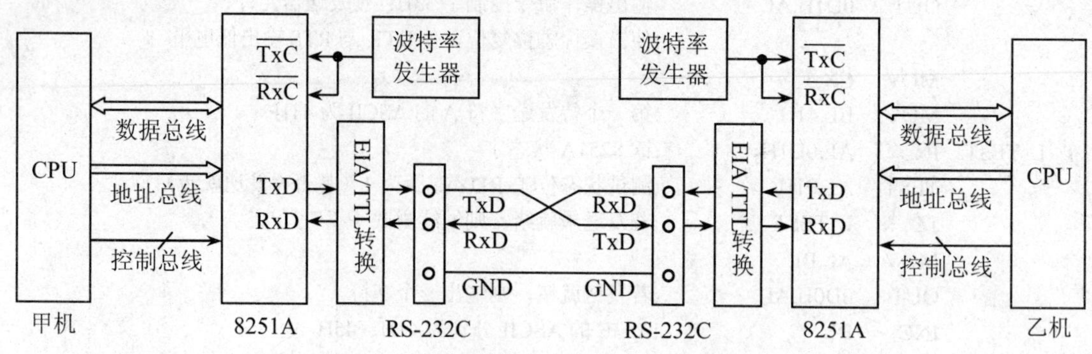

图 7-22 8251A 实现双机通信的硬件连接图

甲、乙两机可以进行半双工或全双工通信。CPU 与 8251A 接口之间可按查询方式或中断方式进行串行异步数据传送，这里采用查询方式、半双工通信。下面给出甲机（发送端）与乙机（接收端）的初始化及控制程序。

1．甲机（发送端）初始化及控制程序

```
DATA     SEGMENT
STRING   DB      "HOW ARE YOU … "       ;定义待发送的字符串
COUNT    =       $-STRING
DATA     ENDS
CODE     SEGMENT
         …
BEGIN:   MOV    DX,0D1H              ;8251A 控制/状态端口地址为 0D1H
         MOV    AL,00H
         OUT    DX,AL                ;空操作
         MOV    AL,40H
         OUT    DX,AL                ;输出操作命令控制字 40H：进行内部复位
         NOP
         MOV    AL,7FH
         OUT    DX,AL                ;输出方式选择控制字 7FH：异步方式、每字符 8 位、
                                     ;偶校验、1 个停止位、波特率因子为 64
         MOV    AL,33H
         OUT    DX,AL                ;输出操作命令控制字 33H：使发送器允许、
                                     ;使错误标志位复位、使 DTR 与 RTS 输出低电平
         LEA    SI,SRTING
         MOV    CX,COUNT
L_OUT:   MOV    DX,0D1H
         IN     AL,DX                ;读 8251A 状态字
         TEST   AL,01H               ;查询状态位 TxRDY 是否为 1（是否为发送就绪）
         JZ     L_OUT                ;若发送未就绪，则继续查询
         MOV    DX,0D0H              ;8251A 数据端口地址为 0D0H
         MOV    AL,[SI]
         OUT    DX,AL                ;若发送就绪，则从发送区取一个字符发送
         INC    SI
         LOOP   L_OUT                ;循环，准备发送下一字符
```

```
EXIT:     MOV    AX,4C00H
          INT    21H
CODE      ENDS
          END
```

2. 乙机（接收端）初始化及控制程序

```
DATA      SEGMENT
STRING    DB      100 DUP(?)              ;预定义存储区，假定准备接收 100 个字符
COUNT     =       $-STRING
DATA      ENDS
CODE      SEGMENT
          …
BEGIN:    MOV     DX,0D1H                 ;8251A 控制/状态端口号地址为 0D1H
          MOV     AL,00H
          OUT     DX,AL                   ;空操作
          MOV     AL,40H
          OUT     DX,AL                   ;输出操作命令控制字 40H：进行内部复位
          NOP
          MOV     AL,7FH
          OUT     DX,AL                   ;输出方式选择控制字 7FH，帧格式与发送方的定义相同
          MOV     AL,14H
          OUT     DX,AL                   ;输出操作命令控制字 14H：使接收器允许、复位错误标志位
          MOV     DI,STRING
          MOV     CX,COUNT
L_IN:     MOV     DX,0D1H
          IN      AL,DX                   ;读 8251A 状态字
          TEST    AL,02H                  ;测试状态位 RxRDY 是否为 1（是否为接收就绪）
          JZ      L_IN                    ;若接收未就绪，则继续测试
          TEST    AL,38H                  ;测试状态位，查询是否有奇偶错、溢出错、帧错
          JZ      L_ERROR                 ;若发现错误，则转去错误处理程序 L_ERROR 处
          MOV     DX,0D0H                 ;8251A 数据端口地址为 0D0H
          IN      AL,DX
          MOV     [DI],AL                 ;若接收就绪，则接收一个字符，并保存到存储区
          INC     DI
L_ERROR:  …       （略）
          LOOP    L_IN                    ;循环，准备接收下一个字符
EXIT:     MOV     AX,4C00H
          INT     21H
CODE      ENDS
          END
```

习题与思考

7.1 下列（　　）传输方式用于通信双方同时双向通信。

A. 单工　　B. 半双工　　C. 全双工　　D. 以上三种方式都可以

7.2 某串行异步通信系统中，波特率因子为 16，接收器接收波特率为 300 的串行数据，

那么加到 $\overline{RxC}$ 上的接收时钟频率应该是（　　）。

A．300　　B．4800　　C．9600　　D．19200

7.3　串行异步通信时信息传送的主要特点是（　　），串行同步通信时信息传送的主要特点是（　　）。

A．通信双方不必同步　　B．每个字符的发送是独立的

C．字符之间的传送时间间隔应相等　　D．数据传送速率决定于波特率

7.4　任何情况下波特率都等于比特率，这种说法（　　）。

A．对　　B．错

7.5　串行异步通信时，通信双方对帧格式（包括校验方式、停止位数、字符位数、波特率因子）的约定是可以不同的，这种说法（　　）。

A．对　　B．错

7.6　因为 8251A 是串行接口，所以 8251A 为数据通信设备与 CPU 之间的通信进行数据转发时，8251A 两端的数据输入/输出都是串行方式的，这种说法（　　）。

A．对　　B．错

7.7　下列说法中，正确的有（　　）。

A．CRC 循环冗余校验法常用于串行同步通信中

B．CRC 循环冗余校验法常用于串行异步通信中

C．奇偶校验法常用于串行同步通信中

D．奇偶校验法常用于串行异步通信中

7.8　在时钟频率相同的情况下，串行同步方式的传输效率高于异步方式的传输效率，其主要原因有（　　）。

A．发生错误的概率小　　B．字符之间无间隔

C．附加位信息总量少　　D．双方通信同步

7.9　串行通信中的调制方法通常有哪几种？

7.10　并行通信与串行通信的主要区别是什么？各有何优缺点？各适用于何种场合？

7.11　对比串行同步通信与串行异步通信，二者在哪些方面不同？

7.12　串行同步通信和串行异步通信的接收端是如何与发送端同步的？

7.13　某串行异步通信系统中，发送 8 位的字符，使用 1 个奇校验位和 2 个停止位。若每秒发送 100 个字符，其波特率是多少？

7.14　若某一终端以 1200 波特率的速率发送异步串行数据，发送 1 位需要多少秒？若 1 个字符包含 7 个数据位、1 个偶校验位、1 个停止位，那么发送 1 个字符需要多长时间？

7.15　某串行异步通信系统中，波特率为 1200，每个字符包含 7 个数据位、1 个起始位、1 个停止位、1 个奇/偶校验位，那么每秒钟最多传输多少字符？

7.16　某系统中的 8251A 工作于异步通信方式，偶校验、7 个数据位、1 个停止位、波特率因子为 64，复位出错标志位，允许发送和接收，并发出“数据终端就绪”有效信号，该 8251A 的端口地址为 3CH、3DH，试编写初始化程序。

7.17　如图 7-22 所示，某双机近距离串行通信系统中，通信双方约定为 1 个停止位，奇校验，波特率因子为 16，其他参数不变，试写出方式选择控制字和操作命令控制字，并编写甲乙两机的初始化程序及发送字符串 Hello 的控制程序。

第 8 章　中断技术及中断控制器

学习目标

中断技术是现代计算机系统中很重要的功能，也是计算机硬件接口及应用系统设计开发人员必须熟练掌握的一项关键技术。本章介绍了中断技术中的基本概念、技术，讲解了 8086 中断系统，重点介绍了典型的可编程中断控制器 8259A 的内部结构、工作特点、主要功能及其应用。

通过本章的学习，读者应理解中断技术中的基本概念、中断处理过程，领会中断系统在微型计算机中的重要作用，掌握中断控制器 8259A 的结构、功能、编程及其应用。

8.1　中断技术概述

中断技术是微型计算机系统的核心技术。最初，中断技术引入计算机系统，只是为了解决 CPU 与外设之间的速度矛盾。随着计算机软、硬件技术的发展，中断技术被不断地赋予新的功能，如计算机故障检测与自动处理、实时信息处理、多道程序分时操作和人机交互等。

中断技术在微型计算机系统中的应用，不仅可以实现 CPU 与外部设备并行工作，而且可以及时处理系统内部和外部的随机事件，使系统能够更加有效地发挥效能。

8.1.1　中断技术中的概念

1. 中断及中断服务子程序

当 CPU 正在执行某一程序时，由于程序的预先安排或系统内部、外部事件的请求，强迫 CPU 暂停现行程序，转去执行处理该事件的特定程序（称为中断服务子程序），执行完毕后能够自动返回到被中断的程序继续执行，这个过程称为中断。

发生中断后，CPU 在原程序的执行过程中插入了另一段程序的运行。CPU 执行的原程序被中断时，后继指令的地址称为断点。中断时原程序的执行状态（如某些寄存器值、标志位状态等）称为现场。所以说，中断就是 CPU 在正常运行程序时，响应中断请求，转而去执行中断服务子程序，待完成中断事件处理后，返回断点继续执行原程序的过程。

中断服务子程序就是为完成中断源所期望的功能而编写的程序。例如，有的外设提出中断请求是为了与 CPU 交换数据，则在中断服务子程序中，主要进行输入/输出操作；有的外设提出中断请求，是期望 CPU 给予控制，那么中断服务子程序的主要功能就是发出一系列控制信号。这些具体操作构成了中断服务子程序的主体。

除此之外，在中断服务子程序的开始要有保护现场的入栈指令；在子程序的最后还要有恢复现场的出栈指令及中断返回指令。

在微型计算机系统中有很多中断源，对应有许多中断服务子程序，有的中断服务子程序已编制好并固化在 ROM 中，有的可由用户自行编制开发使用。每个中断源对应一个称为中断类型号的编码，根据这个中断类型号，CPU 可以找到相应的中断服务子程序并调用执行。

应用中断技术后的微型计算机具有以下几方面的功能特点：

（1）可实现同步操作。在 CPU 运行程序的过程中，慢速外设进行数据传送前的准备工作，待准备好后就向 CPU 发出中断请求信号，于是 CPU 响应中断，暂停现行的程序，转去执行中断服务子程序，执行完以后，CPU 恢复执行原来的程序。

可见，中断方式不仅可以实现 CPU 与外设之间的并行工作，而且可使各个外设一直处于有效的工作状态，从而大大提高主机的使用效率，也加快了输入/输出的速度。

（2）可进行实时处理。在实时控制系统中，现场的各种信息和参数都需要计算机及时作出分析和处理，从而对被控对象立即作出响应，使被控对象保持在最佳工作状态。中断技术能确保 CPU 对实时信号的及时响应。

（3）能及时处理各种故障。由于计算机在运行过程中会随机出现一些无法预料的故障，如电源掉电、数据存储和运算错误，以及存储器超量装载、信息校验出错等。利用中断系统，CPU 就可以根据故障源及时发出的中断请求，立即转去执行相应的故障处理程序，将故障的危害降到最低程度，从而提高微型计算机系统工作的可靠性。

2. 中断源

引起 CPU 中断的外部事件或内部原因，称为中断源，通常按照 CPU 与中断源的位置关系可分为内部中断和外部中断。外部中断是由外部硬件引起的中断，又称硬件中断，内部中断也称软件中断，是由主机内部产生或者由程序预先安排产生的中断。

能够引起 CPU 中断的中断源有：

（1）数据输入/输出设备请求中断。键盘、鼠标、打印机等外设经常要与主机交换数据，但自身工作速度又与 CPU 差异过大，所以为了不影响 CPU 的工作效率，在其准备就绪之后，才向 CPU 发出中断请求，要求 CPU 为其数据的输入/输出提供服务。

（2）故障报警强迫中断。计算机在一些关键部位都设有故障自动检测装置。如电源掉电、运算溢出、存储器数据校验出错、外部设备故障以及其他报警信号等，这些装置的报警信号都能使 CPU 立即中断，进行相应的故障处理。

（3）实时时钟定时请求中断。在计算机内部或自动控制系统中需要周期性的定时控制或定时检测，经常采用外部时钟电路进行定时操作，待达到某一定时时间，就会发出中断申请，请求 CPU 转去完成相应的控制或检测等工作。例如，PC/XT 机中的 8253 定时/计数器每隔 55ms 申请一次中断，CPU 以此为基准，调整一天的时间。

（4）程序调试设置软件中断。一个新的程序编制后，在调试过程中，往往希望程序中间自愿中断来检查中间结果或者寻找错误所在，这时常常采用软件中断的检查手段，即在程序中设置断点中断或单步中断。

8.1.2 中断的基本原理

1. 中断请求

引起 CPU 中断的中断源有硬件中断和软件中断，对于硬件中断，因为中断源要求 CPU 为其服务的时刻对于 CPU 而言大多是随机的，所以当外设准备就绪，要求 CPU 为其服务时，必须先向 CPU 提出申请，这是通过硬件线路向 CPU 发出中断请求信号实现的。CPU 在执行完每条指令后，自动检测中断请求输入线，以确定是否有外部发来的中断请求信号。

对于软件中断，因为是在 CPU 运行程序过程中，由于指令执行时发生错误，或者执行到预先编制好的中断指令时产生的，所以无需硬件中断请求，CPU 会自动调用相应的中断服务子程序，完成相应的处理功能。

2. 中断屏蔽

当 CPU 检测到中断请求时，不一定立即为其服务。因为有的程序是不能被打断的，如 CPU 正在执行某个定时程序时，无论中断源级别高低均不能响应，此时的中断应该是屏蔽的。微型计算机系统中的大部分中断源是可屏蔽的，称为可屏蔽中断；但有个别的中断请求，如电源故障、内存校验出错等，无论在什么情况下都要求不受限制地立即被 CPU 响应，不能被屏蔽，这种中断称为非屏蔽中断。

对于可屏蔽中断，可以人为地控制其是否被屏蔽。在 CPU 内部有一个中断允许标志位 IF，当其为 1（开中断状态）时，允许 CPU 响应所有中断，当其为 0（关中断状态）时，所有可屏蔽中断源的请求将被屏蔽掉。IF 状态开关可用指令（如 STI、CLI 指令）实现。另外，在计算机硬件系统中有一个中断屏蔽寄存器，其中每一位对应一个可屏蔽中断源，某位为 1 时，表明屏蔽该位对应的中断源的中断请求，为 0 时，表明开放该位对应的中断源的中断请求。

需要说明一点，中断屏蔽是针对可屏蔽中断源的，当有非屏蔽中断请求时，CPU 应该立即响应，所以不受 IF 状态的影响。

3. 中断优先级及中断判优

能引起 CPU 中断的原因很多，当系统中有多个中断源同时申请中断时，CPU 应根据任务的轻重缓急，依次响应。为此，应给每个中断源指定一个被 CPU 优先响应的顺序，即中断优先级。当多个中断源同时申请中断时，先响应中断优先级高的，处理完后再响应低优先级的中断请求。

所谓中断判优，就是当有多个中断源同时发出中断请求时，CPU 识别出哪一个中断源的优先级最高的方法。中断判优的方法有软件查询法和硬件排队法。

（1）软件查询法。用软件查询方式判优很简单，只需在查询程序中根据查询顺序来确定优先级，在硬件上不作硬性规定。在查询程序中，优先级别高的中断源先被查询到，若查询出该中断源有中断请求，那么它先被响应，否则 CPU 依次执行后续查询指令，查询下一个中断源。软件查询判优流程如图 8-1 所示。从图中可见，中断源 A 的优先级最高，N 的优先级最低。

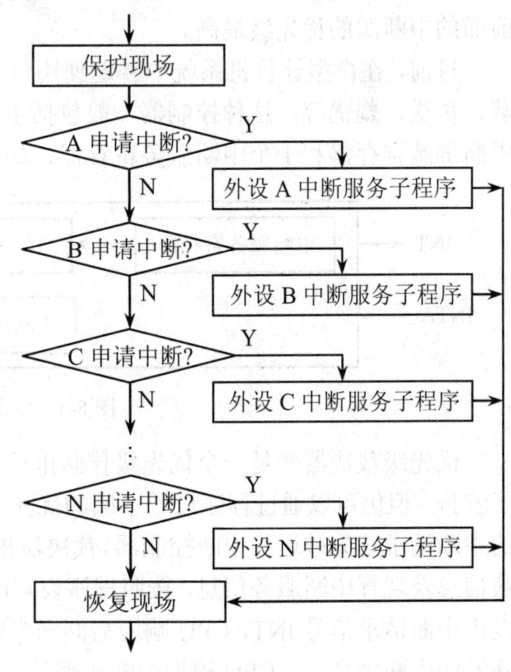

图 8-1 软件查询判优法流程图

这种查询方式的缺点是响应速度慢，特别是当中断源较多时，因为需要逐个查询，所以排在后面的中断源可能要等待很长时间才能得到响应。但因为这种软件查询程序是由程序员编制的，可以根据需要改变查询顺序，具有灵活的特点，而且不需要额外增加硬件判优逻辑，使中断系统的硬件简单。

（2）硬件排队法。硬件排队判优电路形式众多，编码器组成的中断优先级排队电路和链式优先级排队电路最常用。链式优先级排队电路是一种简单的中断优先级硬件排队电路，如图 8-2 所示，它是根据外设在系统中的物理位置来决定其中断优先级的。排在最前面的优先级最高，排在最后的优先级最低。

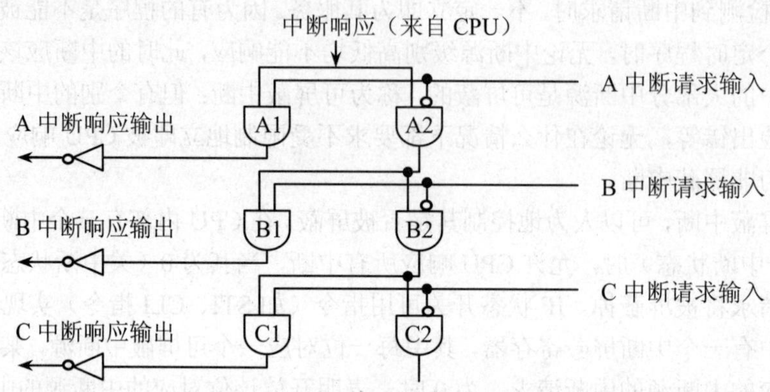

图 8-2　链式中断优先级排队电路

当有多个外设中断请求，且 CPU 发出中断响应信号（高电平有效）后，CPU 究竟响应的是哪一个外设的中断请求呢？图 8-2 中，若外设 A 发出中断请求（高电平信号输入），则“与”门 A1 输出有效电平信号，即外设 A 的请求被送出，同时 A2 输出的低电平信号封锁了 B、C 等其他外设的请求；当外设 A 无中断请求时，A2 输出的高电平把 CPU 的中断响应信号传递到 B1 和 B2，若此时外设 B 有中断请求，则 B1 输出有效电平信号，即外设 B 的请求被送出，同时 B2 输出的低电平信号封锁了 C 等其他外设的请求……显然，链式优先级排队电路使排在前面的中断源的优先级最高。

目前，在微型计算机系统中普遍使用可编程的中断控制器，负责对中断请求进行接收、屏蔽、传送、判优等。这种控制器一般包括 1 个中断优先级裁决器、1 个中断请求寄存器、1 个中断屏蔽寄存器和 1 个中断服务寄存器，如图 8-3 所示。

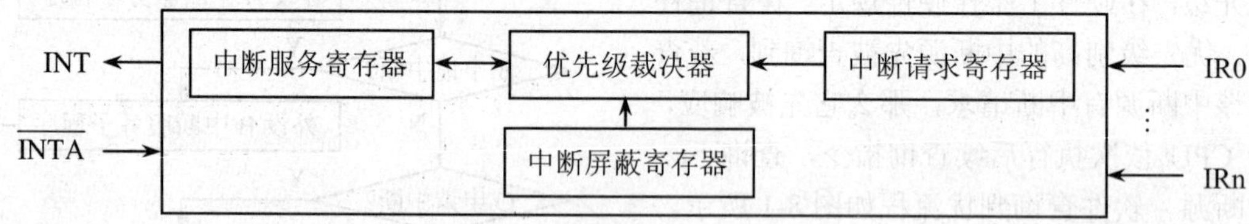

图 8-3　中断控制器一般结构

优先级裁决器就是一个优先级排队电路，尽管该逻辑在硬件上已对各个请求的优先顺序做了安排，但仍可以通过程序设置不同的优先级方式，以达到动态修改优先级的目的。各中断源的中断请求首先被送往中断控制器，裁决器根据中断屏蔽寄存器及中断服务寄存器所提供的屏蔽信息及现行中断服务信息，按照程序设置的中断优先级，对各中断请求进行判优，并向 CPU 发出中断请求信号 INT，CPU 响应后回送中断响应信号 $\overline{INTA}$，并从中断控制器获得被批准中断源的中断类型号，CPU 根据中断类型号可以找到中断服务子程序并执行。

4. 中断嵌套（多重中断）

如图 8-4 所示，中断嵌套是指在处理某一中断的过程中，又有比当前中断优先级更高的中断请求，CPU 挂起原中断服务子程序的执行，转去执行新的中断处理，处理完毕后自动返回到挂起的原中断服务子程序继续执行。此时若有低级或同级的中断请求均不响应。

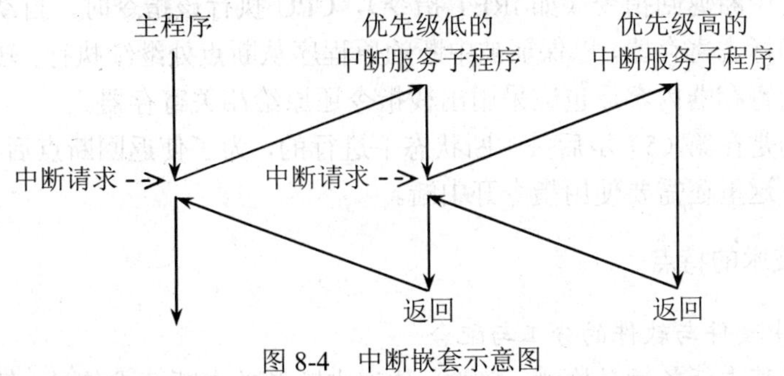

图 8-4 中断嵌套示意图

5. 中断响应过程

如果 CPU 响应某一中断请求，就会调用相应的中断服务子程序进行中断处理。具体过程包括以下几个步骤：

（1）识别中断源。CPU 在执行每条指令的最后一个时钟周期，都由硬件自动检测是否有中断请求信号，包括可屏蔽中断请求和非屏蔽中断请求。对于可屏蔽中断，如果有中断请求且 CPU 处于开中断状态，又没有其他主部件请求总线，对于非屏蔽中断，如果有中断请求而无论 CPU 是否开中断，CPU 都会在当前指令周期结束后予以响应，回应给中断源一个中断响应信号。

但是 CPU 首先必须识别出是哪一个中断源发出的中断请求，特别是有多个中断源同时发出中断请求时，需要进行中断判优，这项工作通常由中断系统中专门的硬件电路来完成。

（2）关中断、保护现场、保护断点。CPU 响应中断后，首先关中断（使 IF＝0），然后保存现场和断点，即将当前标志寄存器和程序计数器 CS、IP 的内容入栈保存。这一步是中断隐操作，由系统硬件自动完成。

另外，在 CPU 将要执行的中断服务子程序中可能要用到某些寄存器，而这些寄存器也许在原程序被打断时存放着某些有用的内容，为了在返回后不破坏原程序在断点处的状态，也应将这些寄存器的内容入栈保存，通常使用入栈指令实现。

（3）开中断。由于 CPU 响应中断时自动关中断了，所以在某些情况下为了能够实现中断嵌套，就需要在适当的位置设置一条开中断指令，使系统处于开中断状态（IF＝1），以便随时对优先级更高的中断请求作出响应。

若在执行本次中断服务子程序过程中，不希望再响应其他的可屏蔽中断请求，则可以不做开中断操作。

（4）中断服务。CPU 通过执行一段特定的程序来完成对中断事件的处理。如输入/输出数据、处理掉电故障、处理各种错误等。这段中断处理程序构成中断服务子程序的主体。

通过将中断服务子程序的入口地址置入程序计数器 CS、IP 中，使 CPU 转入中断服务子程序的执行。中断源不同，要求 CPU 所做的处理也不同，相应的中断处理程序也就不同，其入口地址也不同。各种不同的微处理器形成中断服务子程序入口地址的方法也不尽相同。

（5）关中断。为保证下一步将要进行的恢复断点、恢复现场工作能够顺利进行，不被打断，应在这一步关中断，可用关中断指令实现。若第（3）步没有开中断操作，这里就不必关中断了。

（6）恢复断点、恢复现场、开中断，中断返回。中断服务结束后，中断服务子程序的最后一条指令必须是中断返回指令（如 IRET 指令），CPU 执行该指令时，自动把断点和现场出栈给程序计数器和标志寄存器，以保证被中断的原程序从断点处继续执行。转入中断服务子程序前已入栈保存的寄存器内容，也应采用出栈指令还原给相关寄存器。

因为恢复现场是在第（5）步后关中断状态下进行的，为了使返回断点后 CPU 能响应其他可屏蔽中断请求，这里还需要使用指令开中断。

8.1.3 中断技术的特点

1. 中断技术中硬件与软件的分工与配合

硬件承担的最基本任务就是检测、接收、传送中断源的中断请求信号，管理中断屏蔽、中断判优、断点保护与恢复，以及形成中断服务子程序的入口地址。完成这些工作的硬件，有的是 CPU 外部电路，有的是 CPU 内部电路，还有的是 CPU 外部附加芯片（如 8259A）。

软件承担的任务就是中断服务子程序所完成的工作。在中断服务子程序中，除了首尾使用入栈和出栈指令进行现场的保护和恢复外，主要的工作就是进行控制或数据交换。

2. 中断方式与查询方式的区别

虽然这两种方式都适用于 CPU 与慢速外设的协调工作，但二者有着本质的区别。

（1）在工作过程中，起主动作用的角色不同。

查询方式中，以外设为中心，CPU 处于主动方。CPU 不断查询外设状态，判断外设是否准备就绪，直到外设准备就绪，CPU 才与外设交换数据。而中断方式中，以 CPU 为中心，外设处于主动方。CPU 不必等待慢速外设，只管不断地运行主程序，而不管外设状态，只有当外设准备好，提出中断请求时，CPU 才与外设打交道。

（2）在工作过程中，CPU 与外设工作的并行或串行方式不同。

在查询方式下，当外设未准备好时，CPU 一直等待，直到外设准备就绪后 CPU 才脱离等待进入 I/O 工作状态，所以这种串行方式下 CPU 的工作效率非常低。而在中断方式下，慢速外设做自己的准备工作，同时 CPU 运行自己的主程序，而不是等待外设，只有外设准备好并通知 CPU 后，CPU 才暂停现行的工作，转去处理外部事件，处理完毕后，CPU 与外设又分头各自工作，这种并行工作可以提高 CPU 的工作效率。

3. 执行中断服务子程序与调用子程序的比较

尽管执行中断服务子程序和调用子程序都是暂停 CPU 现行的主程序，转去执行另一段子程序，但是二者有几点不同：

（1）进入子程序的时机不同。

调用子程序是在主程序中执行调用指令（CALL 指令）时进入子程序的，该指令在主程序中的位置是由程序员预先设定的，是预知的。而外部中断请求却是随机的，所以主程序执行到何时会暂停并转去执行中断服务子程序，是由外设提出中断请求的时刻决定的，断点在主程序中的位置是随机的；但软件中断指令（INT 指令）引起的中断是预知的，这一点与调用子程序一致。

（2）保护断点的手段不同。

保护断点都是将返回地址入栈保存，但调用子程序的保护断点是在执行 CALL 指令的指令周期中完成的，软件中断的保护断点也是在执行 INT 指令的指令周期中完成的，而外部中断时的保护断点却是在中断响应周期（不属于任何指令周期）中完成的。

（3）入口地址的形成方法不同。

调用子程序时，子程序的入口地址由调用指令提供。而中断服务子程序的入口地址由 CPU 根据中断类型号获得，对于硬件中断，中断类型号由硬件电路向 CPU 提供，对于软件中断，由 INT 指令提供。

（4）返回指令不同。

普通子程序的返回指令（RET 指令）仅仅将返回地址出栈给程序计数器。而中断返回指令（IRET 指令）不仅将返回地址出栈给程序计数器，还出栈恢复标志寄存器的内容。

8.2 8086中断系统

Intel 8086 中断系统具有很强的中断处理能力，而且中断系统简单、灵活，最多可处理 256 种不同的中断，每个中断源都有相应的中断类型号（0～255）供 CPU 识别。

8.2.1 中断类型

在 8086 中断系统中，中断源可以来自 CPU 内部，也可以来自 CPU 外部，根据中断源的位置可分为内部中断和外部中断，如图 8-5 所示。

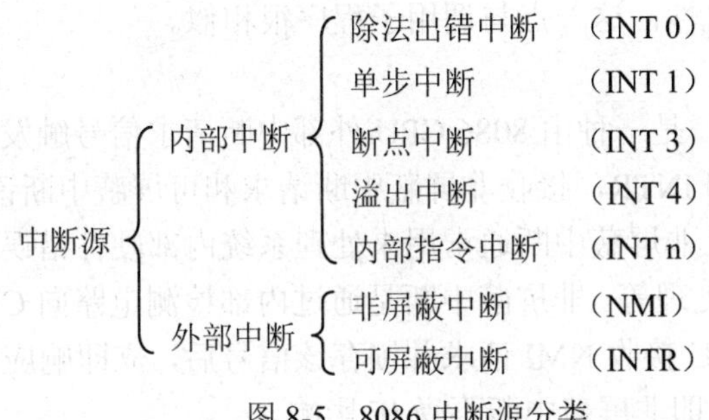

图 8-5 8086 中断源分类

1. 内部中断

内部中断也称软件中断，是为了调试程序而设置的中断，或为了处理程序运行过程中发生的一些意外情况，从而保证程序的正确性而自动调用的中断。内部中断一般是在执行某条指令时或根据标志寄存器的某个标志位的状态而产生的，一般有除法出错中断、溢出中断、断点中断、单步中断和内部指令 INT n 中断。

（1）除法出错中断（INT 0）。CPU 在执行除法指令时，若发现商溢出或除数为 0 时，立即产生一个中断类型号为 0 的内部中断。

（2）单步中断（INT 1）。单步中断是专门为调试程序而设置的中断。单步是一种调试程序的方法，它可以较方便地找到程序的错误所在。在单步调试过程中，CPU 每执行一条指令便会产生一次单步中断，以跟踪程序的执行过程。

使标志寄存器中的陷阱标志 TF 置位（TF＝1）时，CPU 便进入单步方式，于是每执行一条指令就自动产生一个中断类型号为 1 的内部中断。

（3）断点中断（INT 3）。断点中断也是专门为调试程序而设置的中断。断点是程序调试的又一种方法，可将一条断点指令 INT 3 插入程序中，当 CPU 执行到该断点处时，就产生一个中断类型号为 3 的中断，以方便程序员检查一段程序执行后的情况。

（4）溢出中断（INT 4）。溢出中断是在溢出时由 INTO 指令引起的。当执行某次算术运算指令后，若运算结果使溢出标志位 OF 置 1，那么紧跟其后的 INTO 指令，将会产生中断类型号为 4 的内部中断，该中断为程序员提供了处理溢出手段。通常 INTO 指令与算术运算指令配合使用。

与除法出错中断不同的是，溢出状态不会自动产生中断请求，OF＝1 仅是一个必要条件。

（5）用户定义软件中断指令（INT n）。8086 指令系统中有一条中断指令 INT n，其中的 n 为中断类型号，其范围为 0～255。在程序中，CPU 每执行一条 INT 指令就会发生一次中断，用户可以用 INT n 指令方便地调用不同类型号所代表的中断服务子程序，用户也可以用这条指令定义自己的软中断。

概括起来，软件中断具有以下几方面的特点：

（1）中断由 CPU 内部引起，与外部电路无关，CPU 不需要执行中断响应周期从外部获得中断类型号，中断向量由 CPU 自动提供。

（2）除单步中断外，内部中断无法用软件禁止，不受中断允许标志位 IF 的影响。

（3）除单步中断外，任何内部中断的优先级都高于外部中断。8086 CPU 的中断优先级由高至低依次为：内部中断（单步除外）→NMI 中断→INTR 中断→单步中断。

（4）内部中断没有随机性，这一点与调用子程序很相似。

2. 外部中断

外部中断也称硬件中断，是一种由 8086 CPU 外部中断请求信号触发的中断，两条外部中断请求信号线分别是 NMI 和 INTR，接收非屏蔽中断请求和可屏蔽中断请求。

（1）非屏蔽中断 NMI。非屏蔽中断通常用来处理系统内部硬件错误或紧急情况，如系统掉电处理、存储器校验错误处理等。非屏蔽中断是通过内部检测电路向 CPU 的 NMI 引脚发出中断请求信号来实现的。CPU 接收 NMI 请求并锁存该信号后，立即响应中断，不管此时中断允许标志位 IF 的状态如何，即非屏蔽中断不受 IF 影响。

Intel 公司在设计 8086 CPU 芯片时，已将 NMI 的中断类型号设定为 2，所以 CPU 响应非屏蔽中断时，不要求中断源向 CPU 提供中断类型号，也不执行中断响应周期，更不需要中断判优。CPU 采样到 NMI 引脚有中断请求后，自动执行中断类型号为 2 的中断服务子程序。

（2）可屏蔽中断 INTR。可屏蔽中断源主要是外设，当外设请求 CPU 控制或请求与 CPU 交换数据时，通过接口向 CPU 的 INTR 引脚发出中断请求信号。CPU 在当前指令周期的最后一个时钟周期采样 INTR 中断请求线，若发现有中断请求，CPU 将根据中断允许标志位 IF 的状态决定是否响应。

若 IF＝1（开中断状态，可用 STI 指令设置），表示允许 CPU 响应 INTR 中断请求，CPU 便在执行现行指令后转入中断响应周期；若 IF＝0（关中断状态，可用 CLI 指令设置），表示禁止 CPU 响应 INTR 线上的中断请求。

Intel 公司设计了专用的可编程中断控制器 8259A（详见 8.3 节）用来管理多个外部中断。

请求中断处理的外设通过 8259A 的 8 条外部中断请求信号 IR0～IR7 来请求中断服务。这些外部设备请求中断时，请求信号输入至 8259A 的 IR 端，由 8259A 根据优先级和屏蔽状态决定是否发出中断请求信号 INT 到 CPU 的 INTR 端。

与非屏蔽中断相比，可屏蔽中断主要有以下几方面的特点：

1）请求信号经中断判优后再送往 CPU。

2）CPU 可通过对中断允许标志位 IF 置位或复位，来允许或禁止 INTR 的请求。

3）请求被响应后，由中断控制器 8259A 向 CPU 提供中断类型号。

4）允许中断嵌套。

综上所述，8086 中断系统结构如图 8-6 所示。

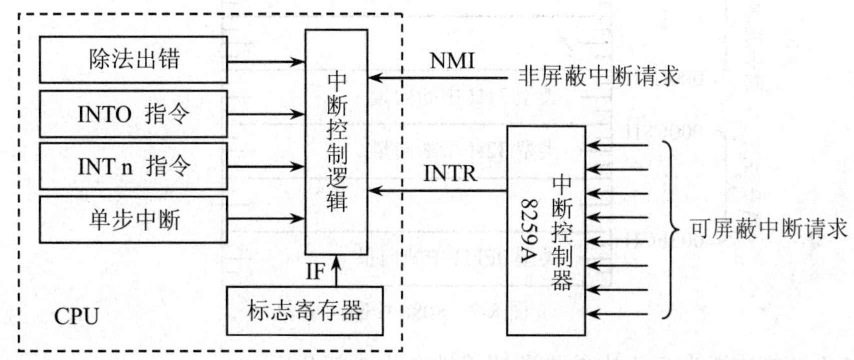

图 8-6　8086 中断系统结构

8.2.2　中断向量表

每一个中断服务子程序都有一个唯一的入口地址，称为中断向量（又称中断矢量）。我们为每个中断源指定一个编号，称为中断类型号。每个中断类型号与一个中断服务子程序相对应。我们把系统中所有的中断向量集中起来，放到存储器的某一区域内，存储时按照中断类型号从小到大的顺序，这个存放中断向量的存储区叫作中断向量表。

8086 系统在存储器的最低 1KB 区域（物理地址为 00000H～003FFH）建立一个中断向量表，存放 256 个中断类型的中断向量。这 1024 个单元被分成 256 组，每组包括 4 个字节单元，存储一个中断向量的段基址和偏移地址，高 2 个字节用于存放段基址，低 2 个字节用于存放偏移地址，如图 8-7 所示。

在执行某一条 INT n 指令时，CPU 首先对现场和断点进行保护，然后将中断指令中的中断类型号 n 乘以 4，得到一个地址，这个地址就是 n 号中断服务子程序的入口地址在中断向量表中的存放地址。按照这个地址，取出连续 4 个字节单元的内容，即 n 号中断服务子程序入口的段基址和偏移地址，分别送入 CS 和 IP，以实现 n 号中断调用。

例如，INT 8 中断服务子程序的中断向量为 0BA9H:00ABH（物理地址为 0BB3BH），已存放于中断向量表的 00020H 地址单元中，具体的，(00020H)＝00ABH，(00022H)＝0BA9H。当 CPU 响应类型号为 8 的中断请求时，获取其中断服务子程序入口地址的方法是：先计算 8×4＝32＝20H，然后从 20H 和 22H 地址单元读出 2 个字信息分别送入 IP 和 CS，使 CS:IP 指向逻辑地址 0BA9H:00ABH 处，于是 CPU 便转去执行从物理地址 0BB3BH 开始的 8 号中断服务子程序。

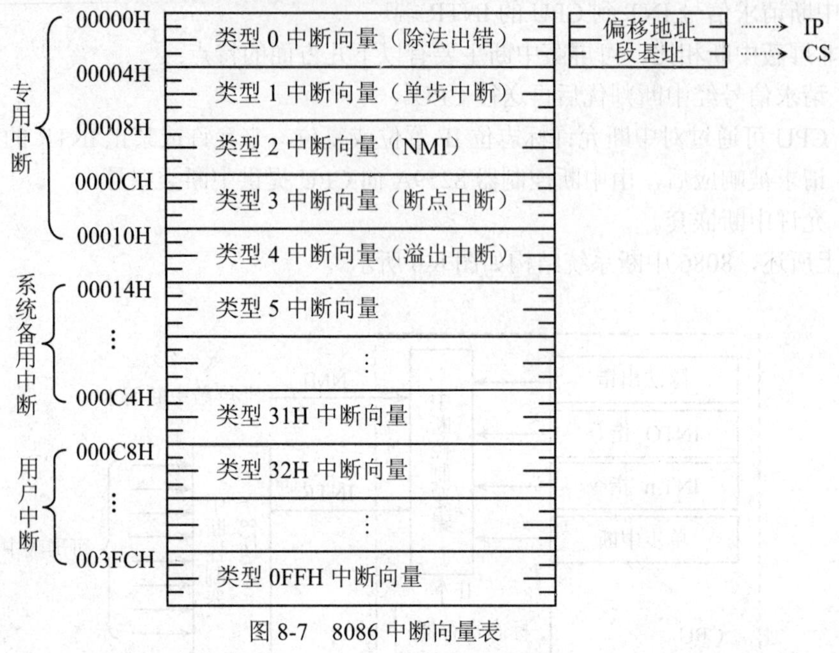

图 8-7 8086 中断向量表

8086 系统把中断向量表中的中断明确地分为 3 部分：

（1）专用中断。类型号 0～4，共有 5 种类型。其中断服务子程序的入口地址已由系统定义，不允许用户随意修改。

（2）系统备用中断。类型号 5～31H。它们是 Intel 公司为软、硬件开发保留的中断类型，一般不允许用户改作其他用途。其中许多中断已被系统开发使用，如类型号 08H～0FH 是 PC/XT 机上中断控制器 8259A 占用的中断类型号，类型号 21H 已作为 DOS 功能调用的软件中断，类型号 10H～1FH 为 ROM BIOS 中断。

（3）用户中断。类型号 32H～0FFH，可供用户使用的中断。这些中断可由用户用 INT n 指令自定义为软中断，也可以是通过 INTR 引脚由中断控制器 8259A 引入的可屏蔽硬件中断，中断服务子程序的入口地址由用户程序装入。

PC/XT 系统中各中断类型号分配情况如表 8-1 所示。

表 8-1 PC/XT 中断类型号分配表

中断类型号	中断服务功能	来源	中断类型号	中断服务功能	来源
00H	除法出错中断	内部微处理器	18H	常驻 BASIC 入口地址	ROM BIOS
01H	单步中断	内部微处理器	19H	引导程序入口地址	ROM BIOS
02H	非屏蔽中断	NMI	1AH	日时钟驱动程序	ROM BIOS
03H	断点中断	内部微处理器	1BH	CTRL-BREAK 入口地址	ROM BIOS
04H	溢出中断	内部微处理器	1CH	定时处理程序	ROM BIOS
05H	屏幕打印中断	ROM BIOS	1DH	显示器显示参数表	ROM BIOS

续表

中断类型号	中断服务功能	来源	中断类型号	中断服务功能	来源
06H	（保留）		1EH	软盘参数表	ROM BIOS
07H	（保留）		1FH	字符点阵结构参数表	ROM BIOS
08H	日时钟中断	IR0	20H	程序结束，返回 DOS	DOS
09H	键盘中断	IR1	21H	系统功能调用	DOS
0AH	（保留）	IR2	22H	程序结束地址	DOS
0BH	串行口 2 中断	IR3	23H	CTRL-BREAK 出口地址	DOS
0CH	串行口 1 中断	IR4	24H	标准错误出口地址	DOS
0DH	硬盘中断	IR5	25H	磁盘扇区读	DOS
0EH	软盘中断	IR6	26H	磁盘扇区写	DOS
0FH	打印机中断	IR7	27H	程序结束，驻留内存	DOS
10H	显示器驱动程序	ROM BIOS	28H～3FH	（DOS 保留）	DOS
11H	设备配置检查程序	ROM BIOS	40H	软盘 I/O	ROM BIOS
12H	内存容量检查程序	ROM BIOS	41H	硬盘参数表	ROM BIOS
13H	磁盘驱动程序	ROM BIOS	42H～5FH	（系统保留）	
14H	串行通信驱动程序	ROM BIOS	60H～67H	（用户保留）	
15H	盒式磁带驱动程序	ROM BIOS	68H～7FH	（不用）	
16H	键盘驱动程序	ROM BIOS	80H～F0H	BASIC 使用区	BASIC
17H	打印机驱动程序	ROM BIOS	F1H～FFH	（未用）	

8.2.3　中断管理

在 8086 中断系统中，CPU 根据中断类型号从中断向量表中获取中断服务子程序的入口地址，然后执行中断服务子程序。那么 CPU 是如何获得中断类型号的呢？

1．中断类型号的获取

CPU 有两种方法获取中断类型号：直接获取、外部硬件提供。

（1）直接获取。

对于类型号 0～4 的中断，系统已经规定了产生中断的原因，所以只要有中断产生，CPU 就可以确定中断类型号；同样，许多系统调用功能都是由 INT n 指令直接获得中断类型号的；对于非屏蔽中断，只要 NMI 引脚有中断请求，CPU 会自动调用类型号为 2 的中断服务子程序。

（2）外部硬件提供。

对于外部引入的 INTR 中断，系统中有专门的硬件中断控制器 8259A 进行中断管理，由 8259A 负责向 CPU 提供被响应中断源的中断类型号。具体如图 2-18 中 8086 中断响应周期时序图所示，在 CPU 的中断响应周期里，进行到第 2 个 $\overline{\text{INTA}}$ 周期时，8259A 把中断类型号送上数据总线，在 T2～T4 周期，CPU 从数据总线上获取中断类型号。

2．中断服务子程序入口地址的确定

如前所述，8086 CPU 根据获得的中断类型号，将其乘以 4 后，得到在中断向量表中的存储地址，按照这个地址从中断向量表中取出中断向量，并送入 CS:IP，从而转入中断服务子程序执行。

3. 中断响应顺序

8086 内部的中断控制逻辑电路负责将各类中断源的中断做先级排队，其由高到低的优先级顺序是：内部中断（包括除法出错中断、指令中断、溢出中断）→非屏蔽中断→可屏蔽中断→单步中断。其中各个可屏蔽中断请求的中断优先级由 8259A 排队确定。

4. 中断向量表的设置

若 CPU 响应中断，就会根据中断类型号查找中断向量表，获取相应中断服务子程序的入口地址。中断向量表中的中断向量并非常驻内存，而是在开机上电时，由 ROM BIOS 的自诊断测试程序负责装入内存最低端 0～3FFH 区间，即中断向量表中。表内存放 256 个中断类型的中断向量，这 256 个中断类型有些已由系统定义，有些保留给系统作进一步扩展，有些可由用户根据需要自行定义。

ROM BIOS 将中断类型号为 00H～1FH 的中断向量装入中断向量表，但并未提供部分中断类型号的中断服务子程序；同样，其他保留的中断类型号在中断向量表中存放的中断向量大多是空的，并无具体的中断服务子程序相对应。当系统进一步开发或使用用户自行编制的中断服务子程序时，只需将新编程序的入口地址装入中断向量表中相应单元即可。

另外，在已定义的中断类型中，尽管初始化时已由 ROM BIOS 向中断向量表中填入了专门的入口地址，但某些入口地址并不指向一个中断服务子程序，而是指向一条中断返回指令，如 1BH、1CH 类型，因此用户也可以利用这些中断类型号编制中断服务子程序。

用户如何向中断向量表中装入中断向量呢？下面举例说明。假定有一个用户编制的中断服务子程序，子程序名为 INT_PRO，程序如下：

```
INT_PRO  PROC                          ;用户自行编制的中断服务子程序
         …
         IRET
INT_PRO  ENDP
```

将该程序设为中断类型号 60H 的中断服务子程序，有 3 种方法：

（1）使用 MOV 指令直接装入法。

根据 n×4＝60H×4＝00180H，把物理地址 00180H 用逻辑地址 0000H:0180H 表示，那么将 INT_PRO 子程序的入口地址放入中断向量表中的 0000H:0180H 地址开始的连续 4 个字节单元中即可。可以使用 MOV 指令直接装入。

```
        XOR    AX,AX
        MOV    DS,AX                 ;确定中断向量表的段基址为 0000H
        MOV    BX,60H*4              ;确定 60H 号中断向量在中断向量表中存放的偏移地址
        MOV    AX,OFFSET INT_PRO
        MOV    [BX],AX               ;向中断向量表装入 INT_PRO 子程序的偏移地址
        MOV    AX,SEG INT_PRO
        MOV    [BX+2],AX             ;向中断向量表装入 INT_PRO 子程序的段基址
```

（2）使用串存指令装入法。

串存指令 STOSW 的功能是将 AX 寄存器的内容写入附加段内 DI 指针所指向的字单元中。那么将 ES 内容设为 0000H，DI 内容设为 n×4＝0180H，使用 STOSW 指令，即可完成 INT_PRO 子程序入口地址的装入。

```
        CLD
        XOR     AX,AX
        MOV     ES,AX                          ;确定中断向量表的段基址为 0000H
        MOV     DI,60H*4                       ;确定 60H 号中断向量在中断向量表中存放的偏移地址
        MOV     AX,OFFSET INT_PRO
        STOSW                                  ;向中断向量表装入 INT_PRO 子程序的偏移地址
        MOV     AX,SEG INT_PRO
        STOSW                                  ;向中断向量表装入 INT_PRO 子程序的段基址
```

（3）使用系统功能调用装入法。

利用系统功能调用（INT 21H）的 25H 号功能，可以向中断向量表中装入中断向量。但在系统功能调用前，应将中断类型号 n 预先送入 AL，并由 DS:DX 指定用户子程序的入口地址。系统功能调用后，DS:DX 所指定的地址被设定为中断类型号 n 的中断向量，并写入中断向量表。这种方法的优点是使用简单、安全，在实际应用中比较多见。

```
        PUSH    DS
        MOV     AX,SEG INT_PRO
        MOV     DS,AX                   ;取 INT_PRO 子程序的段基址，预置于 DS 中
        MOV     DX,OFFSET INT_PRO       ;取 INT_PRO 子程序的偏移地址，预置于 DX 中
        MOV     AL,60H                  ;中断类型号 60H 预置于 AL 中
        MOV     AH,25H
        INT     21H                     ;25H 号系统功能调用
        POP     DS
```

在系统的中断类型号 0～255 中，有许多类型号已由系统使用。如果用户企图修改中断向量表中某一中断向量，为了不影响系统的工作，应该先用系统功能调用的 35H 号功能将原有中断向量保存起来，当从用户子程序退出后，再用 25H 号系统功能调用给予恢复。

使用 35H 号系统功能调用前，应将原有中断向量的中断类型号预先送入 AL。系统功能调用后，中断向量就被保存在 ES 和 BX 中，其中 ES 保存段基址，BX 保存偏移地址。

```
        MOV     AL,n                    ;准备保存中断类型号 n 的原有中断向量
        MOV     AH,35H
        INT     21H
        PUSH    ES                      ;入栈保存原 n 号中断服务子程序的段基址
        PUSH    BX                      ;入栈保存原 n 号中断服务子程序的偏移地址
```

【例 8.1】用户自行编制一个子程序，实现在屏幕上显示单字符“S”的功能。要求使用 25H、35H 号功能调用，将用户子程序设为 68H 号中断，调用用户子程序 10 次后，停止显示，恢复原 68H 号中断。

分析：首先利用 35H 号系统功能调用，将原 68H 号中断向量保存到 CSBAK、IPBAK 单元中；然后利用 25H 号系统功能调用，将用户子程序设为 68H 号，即将用户子程序的入口地址送入中断向量表中相应单元；主程序中软中断调用 68H 号用户子程序 10 次后，将保存于 CSBAK、IPBAK 单元中的原 68H 号中断向量恢复到中断向量表中。程序设计如下：

```
DATA    SEGMENT
IPBAK   DW      ?                       ;用于临时保存中断向量
CSBAK   DW      ?
DATA    ENDS
CODE    SEGMENT
```

```
        ASSUME   CS:CODE,DS:DATA
START:  MOV      AX,DATA
        MOV      DS,AX
;保存原 68H 号中断的中断向量于 CSBAK、IPBAK 单元中
        MOV      AL,68H
        MOV      AH,35H
        INT      21H
        MOV      IPBAK,BX
        MOV      CSBAK,ES
;将用户子程序 INT_USER 设为 68H 号中断服务子程序
        PUSH     DS
        MOV      DX,OFFSET INT_USER
        MOV      AX,SEG INT_USER
        MOV      DS,AX
        MOV      AL,68H
        MOV      AH,25H
        INT      21H
        POP      DS
;调用用户子程序 10 次
        MOV      CX, 10
LL:     INT      68H
        LOOP     LL
;恢复原 68H 号中断向量
        PUSH     DS
        MOV      DX,IPBAK
        MOV      AX,CSBAK
        MOV      DS,AX
        MOV      AL,68H
        MOV      AH,25H
        INT      21H
        POP      DS
EXIT:   MOV      AX,4C00H
        INT      21H
;用户编制的中断服务子程序，在屏幕上显示单字符“S”的功能
INT_USER PROC    NEAR
        MOV      DL, 'S'
        MOV      AH,02H
        INT      21H
        IRET
INT_USER ENDP
CODE    ENDS
        END      START
```

8.3　8259A 中断控制器

8259A 是微型计算机系统中重要的可编程中断控制器，通过对 8259A 的编程，可以选择

8259A 不同的工作方式，灵活控制外设中断。

8.3.1 8259A 的主要特性

在 8086 系统中，多个外设中断源的中断请求统一由中断控制器 8259A 管理。8259A 是 Intel 公司专为控制优先级中断而设计的芯片，它集中断源识别、中断屏蔽以及中断源优先级排队等功能电路于一体，无需附加其他电路，只需对 8259A 进行编程，就可以选择不同的中断请求方式和优先级模式。通过 8259A 的管理，当前优先级最高的中断请求被选中，并被送往 CPU 的 INTR 端。

归纳起来，8259A 具有如下主要特性：

（1）NMOS 工艺，使用单一+5V 电源，全静态工作（无需外加时钟）。

（2）1 片 8259A 能管理 8 级中断，并且在不增加任何其他电路的情况下，可以用 9 片 8259A 构成 64 级的主从式中断系统。

（3）具有中断判优逻辑功能，且对每一级中断都可以屏蔽或允许。

（4）通过编程可以选择不同的工作方式，以适应各种系统要求。

（5）中断响应后，能将预置的中断类型号自动提供给 CPU。

8.3.2 8259A 的内部结构

8259A 的内部主要由中断服务寄存器、中断优先级分析器、中断屏蔽寄存器、中断请求寄存器、中断控制逻辑、数据总线缓冲器、级联缓冲器/比较器、读/写控制逻辑等部分构成。其内部结构如图 8-8 所示。

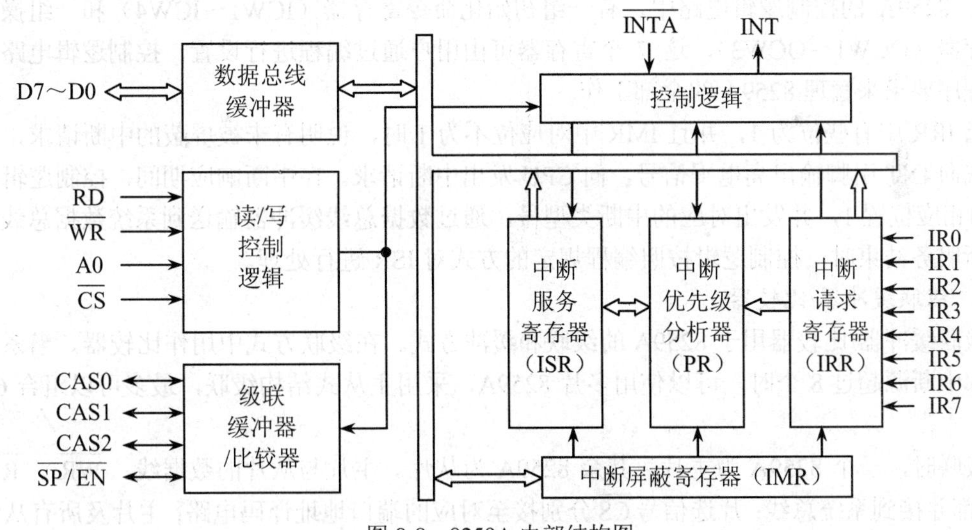

图 8-8 8259A 内部结构图

1. 数据总线缓冲器

数据总线缓冲器为 8 位双向三态缓冲器，是 8259A 与系统数据总线的接口。CPU 通过它对 8259A 写入控制字，或读取 8259A 状态字，或者在中断响应周期传送中断类型号。

2. 读/写控制逻辑

读/写控制逻辑接收来自 CPU 的读/写控制信号，配合片选信号 $\overline{CS}$ 和地址信号 A0，完成对

8259A 内部指定寄存器的读/写操作。

3. 中断请求寄存器（IRR）

IRR 为 8 位寄存器，用于记录外部中断请求。它的 8 个位 D0～D7 分别与外部中断请求信号线 IR0～IR7 相对应，当某个中断请求信号线上有中断请求时，IRR 寄存器的相应位置 1。例如，IR5 有中断请求时，IRR 寄存器的 D5 位置 1。

4. 中断屏蔽寄存器（IMR）

IMR 也是 8 位寄存器，用来存放中断屏蔽字，可由用户通过编程进行设置。IMR 的各位分别与 8 个中断源相对应，通过对 IMR 各位清 0 或置 1，可以允许或屏蔽对应中断源的中断请求。例如，IMR 寄存器的 D3＝0 时，对应的 IR3 中断请求被允许，否则被屏蔽。

5. 中断服务寄存器（ISR）

ISR 也为 8 位寄存器，用于存放中断服务标志位。ISR 的各位与 8 个中断源相对应，若某位为 1，表示相应中断源的中断请求已被接受，正被 CPU 服务。例如，CPU 响应 IR4 的中断请求后，ISR 寄存器的 D4＝1。在开中断状态下，可以将 ISR 内容与新进入的中断请求进行优先级比较，从而决定是否嵌套。

6. 中断优先级分析器（PR）

PR 用来识别各中断请求信号的优先级别。在中断响应期间，可以根据 IMR 和控制逻辑规定的优先级别，从当前 IRR 中找出优先级最高的中断请求位送入 ISR。在中断服务未结束时，若又有中断请求，则 PR 负责比较 ISR 中当前正被服务的与后来的中断请求的优先级，以决定是否向 CPU 发出中断请求，是否中断嵌套。

7. 控制逻辑

在 8259A 的控制逻辑电路中，有一组初始化命令寄存器（ICW1～ICW4）和一组操作命令寄存器（OCW1～OCW3），这 7 个寄存器可由用户通过编程进行设置，控制逻辑电路可以根据程序要求来管理 8259A 的全部工作。

当 IRR 中有些位为 1，并且 IMR 中对应位不为 1 时，说明有未被屏蔽的中断请求，控制逻辑就向 INT 引脚输出高电平信号，向 CPU 发出中断请求。在中断响应期间，控制逻辑允许 ISR 的相应位置 1，并发出对应的中断类型号，通过数据总线缓冲器输送到系统数据总线上。在中断服务结束时，控制逻辑按照编程规定的方式对 ISR 进行处理。

8. 级联缓冲器/比较器

级联缓冲器/比较器用于 8259A 的级联和缓冲方式。在级联方式中用作比较器。当系统中的外部中断源超过 8 个时，可以使用多片 8259A，采用主从式结构级联，最多可以组合 64 级中断。

级联时，一个 8259A 为主片，其余 8259A 为从片。主片与从片的数据线、$\overline{WR}$、$\overline{RD}$ 及 A0 线都并接到系统总线；片选信号 $\overline{CS}$ 分别接至对应的端口地址译码电路；主片及所有从片的 CAS0、CAS1、CAS2 分别并接在一起作为级联总线，如图 8-9 所示。

在 CPU 响应中断发出第一个 $\overline{INTA}$ 脉冲时，主片把被响应的中断请求的从片编码送上 CAS0～CAS2 线，各个从片通过 CAS0～CAS2 线接收主片送来的编码并与自身的编码相比较，若相同，则判定本从片被选中，于是该从片在下一个 $\overline{INTA}$ 脉冲到来时，把被选中的中断源的中断类型号送到数据总线上。

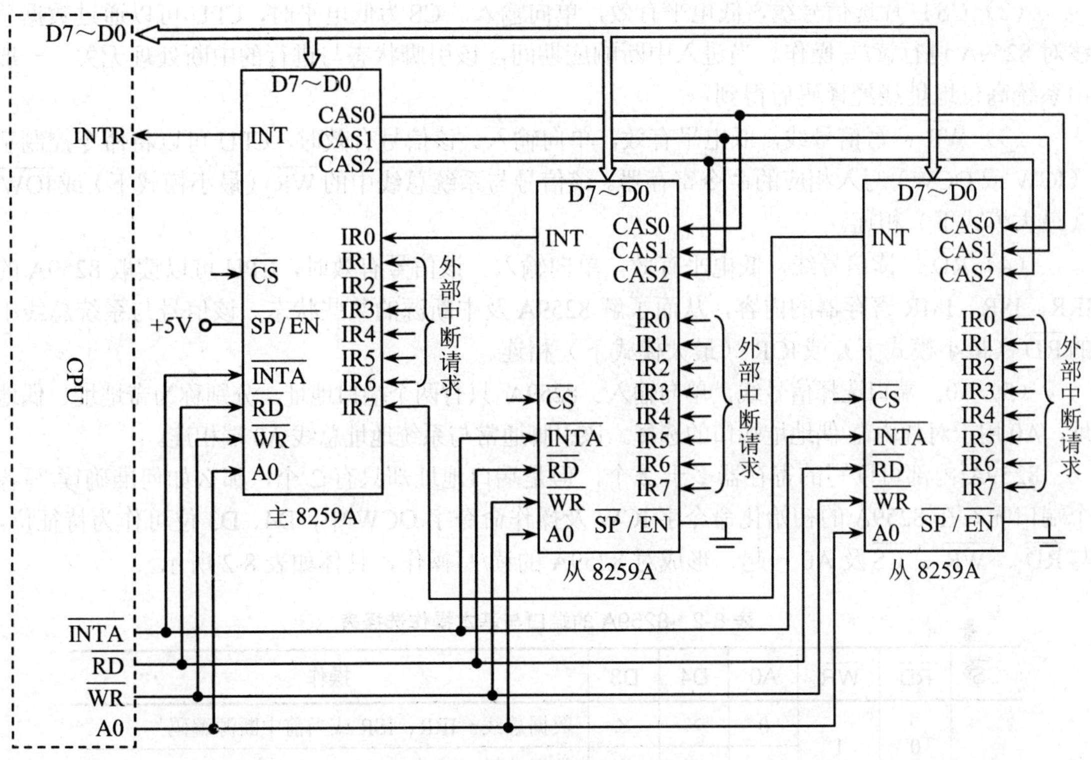

图 8-9 3 片 8259A 级联示例图

8.3.3 8259A 的引脚功能

8259A 有 28 个引脚，如图 8-10 所示，各引脚功能说明如下：

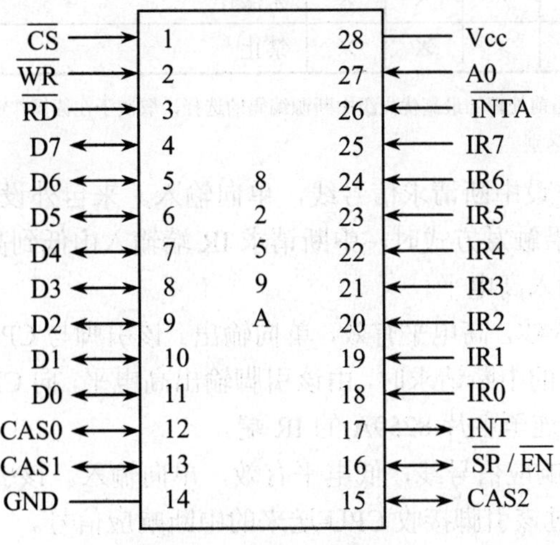

图 8-10 8259A 引脚图

（1）D7～D0：数据线，8 位，双向，三态。它们与系统数据总线相连，用于传送 CPU 向 8259A 写入的控制信息，或从 8259A 读取的状态信息或中断类型号。

（2）$\overline{CS}$：片选信号线，低电平有效，单向输入。$\overline{CS}$为低电平时，CPU可以通过数据总线对8259A进行读/写操作。当进入中断响应期间，该引脚状态与进行的中断处理无关。一般由系统高位地址线经译码后得到。

（3）$\overline{WR}$：写信号线，低电平有效，单向输入。该信号有效时，CPU可以将命令控制字（ICW或OCW）写入相应的命令寄存器。该信号与系统总线中的$\overline{WR}$（最小模式下）或$\overline{IOW}$（最大模式下）相连。

（4）$\overline{RD}$：读信号线，低电平有效，单向输入。该信号有效时，CPU可以读取8259A的IRR、ISR、IMR寄存器的内容，从而了解8259A及中断源的某些状态。该信号与系统总线中的$\overline{RD}$（最小模式下）或$\overline{IOR}$（最大模式下）相连。

（5）A0：端口选择信号线，单向输入。8259A只有两个端口地址，分别称为奇地址、偶地址，A0用于对片内奇/偶地址端口的选择。该引脚通常与系统地址总线A0端相连。

8259A内部可读写的寄存器多于2个，但是端口地址却只有2个，那么如何准确读/写各个端口呢？在8259A的初始化命令字ICW及操作命令字OCW中，D4、D3位可作为特征位，与$\overline{RD}$、$\overline{WR}$、$\overline{CS}$及A0一起，形成对8259A的读/写操作，具体如表8-2所示。

表8-2　8259A的端口与基本操作选择表

$\overline{CS}$	$\overline{RD}$	$\overline{WR}$	A0	D4	D3	操作
0	0	1	0	×	×	数据总线←IRR、ISR或当前中断源编码①
			1	×	×	数据总线←IMR
	1	0	0	0	0	数据总线→OCW2
				0	1	数据总线→OCW3
				1	×	数据总线→ICW1
			1	×	×	数据总线→ICW2、ICW3、ICW4、OCW1②
0	1	1	×	×	×	无操作
1	×	×	×	×	×	禁止

注：① 读IRR、ISR或当前处理的最高优先级中断源编码的选择，取决于在读操作前写入OCW3的内容

② 按写入的顺序来区别

（6）IR0～IR7：外设中断请求信号线，单向输入。来自外设中断源的中断请求通过IR引脚传给8259A。在边沿触发方式时，中断请求IR端输入由低到高的上升沿；在电平触发方式时，中断请求IR端输入高电平。

（7）INT：中断请求线，高电平有效，单向输出。该引脚与CPU的INTR相连，当8259A接收到外设经IR端送来的中断请求时，由该引脚输出高电平，向CPU发出中断申请。级联时，从片8259A的INT引脚连至主片8259A的IR端。

（8）$\overline{INTA}$：中断响应信号线，低电平有效，单向输入。该引脚与CPU的$\overline{INTA}$中断响应信号相连，8259A通过该引脚接收CPU送来的中断响应信号。

（9）CAS2～CAS0：级联信号线。8259A级联时，主片的CAS2、CAS1、CAS0信号线输出，从片的这3个信号为输入状态。当CPU响应中断时，主片通过这3个信号线向所有从片送出被选中的从片编码，表明连至主片上对应IR端的从片被选中，具体如表8-3所示。

表 8-3 8259A 的 CAS2～CAS0 编码与从片选择对照表

CAS2～CAS0 编码	000	001	010	011	100	101	110	111
选中的从片	IR0	IR1	IR2	IR3	IR4	IR5	IR6	IR7

（10）$\overline{SP}/\overline{EN}$：主从定义/缓冲器方向控制线，双功能引脚。当 8259A 的数据线与系统数据总线之间需加三态缓冲器时，即工作于缓冲方式时，该引脚用作输出 $\overline{EN}$ 信号，用于选通 8259A 与系统数据总线间的缓冲器；当 8259A 工作于非缓冲方式时，该引脚用作输入 $\overline{SP}$ 信号，当 $\overline{SP}$ =1 时表示该 8259A 作为主片工作，$\overline{SP}$ =0 则表示该 8259A 作为从片工作。缓冲方式下级联时，主/从片可由初始化命令字 ICW4（详见图 8-16）说明。

8.3.4 8259A 的中断管理方式

8259A 中断管理的核心是中断优先级管理，集中表现为 4 种工作方式：全嵌套方式、循环优先方式、中断屏蔽方式和查询方式。同时，还具有 4 种从属工作方式：中断结束方式、中断请求触发方式、读状态方式和数据缓冲方式。此外，还分为单片系统和多片级联系统两大类，在多片级联系统中允许主片选择特殊全嵌套方式。

1. 中断嵌套方式

（1）普通全嵌套方式。该方式是 8259A 最常用的工作方式，适于单片 8259A 系统中使用。此方式下 8259A 的中断请求输入端具有固定的优先级，由高到低顺序为 IR0＞IR1＞……＞IR7。当一个中断被响应时，8259A 就使当前中断服务寄存器 ISR 中的相应位置 1，把中断类型号送上数据总线，并且屏蔽同级和低级的中断请求，只有比它更高级的中断请求到来时，才可以中断嵌套。

（2）特殊全嵌套方式。特殊全嵌套方式一般用于多片 8259A 级联的系统中。主片选择特殊全嵌套方式时，从片应该选择其他工作方式如普通全嵌套方式。

与普通全嵌套方式的主要不同，就是特殊全嵌套方式不屏蔽同级中断请求。对于 8259A 级联系统中的主片，若编程设定为特殊全嵌套方式，当来自某一从片的中断请求正在处理时，不仅对主片上更高级的中断请求可以响应，而且对主片上同级中断请求也会响应，即来自同一从片的高级中断请求也允许进入。

2. 中断优先级循环方式

（1）固定优先级方式。8259A 被设置为固定优先级方式时，从高级到低级的中断请求依次为 IR0＞IR1＞……＞IR7，而且这种优先级排队顺序固定不变。

（2）自动循环优先级方式。在实际应用中，多个中断源的优先级不一定有明显的等级，这时可以采用自动循环方式。

该方式下，当某中断源的中断请求得到服务以后，其优先级自动降为最低，最高优先级分配给它相邻的下一中断源。例如，初始优先级队列为 IR0＞IR1＞……＞IR7，若 IR5 有中断请求且被响应后，优先级排队顺序变为 IR6＞IR7＞IR0＞……＞IR5。

（3）特殊循环优先级方式。该方式适合于中断源优先级需要随时改变的场合，可以通过编程指定优先级顺序。通过 8259A 操作命令字 OCW2（详见图 8-18）的 D2D1D0 位指定某中断源的优先级为最低，其他自动循环。例如，指定 IR5 为最低优先级，那么 IR6 就是最高优先级，则优先级顺序为 IR6＞IR7＞IR0＞……＞IR5。

3. 中断屏蔽方式

（1）普通屏蔽方式。该方式是对中断屏蔽寄存器 IMR 的某一位或几位置 1，从而屏蔽相对应的中断请求。例如，在对 IR5 中断服务过程中，为了禁止比它级别高的 IR3 中断进入，可在中断服务子程序中将 IMR 的 D3 位置 1，从而屏蔽 IR3 的中断请求。

（2）特殊屏蔽方式。该方式下，在某个中断处理过程中，所有未被屏蔽的中断请求均可被响应，即使低级别的中断请求也可以进入。特殊屏蔽方式可以在系统运行过程中的任何时候根据需要进行设置或禁止，从而动态地改变系统的优先结构。

4. 中断结束方式

中断服务寄存器 ISR 有 8 位，称为中断服务标志位，8259A 响应某一中断时，ISR 相应位置 1。中断结束（End Of Interrupt，EOI）是指当 CPU 对某个中断服务结束后，应及时清除 ISR 相应位，否则就意味着中断服务还在继续，致使同级或低级的中断请求无法得到响应。

中断结束的管理就是用不同的方式使 ISR 的相应位清 0，并确定随后的优先级排队顺序。8259A 中断结束的管理有以下 3 种方式：

（1）自动中断结束方式。这是一种最简单的结束方式，此方式下，系统一旦进入中断过程，则在第 2 个中断响应信号 $\overline{\text{INTA}}$ 结束时，8259A 自动将 ISR 的相应位清 0。中断服务子程序结束时，无需再向 8259A 送 EOI 中断结束命令。

需要说明一点：这种方式下 ISR 中“1”位的清除是在中断响应过程中完成的，并非中断服务的真正结束，若在中断服务程序的执行过程中另有低级别的中断请求到来，会因 8259A 没有任何标志表示中断服务尚未结束，而导致低级中断请求进入，从而打乱正在服务的程序，因此这种方式只适于无中断嵌套的场合。

（2）普通中断结束方式。又称普通 EOI 命令方式，是通过在中断服务程序中编程写入操作命令字 OCW2，向 8259A 发出普通 EOI 命令，8259A 便将 ISR 中当前最高优先级别位清 0，结束当前正在处理的中断。这种中断结束方式仅适用于 8259A 工作在普通全嵌套方式下的场合。

（3）特殊中断结束方式。也称特殊 EOI 命令方式，当 8259A 工作于特殊全嵌套方式下，可选择特殊 EOI 命令方式。通过在中断服务程序中编程写入操作命令字 OCW2，向 8259A 传送一个特殊 EOI 命令，来清除 ISR 中的指定位。

5. 中断请求的引入方式

（1）边沿触发方式。该方式下，当 8259A 的中断请求输入端 IR 出现上升沿（由低电平变为高电平）时，表示有中断请求。

（2）电平触发方式。该方式下，当 8259A 采样到 IR 端出现高电平时，表示有中断请求。但需注意，在 CPU 响应中断后，应及时撤消该请求信号，以防 CPU 再次响应，出现重复中断现象。

（3）程序查询方式。该方式下，CPU 通过软件查询的方法识别 8259A 的中断请求，方法是：CPU 先向 8259A 写入 OCW3 命令字（详见图 8-19），其中 OCW3 的 D2 位须为 1，表明要查询中断状态，然后读取 8259A 的中断状态字，判断是否有中断正在被处理，如有则给出当前处理中断的最高优先级。

中断状态字是 CPU 从偶地址端口读入的，具体格式如图 8-11 所示。

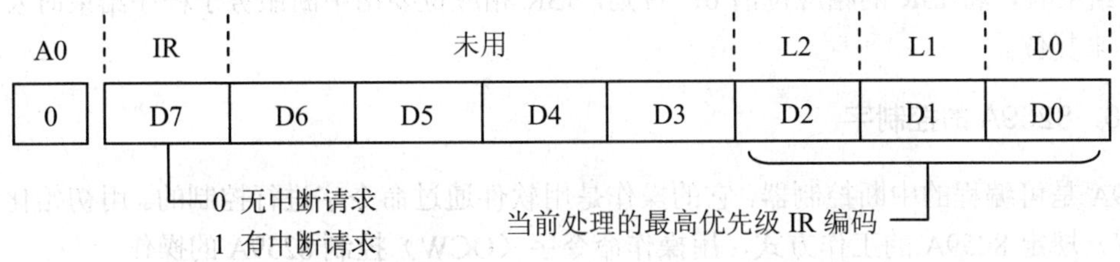

图 8-11　8259A 中断状态字格式

其中，D7 位是中断特征位，若 D7＝1，表示 8259A 有中断请求，此时 L2～L0 编码表明当前处理的最高优先级 IR 编码。L2～L0 可以是 000～111，分别对应 IR0～IR7 中断源编码。

6. 级联方式

在较大的微型计算机应用系统中，可用多片 8259A 级联来扩展中断源。一片主 8259A 最多可级联 8 片从 8259A，从而把中断源扩展到 64 个。

级联方式下的硬件连接示例如图 8-9 所示。图中，主片的 IR0 和 IR7 上分别级联了一个从片，从片的 INT 分别连至主片的 IR0 和 IR7，只有主片的 INT 连到 CPU 的 INTR 端。所有主、从片的 $\overline{\text{INTA}}$ 都与 CPU 的 $\overline{\text{INTA}}$ 相连；所有主、从片的 D7～D0、$\overline{\text{WR}}$、$\overline{\text{RD}}$、A0 线都并接到系统总线上；所有主、从片的 CAS2～CAS0 并联。但各芯片的端口地址不同，所以 $\overline{\text{CS}}$ 片选端分别引出，接至不同的地址译码输出端；主片的 $\overline{\text{SP}}/\overline{\text{EN}}$ 端输入+5V 电源，用以指明该芯片为主片，从片的 $\overline{\text{SP}}/\overline{\text{EN}}$ 端接地，用以指明该芯片为从片。

8.3.5　8259A 的中断响应过程

当 8259A 进入工作状态后，对外部中断请求的响应及处理过程如下：

（1）当中断请求线 IR0～IR7 中有 1 个或多个中断请求时，8259A 的中断请求寄存器 IRR 的相应位置 1。

（2）当 IRR 的某一位被置 1 后，就会与中断屏蔽寄存器 IMR 中相应的屏蔽位进行比较，若对应屏蔽位为 1，则封锁该中断请求；若对应屏蔽位为 0，此时还要看 8259A 工作于何种中断屏蔽方式：

① 特殊屏蔽方式下，由 8259A 的 INT 引脚向 CPU 发出中断请求信号。

② 普通屏蔽方式下，该中断请求被发送给 8259A 的中断优先级分析器 PR。

（3）PR 收到中断请求后，分析它们的优先级，把当前优先级最高的中断请求信号由 INT 引脚输出，送到 CPU 的 INTR 端。

（4）若 CPU 处于开中断状态，则在当前指令执行完后，连续发出两个 $\overline{\text{INTA}}$ 中断响应信号。

（5）8259A 接收到第 1 个 $\overline{\text{INTA}}$ 信号后，使 ISR 中当前最高优先级对应的位置 1，IRR 中的相应位清 0。该周期 8259A 没有驱动数据总线。

（6）8259A 接收到第 2 个 $\overline{\text{INTA}}$ 信号后，把中断类型号送上数据总线，供 CPU 读取。

（7）CPU 收到中断类型号，通过查询中断向量表，获取中断服务子程序的入口地址，然后转入对应的中断服务子程序执行。

（8）至此，完成了整个中断响应周期。如果 8259A 工作于自动中断结束方式，则在第 2

个 $\overline{\text{INTA}}$ 结束时，将 ISR 的相应位清 0；否则，ISR 相应位要由中断服务子程序结束时发出的 EOI 命令来复位。

8.3.6 8259A 的控制字

8259A 是可编程的中断控制器，它的操作是用软件通过命令字进行控制的。用初始化命令字（ICW）规定 8259A 的工作方式，用操作命令字（OCW）控制 8259A 的操作。

1. 初始化命令字

可编程中断控制器 8259A 的初始化命令字共有 4 个，分别是 ICW1～ICW4，其中 ICW1 和 ICW2 是必须写入 8259A 的，另外 2 个命令字，可以根据实际情况选择使用。一般在级联时使用 ICW3。而 ICW4 是否使用，应在 ICW1 中预先予以规定。

另外，在初始化编程时，ICW1 要求写入 8259A 的偶地址，ICW2～ICW4 则要求写入奇地址；某些命令字中的部分位专门用作特征位，与奇/偶地址一起标识本命令字。

（1）ICW1。也称芯片控制初始化命令字。该命令字必须写入 8259A 的偶地址端口（A0＝0），并且命令字中的 D4 位作为特征位，必须为 1。ICW1 的格式如图 8-12 所示。

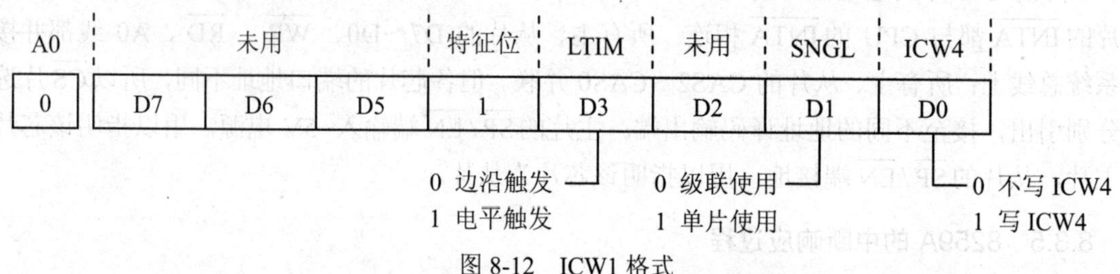

图 8-12 ICW1 格式

D0 位指明初始化过程中是否设置 ICW4 命令字，8086 系统需要定义 ICW4，所以 D0＝1。D1 位指示是否级联，当 D1＝0 时为级联方式，那么在 ICW1、ICW2 之后要写 ICW3；当 D1＝1 时表示为单片方式，则初始化过程中无需写 ICW3。D3 位设定中断请求信号的触发方式，D3＝0 为边沿触发方式，D3＝1 为电平触发方式。

若 D4＝1 并且写入偶地址端口，表明该命令字为 ICW1。在 8086 系统中 D7～D5 和 D2 位未用，通常设为 0。

（2）ICW2。ICW2 用于设置中断类型号。该命令字必须写入 8259A 的奇地址端口（A0＝1）。ICW2 的格式如图 8-13 所示。

A0	T7	T6	T5	T4	T3	8259A 自动填入		
1	D7	D6	D5	D4	D3	D2	D1	D0

图 8-13 ICW2 格式

ICW2 的 D7～D3 位用于规定中断类型号的高 5 位，中断类型号的低 3 位由 8259A 根据中断请求输入端 IR 的编号自动获得，所以初始化时 ICW2 的低 3 位不起作用。

在 CPU 中断响应的第 2 个 $\overline{\text{INTA}}$ 有效时，8259A 将初始化编程时确定的高 5 位与自动获得的低 3 位组合成一个 8 位的中断类型号，送上数据总线，供 CPU 读取。

PC/XT 系统中 8 级硬件中断源中断类型号的生成，如表 8-4 所示。

表 8-4　PC/XT 机 8 级硬件中断源的中断类型号

中断源	中断类型号的高 5 位	中断类型号的低 3 位	中断类型号
日时钟（8253 的 OUT0）	00001	000 （IR0）	08H
键盘	00001	001 （IR1）	09H
保留	00001	010 （IR2）	0AH
串行口 2	00001	011 （IR3）	0BH
串行口 1	00001	100 （IR4）	0CH
硬盘	00001	101 （IR5）	0DH
软盘	00001	110 （IR6）	0EH
并行打印机	00001	111 （IR7）	0FH

PC/XT 使用一片 8259A，硬件中断类型号为 08H～0FH，写 ICW2 的程序如下：

```
MOV     AL,08H          ;ICW2 的高 5 位为 00001B
OUT     21H,AL          ;PC/XT 的 8259A 奇地址为 21H
```

（3）ICW3。ICW3 是级联命令字。在包含多片 8259A 的系统中，只有 ICW1 的 D1＝0 时，才需要写 ICW3。ICW3 设置 8259A 的主/从状态，主片的 ICW3 格式与从片的不同。主片 ICW3 的格式如图 8-14 所示，从片 ICW3 的格式如图 8-15 所示。

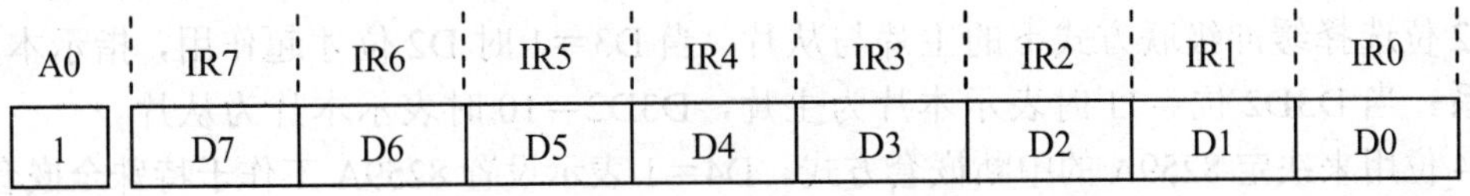

A0	IR7	IR6	IR5	IR4	IR3	IR2	IR1	IR0
1	D7	D6	D5	D4	D3	D2	D1	D0

图 8-14　主片 ICW3 格式

主片 ICW3 的 D7～D0 位分别对应于 IR7～IR0 引脚上的连接状态。当某一引脚上级联有从片时，则对应位为 1，否则为 0。例如，当主片 ICW3＝81H（10000001B）时，表示 IR7 和 IR0 引脚上接有从片，而其他 IR 引脚上未接从片。

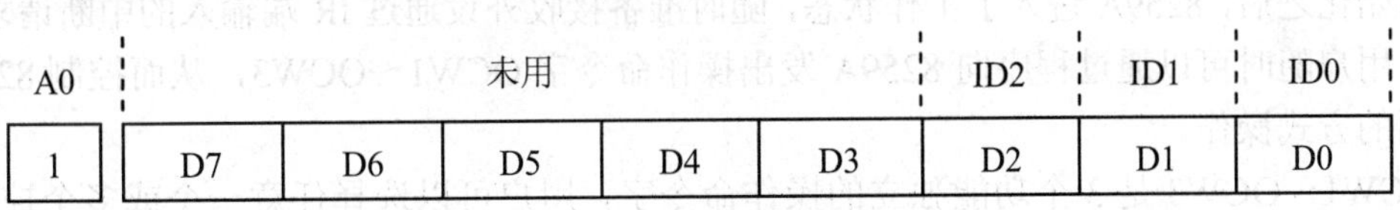

A0	未用					ID2	ID1	ID0
1	D7	D6	D5	D4	D3	D2	D1	D0

图 8-15　从片 ICW3 格式

从片 ICW3 的 D2～D0 位为从片接到主片的标识码，其值取决于从片的 INT 引脚连到主片的哪个中断请求输入端。例如，某从片的 INT 引脚接至主片的 IR2 端，则该从片 ICW3 的 D2～D0＝010。D7～D3 位未用，通常设置为 0。

在中断响应时，主片通过级联信号线 CAS2～CAS0 送出被响应中断的从片的标识码，各从片用自己的 ICW3 与 CAS2～CAS0 进行比较，二者一致的从片被确定为选中，才可以发送该从片上被响应中断源的中断类型号。

主片及从片的端口地址是不同的，都各自有奇、偶两个地址。初始化编程时，应对主片和所有从片的奇地址分别写入 ICW3 命令字。

（4）ICW4。ICW4 用于设定 8259A 的工作方式。只有 ICW1 的 D0＝1 时才使用 ICW4，该命令必须写入 8259A 的奇地址端口，其格式如图 8-16 所示。

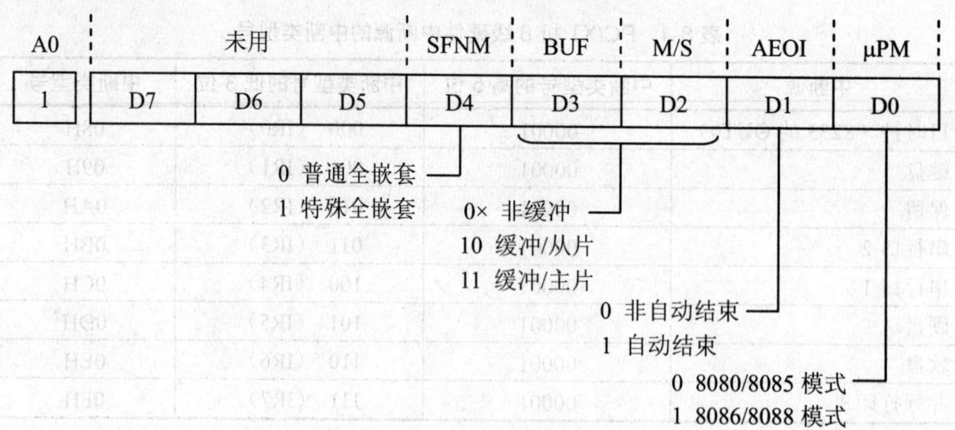

图 8-16　ICW4 格式

D0 位指定 CPU 类型。当 D0＝0 时，表示 8259A 工作于 8080/8085 系统，当 D0＝1 时，表示 8259A 工作于 8086/8088 系统。

D1 位指定是否为自动中断结束方式。D1＝1 时为自动中断结束方式；D0＝0 时为非自动中断结束方式，这时必须在中断服务子程序结束前，由 CPU 向 8259A 发出 EOI 结束命令。

D3 位指示 8259A 是否工作于缓冲方式，D3＝1 为缓冲方式，D3＝0 为非缓冲方式。

D2 位选择缓冲级联方式下的主片与从片。当 D3＝1 时 D2 位才起作用，指示本片的主/从关系。当 D3D2 位＝11 时表示本片为主片，D3D2＝10 时表示本片为从片。

D4 位用来决定 8259A 的中断嵌套方式。D4＝1 表示设置 8259A 工作于特殊全嵌套方式，D4＝0 表示设置 8259A 工作于普通全嵌套方式。在级联方式下，对主片一般设为特殊全嵌套方式。

D7～D5 位未用，通常设置为 0。

2. 操作命令字

初始化之后，8259A 进入了工作状态，随时准备接收外设通过 IR 端输入的中断请求信号。此时，用户随时可以通过程序向 8259A 发出操作命令字 OCW1～OCW3，从而控制 8259A 按照不同的方式操作。

OCW1～OCW3 是 3 个功能独立的操作命令字，用户可以选择任意一个或多个控制字进行控制。编程时，要求 OCW1 写入奇地址，OCW2 和 OCW3 写入偶地址；并且在 OCW2 和 OCW3 控制字中，D4 和 D3 位作为特征位，当 D4D3＝00 时标识为 OCW2，当 D4D3＝01 时标识为 OCW3。

（1）OCW1。OCW1 为中断屏蔽字，须送入奇地址，其格式如图 8-17 所示。

A0	M7	M6	M5	M4	M3	M2	M1	M0
1	D7	D6	D5	D4	D3	D2	D1	D0

图 8-17　OCW1 格式

OCW1 用于设置 8259A 的屏蔽操作。D7～D0 位对应着 8 个屏蔽位 IR7～IR0，用来控制 IR 输入端的中断请求信号是否被屏蔽。某位为 1 时，对应位的 IR 端中断请求被禁止；为 0 时，对应位的 IR 端中断请求被允许，可以产生 INT 输出，请求 CPU 中断服务。例如，若 OCW1

＝30H，则禁止IR5和IR4的中断请求。

（2）OCW2。OCW2用于设置中断优先级方式和中断结束方式。该命令须写入8259A的偶地址，而且作为OCW2的特征位，要求D4D3＝00。OCW2的格式如图8-18所示。

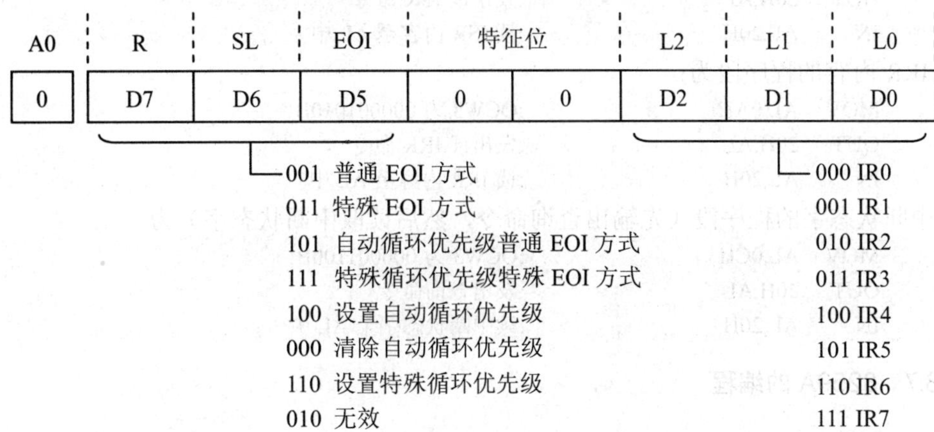

图8-18 OCW2格式

低3位L2～L0是8个中断请求输入端IR7～IR0的编码，用于指定中断级别。L2～L0指定的中断级别是否有效，由D6位控制，D6＝1时L2～L0定义方有效。

D5是EOI中断结束命令位。若D5＝1，则在中断服务程序结束时向8259A回送中断结束命令，使中断服务寄存器ISR中当前最高级别的相应位复位（普通EOI方式）；或对L2～L0标识的优先级编码复位（特殊EOI方式）。

D7为设置循环优先级方式位。D7＝1为循环优先级方式，D7＝0为固定优先级方式。

（3）OCW3。用于设置或清除特殊屏蔽方式和读取寄存器的状态。OCW3须写入8259A的偶地址，作为OCW3的特征位，要求D4D3＝01。具体格式如图8-19所示。

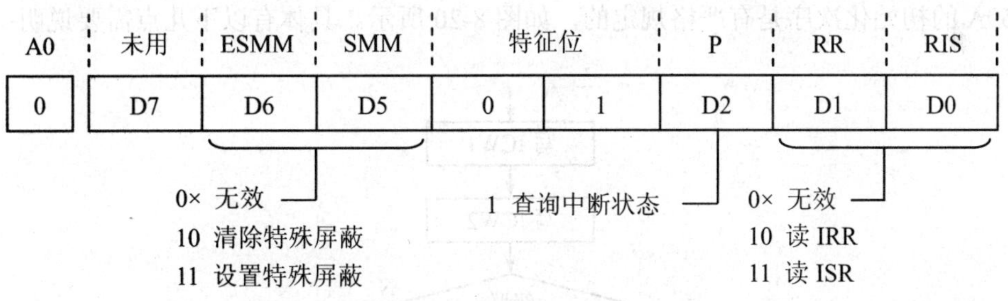

图8-19 OCW3格式

D6与D5位组合可用来设置或取消特殊屏蔽方式，D6D5＝11时，设置特殊屏蔽方式，D6D5＝10时，清除特殊屏蔽方式。

D2位为中断状态查询位。当D2＝1时，表示CPU向8259A发送查询命令。8259A接到查询命令后，CPU应再执行一条输入命令，于是8259A将当前正在处理的最高优先级中断源编码放入中断状态字（详见图8-11）中供CPU查询。

当D2＝0时D1、D0位才有效。D1为读寄存器命令位，D0为寄存器选择位，D1D0＝10时允许读IRR寄存器，D1D0＝11时允许读ISR寄存器。

例如，设 8259A 两个端口地址为 20H、21H，OCW3、ISR、IRR 共用一个端口地址 20H。读 ISR 内容的程序段为：

```
MOV   AL,0BH        ;OCW3 为 000001011B
OUT   20H,AL        ;发出读 ISR 命令
IN    AL,20H        ;读 ISR 内容至 AL 中
```

读 IRR 内容的程序段为：

```
MOV   AL,0AH        ;OCW3 为 000001010B
OUT   20H,AL        ;发出读 IRR 命令
IN    AL,20H        ;读 IRR 内容至 AL 中
```

读中断状态字的程序段（先输出查询命令，然后读取中断状态字）为：

```
MOV   AL,0CH        ;OCW3 为 000001100B
OUT   20H,AL        ;发出查询命令
IN    AL,20H        ;读中断状态字至 AL 中
```

8.3.7　8259A 的编程

对可编程中断控制器 8259A 的编程包括两类：一类是初始化编程，在 8259A 进入操作之前，使用初始化命令字 ICW 规定 8259A 的工作方式；另一类是操作方式编程，在 8259A 工作过程中，使用操作命令字 OCW 控制 8259A 的操作。

1. *初始化编程*

在 8259A 进入正式工作之前，必须对系统中的每片 8259A 初始化。具体地，用 ICW1 设定中断请求信号是电平触发还是边沿触发；确定 8259A 工作于单片或级联方式。用 ICW2 设置中断类型号的高 5 位。若为级联方式还需 ICW3 对主片、从片分别设置，对于主片，规定哪几个 IR 输入端接有从片；对于从片，规定其 INT 端接入主片的哪个 IR 端。需要的话，使用 ICW4 设定中断管理方式，即确定 8259A 是否为主片、是否为特殊全嵌套方式、是否 EOI 命令方式、是否缓冲方式等。

8259A 的初始化次序是有严格规定的，如图 8-20 所示。具体有以下几点需要说明：

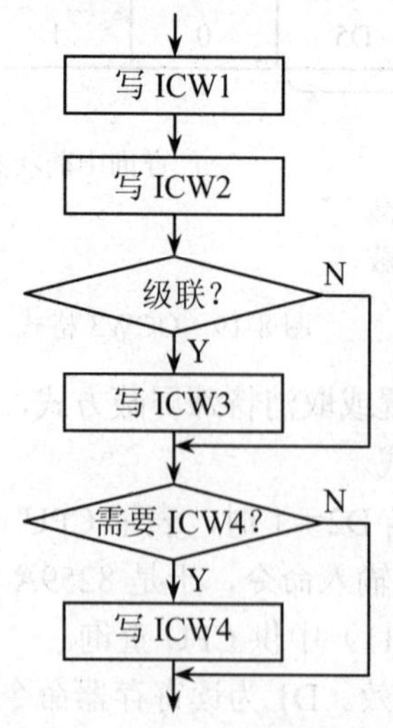

图 8-20　8259A 初始化流程图

（1）8259A 只有奇、偶两个端口地址，初始化时规定 ICW1 必须写入偶地址，ICW2～ICW3 必须写入奇地址。

（2）ICW1～ICW4 的设置次序是固定的。当 CPU 向 8259A 的偶地址端口写入一个命令字，且命令字中的 D4＝1 时，则被 8259A 的内部逻辑识别为 ICW1；紧接着向 8259A 的奇地址端口写入的一个字被 8259A 识别为 ICW2。

（3）对于每片 8259A，ICW1 和 ICW2 是必须写入的。而 ICW3 和 ICW4 是否要写入，则视具体情况而定，且需在 ICW1 中指明。若 ICW1 中的 D1＝0，表示级联，需要写入 ICW3，若 D0＝1，表示需要写入 ICW4。

（4）若为级联方式，那么在 ICW2 之后写入奇地址端口的命令字被 8259A 识别为 ICW3。注意，主、从片的端口地址不同，分别写入主片和从片的 ICW3 命令字格式也不同。

（5）若需要写入 ICW4，那么接着写入 8259A 奇地址端口的命令字被识别为 ICW4。根据系统要求，如果确定 ICW4＝00H，则 ICW4 可以省略不写。对于 8086/8088 系统，ICW4 总是需要的。

（6）在级联方式时，不仅 ICW3 要分别写入所有的主、从片，ICW1 和 ICW2 也要分别写入所有的主、从片。需要 ICW4 的话，也要分别写入主、从片。

（7）初始化完成以后，若要改变某个初始化命令字，必须重新进行初始化编程，不能只写入单独一个初始化命令字。

【例 8.2】某系统中使用一片 8259A，其端口地址为 0920H、0921H，若按系统要求，中断请求为边沿触发，其 8 个中断源的中断类型号为 80～87H，试编写初始化程序段。

分析：根据要求，初始化时应向 8259A 写入 ICW1、ICW2、ICW4，因为使用单片 8259A，所以不需要写入 ICW3。那么 3 个 ICW 命令字分别为：

ICW1＝00010011B＝13H，边沿触发、不级联、使用 ICW4，特征位 D4＝1

ICW2＝10000000B＝80H，定义中断类型号的高 5 位

ICW4＝00000001B＝01H，8086/8088 模式

初始化程序段设计如下：

```
MOV   AL,13H
MOV   DX,0920H
OUT   DX,AL                 ;向 8259A 的偶地址定入 ICW1
MOV   AL,80H
MOV   DX,0921H
OUT   DX,AL                 ;先向 8259A 的奇地址写入 ICW2
MOV   AL,01H
OUT   DX,AL                 ;后向 8259A 的奇地址写入 ICW4
```

【例 8.3】某数据采集系统中使用 2 片 8259A 组成主从中断控制系统，从片的 INT 端接至主片的 IR7 端。主片的端口地址为 20H、21H，中断类型号为 80H～87H，从片的端口地址为 0A20H、0A21H，中断类型号为 90～97H。系统要求所有中断请求采用电平触发方式、普通中断结束方式，主片采用特殊全嵌套方式，从片采用普通全嵌套方式。试对这 2 片 8259A 编写初始化程序段。

分析：因为级联使用，ICW3 必须写入，所以初始化时应向主片和从片 8259A 分别写入 ICW1、ICW2、ICW3、ICW4。各 ICW 命令字分别为：

主片 ICW1＝00011001B＝19H，电平触发、级联、使用 ICW4，特征位 D4＝1

主片 ICW2＝10000000H＝80H，定义主片中断类型号的高 5 位

主片 ICW3＝10000000B＝80H，指明主片的 IR7 端有从片接入

主片 ICW4＝00010001H＝11H，特殊全嵌套、非缓冲、非自动中断结束、8086/8088 模式

从片 ICW1＝00011001B＝19H，与主片相同

从片 ICW2＝10010000H＝90H，定义从片中断类型号的高 5 位

从片 ICW3＝00000111B＝07H，指明从片的 INT 端接入主片的 IR7 端

从片 ICW4＝00000001H＝01H，普通全嵌套、非缓冲、非自动中断结束、8086/8088 模式

初始化程序段设计如下：

```
MOV   AL,19H
OUT   20H,AL              ;向主片偶地址写入 ICW1
MOV   AL,80H
OUT   21H,AL              ;向主片奇地址写入 ICW2
MOV   AL,80H
OUT   21H,AL              ;向主片奇地址写入 ICW3
MOV   AL,11H
OUT   21H,AL              ;向主片奇地址写入 ICW4
;
MOV   AL,19H
MOV   DX,0A20H
OUT   DX,AL               ;向从片偶地址写入 ICW1
MOV   DX,0A21H
MOV   AL,90H
OUT   DX,AL               ;向从片奇地址写入 ICW2
MOV   AL,07H
OUT   DX,AL               ;向从片奇地址写入 ICW3
MOV   AL,01H
OUT   DX,AL               ;向从片奇地址写入 ICW4
```

2. 操作方式编程

8259A 接受初始化后进入就绪状态，这时 8259A 的 ISR 和 IMR 被清 0，处于普通屏蔽方式，中断优先级固定，IR0 最高，IR7 最低。此时 8259A 可以接收来自各 IR 端的中断请求。并且随时可以接受操作命令字（OCW1、OCW2、OCW3）的动态操控。

操作命令字可以在 8259A 工作的任何时刻写入，并且写入顺序没有限制。只需要注意 OCW1 写入奇地址端口，OCW2 和 OCW3 写入偶地址端口；同写入偶地址的 OCW2 和 OCW3 是根据其特征位（D4、D3）来区别的。

【例 8.4】某系统正在为 IR2 中断服务，在服务过程中，打算允许优先级比较低的中断得到响应。在为低级中断服务完之后，再继续为 IR2 服务。该系统中 8259A 的端口地址为 0A20H、0A21H。试编写控制程序段。

分析：欲在 IR2 中断服务期间，嵌套响应低优先级的中断请求，可用 OCW1 命令字暂时屏蔽 IR2，用 OCW3 设置 8259A 为特殊屏蔽方式。各 OCW 命令字分别为：

OCW1＝00000100H＝04H，设置 D2＝1，屏蔽 IR2

OCW3＝01101000H＝68H，设置特殊屏蔽方式，特征位 D4D3＝01

在为低级中断服务完后，解除对 IR2 的屏蔽，撤消特殊屏蔽方式。各 OCW 分别为：

OCW1＝00000000H＝00H，设置 D2＝0，解除对 IR2 的屏蔽

OCW3＝01001000H＝48H，清除特殊屏蔽方式，特征位 D4D3＝01

程序段设计如下：

```
        CLI                    ;关中断
        MOV    AL,04H
        MOV    DX,0A21H
        OUT    DX,AL           ;写 OCW1
        MOV    AL,68H
        MOV    DX,0A20H
        OUT    DX,AL           ;写 OCW3
        STI                    ;开中断
        …                      ;响应低优先级中断，为低优先级中断服务
        CLI                    ;关中断
        MOV    AL,48H
        MOV    DX,0A20H
        OUT    DX,AL           ;写 OCW3
        MOV    AL,00H
        MOV    DX,0A21H
        OUT    DX,AL           ;写 OCW1
        STI                    ;开中断
```

3. 中断服务子程序设计

8086 系统中 CPU 可以处理 256 个中断，大部分中断可由用户自行设计使用。一般地，用户可以使用系统保留或不用的中断类型号，但系统专用中断（0～4 号）和非屏蔽中断（2 号）有特殊用处，不要随意改变。在中断服务子程序设计过程中，应注意以下几点。

（1）设置中断向量表。

当 CPU 响应中断后，根据中断类型号到中断向量表中查找中断服务子程序的入口地址，从而调用执行中断服务子程序，进行中断处理。所以在设计用户中断服务子程序前，首先要设置中断向量表，即把用户编制的中断服务子程序的入口地址放入中断向量表的相应单元中。

但在设置中断向量表之前，应该先保存原中断向量，在 CPU 响应中断，执行用户中断服务子程序之后，再将中断向量表恢复为原状态（设置中断向量表的方法参见 8.2.3 节）。

（2）设置中断控制器。

如果用户编制的中断服务子程序使用外部可屏蔽中断的中断类型号，就需要对 8259A 进行设置，允许/屏蔽某些外部可屏蔽中断请求。

由于 PC 机内部 8259A 在开机启动时已被初始化，所以用户只需设置 IMR，使 IMR 相应位清 0，允许某些外部中断请求。修改前的 IMR 内容要保存，用户中断服务子程序调用执行后，IMR 的原内容还应恢复回来。

例如，打算允许 8259A 的 IR2 外部中断请求，那么先要修改 IMR，程序段设计如下：

```
IMRBAK  DB   ?
        MOV    DX,21H          ;8259A 的奇地址为 21H
        IN     AL,DX           ;读 IMR
        MOV    IMRBAK,AL       ;保存原 IMR 内容
```

```
        AND     AL,0FBH
        OUT     DX,AL                   ;写 OCW1，重新设置 IMR，允许 IR2 中断请求
```

中断响应过程结束后，要恢复原 IMR 内容，程序段设计如下：

```
        MOV     AL,IMRBAK
        MOV     DX,21H
        OUT     DX,AL                   ;重写 OCW1，恢复原 IMR 内容
```

若用户编制的中断服务子程序使用内部中断的中断类型号，则无需对 8259A 进行设置了。

（3）设置 CPU 的中断允许标志 IF。

当 CPU 采样到 INTR 端有外部可屏蔽中断请求后，并不立即响应，而先查看 IF 的状态，只有 IF＝1 时的开中断状态下才可以响应。用户可以用 STI 和 CLI 指令设置 IF 为 1 或 0，从而允许/禁止 CPU 响应其他外部可屏蔽中断。

在不能允许 CPU 响应中断的时候，就必须关中断，以防止不可预测的后果；而在其他时间应开中断，以便允许 CPU 及时响应外部中断，为外设服务。一般在修改中断向量表和 IMR 时，在中断服务子程序保护断点和现场前、恢复断点和现场之前都要关中断，之后还要及时开中断，以便及时响应其他外设中断请求。

（4）用户中断服务子程序中必须实现的几项任务。

在中断服务子程序中通常要完成保护现场、中断服务、恢复现场、中断返回等任务；如果为外设服务，并且 8259A 为非自动中断结束方式，那么在中断返回指令前还要向 8259A 发送中断结束 EOI 命令。

向 8259A 发送 EOI 命令的方法：

```
        MOV     AL,20H                  ;OCW2＝20H，普通 EOI 方式
        MOV     DX,20H                  ;8259A 偶地址为 20H
        OUT     DX,AL                   ;写 OCW2，发送 EOI 命令
```

注意，编制中断服务子程序时，特别是使用外部可屏蔽中断类型号的，服务时间应尽量短，能放在主程序中完成的任务就不要由中断服务子程序来完成，因为外部中断服务子程序是用来处理外设紧急事件的，因此这样可以减少干扰其他中断设备的工作。

（5）用户中断服务子程序中尽量不要使用 DOS 系统功能调用。

因为 DOS 的内核是不可重入的，如果主程序正在执行一个 DOS 系统功能调用时产生了外部中断，中断服务子程序又调用这个 DOS 系统功能，就出现了 DOS 重入。

中断服务子程序若要控制 I/O 设备，应调用 ROM BIOS 功能或者对 I/O 接口直接编程。

【例 8.5】设计用户中断服务子程序，实现按键中断 8 次后在屏幕上显示中断次数 8 的功能。系统中 8259A 的端口地址分别为 20H、21H，要求利用系统 09H 号中断，试编制完整的程序。

分析：如果用户中断服务子程序使用 09H 号中断，就要重新设置中断向量表，先将中断向量表中原 09H 号中断向量保存起来，然后将用户中断服务子程序的入口地址装入中断向量表。中断类型号 09H 对应 8259A 的 IR1 端，须将 IMR 的 D1 位清 0，允许 IR1 的中断请求。在用户中断服务子程序的最后发出 EOI 命令；程序结束前要恢复 IMR 原状态，恢复中断向量表中原 09H 号的中断向量。

在用户中断服务子程序中，设置一个计数器 DH，统计被调用的次数，直到被调用 8 次。完整程序设计如下：

```
DATA     SEGMENT
PORT0    EQU    20H                   ;8259A 偶地址
PORT1    EQU    21H                   ;8259A 奇地址
CSBAK    DW     ?                     ;用于临时保存原 09H 号中断向量的基地址
IPBAK    DW     ?                     ;用于临时保存原 09H 号中断向量的偏移地址
IMRBAK DB       ?                     ;用于临时保存 IMR 寄存器的原状态
DATA     ENDS
CODE     SEGMENT
         ASSUME   CS:CODE,DS:DATA
START:   MOV    AX,DATA
         MOV    DS,AX
BEGIN:   IN     AL,PORT1              ;读 8259A 的 IMR
         MOV    IMRBAK,AL             ;保存 8259A 原 IMR 状态
         CLI
         AND    AL,0FDH               ;OCW1＝0FDH＝11111101B，清除 IR1 屏蔽
         OUT    PORT1,AL              ;写 OCW1，重新设置 IMR 内容，允许 IR1 键盘中断
         ;
         MOV    AX,0                  ;准备重设中断向量表，修改 09H 号中断向量
         MOV    ES,AX
         MOV    DI,24H                ;24H＝36＝09H*4，IR1 对应中断类型号 09H
         MOV    AX,ES:[DI]
         MOV    IPBAK,AX              ;保存原 09H 号中断向量的偏移地址
         MOV    AX,ES:[DI+2]
         MOV    CSBAK,AX              ;保存原 09H 号中断向量的基地址
         ;
         CLD
         MOV    AX,OFFSET MYINT
         STOSW                        ;设置新 09H 号中断向量的偏移地址
         MOV    AX,SEG MYINT
         STOSW                        ;设置新 09H 号中断向量的基地址
         ;
         MOV    CH,0                  ;清计数器
L1:      STI
         CMP    CH,8
         JNZ    L1                    ;若中断计数未到 8 次，则继续等待下一次键盘中断
L2:      PUSH CX                      ;保存计数值
         ;
         CLI
         MOV    AX,0                  ;准备恢复中断向量表，恢复原键盘中断(09H)的中断向量
         MOV    ES,AX
         MOV    DI,24H                ;24H＝36＝09H*4，中断类型号 09H
         CLD
         MOV    AX,IPBAK
         STOSW                        ;恢复原 09H 号中断向量的偏移地址
         MOV    AX,CSBAK
         STOSW                        ;恢复原 09H 号中断向量的基地址
```

```
        ;
        MOV   AL,IMRBAK
        OUT   PORT1,AL              ;恢复 8259A 原 IMR 状态
        STI
        POP   CX
        CALL  SHOW                  ;屏显计数值
        MOV   AX,4C00H
        INT   21H
        ;
MYINT   PROC FAR                    ;定义键盘中断处理子程序
        STI
        INC   CH                    ;计数器增 1
        CLI
        MOV   AL,61H
        OUT   PORT0,AL              ;写 OCW2，发出 EOI 命令，结束 IR1 中断
        IRET
MYINT   ENDP
SHOW    PROC  NEAR                  ;定义显示单字符的子程序
        ADD   CH,30H
        MOV   DL,CH
        MOV   AH,02H
        INT   21H
        RET
SHOW    ENDP
        ;
CODE    ENDS
        END   START
```

8.4 8259A 在微型计算机系统中的应用

1. 8259A 在 IBM PC/XT 系统中的应用

在以 8088 为 CPU 的 IBM PC/XT 系统中，使用一片 8259A 管理中断，8 个中断请求 IR7～IR0 中除 IR2 提供给用户使用外，其他均为系统使用，硬件连接如图 8-21 所示。系统分配给 8259A 的端口地址为 20H、21H，对应 IR0～IR7 的中断类型号分别为 08H～0FH。

在系统初启时，已经对 8259A 进行了初始化（边沿触发方式，缓冲方式，非自动中断结束方式，普通全嵌套方式），所以用户在编写自己的中断处理程序时，可以不再对 8259A 进行初始化。

系统对 8259A 初始化的程序段如下：

```
        MOV   AL,13H
        OUT   20H,AL                ;写 ICW1：边沿触发、单片方式、使用 ICW4
        NOP                         ;延时，等待 8259A 操作结束，下同
        MOV   AL,08H
        OUT   21H,AL                ;写 ICW2：定义中断类型号的高 5 位
```

```
        NOP
        MOV   AL,01H
        OUT   21H,AL              ;写 ICW4：普通全嵌套、非缓冲、非自动中断结束方式
```

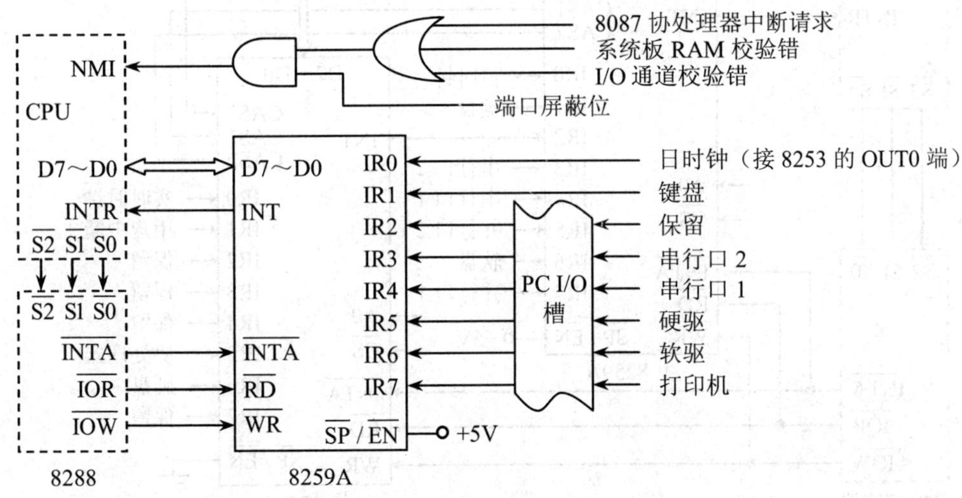

图 8-21　PC/XT 系统中断结构

在用户程序中，若对系统 8259A 进行操作方式的控制管理，一般要注意以下几点：

（1）可用 OCW1 来设置中断屏蔽寄存器 IMR，以允许或屏蔽各个外设的中断请求，但要注意不能破坏原来设定的工作方式。如允许日时钟中断 IR0 和键盘中断 IR1，其他状态不变，则可使用以下指令：

```
        IN    AL,21H              ;读 IMR
        AND   AL,0FCH
        OUT   21H,AL              ;写 OCW1，设置 IMR，允许 IR0 和 IR1，其他不变
```

（2）由于对 8259A 初始化时采用非自动中断结束方式，因此在中断服务子程序的中断返回（IRET 指令）前，必须对 OCW2 写入 00100000B＝20H，即发出中断结束 EOI 命令。

```
        MOV   AL,20H
        OUT   20H,AL              ;写 OCW2，发出 EOI 命令
        IRET
```

（3）在程序中，通过先设置 OCW3，然后可读出 IRR 或 ISR 的状态，或查询当前的中断源。例如要读出 IRR 内容以查看申请中断的中断源，可使用如下指令：

```
        MOV   AL,0AH
        OUT   20H,AL              ;写 OCW3，发出读 IRR 命令
        NOP
        IN    AL,20H              ;读 IRR
```

2. 8259A 在 IBM PC/AT 系统中的应用

在以 80286 为 CPU 的 IBM PC/AT 系统中，使用了两片 8259A 来管理中断，经级联可以管理 15 级硬件中断，硬件连接如图 8-22 所示。主、从两片 8259A 的级联信号 CAS2～CAS0 对应连接；从片的中断请求 INT 端连至主片的 IR2 端；系统分配给主片 8259A 的端口地址为 20H、21H，中断类型号为 08H～0FH，分配给从片 8259A 的端口地址为 A0H、A1H，中断类型号为 70H～77H。

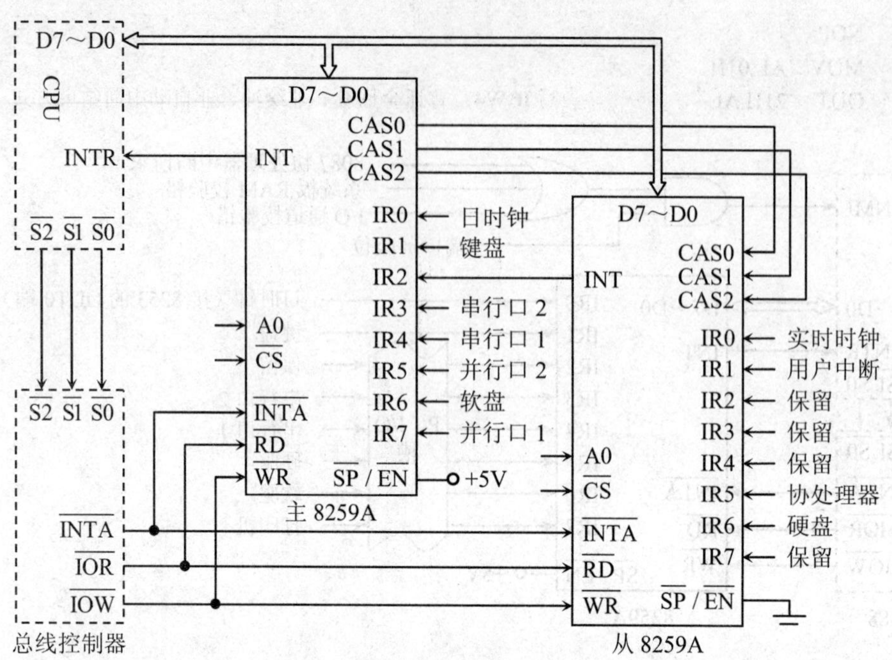

图 8-22　PC/AT 系统中断结构

表 8-5 列出了主、从两片 8259A 在系统中的 15 级中断。

表 8-5　PC/AT 系统的 15 级硬中断

8259A 输入	中断类型号	中断源
IR0（主片 IR0）	08H	日时钟（接 8254 的 OUT0 端）
IR1（主片 IR1）	09H	键盘
IR2（主片 IR2）	0AH	从 8259A 中断申请
IR3（主片 IR3）	0BH	串行口 2
IR4（主片 IR4）	0CH	串行口 1
IR5（主片 IR5）	0DH	并行口 2
IR6（主片 IR6）	0EH	软盘
IR7（主片 IR7）	0FH	并行口 1
IR8（从片 IR0）	70H	实时时钟
IR9（从片 IR1）	71H	用户中断，软件重定向 INT 0AH（IR2）
IR10（从片 IR2）	72H	保留
IR11（从片 IR3）	73H	保留
IR12（从片 IR4）	74H	保留
IR13（从片 IR5）	75H	协处理器
IR14（从片 IR6）	76H	硬盘
IR15（从片 IR7）	77H	保留

主片的8级中断已被系统用尽，从片尚保留4级未用。扩展的IR9（从片IR1）为用户保留，被软件重新定向INT 0AH（IR2）。

系统初启时，已经对这两片8259A进行了初始化，所以用户在编写自己的中断处理程序时，可以不再对8259A初始化。

系统对主片8259A初始化程序段如下：

```
MOV  AL,11H
OUT  20H,AL          ;写ICW1：边沿触发、级联方式、使用ICW4
NOP
MOV  AL,08H
OUT  21H,AL          ;写ICW2：设置中断类型号的高5位
NOP
MOV  AL,04H
OUT  21H,AL          ;写ICW3：指明主片的IR2端有从片接入
NOP
MOV  AL,11H
OUT  21H,AL          ;写ICW4：特殊全嵌套、非缓冲、非自动中断结束方式
```

系统对从片8259A初始化程序段如下：

```
MOV  AL,11H
OUT  0A0H,AL         ;写ICW1，与主片相同
NOP
MOV  AL,70H
OUT  0A1H,AL         ;写ICW2：设置中断类型号的高5位
NOP
MOV  AL,02H
OUT  0A1H,AL         ;写ICW3：指明从片的INT端接至主片的IR2端
NOP
MOV  AL,01H
OUT  0A1H,AL         ;写ICW4：普通全嵌套、非缓冲、非自动中断结束方式
```

在用户程序中，针对级联8259A使用EOI命令控制中断结束时，需要注意：因为主片8259A初始化为特殊全嵌套方式，而特殊全嵌套方式不屏蔽同级中断请求，所以当来自从片的中断请求进入服务时，来自该从片的高级中断请求也允许进入，那么主片ISR中对应从片位置1，从片ISR中对应被响应的两个中断位也置1。

因此，当中断服务子程序结束时，应先向从片发EOI命令，清除刚刚完成服务的从片ISR位，然后读出并检查从片ISR，只有从片ISR为全0才可以向主片发EOI命令，使主片ISR对应位清0。否则，应继续执行从片的中断处理，直至从片ISR为全0，再向主片发EOI命令。

读从片ISR的程序如下：

```
MOV  AL,0BH
OUT  0A0H,AL         ;向从片写OCW3，发出读ISR命令
NOP
IN   AL,0A0H         ;读从片ISR
```

向从片发EOI命令的程序如下：

```
MOV  AL,20H
OUT  0A0H,AL         ;向从片写OCW2，发送EOI命令
```

向主片发 EOI 命令的程序如下：

```
MOV  AL,20H
OUT  20H,AL                          ;向主片写 OCW2，发送 EOI 命令
```

习题与思考

8.1 在 8259A 级联系统中，接入主片和从片的 $\overline{SP}/\overline{EN}$ 引脚应该是（　　）。

A．主片的 $\overline{SP}/\overline{EN}$ 接地，从片的 $\overline{SP}/\overline{EN}$ 接+5V

B．主片的 $\overline{SP}/\overline{EN}$ 接地，从片的 $\overline{SP}/\overline{EN}$ 接地

C．主片的 $\overline{SP}/\overline{EN}$ 接+5V，从片的 $\overline{SP}/\overline{EN}$ 接地

D．主片的 $\overline{SP}/\overline{EN}$ 接+5V，从片的 $\overline{SP}/\overline{EN}$ 接+5V

8.2 中断向量是（　　）。

A．中断的返回地址

B．中断服务子程序的入口地址

C．保护断点的堆栈区地址

D．存放中断服务子程序入口地址的内存单元地址

8.3 8086 一共可处理多少级中断？中断向量表占多大空间？

A．256 级，1KB　　B．256 级，256B　　C．16 级，1KB　　D．8 级，1KB

8.4 8259A 的中断屏蔽寄存器 IMR 与 8086 CPU 内部的中断允许标志位 IF 一样，只能屏蔽可屏蔽中断。这种说法对吗？

A．对　　B．错

8.5 CPU 响应两个硬件中断 INTR 和 NMI 时，相同的必要条件是（　　）。

A．IF＝1　　B．当前指令执行结束

C．总线空闲　　D．当前访存操作结束

8.6 通常在中断服务子程序中有一条开中断指令 STI，其目的是（　　）。

A．开放可屏蔽中断　　B．允许低一级中断产生

C．允许高一级中断产生　　D．只允许同级中断产生

8.7 在两片 8259A 级联的中断系统中，从片的 INT 端接入主片的 IR3 端，则初始化主、从片时，ICW3 分别为（　　）。

A．03H，04H　　B．08H，04H　　C．08H，03H　　D．80H，03H

8.8 PC/XT 系统可管理 8 级外部中断，中断类型号依次为（　　）。

A．08H～0FH　　B．80H～F0H　　C．70H～77H　　D．70H～7FH

8.9 什么是中断？简述微型计算机系统的中断处理过程。

8.10 对 8259A 的编程有哪两类？分别在什么时候进行？各使用哪些命令字？

8.11 针对软件中断和硬件中断，分别说明 8086 CPU 如何获得中断服务子程序入口地址？

8.12 8086 中断系统可处理哪些中断源？它们的优先级如何？

8.13 8259A 对中断优先级的管理方式有哪几种？各有什么特点？

8.14 在 00028H 单元开始依次存放着 4 个字节的信息，是某中断服务子程序的入口地址，那么这个中断服务子程序的中断类型号是多少？

8.15 编写一个程序段，屏蔽 IR2 上的中断请求。

8.16 软件中断和硬件中断各有何特点？二者的主要区别是什么？

8.17 有一个中断服务子程序，存放在 0020H:6314H 开始的内存区域中，欲将其中断类型号设为 18H，那么应向中断向量表的何位置存放何内容？

8.18 某系统采用一片 8259A 管理中断，设定 8259A 工作于普通全嵌套方式、普通 EOI 方式、非缓冲方式、边沿触发方式、请求中断，IR2 对应的中断类型号为 72H，8259A 的端口地址为 80H、81H。试编写初始化程序。

8.19 某系统使用两片 8259A 管理中断，从片的 INT 端连接到主片的 IR2 端。设主片工作于边沿触发、特殊全嵌套、非自动中断结束、缓冲方式，中断类型号为 70H～77H，端口地址为 80H、81H；从片工作于边沿触发、普通全嵌套、非自动中断结束、缓冲方式，中断类型号为 78H～7FH，端口地址为 82H、83H。试编写主、从片初始化程序。

8.20 某系统中有 2 个中断源，它们从 8259A 的 IR0 和 IR1 端以电平触发方式引入系统，中断类型号分别是 60H、61H，中断服务子程序入口地址分别为 03500H、04060H。8259A 的端口地址为 80H、81H，以普通全嵌套、普通 EOI、非缓冲方式工作。试编写程序，使 CPU 在响应任何一级中断时，能正确地调用相应的中断服务子程序。

第 9 章　DMA 技术及 DMA 控制器

学习目标

在微型计算机中，主机与外设之间进行大批量数据传输时，都采用直接存储器存取（DMA）方式，该方式由硬件控制，具有速度快、效率高的特点。

本章主要介绍了可编程 DMA 控制器的基本工作原理，讲解了可编程 DMA 控制器 8237A 的结构、功能、编程及应用。通过本章的学习，读者应了解 8237A 的结构及功能特点，领会其编程及在微型计算机系统中的应用。

9.1　直接存储器存取（DMA）技术概述

DMA（Direct Memory Access，直接存储器存取）是指在外部设备与存储器之间直接进行数据传送的一种 I/O 控制方式。DMA 控制器（DMAC）可以获得总线控制权，由它控制高速外设与存储器之间的数据传送，如图 9-1 所示。

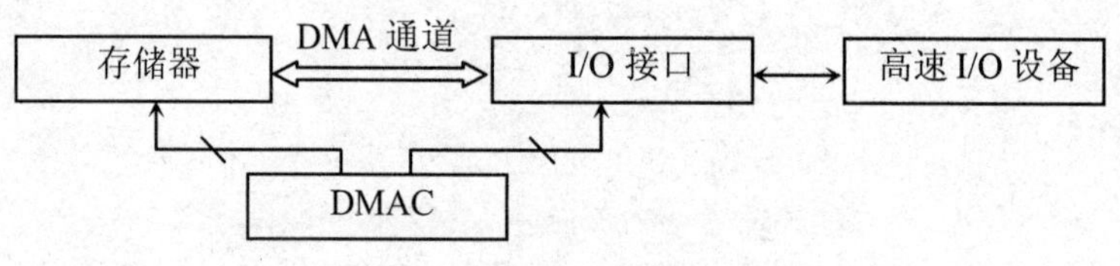

图 9-1　DMA 数据传送示意图

DMA 方式传送数据时，CPU 让出总线控制权，由 DMAC 直接控制地址总线、数据总线和其他控制总线，使存储器与高速外设直接交换数据。

9.1.1　DMA 控制器的基本功能

在计算机系统的任何一个总线周期内，允许接在系统总线上的系统部件之一来控制总线，通常称这个控制系统总线的部件为主部件，而与其通信的其他部件称为从部件。主部件负责控制总线的操作，包括把地址码放到地址总线上、发出读/写控制信号、收发数据总线上的数据等。CPU 及其总线控制逻辑通常为主部件。

DMAC 也能够成为主部件。DMAC 实际上是一种具有单一功能的专用处理器，为了完成 DMA 方式的直接数据传送操作，DMAC 应具有以下基本功能：

（1）能接受 CPU 的编程，以便进行功能设定。

（2）能接收 I/O 接口的 DMA 请求，并向 CPU 发出总线请求信号，请求总线控制权。

（3）CPU 响应总线请求之后，DMAC 能接管对总线的控制，进入 DMA 传送过程。

（4）能实现有效的寻址，即能输出地址信息并在数据传送过程中自动修改地址指针。

（5）能向存储器和 I/O 接口发出相应的读/写控制信号。

（6）能控制传送数据的字节数，判定 DMA 传送是否结束。

（7）DMA 结束时，能发出 DMA 结束信号，释放总线，恢复 CPU 对总线的控制。

9.1.2 DMA 控制器的一般结构

DMAC 用于控制存储器与外设之间的数据直接传送。我们将 DMAC 中与某个外设接口有联系的部分称为 DMA 通道。一个 DMAC 可以有一个或几个 DMA 通道。单通道 DMAC 的一般结构如图 9-2 所示。

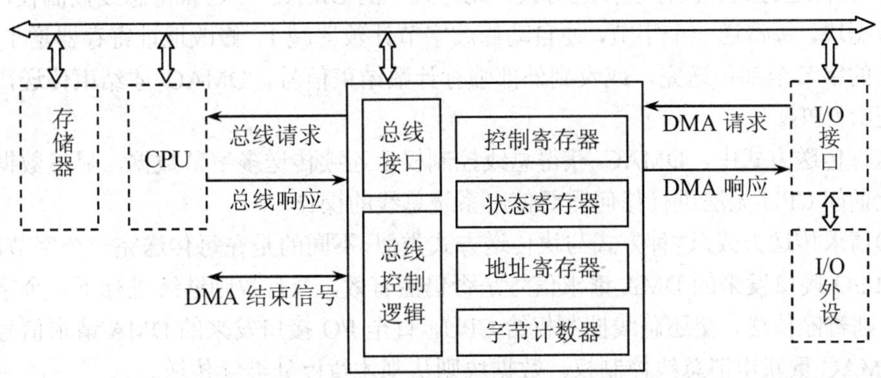

图 9-2 DMAC 一般结构示意图

DMAC 内部主要包括控制寄存器、状态寄存器、地址寄存器、字节计数器、总线接口及总线控制逻辑。

（1）控制寄存器。用于选择DMAC的传送类型、工作方式、传送方向和有关参数。这种选择是通过CPU在DMA传送之前向控制寄存器写入相应的控制字实现的。

（2）状态寄存器。用于寄存 DMA 传送前后的状态。CPU 通过读取该寄存器内的状态字，了解 DMA 工作状态。

（3）字节计数器。用来记录DMA传送时的字节数，其初始值为待传送的数据块长度，是在进入DMA传送之前由CPU写入的。进入DMA传送方式之后，在数据传送过程中，每传送完一个字节数据，字节计数器的内容就由硬件自动修改（减1），当全部字节传送完毕时，表示DMA传送结束。

（4）地址寄存器。地址寄存器用于存放DMA传送时所要读/写的内存单元地址，其初始值即待传送数据块的起始地址，是在进入DMA传送之前由CPU写入的。通常DMA传送用于数据块传送，而且对存储器的访问也是按地址连续的，所以地址寄存器具有自动修改地址指针的能力，每传送完一个字节数据，地址寄存器的内容就由硬件自动增1或减1。

（5）总线接口及总线控制逻辑。这部分电路的主要作用是：在 DMA 传送之前，接受来自 CPU 的控制字，根据外部或内部 DMA 请求向 CPU 转发总线请求；在 DMA 传送期间，进行定时和发出读写控制信号；DMA 传送结束后，向 CPU 发中断申请和状态信息。

总线接口实质上包括总线缓冲收发器、端口地址译码器、读/写控制信号变换器等电路；总线控制逻辑则包括总线占用优先控制逻辑、中断控制逻辑、级联控制逻辑等。

9.1.3 DMA 控制器的工作方式

DMAC 的工作方式通常有单字节传送、块传送、请求传送和级联传送。

（1）单字节传送方式。在这种传送方式下，DMAC 每次请求总线只传送一个字节数据，并自动修改字节计数器减 1，修改地址寄存器增 1（或减 1），传送完一个字节后便释放总线，将总线控制权交还给 CPU。

由于 DMAC 每传送完一个字节就交还总线控制权，总线控制权处于 CPU 与 DMAC 交替控制之中，因此这种方式适用于慢速 I/O 设备与存储器之间的数据传送。

（2）块传送方式。也称组传送方式，此方式下的 DMAC 一旦获得总线控制权，便开始连续传送数据块，每传送一个字节，便自动修改字节计数器减 1，修改地址寄存器增 1（或减 1），直至规定的字节全部传送完，或收到外部强行计数结束信号，DMAC 才结束传送，将总线控制权交还给 CPU。

在这种传送方式中，DMAC 获得总线控制权后连续传送多字节数据，显然数据传输率较高。但此期间 CPU 无法进行任何需要使用系统总线的操作。

（3）请求传送方式。这种方式与块传送方式类似，不同的是在每传送完一个字节后，DMAC 要检测由 I/O 接口发来的 DMA 请求信号是否仍然有效，若有效则继续进行下一个字节数据的传送，否则暂停传送，交还总线控制权给 CPU，直至 I/O 接口发来的 DMA 请求信号再次变为有效，DMAC 重新申请总线控制权，数据块则从刚才暂停处继续传送。

这种传送方式可以在 I/O 接口的数据暂时未准备好的情况下，暂时停止传送，最终把一个数据块分成几次传送完毕。

（4）级联传送方式。单片 DMAC 有多个用于 DMA 传送的联络信号线：与主部件相连的有总线请求信号线 HRQ 和总线响应信号线 HLDA，与 I/O 设备相连的有 DMA 请求信号线 DREQ 和 DMA 响应信号线 DACK。

级联传送方式就是用多个 DMAC 进行级联，构成多级 DMA 传送系统，如图 9-3 所示。

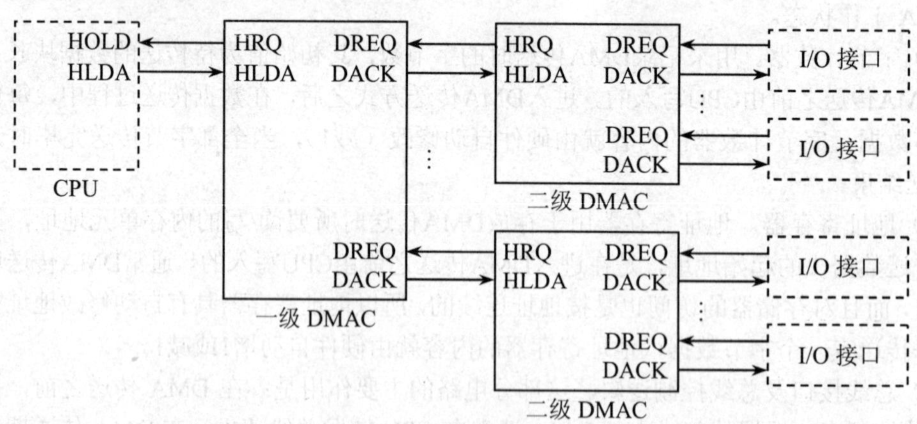

图 9-3　DMAC 的级联方式

采用级联方式可以扩展系统中的 DMA 通道数量。需要的话，还可以再级联下一级 DMAC 芯片，进一步扩展 DMA 通道的数量。

9.1.4 DMA 操作过程

DMA 方式可以在外设与存储器之间直接传送数据，既可将外设中的数据经 I/O 接口送至存储器，也可将存储器中的数据经 I/O 接口输出至外设，如对磁盘、光盘的读写就属这类操作。有的 DMAC 还能控制任意两个设备之间的数据交换，或存储器内两个区域间的数据交换。

下面以外部设备将数据送入存储器为例，说明 DMAC 的工作过程。

（1）CPU 对 DMAC 进行功能设定，送入存储器的起始地址、数据长度等参数。

（2）从 I/O 接口向 DMAC 发出 DMA 请求信号 DREQ。

（3）DMAC 向 CPU 发出总线请求 HRQ。

（4）CPU 执行完现行的总线周期后，向 DMAC 回送总线响应信号 HLDA。

（5）CPU 将控制总线、地址总线、数据总线让出，由 DMAC 控制。

（6）DMAC 向外部设备发出 DMA 响应信号 DACK。

（7）进行 DMA 传送，即由 DMAC 发出 I/O 读信号，把数据读到数据总线上，通过地址总线发送存储器地址，通过控制总线发出存储器写信号，把数据总线上的数据写入指定的存储器单元。

（8）DMAC 修改内部地址寄存器增 1（或减 1），字节计数器减 1，准备下一个数据的传送。

（9）重复第（7）（8）步，直至设定的字节数传送完毕。

（10）DMAC 撤消向 CPU 的请求信号 HRQ，释放总线，CPU 重新控制总线。

9.2　可编程 DMA 控制器 8237A

在微型计算机系统中，图像及声音数据的采集、磁盘数据的存取等高速数据传送的场合，通常都使用 DMA 传送方式。Intel 8237A 就是在 IBM PC 系列机中广泛使用的可编程 DMA 控制器，它具有多个 DMA 通道、多种工作方式和传送类型。

9.2.1 8237A 的主要特性

（1）具有单一的+5V 电源，单相时钟，40 条引脚，双列直插式封装。

（2）采用 5MHz 时钟，传送速率可达 1.6MB/s。

（3）具有 4 个独立的 DMA 通道，每个通道都具有 64K 的存储器寻址能力，一次传送的最大长度为 64KB。

（4）可实现存储器与外设之间的高速大批量数据传送，也可在存储器的两个区域之间进行高速数据传送。

（5）每个通道的 DMA 请求均可分别允许或禁止，且 4 个通道的 DMA 请求的优先级可由软件设定为固定方式或循环方式。

（6）具有 4 种工作方式：单字节传送方式、块传送方式、请求传送方式、级联传送方式。

（7）可用级联方式扩展 DMA 通道数目。

（8）有一条 DMA 传送结束信号 $\overline{EOP}$，它可以由内部计数结束产生输出，也允许外界利用此输入端结束 DMA 传送。

9.2.2　8237A 的内部结构

在 CPU 控制总线的情况下，DMAC 与其他接口一样，可以接受 CPU 的读/写控制，这时的 DMAC 为总线从部件，此时 DMAC 的工作方式称为从态方式。DMAC 成为总线主部件后，拥有系统总线的控制权，可以对 I/O 接口和存储器进行读/写操作，从而控制数据在 I/O 接口与存储器之间直接传送，这时 DMAC 的工作方式称为主态方式。

可编程 DMAC 8237A 具有主态、从态两种工作方式，其编程结构和引脚信号与这两种状态有关。如图 9-4 所示，8237A 的内部主要有时序与控制逻辑、优先级编码及控制逻辑、命令控制逻辑、数据和地址缓冲器组、内部寄存器组 5 个部分。

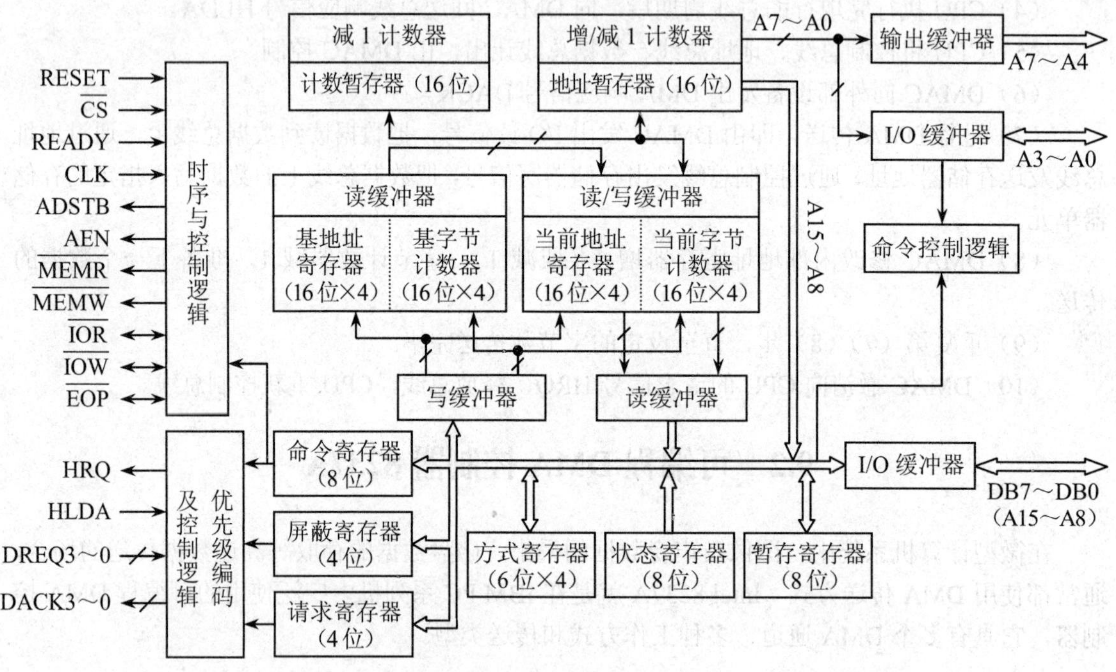

图 9-4　8237A 的内部结构图

（1）时序与控制逻辑。当 8237A 处于从态时，接受 CPU 的控制，时序与控制逻辑电路接受系统送来的时钟、复位、片选和读/写控制等信号，完成相应的内部控制操作；当 8237A 处于主态时，则向存储器或 I/O 接口发出读/写等各种控制信号。

（2）优先级编码及控制逻辑。根据 CPU 对 8237A 初始化时的设置要求，优先级编码电路对同时提出 DMA 请求的多个通道进行优先级次序裁决，以确定哪个通道的优先级最高。

8237A 各通道的优先级可以是固定的，也可以是循环的，具体由编程确定。固定优先级时，通道 0 的优先级最高，通道 3 的最低。无论哪种优先级管理方式，一旦某个优先级高的设备在服务时，其他低级别的通道请求均被禁止，直至该通道的服务结束。

（3）命令控制逻辑。8237A 处于从态时，命令控制逻辑接收 CPU 送来的 A3～A0 信号，选择 8237A 内部的寄存器；处于主态时，对工作方式寄存器的最低两位 D1D0 进行译码，以选择某个通道。A3～A0 与 $\overline{\text{IOR}}$、$\overline{\text{IOW}}$ 配合可组成各种操作命令。

（4）数据和地址缓冲器组。8237A 的 DB7～DB0 引脚在从态时用于传输 CPU 要对其读/

写的数据信息，在主态时用于向存储器送出高位地址信息；引脚 A7～A4、A3～A0 为地址线，在主态时用于向存储器送出低位地址，在从态时，CPU 通过 A3～A0 引脚对 8237A 进行内部寄存器选择。

8237A 的数据线和地址线都与三态缓冲器相连，可以在主态或从态下接管或释放总线。

（5）内部寄存器组。8237A 内部有 4 个 DMA 通道，每个通道都各有一个 16 位的基地址寄存器、基字节计数器、当前地址寄存器、当前字节计数器，以及一个 6 位的工作方式寄存器。片内还有可编程的命令寄存器、屏蔽寄存器、请求寄存器、状态寄存器和暂存寄存器各 1 个，以及不可编程的计数暂存器和地址暂存器各 1 个，具体如表 9-1 所示。

表 9-1　8237A 内部寄存器

名称	位数	数量	CPU 访问方式	名称	位数	数量	CPU 访问方式
基地址寄存器	16	4	写	命令寄存器	8	1	写
基字节计数器	16	4	写	工作方式寄存器	6	4	写
当前地址寄存器	16	4	读/写	屏蔽寄存器	4	1	写
当前字节计数器	16	4	读/写	请求寄存器	4	1	写
地址暂存器	16	1	不能访问	状态寄存器	8	1	读
计数暂存器	16	1	不能访问	暂存寄存器	8	1	读

9.2.3　8237A 的引脚功能

8237A 具有 40 个引脚，采用双列直插式封装，如图 9-5 所示，各引脚功能如下：

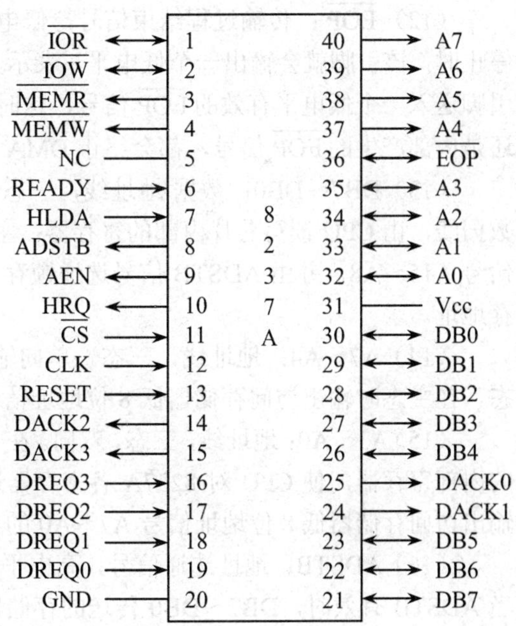

图 9-5　8237A 引脚图

（1）CLK：时钟信号，单向输入。用于控制 8237A 的内部操作和数据传送速率。

（2）$\overline{\text{CS}}$：片选信号线，低电平有效，单向输入。当 CPU 控制总线并使 $\overline{\text{CS}}$ 有效时，CPU 可以通过数据总线对 8237A 进行读/写操作。

（3）RESET：复位信号，高电平有效，单向输入。8237A 被复位时，屏蔽寄存器的各位被置 1（即各通道均处于屏蔽状态），其他寄存器均被清 0。

（4）DREQ3～DREQ0：通道 3～0 的 DMA 请求信号，单向输入。由请求 DMA 传送的外部设备输入，其有效电平由编程设定。复位后 8237A 的 DREQ 为高电平有效。在固定优先级状态下，DREQ0 的优先级最高，DREQ3 的最低。

（5）DACK3～DACK0：通道 3～0 的 DMA 响应信号，单向输出。作为对提出 DREQ 请求的外设的回答，其有效电平由编程设定，复位后8237A的DACK为低电平有效。

（6）HRQ：总线请求信号，高电平有效，单向输出。此信号送到CPU的HOLD端，是向CPU申请总线控制权的请求信号。当8237A检测到任意一个未被屏蔽的通道有DMA请求（DREQ有效）后，使HQR端输出有效的高电平。

（7）HLDA：总线响应信号，高电平有效，单向输入。此信号与CPU的HLDA端相连。当8237A收到有效的HLDA信号后，表示8237A获得总线控制权。

（8）$\overline{\text{MEMR}}$：存储器读信号，低电平有效，三态，单向输出。8237A主态时，$\overline{\text{MEMR}}$可与$\overline{\text{IOW}}$配合把数据从存储器读出并送往外设，也可用于控制存储器两个区域之间的数据传送。8237A从态时该信号无效。

（9）$\overline{\text{MEMW}}$：存储器写信号，低电平有效，三态，单向输出。8237A主态时，$\overline{\text{MEMW}}$可与$\overline{\text{IOR}}$配合把数据从外设写入存储器，也可用于存储器两个区域之间的数据传送。8237A从态时该信号无效。

（10）$\overline{\text{IOR}}$：接口读信号，低电平有效，三态，双向。当8237A从态时，作为控制信号被送入8237A，此信号有效时，CPU对8237A的内部寄存器读操作。当8237A主态时，该信号由8237A控制输出，与$\overline{\text{MEMW}}$相配合，控制数据由外设写入存储器中。

（11）$\overline{\text{IOW}}$：接口写信号，低电平有效，三态，双向。当8237A从态时，作为控制信号被送入8237A，此信号有效时，CPU对8237A的内部寄存器写操作，即对8237A进行初始化编程。当8237A主态时，该信号由8237A控制输出，与$\overline{\text{MEMR}}$相配合，把数据从存储器传送到外设。

（12）$\overline{\text{EOP}}$：传输过程结束信号，低电平有效，双向。当8237A任意一个通道中的计数停止时，该引脚就会输出一个低电平，表示DMA传送结束。另外，8237A也允许外界通过该引脚送入一个低电平有效的$\overline{\text{EOP}}$信号，这时 DMA 传输过程就被外界强行终止。不论是外部还是内部产生的$\overline{\text{EOP}}$信号，都会终止DMA过程，并复位DMAC的内部寄存器。

（13）DB7～DB0：数据/地址线，三态，双向。当8237A从态时，DB7～DB0作为双向数据线，由CPU读写芯片内部的寄存器；主态时，DB7～DB0输出访问存储器的高8位地址信号A15～A8，并由ADSTB信号选通锁存，与A7～A0输出的低8位地址一起构成16位访存地址。

（14）A7～A4：地址线，三态，单向输出。此4位地址线始终工作于输出状态或浮空状态，在主态时输出访问存储器低8位地址信号A7～A0的高4位。

（15）A3～A0：地址线，三态，双向。在8237A从态时，它们是输入信号，用来寻址8237A的内部寄存器，使CPU对8237A各寄存器进行读/写操作，即对8237A进行编程。在主态时输出访问存储器低8位地址信号A7～A0的低4位。

（16）ADSTB：地址选通信号，高电平有效，单向输出，作为外部地址锁存器选通信号。当ADSTB有效时，DB7～DB0传送的存储器高8位地址信号A15～A8被锁存到外部地址锁存器中。

（17）AEN：地址允许信号，高电平有效，单向输出。AEN信号使锁存在外部锁存器中的高8位地址输出到系统地址总线上，与8237A芯片直接输出的低8位地址一起，构成16位存储器偏移地址。AEN信号也使与CPU相连的地址锁存器无效，这样就保证了地址总线上的信号来自 8237A，而不是来自 CPU。

（18）READY：准备就绪信号，高电平有效，单向输入。READY 信号有效时，表示外设已准备就绪，否则 8237A 进入对慢速存储器或外设的等待状态。

另外，由于 8237A 只能输出 16 位地址，所以在其控制下的最大寻址空间为 64KB。因此对于更大的传送空间，则必须设法提供除此 16 位地址以外的高位地址。例如，在 IBM PC/XT 系统中，20 位内存地址中的高 4 位（A19～A16）不能由 8237A 提供，为此，系统中专门设置了一个 4 位的 I/O 端口，称为页面寄存器，在数据块传送之前应单独对其编程，用以写入最高 4 位地址。

9.2.4　8237A 的操作方式

1．8237A 的操作周期

如前所述，8237A 有主态、从态两种工作方式，从时序上看，可以看成两个操作周期，即空闲周期（从态）和有效周期（主态），有效周期又称 DMA 周期。

8237A 每个操作周期由一定数量的时钟周期组成，如图 9-6 所示。8237A 有 7 种时钟状态，分别是空闲状态 SI，起始状态 S0，传送状态 S1、S2、S3、S4 和等待状态 Sw，每个状态是一个时钟周期 T。

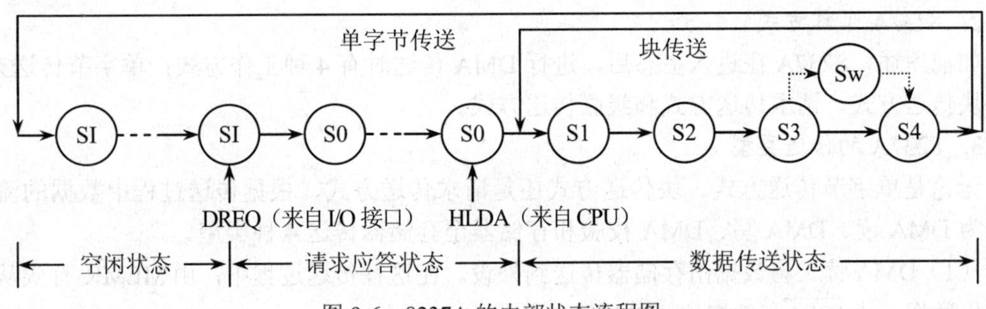

图 9-6　8237A 的内部状态流程图

（1）空闲周期。

当没有外设或软件请求 DMA 传送时，8237A 处于空闲周期。在空闲周期内连续执行若干个 SI 状态。

在空闲周期，8237A 每个时钟周期都要进行 $\overline{CS}$ 和 DREQ 信号的检测。若检测到 $\overline{CS}$ 低电平有效，8237A 就接受 CPU 的编程写入或读出；若检测有 DREQ 信号有效，8237A 就在 SI 的上升沿产生 HRQ 信号，向 CPU 发出总线请求，同时结束 SI 状态，进入 S0 状态。

（2）有效周期。

1）S0 状态。8237A 等待 CPU 的总线响应信号 HLDA，在 HLDA 信号有效之前，8237A 一直重复 S0 状态，直到 CPU 发出 HLDA 信号，才使 8237A 进入主态，开始数据传送。S0 状态的 8237A 还是从态，可以接受 CPU 的读写。

2）S1 状态。8237A 首先产生 AEN 信号，使 CPU 等其他总线主部件的地址线与系统地址总线断开，而 8237A 的地址线 A15～A0 接通；同时使地址允许信号 ADSTB 有效，将 DB7～DB0 线上送出的地址信号 A15～A8 锁存至外部地址锁存器中。大多数情况下，A15～A8 不需要改变，那么接续下去的 DMA 时序中省去 S1 状态，直接从 S2 状态开始，只有在块传送或请求传送方式下需要跨越一个 256 字节的数据块时，也就是需要改变 A15～A8 时，才用到 S1 状态。

3）S2 状态。8237A 产生 DMA 响应信号 DACK 给外部设备，得到响应的外部设备可用 DACK 信号代替 CPU 控制总线的片选信号，在整个 DMA 周期处于选中状态，同时地址总线上出现所要访问的存储器地址 A15～A0。

4）S3 状态。8237A 可以有两种工作时序：普通时序和压缩时序。若是普通时序就要用到 S3 状态，产生 $\overline{\text{MEMR}}$ 和 $\overline{\text{IOR}}$ 读信号，于是数据线 DB7～DB0 上的数据稳定到 S4 状态写入目的处。若是压缩时序就取消 S3 状态，读信号和写信号同时在 S4 状态产生，适用于高速电路。

5）Sw 状态。如果外设的速度较慢，不能在 S4 状态前使读出的数据稳定，那么要在硬件上通过 READY 信号变低，使 8237A 在 S3 与 S4 之间插入等待状态 Sw。直到准备好之后，READY 信号变高才结束 Sw 进入 S4 状态。

6）S4 状态。产生 $\overline{\text{IOW}}$ 和 $\overline{\text{MEMW}}$ 写信号，将 DB7～DB0 上的数据写入目的单元。写信号也可以提前到 S3 状态时产生，这就是所谓的扩展写。

若是块传送方式，则在 S4 结束后又进入 S1（或 S2）状态，继续传送下一字节。若是单字节传送或块传送的最后一个字节传输完成，则产生传输结束信号 $\overline{\text{EOP}}$，并撤消 HRQ 信号，释放总线。8237A 重新进入 SI 状态等待新的请求。

2. 8237A 工作方式

如前所述，8237A 在进入主态后，进行 DMA 传送时有 4 种工作方式：单字节传送方式、数据块传送方式、请求传送方式和级联传送方式。

3. 8237A 的传送类型

无论是单字节传送方式、块传送方式还是请求传送方式，根据传送过程中数据的流向，可分为 DMA 读、DMA 写、DMA 校验和存储器至存储器传送 4 种类型。

（1）DMA 读。将数据由存储器传送到外设。在这种传送过程中，由 $\overline{\text{MEMR}}$ 有效从存储器读出数据，由 $\overline{\text{IOW}}$ 有效把这一数据写入外设。

（2）DMA 写。将数据由外设传送到存储器。在这种传送过程中，由 $\overline{\text{IOR}}$ 有效从外设读出数据，由 $\overline{\text{MEMW}}$ 有效把这一数据写入存储器。

（3）DMA 校验。这是一种空操作。8237A 并不进行任何检验，只是像 DMA 读或 DMA 写一样产生时序、地址信号，但是所有对存储器和外设的控制信号保持无效，所以不进行传送，而外设可以利用这样的时序进行 DMA 校验。

9.2.5 8237A 的编程

1. 8237A 内部寄存器的主要功能及格式

8237A 进入主态之前，必须由 CPU 向其内部寄存器写入命令，以确定其工作方式及各种参数，即对 8237A 初始化。此时，8237A 作为 CPU 的一个 I/O 接口，其内部寄存器作为 I/O 端口，不同的命令要写入不同的端口。

系统地址总线的 A3～A0 与 8237A 的 A3～A0 相连，以对 8237A 内部寄存器寻址，系统高位地址线经译码后形成 8237A 的 $\overline{\text{CS}}$ 片选信号，由 $\overline{\text{IOR}}$ 和 $\overline{\text{IOW}}$ 确定对 8237A 的读、写操作。8237A 内部占用 16 个 I/O 端口地址，如表 9-2 所示，通过 $\overline{\text{CS}}$、$\overline{\text{IOR}}$、$\overline{\text{IOW}}$ 和 A3～A0 的不

同编码形成对 8237A 内部寄存器的读/写操作。

表 9-2　8237A 内部寄存器寻址

A3 A2 A1 A0	通道号	读操作（$\overline{IOR}$=0 时）	写操作（$\overline{IOW}$=0 时）
0000	0	读当前地址寄存器	写基（当前）地址寄存器
0001		读当前字节计数器	写基（当前）字节计数器
0010	1	读当前地址寄存器	写基（当前）地址寄存器
0011		读当前字节计数器	写基（当前）字节计数器
0100	2	读当前地址寄存器	写基（当前）地址寄存器
0101		读当前字节计数器	写基（当前）字节计数器
0110	3	读当前地址寄存器	写基（当前）地址寄存器
0111		读当前字节计数器	写基（当前）字节计数器
1000	公共	读状态寄存器	写命令寄存器
1001		——	写请求寄存器
1010		——	写单通道屏蔽寄存器
1011		——	写工作方式寄存器
1100		——	清除先/后触发器（软件命令）
1101		读暂存寄存器	写主清除命令（软件复位命令）
1110		——	清除 4 个通道的屏蔽位（软件命令）
1111		——	写 4 个通道的屏蔽寄存器

（1）基地址寄存器。每个通道各有一个 16 位的基地址寄存器，用于存放本通道 DMA 传送时的存储器起始单元地址。基地址寄存器的内容是在对 8237A 初始化编程时由 CPU 写入的。该寄存器内容预置后就不再改变，且不能被读出。

（2）当前地址寄存器。每个通道各有一个 16 位的当前地址寄存器，用于存放本通道 DMA 传送时的存储器单元地址。在初始化编程时，CPU 向基地址寄存器写入的内容，同时也被写入当前地址寄存器。

每次 DMA 传送后当前地址寄存器内容自动增 1 或减 1（由工作方式控制字 D5 位决定，详见图 9-9），以指向相邻的下一个存储单元。该寄存器可被 CPU 随时读出。若通道选择为自动预置方式（由工作方式控制字 D4 位决定），则在成批数据传送结束后产生 $\overline{EOP}$ 时，基地址寄存器内容自动复制到当前地址寄存器中。

（3）基字节计数器。每个通道各有一个 16 位的基字节计数器，用于存放本通道要传送的数据量（字节数）。基字节计数器的内容是在初始化编程时由 CPU 写入的，编程写入的字节数比实际要传送的字节数少 1（例如，若编程时初始值为 8，则将传送 9 个字节）。该寄存器的内容预置后也不再改变，且不能被读出。

（4）当前字节计数器。每个通道各有一个 16 位的当前字节计数器，用于存放本通道 DMA 传送时剩余的、待传送的字节数。初始化编程时，CPU 向基字节计数器和当前字节计数器同时写入相同的初始值。

每次 DMA 方式传送一个字节后，当前字节计数器自动减 1，当其内容最后一次从 0 减到 0FFFFH 时，将产生终止计数的脉冲输出。该寄存器可被 CPU 随时读出。若通道选择为自动预置操作，则在传送结束产生 $\overline{EOP}$ 时，基字节计数器内容自动复制到当前字节计数器中。

（5）暂存寄存器。暂存寄存器为 8 位，仅在存储器至存储器之间进行 DMA 传送操作时使用，用来暂时存放从源地址单元读出的数据。在 8237A 复位时暂存寄存器的内容被清除。

（6）地址暂存器和计数暂存器。地址暂存器用于暂时存放当前存储器单元地址，计数暂存器用于暂时存放当前计数值。它们都不与 CPU 发生关系。

（7）状态寄存器。8237A 内部有一个可供 CPU 读出的 8 位状态寄存器，它包含了 8237A 的状态信息。低 4 位分别指出 4 个通道的 DMA 传送是否结束，高 4 位表示当前 4 个通道是否有 DMA 请求。

状态寄存器的格式如图 9-7 所示，CPU 可随时对其读取。状态寄存器的内容在复位或读出后自动清除。

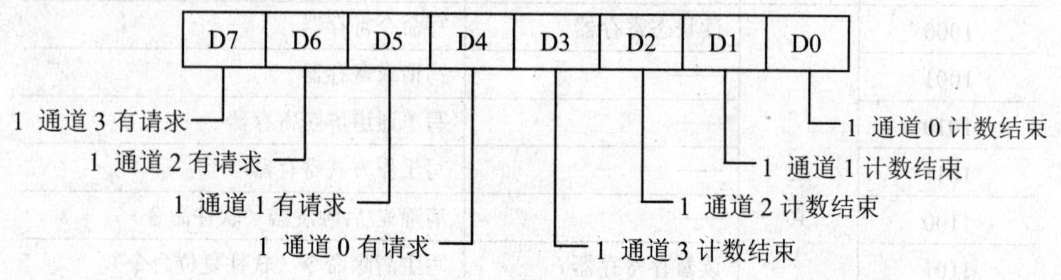

图 9-7　8237A 状态寄存器的格式

（8）命令寄存器。命令寄存器用于控制整个 8237A 的操作，一片 8237A 只有一个命令寄存器，其命令对 4 个通道有效。8237A 初始化时，由 CPU 对其写入命令字，采用复位信号（RESET）或软件清除命令都可以清除它。命令寄存器的格式如图 9-8 所示。

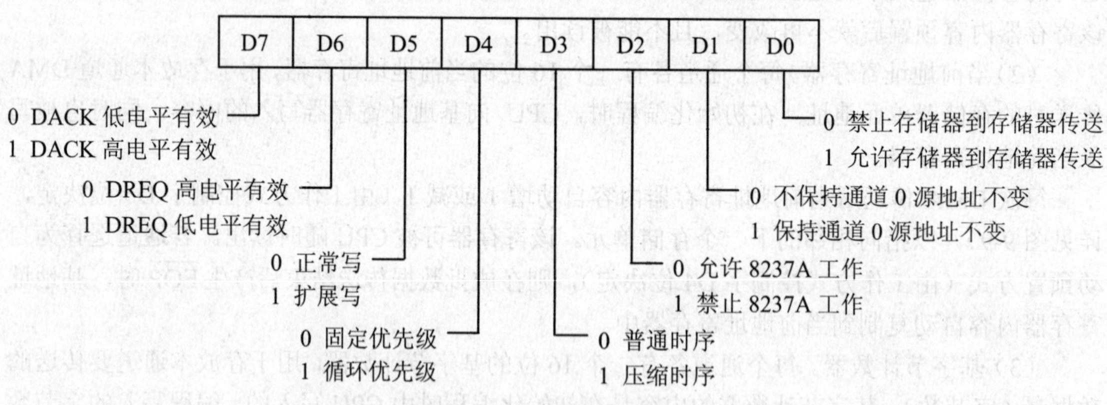

图 9-8　8237A 命令寄存器的格式

D0＝0 时，可以进行存储器与外设之间的 DMA 传送。D0＝1 时，8237A 进行存储器到存储器的传送操作。这种传送方式能以最小的程序工作量和最短时间，成组地将数据从存储器的一个区域传送到另一个区域。

要实现存储器到存储器的传送，8237A 必须使用通道 0 和通道 1，通道 0 的地址寄存器存放源数据区的地址，通道 1 的地址寄存器存放目的数据区的地址，通道 1 的字节计数器存放要传送的字节数，传送过程由设置通道 0 的软件请求启动。传送过程中，源数据区的数据先送到 8237A 的暂存寄存器，然后再送到存储器目的数据区，每传送一个字节，源地址和目的地址都将被修改，字节数减 1，直至通道 1 的字节计数器由 0 减到 FFFFH，传送结束。

当 D0＝1 时 D1 位才有效。在存储器至存储器传送时，若允许通道 0 源地址保持不变，那么其传送结果是把源存储单元中的一个字节数据写入整个目的区中。

D2 位为允许或禁止 8237A 工作的控制位。允许 8237A 工作后，启动 8237A 工作的方法有两种，一种是硬件方式，8237A 完成初始化编程后，由各通道的 DREQ 来启动 DMA 的传输过程；另一种是软件方式，需要在编程时设置请求寄存器，使相应通道的 DMA 请求触发器置 1，以此启动 DMA 的传输过程。

D3 位用来设定 8237A 的工作时序。8237A 采用普通时序时，完成一次 DMA 传送需要 S2、S3、S4 三个时钟周期；采用压缩时序进行一次 DMA 传送时，大多数情况下只有 S2、S4 两个时钟周期即可。D0＝0 时 D3 位才有效。

D4 位用来设定通道优先级结构。固定优先级方式时，通道 0 的优先级最高，依次类推，通道 3 的优先级最低。循环优先级方式下，每次服务后，刚刚服务过的通道优先级变为最低，它后面相邻通道的优先级变为最高，如此可防止某一通道长时间占用总线。

D5 位用于在进行写操作时工作时序的设定。当外设速度较慢，选用正常时序工作不能满足要求时，可采用扩展写时序方式，使 $\overline{\text{IOW}}$ 和 $\overline{\text{MEMW}}$ 信号提前于 S3 状态到来。只有在普通时序（D3＝0）时该位才有效。

例如，若向 8237A 的命令寄存器写入命令字 90H，则表示允许 8237A 按照普通工作时序、循环优先级实现存储器与外设之间的 DMA 传送，DREQ 和 DACK 引脚皆为高电平有效。

（9）工作方式寄存器。8237A 的 4 个通道内各有一个 6 位的工作方式寄存器，用以规定通道的传送类型、工作方式等。但编程时写入 8237A 的工作方式控制字却是 8 位，其中最低两位用来指定要写入的通道号，高 6 位则被写入对应通道内的工作方式寄存器中。工作方式控制字的格式如图 9-9 所示。

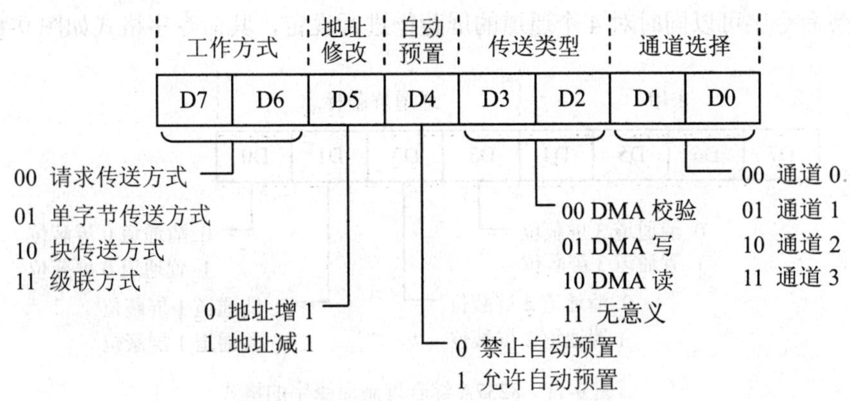

图 9-9　8237A 工作方式控制字的格式

其中，D4 位用来设定通道是否进行自动预置。8237A 进行 DMA 传输之前，要先由 CPU 对其初始化，如果设定通道为自动预置方式，那么在接到 $\overline{\text{EOP}}$ 信号后（无论是由内部计数结束产生还是由外部产生），该通道自动将基地址寄存器内容装入当前地址寄存器，将基字节计数器内容装入当前字节计数器，而不必通过 CPU 对 8237A 重新初始化，这就做好了进行下一次 DMA 传送的准备。

D5 位用来选择地址的增减方式。在 DMA 传送过程中，每次传输后当前地址寄存器的内容会自动修改，以确定下一个要访问的存储单元地址。

例如，若 8237A 的工作方式控制字为 85H，表示选择 8237A 的通道 1，以块传送方式，由外设向存储器进行 DMA 传送，按存储器由低地址向高地址单元的顺序传送，禁止自动预置。

（10）屏蔽寄存器。屏蔽寄存器为 4 位寄存器，8237A 的每个通道对应一位，用于禁止或允许各通道接受来自外设的 DMA 请求。当屏蔽位为 1 时，该通道外部的 DREQ 请求信号被屏蔽，禁止来自外设的 DMA 请求；当屏蔽位为 0 时，允许外设的 DMA 请求。

当某通道遇到有效的 $\overline{\text{EOP}}$ 信号时，如果不是工作于自动预置方式，那么这一通道的屏蔽标志位将被置 1；RESET 信号可以使所有通道的屏蔽标志位置 1。因此对 8237A 编程时，必须根据需要适时清除屏蔽位。要清除屏蔽位可以使用清除屏蔽寄存器的命令，使屏蔽位复位，以便允许接收 DMA 请求。

8237A 有两种屏蔽命令字，需要写入不同的地址端口中。

只对单个通道的屏蔽位进行置位或复位时，可以使用单通道屏蔽命令字，其命令字格式如图 9-10 所示。

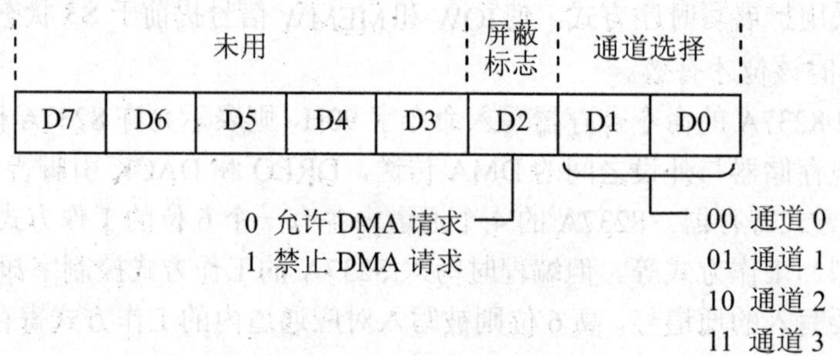

图 9-10　8237A 单通道屏蔽命令字的格式

综合屏蔽命令字可以同时对 4 个通道的屏蔽位进行设定，其命令字格式如图 9-11 所示。

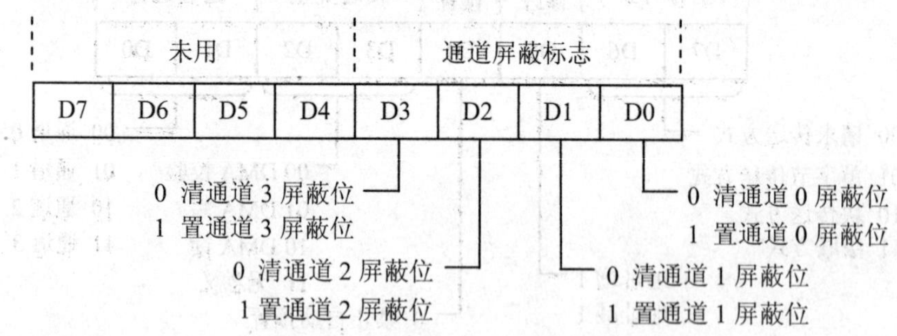

图 9-11　8237A 综合屏蔽命令字的格式

（11）请求寄存器。DMA 请求既可以通过 8237A 四个通道的 DREQ（硬件）产生，也可以通过写入请求命令（软件）产生。送入请求寄存器的请求命令字格式如图 9-12 所示。

DMA 传送结束后，对应通道的请求标志位即被清 0，RESET 信号可以清除所有通道的请求位。软件 DMA 请求是不可屏蔽的，不受屏蔽位的控制。但软件 DMA 请求的优先级仍受优先级逻辑控制。存储器到存储器的传送必须利用软件产生 DMA 请求。

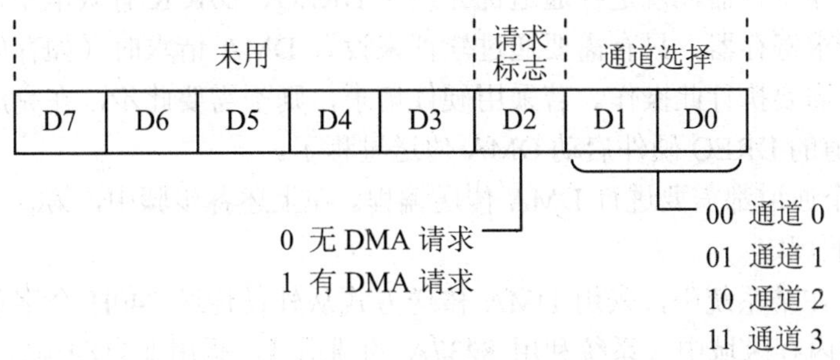

图 9-12 8237A 请求寄存器的格式

2. 软件命令

8237A 设置了 3 条软件命令，分别是主清除命令、清除先/后触发器命令和清除屏蔽寄存器命令。只要对相应的端口地址进行写入操作，就会自动执行这些清除命令。

（1）主清除命令。也称软件复位命令，与硬件 RESET 信号具有相同的功能。执行该命令会使 8237A 的命令寄存器、状态寄存器、请求寄存器、暂存寄存器和先/后触发器清 0，使屏蔽寄存器置 1，使 8237A 进入空闲周期，以便进行编程。只要向 A3～A0＝1101 的端口执行一次写操作，便可以使 8237A 处于复位状态（参见表 9-2）。

（2）清除先/后触发器命令。因为 8237A 的数据总线为 8 位（DB7～DB0），对 16 位的地址寄存器和字节计数器进行读/写操作时需要连续两次进行。先/后触发器用来控制对 16 位寄存器的低字节与高字节的操作切换。

先/后触发器有自动反转功能，执行主清除命令或 RESET 后，触发器变为 0，CPU 可访问寄存器的低字节；访问之后，触发器自动反转为 1，CPU 可访问寄存器的高字节；再访问之后，触发器又自动反转为 0。只要向 A3～A0＝1100 的端口执行一次写操作，便可以使 8237A 的先/后触发器清 0（参见表 9-2）。

（3）清除屏蔽寄存器命令。在 8237A 复位之后，所有的屏蔽位都被置 1，即禁止所有的 DMA 请求；在非自动预置方式下，一旦某通道的 DMA 传送结束，该通道的屏蔽位也被置 1。因此在对 DMA 通道初始化时，为了开放全部通道的 DMA 请求，必须清除 4 个通道的全部屏蔽位，即对 A3～A0＝1110 的端口进行一次写操作（参见表 9-2）。

例如，设 8237A 的端口地址为 00H～0FH，可用如下指令清除先/后触发器和屏蔽寄存器。

```
        OUT     OCH,AL              ;清除先/后触发器
        OUT     0EH,AL              ;清除 4 个通道的全部屏蔽位
```

3. 8237A 的编程

在 8237A 进行 DMA 传送之前，CPU 要对它进行初始化编程。通常，其初始化编程内容及步骤包括以下几步：

① 发出主清除命令，使 8237A 复位，准备接收新命令。只要对指定端口进行写操作，而不管写的内容是什么。

② 选择通道，向基地址寄存器和当前地址寄存器写入初始值，确定存储器起始地址。

③ 向基字节计数器和当前字节计数器写入初始值，确定要传送的字节数。

④ 写入工作方式寄存器，确定 8237A 的工作方式。

⑤ 写入屏蔽寄存器，开放指定 DMA 通道的请求。

⑥ 写入命令寄存器，规定各通道优先级及 DREQ、DACK 有效电平，启动 8237A 工作。

⑦ 写入请求寄存器，只有需要通过软件来设置 DMA 请求时（如存储器两个区域间的数据块传送），才需要执行此操作。若采用硬件请求，则不需要此步，在完成前 6 步的编程后，就可以等待通道的 DREQ 硬件启动 DMA 传送过程了。

8237A 每个通道都需要进行 DMA 传送编程。在上述各步骤中，第②～⑥步的顺序是随意的，没有严格的规定。

【例 9.1】在某系统中，采用 DMA 传送方式从外设传送 240H 个字节的数据块到起始地址为 2000H 的内存区域中。系统利用 8237A 的通道 1，采用非自动预置方式，外设的 DMA 请求信号 DREQ 和响应信号 DACK 均为高电平有效。该 8237A 芯片的基地址为 80H，试对系统中的 8237A 进行初始化编程。

分析：根据要求，利用通道 1 由外设向存储器传送数据，所以应设置通道 1 为 DMA 写、地址自动增 1、块传送方式，工作方式控制字应设为 85H；应开放通道 1 的屏蔽状态，向单通道屏蔽寄存器写入 01H；向命令寄存器写入的命令字设为 80H。

DMAC 芯片内各个寄存器端口地址＝基地址+A3A2A1A0 地址。参照表 9-2，本系统中 8237A 工作方式寄存器的端口地址为 80H+0BH＝8BH，单通道屏蔽寄存器的端口地址为 8AH，命令寄存器的端口地址为 88H。通道 1 有两个端口地址 82H、83H，分别分配给地址寄存器和字节计数器使用，主清除命令的写入地址为 8DH。

对 8237A 初始化编程时，还需对传送数据块的字节进行调整，当传送 n 字节的数据时，写入计数器的初始值应调整为 n-1，这是因为当计数器的值由初始值减到 0 后，还要继续传送一个字节才发送结束信号 $\overline{EOP}$。

初始化程序段设计如下：

```
OUT   8DH,AL      ;发主清除命令：软件复位，先/后触发器清 0
MOV   AX,2000H
OUT   82H,AL      ;向通道 1 基（当前）地址寄存器写入 16 位初始地址，先写低 8 位
MOV   AL,AH
OUT   82H,AL      ;后写高 8 位
MOV   AX,240H
DEC   AX          ;调整计数初始值为 240H-1
OUT   83H,AL      ;计数初值写入通道 1 基（当前）字节计数器，先写低 8 位
MOV   AL,AH
OUT   83H,AL      ;后写高 8 位
MOV   AL,85H
OUT   8BH,AL      ;写工作方式控制字：通道 1、DMA 写、地址增 1、块传送、非自动预置
MOV   AL,01H
OUT   8AH,AL      ;写单通道屏蔽命令字：开放通道 1 的 DMA 请求
MOV   AL,80H
OUT   88H,AL      ;写命令寄存器：允许外设到存储器的数据传送
```

初始化之后，只要通道 1 的 DREQ 有 DMA 请求，8237A 就给予响应，进行 DMA 传送。

【例 9.2】编写存储器到存储器 DMA 传送的初始化程序。要求将内存 2000H 单元开始的 1000 字节数据块传送到 4000H 单元开始的目的区域中，由通道 0 和通道 1 完成传送工作，8237A

的端口地址为 70H～7FH。

初始化程序段设计如下：

```
OUT  7DH,AL     ;发主清除命令
MOV  AX,2000H
OUT  70H,AL
MOV  AL,AH
OUT  70H,AL     ;源地址写入通道 0 基（当前）地址寄存器，先低 8 位后高 8 位
MOV  AX,4000H
OUT  72H,AL
MOV  AL,AH
OUT  72H,AL     ;目的地址写入通道 1 基（当前）地址寄存器，先低 8 位后高 8 位
MOV  AX,1000
DEC  AX         ;调整计数初始值为 1000-1
OUT  73H,AL
MOV  AL,AH
OUT  73H,AL     ;计数初值写入通道 1 基（当前）字节计数器，先低 8 位后高 8 位
MOV  AL,88H
OUT  7BH,AL     ;写通道 0 工作方式控制字：块传送、地址增 1、DMA 读
MOV  AL,85H
OUT  7BH,AL     ;写通道 1 工作方式控制字：块传送、地址增 1、DMA 写
MOV  AL,81H
OUT  78H,AL     ;写命令寄存器：允许存储器到存储器传送
MOV  AL,04H
OUT  79H,AL     ;写请求寄存器：向通道 0 发 DMA 传送请求
MOV  AL,00H
OUT  7FH,AL     ;综合写屏蔽寄存器：开放全部通道 DMA 请求
```

9.3 DMA 技术在微型计算机系统中的应用

随着高速外设的不断涌现，DMA 技术在微型计算机系统中的应用越来越多。下面结合 IBM PC/XT 系统中 8237A 的使用情况，介绍 8237A 的硬件连接和软件编程应用。

1. 硬件连接

在 IBM PC/XT 系统板上使用了一片 8237A，4 个通道中已被系统使用了 3 个，其中通道 0 用于对动态存储器刷新，通道 2 用于软盘与内存之间的高速数据传输，通道 3 用于硬盘与内存之间的高速数据传输。剩余通道 1 作为专用设备开发 DMA 传送接口，保留给用户使用，如可用于网络通信功能。

硬件连接如图 9-13 所示。

系统中采用固定优先级，通道 0 的优先级最高，通道 3 的优先级最低。4 个 DMA 请求信号中，DREQ0 与系统板相连，DREQ1～DREQ3 都接到总线扩展槽上，由对应的网络接口板、软盘接口和硬盘接口提供。同样，DACK0 送往系统板，而 DACK1～DACK3 送往扩展槽。

由于 8237A 只能管理和提供 16 位地址，所以为了实现对全部内存空间的寻址，系统设置了一个页面寄存器（74LS670）。DMA 方式工作时，页面寄存器中提供存储器 20 位地址中的高 4 位地址 A19～A16，8237A 提供低 16 位地址 A15～A0。

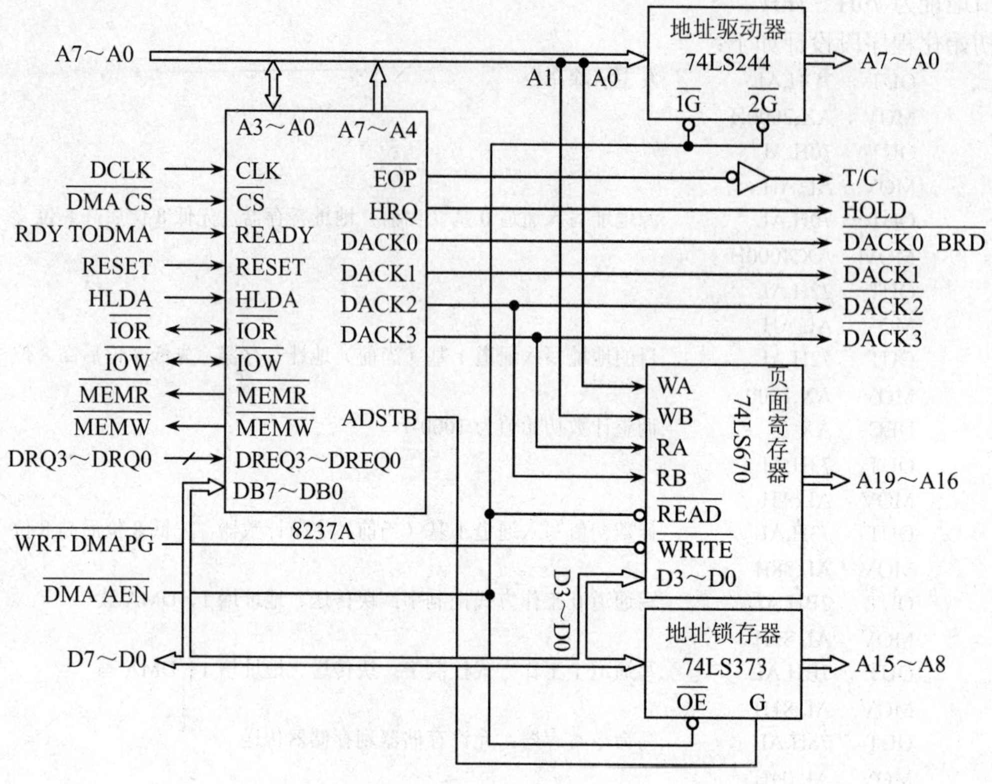

图 9-13　IBM PC/XT 的 DMA 控制电路

页面寄存器 74LS670 内有 4 组寄存器，每组 4 位，每组寄存器分别对应 4 个 DMA 通道，其中 0 组寄存器未用，这是因为通道 0 用于 DRAM 刷新，不需要页面寄存器的内容。对于一个 DMA 通道来说，页面寄存器的 4 位输入端接到系统数据总线的低 4 位 D3～D0，4 位输出端接到系统地址总线的高 4 位 A19～A16。

在 8237A 从态下，当页面寄存器的控制端 $\overline{\text{WRITE}}$ 为低电平时，如表 9-3 所示，由 WA 和 WB 编码确定选择页面寄存器中的某一组寄存器，CPU 通过 D3～D0 将高 4 位地址写入页面寄存器。

表 9-3　74LS670 内部寄存器的写入

$\overline{\text{WRITE}}$	WB	WA	所写入的寄存器	对应的通道
0	0	0	0 组寄存器	未用
0	0	1	1 组寄存器	通道 2
0	1	0	2 组寄存器	通道 3
0	1	1	3 组寄存器	通道 1

在 8237A 主态下，当页面寄存器的控制端 $\overline{\text{READ}}$ 为低电平时，不再由 WA 和 WB 确定，而是按 RA 和 RB 编码所指定的寄存器组号，从页面寄存器读出页面地址值，送往内存地址的 A19～A16 端，如表 9-4 所示。

表 9-4　74LS670 内部寄存器的读出

$\overline{READ}$	RB	RA	所读出的寄存器	对应的通道
0	0	0	0 组寄存器	未用
0	0	1	1 组寄存器	通道 2
0	1	0	2 组寄存器	通道 3
0	1	1	3 组寄存器	通道 1

如图 9-13 所示，系统中页面寄存器的 $\overline{\text{WRITE}}$ 端与片选译码器的输出端 $\overline{\text{WRT DMAPG}}$ 相连，当 CPU 对 80H～90H 端口写操作时，$\overline{\text{WRT DMAPG}}$ 为有效的低电平。WA 端接地址线 A0，WB 端接地址线 A1，所以，若要将页面地址（A19～A16）通过数据线 D3～D0 送入页面寄存器，只要 CPU 使用输出指令向页面寄存器写入即可。

页面寄存器的 $\overline{\text{READ}}$ 端与 $\overline{\text{DMA AEN}}$ 相连，所以若要输出页面地址，即进行 DMA 传送时，$\overline{\text{DMA AEN}}$ 必定满足低电平要求。RB 与 DACK2 相接，RA 与 DACK3 连接。当通道 2 进行 DMA 传送时，DACK2 为低电平，于是 RB 为低电平，选中第 1 组寄存器；当通道 3 进行 DMA 传送时，DACK3 为低电平，于是 RA 为低电平，选中第 2 组寄存器；当通道 1 进行 DMA 传送时，与通道 2、通道 3 相对应的 DACK2 和 DACK3 必定处于无效电平，这时便选中第 3 组寄存器。

系统中，通道 0 用 4 个时钟周期组成一个 DMA 传送周期，其他通道用 5 个时钟周期组成一个 DMA 传送周期。系统中用等待电路产生 RDY TODMA 信号，此信号送到 8237A 的 READY 端，可以使 DMA 周期中插入等待状态 Sw。DMA 过程结束时，8237A 的 $\overline{\text{EOP}}$ 信号经反相后产生高电平的计数结束信号 T/C。

在 8237A 处于从态时，CPU 可以访问 8237A，以便对 8237A 设置工作方式或读取状态。当 I/O 地址为 00H～0FH 时，系统接至 $\overline{\text{DAM CS}}$ 的 I/O 接口片选电路输出端为有效低电平，于是选中 8237A，CPU 用 A3～A0、$\overline{\text{IOR}}$ 和 $\overline{\text{IOW}}$ 引脚来控制 8237A 与 CPU 的数据交换。

2. 软件编程

在 PC/XT 系统中，3 组页面寄存器（0 组未用）的对应地址分别为 80H（通道 1）、81H（通道 2）和 82H（通道 3）。系统分配给 8237A 的 16 个端口地址为 00H～0FH。下面分别介绍 PC/XT 系统中应用 8237A 的几段程序。

（1）对 8237A 芯片的测试及初始化。

8237A 的通道 0 用于 DRAM 刷新，通道 1 备用给用户开发 DMA 传送，通道 2、3 分别用于软盘、硬盘与内存之间的高速数据传送。下面是 ROM BIOS 中有关对 8237A 通道的读写测试以及对 4 个通道的初始化程序段。

```
DMA  EQU    00H                    ;8237A 基地址为 00H
     MOV    AL,04H
     OUT    DMA+08H,AL             ;写命令字：关闭 8237A
     OUT    DMA+0DH,AL             ;发主清除命令
;对 4 个通道开始测试
     MOV    AL,0FFH                ;开始测试，各通道寄存器都写入 FFFFH
```

```
        MOV   BL,AL         ;保存到 BX，以供读出时比较
        MOV   BH,AL
        MOV   CX,8          ;测试 4 个通道的 8 个寄存器，置循环次数为 8
        MOV   DX,DMA        ;8237A 首个端口地址为 00H
LL:     OUT   DX,AL         ;数据写入寄存器低 8 位
        OUT   DX,AL         ;数据写入寄存器高 8 位
        MOV   AX,99H        ;读出之前，先任意改变 AX 的原值
        IN    AL,DX         ;读寄存器低 8 位
        MOV   AH,AL
        IN    AL,DX         ;读寄存器高 8 位
        CMP   BX,AX         ;比较读出数据与写入数据
        JNE   ERROR         ;若不相同，则转至出错处理
        INC   DX            ;若相同，则端口地址增 1，准备测试下一个寄存器
        LOOP  LL            ;继续测试下一个寄存器，直至 8 个寄存器测试完
;测试后，对各通道初始化
        MOV   AL,58H
        OUT   DMA+0BH,AL    ;写工作方式控制字：通道 0、单字节、DMA 读、地址增 1、自动预置
        MOV   AL,41H        ;
        OUT   DMA+0BH,AL    ;写工作方式控制字：通道 1、单字节、DMA 校验、地址增 1，非自动预置
        MOV   AL,42H
        OUT   DMA+0BH,AL    ;设置通道 2 的工作方式控制字：同通道 1
        MOV   AL,43H
        OUT   DMA+0BH,AL    ;设置通道 3 的工作方式控制字：同通道 1
        MOV   AL,00H
        OUT   DMA+08H,AL    ;写命令寄存器：固定优先级、允许 8237A 工作
        MOV   AL,00H
        OUT   DMA+0FH,AL    ;写综合屏蔽命令字：允许 4 个通道的 DMA 请求
```

（2）动态存储器刷新控制。

由于动态存储器 DRAM 的集成度高、价格远远低于静态存储器，所以微型计算机系统中普遍使用 DRAM 作为主存。但是 DRAM 必须周期性刷新，否则就会丢失数据。

在 PC/XT 机中，采用定时/计数器 8253 的计数通道 1 和 DMA 控制器 8237A 的通道 0 构成刷新电路（参见图 6-13）。由 8253 计数通道 1 的 OUT1 端定时输出请求信号，送至 8237A 通道 0 的 DREQ0 端，以使 8237A 的通道 0 对 DRAM 进行定期刷新。

对于 DRAM，只要在 2ms 内对各个存储矩阵行依次进行刷新操作，就能保证刷新全部 DRAM。DRAM 芯片的矩阵行是 128 行，所以要求 8253 的计数通道 1 每隔 15μs（2ms/128≈15μs）产生一次刷新请求，由 8237A 通道 0 控制读一行存储单元实现一次刷新。系统中 8253 的 CLK 工作时钟为 1.19MHz，所以 8253 计数通道 1 的计数初值设为 18（15μs×1.19MHz≈18），从而保证在工作时每隔大约 15μs 发出一次刷新请求。

下面是与动态存储器刷新有关的程序段，其中包括对 8237A 通道 0 及 8253 计数通道 1 的初始化程序，为了突出重点，这里仅给出有关的程序段。

```
;以下对 8237A 初始化
        MOV   AL,0FFH
        OUT   DMA+01H,AL
        OUT   DMA+01H,AL        ;分两次向 DMA 通道 0 写入计数初值 0FFFFH
```

```
        MOV     AL,58H
        OUT     DMA+0BH,AL          ;写工作方式控制字：通道 0、单字节、DMA 读、地址增 1、自动预置
        MOV     AL,00H
        OUT     DMA+08H,AL          ;写命令寄存器：固定优先级、允许 8237A 工作
        OUT     DMA+0AH,AL          ;写单通道屏蔽字：允许通道 0 的 DMA 请求
;以下对 8253 初始化
        MOV     AL,54H
        OUT     43H,AL              ;写 8253 控制字：计数通道 1 方式 2，只写低 8 位，二进制计数
        MOV     AL,18
        OUT     41H,AL              ;向 8253 计数通道 1 写入计数初始值 18
```

（3）利用通道 2 进行读/写/校验软磁盘操作。

通道 2 用于控制软盘与内存之间的数据传送。在 ROM BIOS 中的软盘 I/O 驱动程序中有一个子程序 DMA_SETUP，这个程序被软盘的读、写、校验等操作调用。子程序说明文件如下：

子程序名：DMA_SETUP

子程序功能：将 8237A 通道 2 初始化为读/写/校验传送方式

入口条件：AL＝DMA 工作方式控制字（读盘为 46H，写盘为 4AH，校验盘为 42H）

ES:BX＝存储器缓冲区首单元逻辑地址

DH＝要传送的扇区数

出口条件：AX 内容改变

CF 为越页标志（CF＝0：初始化正常完成；CF＝1：段越页，初始化失败）

在这个 DMA_SETUP 子程序中，为了将扇区数转换为总字节数，还要将存于磁盘基值区 DISK_BASE 的第 3 号单元中的磁盘基数（每扇区字节数代码）取出，所以又调用了取基数子程序 GET_PARM，返回的基数放于 AH 中（基数 0、1、2、3 分别表示每扇区的字节数为 128、256、512、1024）。根据这个基数和 DX 中的扇区数，可以计算出欲传送的字节数。

```
DMA_SETUP PROC  NEAR
      PUSH  CX                      ;保存 CX 原值
      CLI
      OUT   DMA+0CH,AL              ;清除先/后触发器，DMA 为 8237A 基地址
      OUT   DMA+0BH,AL              ;写通道 2 工作方式控制字
;以下将逻辑地址 ES:BX 转换为 20 位物理地址，存于 CH（存 A19～A16）、AX（存 A15～A0）中
      MOV   AX,ES
      MOV   CL,4
      ROL   AX,CL
      MOV   CH,AL                   ;ES 段基址高 4 位（A19～A16）存于 CH 低 4 位中
      AND   AL,0F0H                 ;AL 高 4 位保存 ES 段基址的低 4 位，AL 低 4 位清 0
      ADD   AX,BX                   ;形成物理地址低 16 位（A15～A0），存于 AX 中
      JNC   J33
      INC   CH                      ;若低 16 位地址有进位，则 A19～A16 地址+1
;以下将存储器缓冲区首地址的高 4 位送入页面寄存器，将低 16 位送入通道 2 的地址寄存器中
J33:  PUSH  AX                      ;暂时保存缓冲区起始地址的 A15～A0
      OUT   DMA+04H,AL              ;A7～A0 写入通道 2 的基（当前）地址寄存器的低 8 位
      MOV   AL,AH
      OUT   DMA+04H,AL              ;A15～A8 写入通道 2 的基（当前）地址寄存器的高 8 位
      MOV   AL,CH
```

```
        AND   AL,0FH
        OUT   81H,AL                   ;A19～A16 写入页面寄存器 81H 端口，存放通道 2 的页面地址
;以下计算传送的字节数，存于 AX 中
        MOV   AH,DH                    ;待传输的扇区数存于 AH 中
        XOR   AL,AL
        SHR   AX,1                     ;使 AX＝扇区数*128（先假定每扇区 128 字节）
        PUSH  AX                       ;保存 AX，内容为扇区数*128（相当于此时基数为 0）
        ;
        MOV   BX,6
        CALL  GET_PARM                 ;调用取基数子程序，出口参数：AH=基数
        MOV   CL,AH                    ;基数存入 CL
        ;
        POP   AX                       ;AX=扇区数*128
        SHL   AX,CL                    ;计算出待传送的所有扇区的总字节数，存于 AX 中
        ;
        DEC   AX                       ;调整计数初始值：传送字节数-1
        PUSH  AX                       ;保存（总字节数-1）
;以下将字节数写入通道 2 的基（当前）字节计数器
        OUT   DMA+05H,AL               ;计数值低 8 位写入通道 2
        MOV   AL,AH
        OUT   DMA+05H,AL               ;计数值高 8 位写入通道 2
;以下判断缓冲区尾单元地址是否越界，若 CF=1 说明越界，若 CF=0 则未越界
        STI
        POP   CX                       ;CX=字节总数-1
        POP   AX                       ;AX=缓冲区起始地址的 A15～A0
        ADD   AX,CX                    ;相加，计算缓冲区尾单元地址，若越界则 CF＝1，否则 CF＝0
        POP   CX                       ;恢复 CX 原值
;以下继续初始化，开放 DMA 通道
        MOV   AL,02H
        OUT   DMA+0AH,AL               ;写单通道屏蔽命令字：开放通道 2 的 DMA 请求
        RET
DMA_SETUP ENDP
```

在 DMA_SETUP 子程序的最后，使用 ADD 指令将缓冲区起始地址与字节总数相加，以判断地址 A15 是否有进位，若无进位，说明设置成功，否则设置失败。因为 A15 的进位表示需要页面寄存器输出的 A19～A16 有变动，而页面寄存器的输出值在传送过程中是不变的，故出错。此时，必须分几次传送，并减少每次要传送的扇区数，所以需要重新设置。

习题与思考

9.1 在下列（　　）情况下需要 DMA 传送方式。

A．CPU 与慢速外设交换数据　　B．CPU 与快速外设交换数据

C．存储器与高速外设传送大批量数据　　D．以上几种情况都可以

9.2 8237A 的暂存寄存器在下列（　　）传送场合使用。

A．存储器向外设传送数据　　B．外设向存储器传送数据

C．存储器与外设间双向数据传输　　D．存储器的两个区域间数据传送

9.3　当 8237A 芯片设置为存储器到存储器传送方式时，通道 0 开始读存储器的启动条件是（　　）。

A．源存储区提出 DREQ 请求　　B．目的存储区提出 DREQ 请求

C．通道 0 屏蔽位清除　　D．通道 0 请求位置位

9.4　为实现某次 DMA 传送，对 DMA 通道的初始化是在（　　）时完成的。

A．DMA 控制器取得总线控制权之后　　B．上电启动过程中

C．CPU 访存操作完成之后　　D．DMA 控制器取得总线控制权之前

9.5　某系统中 8237A 芯片地址为 80H～8FH，初始化时写入 8BH 口的命令是（　　）。

A．清除先/后触发器　　B．工作方式控制字

C．主清除命令　　D．自动预置

9.6　DMA 控制器一般应具有哪些基本功能？

9.7　8237A 有哪两种工作状态？其工作特点如何？

9.8　为什么 DMA 方式能实现高速数据传送？DMA 方式传送的一般过程如何？

9.9　8237A 有哪几种工作方式？有哪几种传送类型？

9.10　8237A 的先/后触发器有何作用？

9.11　什么叫自动预置方式？

9.12　DMA 控制器的地址线为什么是双向的？什么时候往 DMA 控制器传送地址？什么时候 DMA 控制器往地址总线传送地址？

9.13　说明 8237A 的 $\overline{IOW}$、$\overline{IOR}$、$\overline{MEMW}$、$\overline{MEMR}$ 引脚在 8237A 分别为主态和从态时的输入/输出状态及其作用。8237A 的 $\overline{EOP}$ 引脚何时输出？何时输入？

9.14　8237A 包括哪几个寄存器？各有何作用？初始化时要对哪些寄存器进行设置？

9.15　8237A 的主清除命令有什么作用？执行主清除命令后，各内部寄存器的状态如何？

9.16　8237A 具有几个 DMA 通道？每个通道都相互独立吗？PC/XT 中 8237A 的通道各用于什么场合？

9.17　在 PC/XT 机上使用 8237A 时为什么要增加页面寄存器？

9.18　某系统使用一片 8237A 完成从存储器到存储器的数据传送，已知源数据块的首地址为 2000H，目标数据块的首地址为 3000H，数据块长度为 2KB，试编写初始化程序。

9.19　采用 8237A 的通道 1 控制外设与存储器之间的数据传输，设 8237A 芯片的 $\overline{CS}$ 由地址线 A15～A4＝031H 译码提供，外设的 DMA 请求信号 DREQ1 高电平有效，响应信号 DACK1 低电平有效。试编写初始化程序，把外设中 1KB 的数据块传送到内存 2000H 单元开始的存储区域，传送完毕停止通道工作。

第 10 章　总线技术

学习目标

现代计算机系统普遍采用总线结构，使计算机系统内各部件之间以及系统与系统之间通过总线建立信息联系，进行数据传送和通信。可以说，总线的性能直接影响到计算机系统的整体性能。本章主要介绍总线的基本概念、分类和性能指标，并介绍了常用总线的结构和性能特点。

通过本章的学习，读者应理解总线的功能和特点，了解总线的分类，掌握常用的 ISA、PCI、USB、PCI Express 总线的性能特点，体会各种总线在微型计算机系统中的应用及其作用。

10.1　总线技术概述

随着超大规模集成电路技术的发展，各种功能强大的逻辑部件可以集成在一块小小的印刷电路板上，同时，用户对系统硬件配置的灵活性、可靠性有了愈来愈高的要求。为了适应市场需求，系统设计者采用了模块式的组合设计思想，使用户可以按其不同的要求，灵活选择不同厂家的产品来组合不同的功能模块。

由于这些功能模块的可替换性和可组合性，所以要求对它们的设计必须基于一种公共使用的标准数据信息通路，即总线。正因为如此，微型计算机系统的设计和开发人员以及一些大的公司和厂家，先后推出了多种总线标准。

在微型计算机不断发展和普及过程中，总线技术也在激烈的竞争中不断地发展。不适应当前技术发展的总线标准逐渐被淘汰，性能不断提高、技术不断完善且被广泛使用的总线成为标准，另有一些权威公司和厂家共同协商制定的总线标准也得到国际工业界的支持和国际权威机构的承认。这些标准化总线的广泛使用，对微型计算机的应用和普及起到了积极的推动作用。

10.1.1　总线的基本概念

总线是计算机系统中的一组能为多个部件分时共享的公共信息传输通路。在微型计算机系统板上，微处理器、存储器部件、接口电路等各种部件之间有大量的信息需要使用总线相互传送；系统与系统之间、插件板与插件板之间、同一插件板上的各个芯片之间也都需要通过总线传输信息。

总线可以为多个部件共享使用。在总线上可以挂接多个部件，各部件之间相互交换的信息都可以通过这组公共线路传送，发送信息的部件将信息送往总线，总线再将信息传送到需要接收信息的部件。

总线又为多个部件分时使用。挂接在总线上的多个部件不能同时使用总线，同一时刻总线上只能传送一个部件的信息，否则必然造成传送信息在总线上的碰撞，因此只能分时向总线发送信息。所以在总线的使用上，通常采用三态门来控制总线为各个部件分时服务。

标准总线，即国际上公认的某种约定的互连标准，规定了插件板的尺寸、信号线的数目、各信号的定义以及时序和信号的电平标准等，它的使用给微型计算机系统的开发及应用带来了极大的方便和好处。主要表现在以下几方面。

（1）简化了软件和硬件的设计。由于各种标准总线对各种信息通路作了明确的定义，开发者都面向标准总线设计制作各种插件板；针对各个功能独立的插件板，相应软件的编制、调试也变得更加容易。

（2）简化了系统的结构。由于采用标准总线结构，所以信息传输线的数目及连接距离得到大大缩减；对微型计算机硬件系统的组构，只需将各个插件板挂接在总线上，使得系统结构清晰、简单，并提高了系统的可靠性，同时也增大了系统的扩展余地。

（3）便于系统的扩充和更新。要在采用标准总线结构的微型计算机上扩充系统规模，只需加插所需的插件板即可；在需要更新系统时，只要直接选购性能更好的插件板替换原来的即可。

10.1.2 总线的规范

每种总线标准都有详细的规范说明，以便大家共同遵循。一般包括如下几部分：

（1）机械结构规范。规定插件板尺寸、总线插头、边沿连接器等的规格及位置。

（2）功能规范。规定每个引脚的定义、传输速率、时序、信息格式及功能。

（3）电气规范。规定各信号的逻辑电平、动态转换时间、负载能力及最大额定值。

不同的总线在信号线数量、名称及功能上都有差异，大致可分为以下几类：

（1）地址总线。用于传输地址信息，决定 CPU 直接寻址的范围。

（2）数据总线。用于传输数据和代码，确定数据总线的宽度。

（3）控制总线。用于传输各部件之间的控制、仲裁、时序、中断等信号，保证各部件的协调工作。对这类信号的要求是控制功能强，时序简单，使用方便。

（4）电源线和地线。用来规定电源的种类，地线的分布和用法。

（5）备用线。留给厂家和用户自定义，作为功能扩充和用户的特殊技术要求使用。

10.1.3 总线的主要参数

总线的主要功能是实现各模块之间的通信，因而总线能否保证模块间的通信通畅是衡量总线性能的关键。总线的性能参数主要有：

（1）总线的带宽。总线的带宽指的是一定时间内总线上可传送的数据量，即每秒钟传送的最大稳态数据传输率，以 MB/s 为单位。与总线的带宽密切相关的是总线的位宽和总线的工作时钟频率。

（2）总线的位宽。指总线能同时传送的数据位数，即常说的 32 位、64 位等总线宽度的概念。总线的位宽越大则总线每秒钟数据传输率越高，即总线的带宽越大。

（3）总线的工作时钟频率。总线的工作时钟频率以 MHz 为单位，工作时钟频率越高则总线工作速度越快，即总线带宽越大。

10.1.4 总线的分类

在微型计算机中，总线按其作用、规模及应用场合，按照由内向外的层次，可分为片内总线、局部总线、系统总线和通信总线。这种分类方法体现了总线的层次结构。

1. 片内总线

片内总线是集成电路芯片内部用于连接各功能单元的信息通路。例如微处理器芯片的内部总线，就是ALU与各种寄存器等功能单元之间的信息通路。

2. 局部总线

局部总线又称片总线，是电路板上连接各芯片之间的公共通路。它是CPU芯片与存储器芯片、I/O接口芯片的连接通路，是CPU芯片引脚的延伸，与CPU的关系密切，按所传送信息的类别不同，可将局部总线分为地址总线、数据总线和控制总线。

3. 系统总线

系统总线又称内总线，用来连接微型计算机系统的各插件板。在微型计算机中，各功能部件往往以插件板的形式出现，使用系统总线可以将微型计算机与各种扩展插件板互连，从而形成微处理器与外部设备之间通信的数据通道。

在用各种插件板来组成或扩充微型计算机系统时，采用I/O扩展槽，系统总线与I/O扩展槽相连，I/O扩展槽中可以插入各种插件板，插件板作为各种外设的适配器与外设连接。系统总线必须有统一的标准，如ISA总线标准，以便按照这些标准设计制作各类插件板。

4. 通信总线

通信总线又称外总线，用于系统之间的连接。如两个微型计算机系统之间的连接、微型计算机与外部设备的连接。在实际应用中有多种不同的通信总线标准，例如，用于串行通信的RS-232C总线，用于硬盘接口的IDE、SCSI，用于连接仪器仪表的IEEE-488总线等。

10.2 ISA总线

最早的PC总线是IBM公司于1981年推出的基于PC/XT机的8位总线，1984年，IBM公司推出PC/AT机，其总线称为AT总线。AT总线针对80286 CPU而设计，将原来的8位PC总线扩展为16位。

ISA（Industry Standard Architecture，工业标准体系结构）是AT总线经标准化之后的名称。ISA总线性能良好，是早期比较有代表性的总线，一经推出就得到了广泛的认可。ISA总线的生命期较长，直至Pentium机上仍有使用，目前专用工控机上仍有ISA总线插槽。

10.2.1 ISA总线的主要性能和特点

ISA总线是一种多主控总线，即除主CPU外，DMA控制器、带处理器的智能接口卡都可以成为ISA总线的主设备。ISA总线的主要性能如下：

（1）8/16位数据线，最大位宽16位。

（2）24位地址线，可直接寻址16MB。

（3）I/O地址空间为0100H～03FFH。

（4）最大时钟频率为8MHz。

（5）最大稳态传输率为 16MB/S。

（6）具有中断功能，硬件中断可达 11 级。

（7）具有 DMA 通道功能，通道可达 7 个。

（8）开放式总线结构，允许多个 CPU 共享系统资源。

10.2.2　ISA 总线信号定义

ISA 总线在 62 引脚的 PC 总线基础上，扩展了 36 位，构成基本插槽和扩展插槽。基本插槽有 62 根信号线，兼容 PC 总线；扩展插槽有 36 根信号线，是 ISA 总线新增加的信号。ISA 总线标准的插槽外观如图 10-1 所示，在 ISA 插槽上既可以插接 ISA 总线标准的插件板，也可以插接 PC 总线标准的插件板。

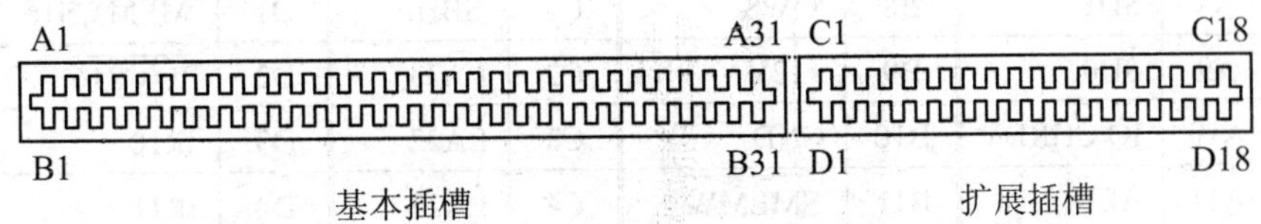

图 10-1　ISA 总线插槽示意图

ISA 总线信号定义如表 10-1 所示。

1．数据信号线

SD15～SD0：用于 CPU 与各设备之间的数据传送。8 位设备的数据传送通过 SD7～SD0 完成，16 位设备的数据传送通过 SD15～SD0 完成。

2．地址信号线

（1）SA19～SA0：提供对系统内存储器和 I/O 端口的寻址。对存储器寻址时，SA19～SA0 与 LA23～LA17 一起，可达 16MB 的寻址能力；对 I/O 端口寻址时，只使用低 16 位地址线 SA15～SA0，故对 I/O 端口具有 64MB 的寻址能力。SA19～SA0 在 BALE 为高电平时有效，并在 BALE 的下降沿被锁存。

（2）LA23～LA17：用于对系统内存储器的寻址。由于 LA23～LA17 是非锁存的，故不能在整个总线周期有效，只有在 BALE 为高电平时才有效。在一个存储器读写周期内 LA23～LA17 产生出存储器选中译码，并在 BALE 下降沿锁存这些译码信号。

3．控制信号线

（1）$\overline{IOR}$：I/O 端口读信号，低电平有效。命令 I/O 设备把数据送到系统总线。$\overline{IOR}$ 可由具有总线控制能力的总线主部件来驱动，具体地，总线主部件可以是系统微处理器或 DMA 控制器，也可以是 I/O 通道上的设备。

（2）$\overline{IOW}$：I/O 端口写信号。低电平有效。命令把系统总线上的数据写入 I/O 设备。$\overline{IOW}$ 可由总线主部件来驱动。

（3）$\overline{SMEMR}$、$\overline{MEMR}$：存储器读信号，低电平有效。命令存储器把数据送上数据总线。$\overline{SMEMR}$ 仅对 1MB 以内的存储空间读时才有效，$\overline{MEMR}$ 对所有存储空间读时均有效。

（4）$\overline{SMEMW}$、$\overline{MEMW}$：存储器写信号，低电平有效。命令把数据总线上的数据写入存储单元。$\overline{SMEMW}$ 仅对 1MB 以内的存储空间写时有效，$\overline{MEMW}$ 对所有存储空间写时均有效。

表 10-1 ISA 总线信号定义

引脚	信号名称	引脚	信号名称	引脚	信号名称	引脚	信号名称
A1	$\overline{\text{IO CHCK}}$	B1	GND	A26	SA5	B26	$\overline{\text{DACK2}}$
A2	SD7	B2	RESET DRV	A27	SA4	B27	T/C
A3	SD6	B3	+5V	A28	SA3	B28	BALE
A4	SD5	B4	IR9	A29	SA2	B29	+5V
A5	SD4	B5	−5V	A30	SA1	B30	OSC
A6	SD3	B6	DRQ2	A31	SA0	B31	GND
A7	SD2	B7	−12V				
A8	SD1	B8	$\overline{\text{OWS}}$	C1	$\overline{\text{SBHE}}$	D1	$\overline{\text{MEM CS16}}$
A9	SD0	B9	+12V	C2	LA23	D2	$\overline{\text{IO CS16}}$
A10	IO CHRDY	B10	GND	C3	LA22	D3	IR10
A11	AEN	B11	$\overline{\text{SMEMW}}$	C4	LA21	D4	IR11
A12	SA19	B12	$\overline{\text{SMEMR}}$	C5	LA20	D5	IR12
A13	SA18	B13	$\overline{\text{IOW}}$	C6	LA19	D6	IR15
A14	SA17	B14	$\overline{\text{IOR}}$	C7	LA18	D7	IR14
A15	SA16	B15	$\overline{\text{DACK3}}$	C8	LA17	D8	$\overline{\text{DACK0}}$
A16	SA15	B16	DRQ3	C9	$\overline{\text{MEMR}}$	D9	DRQ0
A17	SA14	B17	$\overline{\text{DACK1}}$	C10	$\overline{\text{MEMW}}$	D10	$\overline{\text{DACK5}}$
A18	SA13	B18	DRQ1	C11	SD8	D11	DRQ5
A19	SA12	B19	$\overline{\text{REFRESH}}$	C12	SD9	D12	$\overline{\text{DACK6}}$
A20	SA11	B20	CLK	C13	SD10	D13	DRQ6
A21	SA10	B21	IR7	C14	SD11	D14	$\overline{\text{DACK7}}$
A22	SA9	B22	IR6	C15	SD12	D15	DRQ7
A23	SA8	B23	IR5	C16	SD13	D16	+5V
A24	SA7	B24	IR4	C17	SD14	D17	MASTER
A25	SA6	B25	IR3	C18	SD15	D18	GND

（5）AEN：地址允许信号。AEN 为高电平时，禁止 CPU 和其他设备使用系统总线，允许 DMA 控制器控制数据总线、地址总线和读/写信号线，以进行 DMA 传送。ISA 插件板的片选译码应包含 AEN 信号，以防止 DMA 周期中出现不正确的片选。

（6）BALE：地址锁存信号，下降沿锁存。BALE 与 AEN 并用时表明一个有效的 CPU 或 DMA 地址。在 DMA 周期中 BALE 被强制为高电平。

（7）SBHE：总线高字节允许信号，低电平有效。$\overline{\text{SBHE}}$ 低电平时表示允许数据传送在 SD15～SD8 上进行，此信号与其他信号一起实现对存储器的高字节或字的操作。16 位设备用此信号控制数据总线缓冲器接到 SD15～SD8。

（8）IR15、IR14、IR12～IR9、IR7～IR3：中断请求信号，用于外设向 CPU 发出中断请

求。当 IR 线由低电平向高电平跳变时产生中断请求，在 CPU 响应中断请求之前，该线必须保持高电平。

（9）DRQ7～DRQ5、DRQ3～DRQ0：DMA 请求信号，用于外设向 DMA 控制器发出 DMA 服务请求信号。当 DRQ 为高电平时产生请求信号，一直持续到相应的 DMA 响应信号 $\overline{\text{DACK}}$ 有效为止。

（10）$\overline{\text{DACK7}}$ ～ $\overline{\text{DACK5}}$ 、$\overline{\text{DACK3}}$ ～ $\overline{\text{DACK0}}$ ：DMA 响应信号，低电平有效。分别用来确认 DRQ7～DRQ5、DRQ3～DRQ0 的 DMA 请求。

（11）$\overline{\text{MASTER}}$ ：总线主控信号，低电平有效。该信号由 I/O 通道上的设备产生，与 DRQ 线一起用于获取对系统总线的控制权。

（12）$\overline{\text{MEM CS16}}$ ：16 位存储器数据选择信号，低电平有效。表明一个 16 位的存储器读/写操作。

（13）$\overline{\text{IO CS16}}$ ：16 位 I/O 数据选择信号，低电平有效。表明一个 16 位的输入/输出操作。

（14）$\overline{\text{IO CHCK}}$ ：I/O 通道校验信号，低电平有效。此信号有效时，表明 I/O 通道的存储器或设备检查出奇偶错，向 CPU 提出不可屏蔽的中断请求。

（15）IO CHRDY：I/O 通道就绪信号，高电平有效。由 I/O 通道上的存储器或 I/O 设备产生，为低电平时，表明 I/O 通道上设备未准备好，必须插入等待周期。

（16）$\overline{\text{REFRESH}}$ ：刷新信号，低电平有效时表明存储器正在进行刷新操作。

4. 时钟与定时信号线

（1）OSC：周期为 70ns 振荡信号（频率为 14.31818MHz），该信号与系统时钟不同步。

（2）CLK：系统时钟信号。

（3）RESET DRV：复位驱动信号。此信号为系统总清信号，用于加电时使系统各部件复位。

（4）$\overline{\text{OWS}}$ ：零等待信号，低电平有效。此信号通知 CPU，表明不需要插入任何等待周期即可完成当前总线周期。

（5）T/C：DMA 通道计数结束信号。DMA 传送时，当任意通道计数结束时该信号有效。

5. 电源与地线

（1）+5V、-5V、+12V、-12V 电源。

（2）GND：地线。

10.3 PCI 总线

随着多媒体技术及高速数据采集的发展，要求高速的图形处理和 I/O 处理能力，ISA 总线逐渐满足不了上述要求。在 ISA 之后，先后出现了 EISA、VESA，但是它们都没有从根本上解决总线对系统高速数据传输的支持问题。

以 Intel 为首的几家公司于 1992 年联合制定出一种新的总线标准——PCI（Peripheral Component Interconnect，外部设备互连标准）。PCI 是一种高速的局部总线，它的开放性好，不受 CPU 类型限制，具有广泛的兼容性和可扩展性，而且成本低、效益高、使用方便，能在高时钟频率下保持高性能，可以满足高清晰度的图像显示及高性能的磁盘输入/输出对大批量数据高速传送的要求。

PCI 总线标准一经推出，就被广泛使用，成为 CPU 与高速外设之间最可靠的接口，成为微型计算机广泛使用的局部总线标准。

10.3.1 PCI 总线的主要性能和特点

PCI 总线在微型计算机中广泛使用，究其原因，在于它所具有的如下性能优势。

（1）支持 33MHz / 66MHz 的时钟频率。

（2）支持 32 位和 64 位两种数据通道。允许 32 位与 64 位的器件相互协作，适应+5V 和+3.3V 的信号环境。

（3）数据传输速率高。可将系统的最大数据传输速率由 32 位的 133MB/s 提高到 64 位的 266MB/s，从而大大缓解数据 I/O 瓶颈，使高性能 CPU 的功能得以充分发挥，适应高速设备数据传输的需要。

（4）采用多路复用技术，减少引脚数。地址信号和数据信号共用一条信号线，在不同时刻分别用于传输地址与数据信号。

（5）支持突发方式传输。突发方式是指在传输大批量地址连续的数据时，除了第 1 个周期先送出首地址、后送出数据外，以后的传输周期内，不需要再送地址（地址自动增 1）而直接送数据，从而达到快速传输数据的目的。

（6）能自动识别外设，支持即插即用。PCI 具有自动配置功能，使用 PCI 插件板时，无须用户调整开关或跳线，这些设置工作在系统初始化时均由 BIOS 完成。

（7）独立于处理器的类型和速度，支持多种处理器。CPU 的升级或更换不影响针对 PCI 总线标准设计的接口及外设的使用，使得 PCI 具有广泛的兼容性和扩展性。

（8）完全的多总线主控能力。PCI 总线允许多处理器系统中任何一个处理器或其他具有总线控制能力的设备成为总线主设备，对总线操作实行控制。

（9）采用同步操作。PCI 的同步操作能力可保证微处理器与其他总线主设备同时操作，而不必等待后者操作完成。

（10）由于 PCI 总线与 CPU 隔离，不会造成 CPU 负载过重，因此 PCI 总线支持的外设数量可以多达 10 台。

（11）与 ISA、EISA 等多种总线兼容，保证各种快速、慢速设备共存于一个系统。

10.3.2 PCI 总线的系统结构

PCI 是高速外设与 CPU 之间的桥梁，在 CPU 与外设之间插入了一个复杂的管理层，以协调数据的传输，并提供了标准的总线接口。

如图 10-2 所示，CPU 总线与 PCI 总线各自独立，并行操作，在二者之间设置了 PCI 桥。PCI 桥将 CPU 总线与 PCI 总线的操作分开，负责驱动 PCI 总线的全部控制工作，并实现 CPU 总线与 PCI 总线的适配耦合。

在 PCI 总线上可以插接 PCI 设备，在数据传输时，由一个 PCI 设备做主设备，另一个 PCI 设备做从设备，总线上所有时序的产生与控制，都由主设备发起。某一时刻，PCI 总线上只允许有一个 PCI 主设备，其他的均为 PCI 从设备，而且读写操作只能在主、从设备之间进行，从设备之间的数据交换需要通过主设备中转。

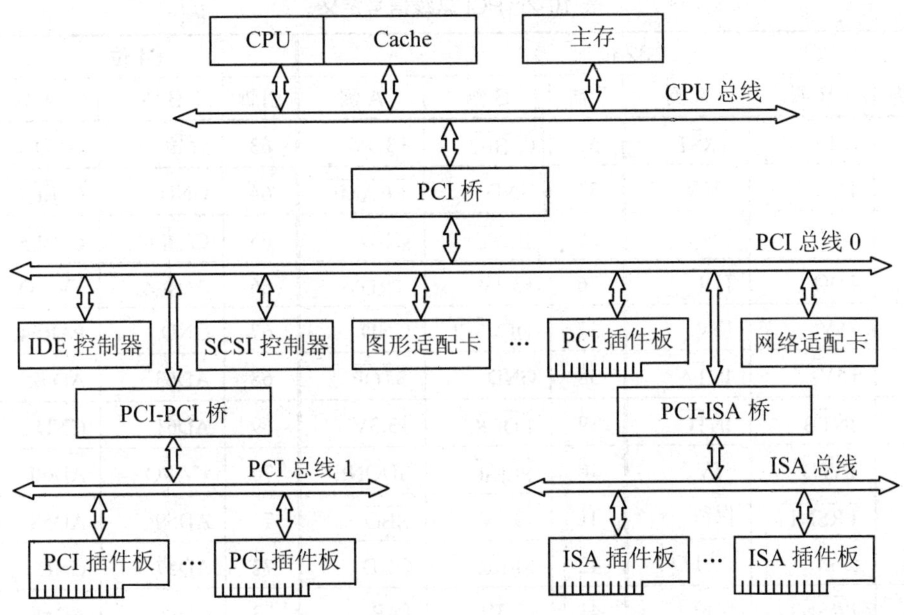

图 10-2　PCI 总线系统结构

在 PCI 总线的基础上，还可以扩展总线桥。如图 10-2 所示，设置 PCI-ISA 桥的目的是为了能在 PCI 总线上接出 ISA 总线，从而可以继续使用传统的 I/O 设备，以增加 PCI 总线的兼容性；可以通过 PCI-PCI 桥扩展 PCI 总线，形成多级 PCI 总线，实现总线的扩展。

10.3.3　PCI 总线信号定义

PCI 总线标准插槽有 A、B 两面，分为短槽和长槽，如图 10-3 所示。短槽提供 32 位接口，定义了 124 个引脚；长槽是在短槽的基础上又扩展了 64 个引脚，提供 64 位接口。

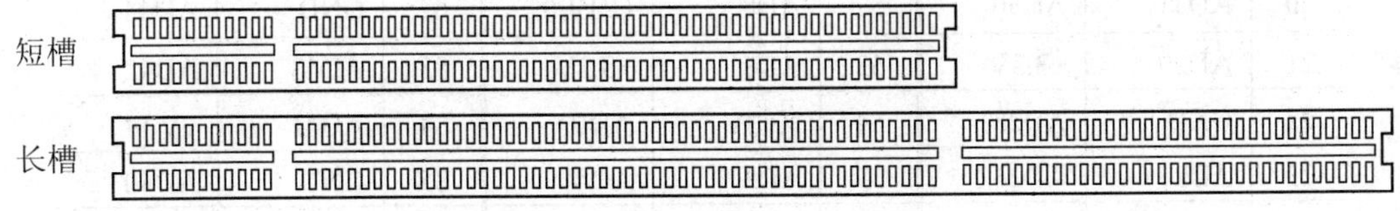

图 10-3　PCI 总线插槽示意图

不同于 ISA 总线，PCI 总线的地址总线与数据总线分时复用，这样不仅节省插件的引脚数，也便于实现突发数据传输。PCI 总线信号按照功能分为地址信号、数据信号、接口控制信号、仲裁信号、系统信号、中断信号、出错报告信号等，具体如表 10-2 所示。

1．系统信号

（1）CLK：PCI 系统时钟信号，输入。PCI 总线上的所有操作都是与该时钟信号同步的，其频率最高可达 33MHz/66MHz，这一频率也称为 PCI 的工作频率。

（2）$\overline{\text{RST}}$：复位信号，输入，低电平有效。当该信号有效时，所有 PCI 专用的寄存器、定时器和信号转为初始状态。

表 10-2　PCI 总线信号定义

32 位						64 位		
引脚	B 侧	A 侧	引脚	B 侧	A 侧	引脚	B 侧	A 侧
1	-12V	$\overline{\mathrm{TRST}}$	33	C/ $\overline{\mathrm{BE2}}$	+3.3V	63	保留	GND
2	TCK	+12V	34	GND	$\overline{\mathrm{FRAME}}$	64	GND	C/ $\overline{\mathrm{BE7}}$
3	GND	TMS	35	$\overline{\mathrm{IRDY}}$	GND	65	C/ $\overline{\mathrm{BE6}}$	C/ $\overline{\mathrm{BE5}}$
4	TDO	TDI	36	+3.3V	$\overline{\mathrm{TRDY}}$	66	C/ $\overline{\mathrm{BE4}}$	+V I/O
5	+5V	+5V	37	$\overline{\mathrm{DEVSEL}}$	GND	67	GND	PAR64
6	+5V	$\overline{\mathrm{INTA}}$	38	GND	$\overline{\mathrm{STOP}}$	68	AD63	AD62
7	$\overline{\mathrm{INTB}}$	$\overline{\mathrm{INTC}}$	39	$\overline{\mathrm{LOCK}}$	+3.3V	69	AD61	GND
8	$\overline{\mathrm{INTD}}$	+5V	40	$\overline{\mathrm{PERR}}$	SDONE	70	+V I/O	AD60
9	$\overline{\mathrm{PRSNT1}}$	保留	41	+3.3V	$\overline{\mathrm{SBO}}$	71	AD59	AD58
10	保留	+V I/O①	42	$\overline{\mathrm{SERR}}$	GND	72	AD57	GND
11	$\overline{\mathrm{PRSNT2}}$	保留	43	+3.3V	PAR	73	GND	AD56
12	GND	GND	44	C/ $\overline{\mathrm{BE1}}$	AD15	74	AD55	AD54
13	GND	GND	45	AD14	+3.3V	75	AD53	+V I/O
14	保留	保留	46	GND	AD13	76	GND	AD52
15	GND	$\overline{\mathrm{RST}}$	47	AD12	AD11	77	AD51	AD50
16	CLK	+V I/O	48	AD10	GND	78	AD49	GND
17	GND	$\overline{\mathrm{GNT}}$	49	GND	AD9	79	+V I/O	AD48
18	$\overline{\mathrm{REQ}}$	GND	50	KEY	KEY	80	AD47	AD46
19	+V I/O	保留	51	KEY	KEY	81	AD45	GND
20	AD31	AD30	52	AD8	C/ $\overline{\mathrm{BE0}}$	82	GND	AD44
21	AD29	+3.3V	53	AD7	+3.3V	83	AD43	AD42
22	GND	AD28	54	+3.3V	AD6	84	AD41	+V I/O
23	AD27	AD26	55	AD5	AD4	85	GND	AD40
24	AD25	GND	56	AD3	GND	86	AD39	AD38
25	+3.3V	AD24	57	GND	AD2	87	AD37	GND
26	C/ $\overline{\mathrm{BE3}}$	IDSEL	58	AD1	AD0	88	+V I/O	AD36
27	AD23	+3.3V	59	+V I/O	+V I/O	89	AD35	AD34
28	GND	AD22	60	$\overline{\mathrm{ACK64}}$	$\overline{\mathrm{REQ64}}$	90	AD33	GND
29	AD21	AD20	61	+5V	+5V	91	GND	AD32
30	AD19	GND	62	+5V	+5V	92	保留	保留
31	+3.3V	AD18		键缺口		93	保留	GND
32	AD17	AD16				94	GND	保留

注：①：通用 PCI 合并了+5V 和+3.3V 规范，所以对电压不同的引脚（+5V 或+3.3V）标记为+V I/O。

2. 地址和数据信号

（1）AD31～AD0：地址/数据分时复用信号，三态，双向。PCI 总线上地址和数据的传输必需在 $\overline{\text{FRAME}}$ 有效期间进行。当 $\overline{\text{FRAME}}$ 有效时的第 1 个时钟周期，AD31～AD0 为地址信号，称地址期；当 $\overline{\text{IRDY}}$ 和 $\overline{\text{TRDY}}$ 同时有效时，AD31～AD0 为数据信号，称数据期。一个 PCI 总线传输周期包含一个地址期和接着的一个或多个数据期。

（2）C/$\overline{\text{BE3}}$～C/$\overline{\text{BE0}}$：命令/字节允许分时复用信号，三态，双向。在地址期，这 4 条线上传输的是 PCI 命令，具体如表 10-3 所示；在数据期，传输的是字节允许信号，用于指明相应的字节通道有效，C/$\overline{\text{BE3}}$ 使 AD31～AD24 线上的数据有效，C/$\overline{\text{BE2}}$ 使 AD23～AD16 数据有效，C/$\overline{\text{BE1}}$ 使 AD15～AD8 数据有效，C/$\overline{\text{BE0}}$ 使 AD7～AD0 数据有效。

表 10-3 PCI 总线命令

C/$\overline{\text{BE3}}$～C/$\overline{\text{BE0}}$	命令类型	C/$\overline{\text{BE3}}$～C/$\overline{\text{BE0}}$	命令类型
0000	中断响应	1000	保留
0001	特殊周期	1001	保留
0010	I/O 读	1010	配置读
0011	I/O 写	1011	配置写
0100	保留	1100	存储器多行读
0101	保留	1101	双寻址周期
0110	存储器读	1110	存储器行读
0111	存储器写	1111	存储器写和读无效

（3）PAR：奇偶校验信号，三态，双向。该信号在地址期和写数据期由主设备驱动，在读数据期由从设备驱动，以确保 AD31～AD0 和 C/$\overline{\text{BE3}}$～C/$\overline{\text{BE0}}$ 通过奇偶校验。

3. 接口控制信号

（1）$\overline{\text{FRAME}}$：帧周期信号，三态，低电平有效。由主设备驱动，表示一次总线传输的开始和持续时间。当 $\overline{\text{FRAME}}$ 有效时，预示总线传输的开始；在其有效期间，先传地址后传数据；当 $\overline{\text{FRAME}}$ 撤消时，预示总线传输结束，并在 $\overline{\text{IRDY}}$ 有效时进行最后一个数据期的数据传送。

（2）$\overline{\text{IRDY}}$：主设备就绪信号，三态，低电平有效。$\overline{\text{IRDY}}$ 要与 $\overline{\text{TRDY}}$ 联合使用，当二者同时有效时，数据方能传输，否则插入等待周期。在写周期，该信号有效时表示数据已由主设备提交到 AD31～AD0；在读周期，该信号有效时表示主设备已做好接收数据的准备。

（3）$\overline{\text{TRDY}}$：从设备就绪信号，三态，低电平有效。$\overline{\text{TRDY}}$ 要与 $\overline{\text{IRDY}}$ 联合使用，只有二者同时有效，数据才能传输。在写周期，该信号有效时表明从设备准备好接收来自主设备的数据；在读周期，该信号有效时表明从设备正在将有效数据驱动到总线上。

（4）$\overline{\text{STOP}}$：停止数据传输信号，三态，低电平有效。该信号由从设备发出，表明从设备要求主设备停止当前的数据传送。

（5）$\overline{\text{LOCK}}$：锁定信号，三态，低电平有效。当对一个 PCI 设备进行需要多个总线传输周期才能完成的操作时，需要独占性访问，则使 $\overline{\text{LOCK}}$ 低电平，表明到该 PCI 设备的访问封锁，但是到其他 PCI 设备的访问仍然可以执行。

（6）IDSEL：初始化设备选择信号，输入。在参数配置读/写传输期间，用作片选信号。

（7）$\overline{\text{DEVSEL}}$：设备选择信号，三态，低电平有效。该信号有效时表明驱动它的设备被选中，已成为当前访问的从设备。该信号由从设备发出。

4. 仲裁信号

（1）$\overline{\text{REQ}}$：总线请求信号。这是向总线仲裁器发出的总线请求信号，该信号有效时，表明驱动它的设备要求使用总线。每个主设备都有一个 $\overline{\text{REQ}}$ 信号。

（2）$\overline{\text{GNT}}$：总线占用允许信号。这是由总线仲裁器发给请求总线使用权的设备的允许信号，该信号有效时，表明申请占用总线的设备的请求已获得批准。

5. 错误报告信号

（1）$\overline{\text{PERR}}$：校验错信号，三态，低电平有效。若 PCI 设备发现奇偶校验错，则置 $\overline{\text{PERR}}$ 为有效。该信号在从设备上为输出，在主设备上为输入和输出。

（2）$\overline{\text{SERR}}$：系统错误报告信号。用作报告地址奇偶校验错、专用周期数据奇偶校验错，以及其他严重的系统错误。该信号可由任何设备发出。$\overline{\text{SERR}}$ 被看作向系统报告严重错误的最后求助途径，通常在 $\overline{\text{SERR}}$ 为有效时引起 NMI 中断。

6. 中断信号

$\overline{\text{INTA}}$、$\overline{\text{INTB}}$、$\overline{\text{INTC}}$、$\overline{\text{INTD}}$：中断请求信号，低电平有效。在 PCI 总线中，中断是可选项，不一定必须具有。信号 $\overline{\text{INTA}}$ 分配给单功能的 PCI 设备，而多功能设备可以使用 $\overline{\text{INTB}}$、$\overline{\text{INTC}}$、$\overline{\text{INTD}}$。

7. 64 位总线扩展信号

（1）AD63～AD32：扩展的 32 位地址/数据分时复用信号，三态，双向。与 AD31～AD0 结合可将数据总线的宽度扩展到 64 位。

（2）C/$\overline{\text{BE7}}$～C/$\overline{\text{BE4}}$：命令/字节允许分时复用信号，三态，双向。在数据期，这 4 条线传输的是字节允许信号，分别指明第 7、6、5、4 字节通道有效。在地址期，这些线表示总线命令。

（3）$\overline{\text{REQ64}}$：请求 64 位传送信号，三态，低电平有效。由当前的主设备驱动，表示希望采用 64 位通道传输数据。它与 $\overline{\text{FRAME}}$ 具有相同的时序。

（4）$\overline{\text{ACK64}}$：确认 64 位传送信号，三态，低电平有效。由当前的从设备驱动，表明从设备将用 64 位传输。它与 $\overline{\text{DEVSEL}}$ 具有相同时序。

（5）PAR64：高位奇偶校验信号，三态，双向。完成 AD63～AD32 与 C/$\overline{\text{BE7}}$～C/$\overline{\text{BE4}}$ 相关的校验。

8. JTAG 边界扫描信号

（1）TCK：测试时钟。在边界扫描期间为输入/输出的数据和状态信息提供时钟。

（2）TDI：测试数据输入。与 TCK 结合，在一串数据位流中将数据和指令输入到测试访问端口。

（3）TDO：测试数据输出。与 TCK 结合，在一串数据位流中从测试访问端口输出数据和指令。

（4）TMS：测试模式选择。用于控制测试访问端口控制器的状态。

（5）$\overline{\text{TRST}}$：测试复位信号。强置测试访问端口控制器为初始状态。

10.4 USB 总线

在早期的计算机系统中，常用串口和并口连接外围设备，每个接口都需要占用计算机的系统资源（如中断、I/O 地址、DMA 通道等）。无论串口还是并口，都是点对点连接，一个接口仅支持一个设备。因此如需添加一个新设备，就要在 I/O 扩展槽上添加一个插件板来支持，同时系统需要重新启动才能驱动新的设备。

USB（Universal Serial Bus，通用串行总线）是一种外部总线标准，1994 年由 Intel、Compaq、Microsoft、IBM 等多家公司联合提出。自推出之后，已成功替代串口和并口，逐步成为计算机的主流接口。

USB 技术广泛应用于微型计算机和电子移动设备等信息通信产品中，并扩展至摄影器材、数字电视等其他领域。目前市场上的键盘、鼠标、打印机、扫描仪、移动硬盘、U 盘、摄像头、充电器、手机、数码照相机、数码摄像机、USB 网卡、外置光驱等众多设备几乎都以 USB 接口出现。

10.4.1 USB 总线的主要性能和特点

USB 总线是一种串行总线，支持在主机与各种即插即用外设之间进行数据传输。它由主机预定传输数据的标准协议，在总线上的各种外设分享 USB 总线带宽。当总线上的外设和主机在运行时，允许自由添加、设置、使用以及拆除一个或多个外设。

USB 的开放性好，不受 CPU 类型限制，具有广泛的兼容性和可扩展性，而且成本低、效益高、容错性强、使用方便，能在高时钟频率下保持高性能。USB 总线具有较高的性能价格比，具体有以下几方面的性能特点：

（1）支持热插拔。在不关闭主机的情况下可以安全地插入或拔下 USB 设备，动态地加载驱动程序。而其他普通的外围连接标准如 SCSI，必须在关机的情况下才能增加或移走外围设备。

（2）支持即插即用。当插入 USB 设备时，主机检测该设备并通过加载相关的驱动程序自动对其进行配置，并使其正常工作而无需用户干预。

（3）节省系统资源。USB 不使用系统 IR 的中断控制以及输入输出的地址资源，整个 USB 系统只有一个端口和一个中断，不会与其他设备争用计算机有限的系统资源，减少了硬件的复杂性和对端口的占用。

（4）速度快。速度是 USB 的突出特点之一。USB 2.0 的最大传输速率为 480Mbps，比早期 USB 1.1 的 12Mbps 快了 40 倍；USB 3.0 的最大传输速率为 5Gbps，并且向下兼容 USB 1.0/1.1/2.0；2013 年发布的 USB 3.1 将最大传输速率提高到 10Gbps，满足了用户使用更高效外设的需求，显著提高了用户的工作效率。

（5）接口标准统一。如图 10-4 所示，在微型计算机系统中，USB 使用一个 4 针的标准接口，为所有 USB 设备提供简易的连接方式，简化了用户在连接外设时判断哪个接头对接哪个插槽的工作。

（6）连接灵活。一台计算机一般提供多个外置 USB 接口，所有的 USB 设备都在机箱外连接，加上 USB 的热插拔、即插即用等特点，使得 USB 设备的连接简单、灵活。

图 10-4 常见的 USB 接口

（7）可连接多个设备。USB 接口可以通过 USB 集线器（Hub）扩展出更多的接口，最多可以连接 127 个外部设备，且不会损失带宽，从而保证多个外设与主机通信。连接的方式也十分灵活，既可以使用多个 USB 线缆串行连接，也可以使用 USB 集线器以树型结构增加 USB 分支。

（8）供电灵活。以往普通的串口、并口设备都需要单独的供电系统，而 USB 设备不需要。USB 采用 4 线电缆，其中两根专门为下游设备提供电源。USB 设备通过 USB 电缆获得了供电，就不再需要专门的交流电源，从而降低了这些设备的成本并提高了性能价格比。USB 设备也可以通过电池或其他电力设备供电，或使用两种供电方式的组合，并且支持节约能源的挂机和唤醒模式。

（9）具有很高的容错性能。USB 在协议中规定了出错处理和差错恢复的机制，可以对有缺陷的设备进行认定，对错误的数据进行恢复或报告。

10.4.2 USB 系统的组成及原理

USB 系统控制主机与 USB 设备之间的数据传输，管理带宽、总线能量等 USB 资源。

1. USB 系统组成

USB 系统由具备 USB 接口的主机硬件、支持 USB 接口的系统软件和使用 USB 接口的设备组成。下面从硬件、软件两方面予以说明。

（1）USB 硬件。包括 USB 主控制器、USB 根集线器、USB 集线器和 USB 设备。

主机中包含 USB 主控制器和 USB 根集线器，主控制器集成在主板芯片组里，控制着主机与所有 USB 设备间的数据和控制信息的流动。每个 USB 系统只有一个根集线器，它连接在 USB 主控制器上，可以外接 USB 集线器或 USB 设备。

USB 集线器类似于网络集线器，采用树型拓扑结构为每个 USB 设备提供一个端口，负责检测连接在 USB 总线上的设备，并为这些设备提供电源管理；负责总线的故障检测和恢复，并且支持复位、挂机、唤醒等功能。通过集线器内部的接口寄存器，主机可对集线器的状态参数和控制命令进行设置，监视和控制其端口。

USB 设备又称 USB 功能部件，是指接受 USB 系统服务的外设，如键盘、鼠标等。USB 设备通过集线器提供的 USB 端口与 USB 总线连接，通过 USB 总线进行控制信息和数据信息的收发。每个 USB 设备都含有描述该设备的性能和所需资源的设置信息，主机应在 USB 设备使用前对其进行设置，如分配 USB 带宽等。当 USB 设备连接并编号后，该设备就有一个唯一的 USB 地址，系统就是通过该地址对设备进行操作的。

（2）USB 软件。包括 USB 主控制器驱动程序、USB 驱动程序、USB 设备驱动程序。

USB 主控制器驱动程序控制和管理 USB 主控制器，实现主机与 USB 主控制器间的通信。

USB 驱动程序用来实现 USB 总线的驱动，带宽的分配，管道的建立、控制和管理。

USB 设备驱动程序用来实现对特定 USB 设备的管理和驱动。

2. USB 的物理接口

USB 通过一种 4 芯电缆传送信号和电源，如图 10-5 所示。USB 1.1 提供了低速 1.5Mbps 和全速 12Mbps 两种速率；USB 2.0 提高速率到 480Mbps；USB 3.0 把最大传输速率提高到 5Gbps。

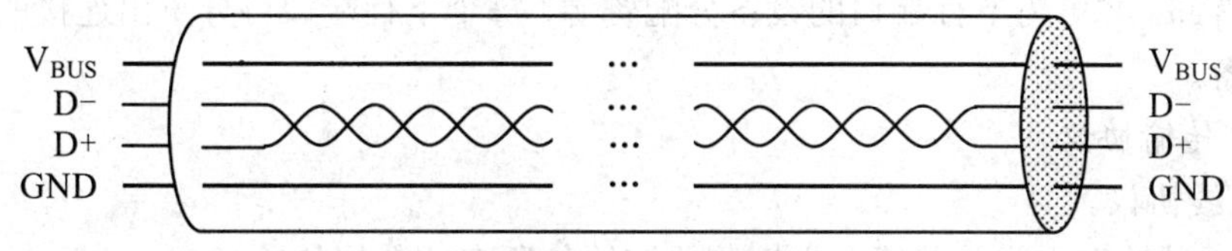

图 10-5 USB 电缆

（1）USB 电缆。USB 电缆中有一对标准的电源线 V_{BUS} 和 GND，用来向设备提供＋5V 电源；USB 信号使用 D+和 D−双绞线传输，它们各自使用半双工的差分信号并协同工作，以抵消长导线的电磁干扰。数据传输时，调制后的时钟与差分数据被打包成有固定时间间隔的数据包，通过数据线 D+、D−传输出去。

USB 连接线具有屏蔽层，可以屏蔽外界干扰，USB 对电缆的长度要求最多 5 米。

USB 2.0 基于半双工二线制总线，只能提供单向数据流传输；而 USB 3.0 采用对偶单纯形四线制差分信号线，支持双向并发数据流传输，这也是其超高速的关键技术。

（2）USB 电源。主要包括电源分配和电源管理两方面。

电源分配是指 USB 如何分配计算机所提供的能源。需要主机提供电源的设备称为总线供能设备，如键盘、鼠标等。而一些 USB 设备可能自带电源，该类设备称为自供能设备。

USB 主机有与 USB 设备相互独立的电源管理系统，系统软件可以与主机的电源管理系统结合，共同处理各种电源事件，如节约能源的挂机、唤醒等。

3. USB 的拓扑结构

USB 系统采用树型拓扑结构，通过集线器级联的方式进行物理连接，如图 10-6 所示，每个集线器为一个节点，每条线段是点对点的连接。一个 USB 系统中最多可以连接 127 个 USB 设备。

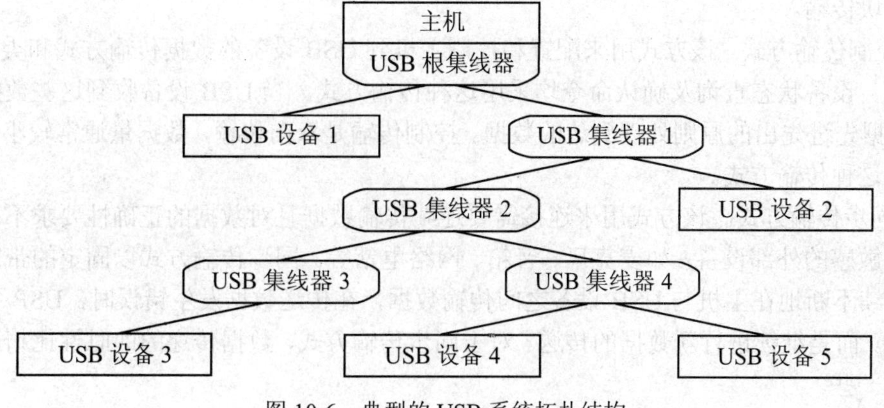

图 10-6 典型的 USB 系统拓扑结构

任何 USB 系统中，只有一个主机，即一台带有 USB 主控制器的 PC 机，通过硬件和软件结合，主控制器控制 USB 总线上所有的信息传送。USB 根集线器与主机相连，其下层是 USB 集线器和 USB 设备。

在 USB 系统中，集线器简化了 USB 互连的复杂性。集线器串接在集线器上，为 USB 提供了更多的连接点，可使不同性质的更多设备连在 USB 接口上。每个集线器的上行端口向主机方向连接，下行端口允许连接其他集线器或 USB 设备。集线器可自动检测每个下行端口设备的安装或拆卸，并可为下行端口的设备分配资源，每个下行端口可分辨出连接的是高速设备还是低速设备。

4. USB 传输协议

（1）总线协议。

USB 是一种轮询方式的总线，主控制器初始化所有的数据传输。

每个总线执行动作按照传输前制定的原则，最多传输 3 个数据包，每次传输开始，主控制器发送一个描述传输动作的种类、方向、USB 设备地址和端口号的 USB 数据包，这个数据包通常称为标志包（PID）。USB 设备从解码后的数据包中取出属于自己的数据。传输开始时，由标志包来标志数据的传输方向，然后发送端发送数据包，接收端也相应地发送一个握手的数据包以表明是否传输成功。

发送端与接收端之间的 USB 传输，可视为在主机和设备端口之间的一条通道。通道有两种类型：流通道和消息通道。流的数据没有 USB 所定义的数据结构，而消息数据则有。通道与数据带宽、传输方式、端口特性（如方向、缓冲区大小）有关。

多数通道在 USB 设备设置完成后即存在一条特殊的消息通道——默认控制通道，当设备一启动即存在该通道，从而为设备的设置、状况查询、输入控制信息提供了一个入口。

任务安排可对流通道进行数据控制。发送不确认握手信号可阻塞数据传输，当不确认信号发过后，若总线有空闲，数据传输将予重复。这种流控制机制允许灵活的任务安排，可使多种不同性质的流通道同时工作，传送大小不同的数据包。

各通道之间的数据流动是相互独立的，一个 USB 设备可有多条通道。例如，一个 USB 设备可建立向其他设备发送数据和从其他设备接收数据的两条通道。

（2）USB 的传输方式。

为了满足不同的通信要求，USB 提供了四种基本的传输方式：控制传输、同步传输、中断传输、块传输。

1）控制传输方式。该方式用来配置和控制主机到 USB 设备的数据传输方式和类型。设备控制命令、设备状态查询及确认命令均采用这种传输方式。当 USB 设备收到这些数据和命令后，将依据先进先出的原则处理到达的数据。控制传输是双向传输，数据量通常较小，每种外设都支持这种传输方式。

2）同步传输方式。该方式用来连接需要连续传输数据且对数据的正确性要求不高，而对时间极为敏感的外部设备，如麦克风、音箱、网络电话等。同步传输方式以固定的带宽和传输速率，连续不断地在主机与 USB 设备之间传输数据，在传送数据发生错误时，USB 并不处理这些错误，而是继续进行新数据的传送。对于同步传输方式，数据传递的即时性比精度和完整性更重要一些。

3）中断传输方式。该方式的典型应用是在数据传输量小、无周期性且需要即时处理以达到实时效果的场合，如键盘、鼠标、操纵杆等输入设备。中断方式传输是单向的，对于主机来说只有输入方式。

4）块传输方式。该方式用于数据量大且要求正确无误的数据传输。通常打印机、扫描仪、数码相机以这种方式与主机连接。USB在满足带宽的情况下才进行该方式的数据传输。

5. USB的系统设置

USB设备可随时安装或拆卸。集线器有一个状态指令器，它可指明USB设备是否被安装或拆除，若安装则指明USB设备端口。主机将所有集线器排成队列，以取回其状态指示。

在USB设备安装后，主机通过设备控制通道来激活该端口并为其指定一个唯一的USB地址（地址是动态分配的，每次可能不同），然后引发主机中关于该设备的软件，对设备进行初始化。之后，系统就通过该USB地址对设备进行I/O操作。

当USB设备从集线器的端口拆除后，集线器关闭该端口，并向主机报告该设备已不存在，USB系统软件将准确地进行相应处理。

6. USB的容错性能

USB在硬件和软件上提供了多种机制，如使用差分驱动、接收和防护，以保证信号的完整性；建立各自独立的传输通道，避免USB设备的相互影响；使用CRC循环冗余校验码，以进行外设装卸的检测和系统资源的设置；对丢失和损坏的数据包暂停传输，利用协议自我恢复。上述各机制的建立，极大地保证了数据传输的可靠性。

在错误检测和处理方面，协议在硬件和软件上均有措施。对每个数据包中的控制位和数据位都提供了CRC校验，并可对1位或2位的误码进行100%的恢复；硬件的错误处理包括汇报错误和重新进行一次传输，若在传输中还遇到错误，由USB主控制器按照协议重新控制传输，最多可进行3次；若错误仍然存在，则向客户端软件报告错误，使之按特定方式处理。

10.5 PCI Express总线

随着计算机和通信技术的进一步发展，PCI总线已经无法满足计算机性能提升的要求，于是出现了PCI Express总线。

2002年，Intel推出了新一代总线标准PCI Express，这个新标准具有高带宽、高数据传输速率、低成本的优势，而且还具有相当大的发展潜力；2007年PCI Express 2.0总线规范正式公布；2010年又出台了带宽更高、延迟更低的PCI Express 3.0标准，并保持了对PCI Express 2.0/1.0的向下兼容；2011年新出台的PCI Express 4.0标准又较3.0将速度提升了两倍。发展至今，PCI Express已经全面取代PCI和AGP，成为个人计算机系统板的标准。

10.5.1 PCI Express总线的主要性能和特点

PCI Express总线简称PCI-E，是一种为满足各种计算机和通信平台的互连而设计的高性能、通用的I/O总线。它在继承PCI总线优点的基础上，用可升级的全串行总线取代了PCI的并行总线技术，并通过先进的点对点互联技术、基于开关的技术和封包协议提供了许多新的特性：

1. 采用串行差分驱动，点对点互连

与PCI所有设备共享同一条总线资源不同，PCI Express总线采用了串行差分技术，以双向的数据差分传输通道传送数据，采用报文交换的点对点串行互连方式，能够为每个设备分配独享通道带宽，不需要在设备之间共享资源，各个设备之间并发的数据传输互不串扰，充分保障了各设备的宽带资源，提高了数据的传输速率。

2. 带宽高，传输速度快，效率高

PCI Express 采用低电压差分的传输方式，可支持极高的总线工作时钟频率。PCI Express 1.0 总线频率达到 2.5GHz，2.0 提高到 5GHz，3.0 则提高到 8GHz。

PCI Express 1.0 单通道单方向原始传输速率达 2.5Gbps，2.0 提高到 5Gbps，3.0 又提高到 8Gbps。PCI Express 1.0/2.0 采用常见的 8b/10b 编码方式（每 10 bit 只有 8 bit 有效数据），3.0 采用更高效的 128b/130b 编码方式，使得 PCI Express 1.0、2.0、3.0 总线单通道带宽分别达到 250MB/s、500MB/s、984.6MB/s。

3. 支持双向传输，具有多种带宽的链路，可灵活地扩展

一个 PCI Express 基本链路由一组串行全双工传输通道构成，PCI Express 总线的一个互连可以采用×1、×2、×4、×8、×12、×16、×32 宽度的点对点传输链路（在主机系统板上多以 PCI Express ×1、PCI Express ×4、PCI Express ×8、PCI Express ×16 标准的 I/O 插槽呈现，参见图 10-9），链路宽度越高，其数据传输带宽也越大。

由于不同的链路宽度具有不同的数据传输带宽，使得 PCI Express 设备的互连具有很大的灵活性，用户可以根据设备的实际带宽需要选择传输链路的宽度。如对于数据传输带宽要求一般的设备可以采用×1 链路，要求较高的设备可以采用×8、×16 甚至×32 链路。

PCI Express 插件板能使用在至少与之链路宽度相当的插槽上，例如×1 接口的插件板可工作于×1 插槽上，也能工作在×4、×8 或×16 插槽上；PCI Express 总线还能够延伸到系统之外，采用专用线缆可将各种外设直接与系统内的 PCI Express 总线连接在一起。

PCI Express 体系结构可以通过速度的提高和先进的编码技术来升级，这些速度的提高、编码的改进和媒介的改变均只影响物理层，所以对于整个 PCI Express 架构来说升级是非常方便的。

4. 低电源消耗，使用小型连接，节约空间，减少串扰

PCI Express 总线采用比 PCI 总线少得多的物理结构，由于减少了数据传输芯线数量，所以电源消耗大大降低。因为系统板上走线减少，那么通过增加走线数量提升总线宽度的方法就得以更容易实现。同时各走线之间的间隔增宽，也减少了相互之间的串扰。

5. 支持设备热拔插和热交换

PCI Express 总线接口插槽中含有“热插拔检测”引脚，所以可以像 USB 总线那样进行热拔插和热交换。

6. 支持数据同步传输

PCI Express 总线采用全新的控制单元——交换器，交换器等效于一个开关阵列，一条 PCI Express 链路经过交换器的切换，可与多条链路分时连接，进而实现与多个 PCI Express 设备的交互。所以 PCI Express 设备可以通过主机桥接器芯片进行基于主机的畅通传输，也可以通过交换器进行两个 PCI Express 设备之间的点对点直连传输。

7. 具有数据包和分层协议结构

PCI Express 采用分层结构，这类似于网络通信中的 OSI 分层模型，各层间及不同设备间均以数据包的形式交换信息，各层应用专门的协议，保证数据传输的完整和可靠。

8. 为优先传输数据进行带宽优化

PCI Express 在每一个物理通道中支持多点虚拟通道，每条虚拟通道进行独立通信控制，

每个通信的数据包都定义不同的 QoS（服务质量）。QoS 针对不同类别的数据流提供不同的优先级，从而有效地分配带宽，更加合理地利用带宽资源。

10.5.2　PCI Express 总线的层次结构

PCI Express 规范为设备设计定义了分层结构，其分层结构如图 10-7 所示。

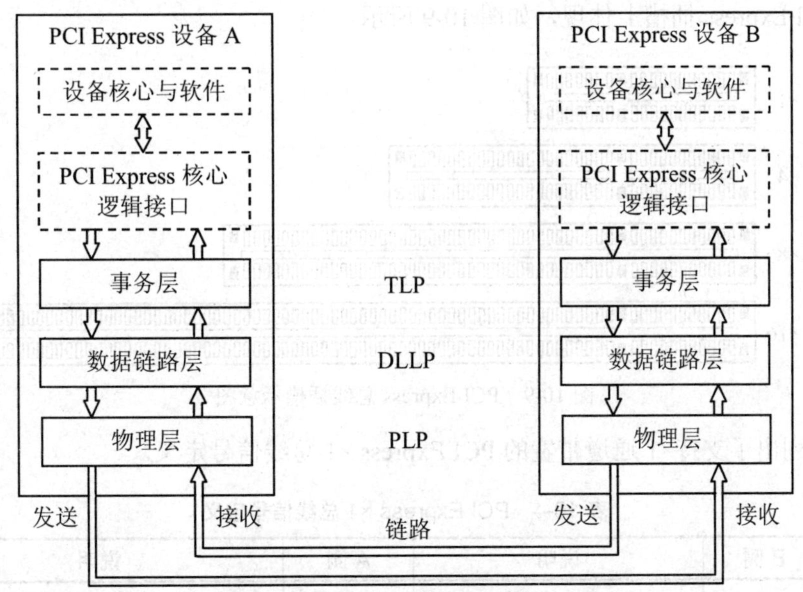

图 10-7　PCI Express 设备的层次结构

PCI Express 设备除最上层的设备核心与软件外，经过 PCI Express 核心逻辑接口将总线事务处理机制划分为三个层次：事务层、数据链路层和物理层。各层之间以及不同设备之间均以数据包的形式交换信息，数据包分为：事务层数据包（TLP）、数据链路层数据包（DLLP）和物理层数据包（PLP）。PCI Express 规范定义的数据包结构如图 10-8 所示。

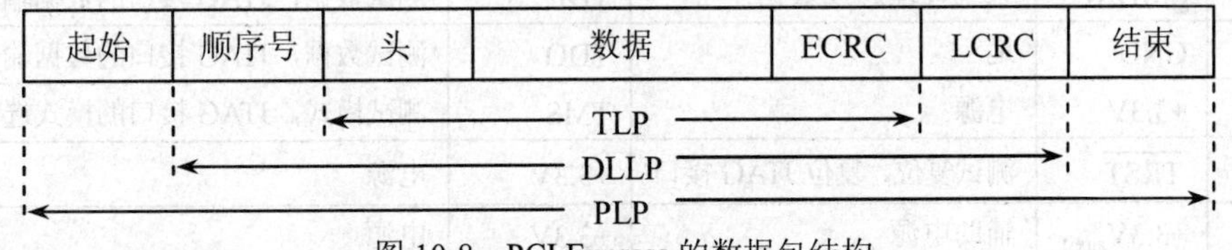

图 10-8　PCI Express 的数据包结构

PCI Express 设备的三个层次对传输的数据自上而下逐层打包。当 PCI Express 设备有总线事务传输要求时，由设备核心与软件将要求及数据递交给事务层，由事务层加入头和 ECRC 校验码，将其打包为 TLP 并递交给数据链路层；数据链路层将 TLP 加入顺序号和 LCRC 校验码，打包为 DLLP 再递交给物理层；物理层将 DLLP 加上起始和结束标志，打包成 PLP，并完成 8b/10b 编码转换或 128b/130b 编码转换，以及并/串转换，然后经 PCI Express 链路的单向通道将数据以差分方式串行发送到目标 PCI Express 设备。

目标 PCI Express 设备的层次结构将接收的数据包自下至上逐层解包，最后将 TLP 中的数据部分提交给目标设备核心。

PCI Express 设备的层次打包机制保证了总线事务主要信息和数据的完整性，另外也便于排序、虚拟通道管理和实施流控制。

10.5.3 PCI Express 总线信号定义

PCI Express 总线标准插槽在结构上类似于 PCI 总线标准插槽，支持+3.3V、3.3Vaux 和+12V 三种电压。PCI Express 总线也有多种规格，从 PCI Express ×1 到 PCI Express ×16 都可以在系统板上的 PCI Express 插槽上体现，如图 10-9 所示。

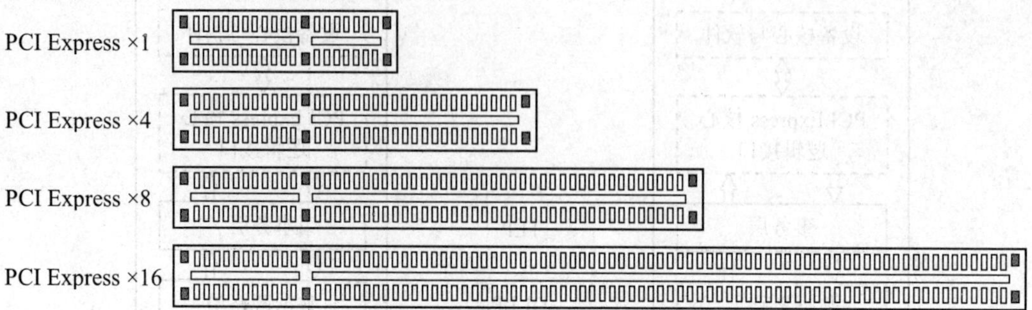

图 10-9 PCI Express 总线插槽示意图

表 10-4 列出了支持×1 通道带宽的 PCI Express ×1 总线信号定义。

表 10-4 PCI Express ×1 总线信号定义

引脚	B 侧	说明	A 侧	说明
1	+12V	电源	$\overline{\text{PRSNT1}}$	热插拔存在检测引脚
2	+12V	电源	+12V	电源
3	RSVD	保留	+12V	电源
4	GND	地	GND	地
5	SMCLK	系统管理总线时钟	TCK	测试时钟，JTAG 接口的时钟输入
6	SMDAT	系统管理总线数据	TDI	测试数据，JTAG 接口的数据输入
7	GND	地	TDO	测试数据，JTAG 接口的数据输出
8	+3.3V	电源	TMS	测试模式，JTAG 接口的模式选择
9	$\overline{\text{TRST}}$	测试复位，复位 JTAG 接口	+3.3V	电源
10	$+3.3V_{aux}$	辅助电源	+3.3V	电源
11	$\overline{\text{WAKE}}$	链路激活信号	$\overline{\text{PERST}}$	基本复位信号
键缺口				
12	RSVD	保留	GND	地
13	GND	地	REFCLK+	差分信号对的基准时钟
14	HSOp0	通道 0 发送差分信号对	REFCLK-	
15	HSOn0		GND	地
16	GND	地	HSIp0	通道 0 接收差分信号对
17	$\overline{\text{PRSNT2}}$	热插拔存在检测引脚	HSIn0	
18	GND	地	GND	地

×4 通道带宽的 PCI Express ×4 总线在×1 的通道 0 基础上又增加了通道 1、通道 2、通道 3 的发送差分信号对和接收差分信号对，相对于 PCI Express×1 总线附加了一些引脚，如表 10-5 所示。

表 10-5 PCI Express ×4 总线信号定义（相对于×1 附加的）

引脚	B 侧	A 侧	引脚	B 侧	A 侧	引脚	B 侧	A 侧
19	HSOp1	RSVD	24	HSOn2	GND	29	GND	HSIp3
20	HSOn1	GND	25	GND	HSIp2	30	RSVD	HSIn3
21	GND	HSIp1	26	GND	HSIn2	31	$\overline{\text{PRSNT2}}$	GND
22	GND	HSIn1	27	HSOp3	GND	32	GND	RSVD
23	HSOp2	GND	28	HSOn3	GND			

×8 通道带宽的 PCI Express ×8 总线在×4 的通道 0～通道 3 基础上又增加了通道 4～通道 7 的发送差分信号对和接收差分信号对，相对于×4 总线又附加了一些引脚，如表 10-6 所示。

表 10-6 PCI Express ×8 总线信号定义（相对于×4 附加的）

引脚	B 侧	A 侧	引脚	B 侧	A 侧	引脚	B 侧	A 侧
33	HSOp4	RSVD	39	GND	HSIp5	45	HSOp7	GND
34	HSOn4	GND	40	GND	HSIn5	46	HSOn7	GND
35	GND	HSIp4	41	HSOp6	GND	47	GND	HSIp7
36	GND	HSIn4	42	HSOn6	GND	48	$\overline{\text{PRSNT2}}$	HSIn7
37	HSOp5	GND	43	GND	HSIp6	49	GND	GND
38	HSOn5	GND	44	GND	HSIn6			

×16 通道带宽的 PCI Express ×16 总线在×8 的通道 0～通道 7 基础上又增加了通道 8～通道 15 的发送差分信号对和接收差分信号对，相对于×8 总线又附加了一些引脚，如表 10-7 所示。

表 10-7 PCI Express ×16 总线信号定义（相对于×8 附加的）

引脚	B 侧	A 侧	引脚	B 侧	A 侧	引脚	B 侧	A 侧
50	HSOp8	RSVD	61	GND	HSIn10	72	GND	HSIp13
51	HSOn8	GND	62	HSOp11	GND	73	GND	HSIn13
52	GND	HSIp8	63	HSOn11	GND	74	HSOp14	GND
53	GND	HSIn8	64	GND	HSIp11	75	HSOn14	GND
54	HSOp9	GND	65	GND	HSIn11	76	GND	HSIp14
55	HSOn9	GND	66	HSOp12	GND	77	GND	HSIn14
56	GND	HSIp9	67	HSOn12	GND	78	HSOp15	GND
57	GND	HSIn9	68	GND	HSIp12	79	HSOn15	GND
58	HSOp10	GND	69	GND	HSIn12	80	GND	HSIp15
59	HSOn10	GND	70	HSOp13	GND	81	$\overline{\text{PRSNT2}}$	HSIn15
60	GND	HSIp10	71	HSOn13	GND	82	RSVD	GND

习题与思考

10.1　目前系统板上常见的有 PCI Express ×1 和 PCI Express ×16 插槽，PCI Express ×16 的总线带宽是 PCI Express ×1 的（　　）倍。

A．1　　B．4　　C．8　　D．16

10.2　因为 PCI 总线兼容 ISA 总线，所以在 PCI 插槽上可以插接 ISA 插件板。这种说法（　　）。

A．对　　B．错

10.3　下列总线中，属于并行总线的有（　　），属于串行总线的有（　　），支持热插拔的有（　　），传输速率最高的是（　　）。

A．ISA总线　　B．PCI总线　　C．USB总线　　D．PCI Express总线

10.4　什么是总线？总线有哪些主要参数？

10.5　在 PCI 总线系统中，PCI 桥起什么作用？

10.6　USB 总线有哪些性能特点？USB 总线有哪几种传输方式？

10.7　关注当今市场，了解系统板上 PCI Express 总线标准的插槽的应用情况。

第 11 章　人机接口技术

学习目标

人们对计算机的使用是通过外设实现的。外设的种类繁多，组织结构和工作原理各不相同，不同的外设与计算机之间的接口以及交换信息的方式也各不相同。掌握外设及其接口的结构和使用方法，有助于人们对计算机系统的应用和进一步开发。

本章主要介绍微型计算机中几种常用外设及其接口的组织结构及工作原理。通过本章的学习，读者应掌握键盘、鼠标、显示器、打印机、扫描仪等外设的基本结构、工作原理；理解硬盘、光盘、移动硬盘、U 盘等外存储器的存储原理。体会各种外设在微型计算机系统中的作用。

11.1　键盘及其接口技术

外设与主机的接口也称人机接口。在计算机中，除 CPU 和内存以外的其他设备都被看作外部设备。在微型计算机的外设中，常用的键盘、鼠标、扫描仪、话筒等外设属于输入设备；显示器、打印机、绘图仪、投影仪、音箱等外设属于输出设备；硬盘、光盘、移动硬盘、U 盘称为外存储器；还有调制解调器、交换机、路由器等通信设备。

这些外设的输入/输出都以计算机为中心，信息以二进制形式传输。随着计算机多媒体技术的深入发展，人机交互设备及其接口技术也越来越丰富，并进一步向智能化、人性化、功能复合化方向发展。

键盘是微型计算机中最常用、最主要的基本输入设备。通过键盘，可以将字母、数字、汉字、标点符号以及一些操作命令输入到计算机中。

11.1.1　键盘的基本工作原理

PC 机键盘是一个独立的部件，从组成上看，分为外壳、按键和电路板三部分。键盘外壳主要用来支持电路板，并给操作者一个方便的工作环境，键盘的外壳上还有一些用以指示某些按键功能状态的指示灯；按键则以矩阵方式排列安装在电路板上，不同的按键上印有不同的符号；电路板在键盘外壳内，主要由逻辑电路和控制电路组成，全面负责键盘的按键识别、编码转换等工作，通过键盘接口电路，向主机传递信息。

键盘表面由若干个按键开关组成，按照键盘的结构形式，有线性和矩阵两种结构的键盘，如图 11-1 所示。

线性结构键盘的每个按键对应 I/O 端口的一位，如图 11-1（a）所示，在没有按键闭合时，各位均为高电平；当某键被按下时，对应位变为低电平，而其他位仍为高电平。因此，只要 CPU 读入 I/O 端口并判断各位是否为 0，就可以确定哪个按键被按下，可见，这种键盘的按键识别很简单。

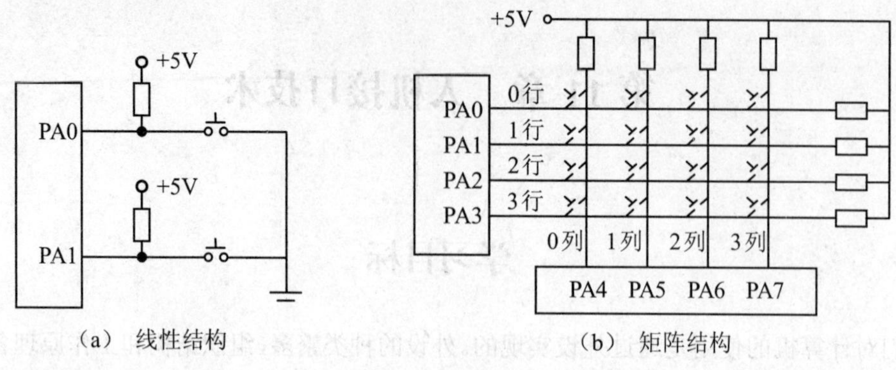

图 11-1 键盘结构

但是当键盘上的按键数目较多时，由于引线太多，占用的 I/O 端口也较多，所以需要过多的硬件开销，因此，线性键盘只适用于按键数目少的小键盘。按键数目较多时，通常使用矩阵结构的键盘，这样可以大大节省硬件开销。

如图 11-1（b）所示，矩阵键盘把按键开关按行、列排列，形成二维矩阵，每一行和每一列各占用 I/O 端口的一位。例如 4×4 矩阵键盘（共计 16 个按键）只需 8 位端口即可，而用线性结构却需要 16 位端口。对于矩阵键盘有几个主要问题需要解决：

1. 识别按键

键盘应该及时识别是否有键按下，以及按下的是哪一个键。键盘中每个按键位置都被定义一个唯一的编号，称为位置码，也称键盘扫描码，例如在图 11-1（b）中，可以定义 0 行 0 列交叉处的按键位置码为 0，0 行 1 列交叉处的按键位置码为 1，……3 行 3 列交叉处的按键位置码为 15。确定了按键位置也就得到了按键的扫描码。

2. 消除键抖动

键抖动是指在按键闭合、断开的过程中，由于按键开关机械触点的弹性作用，产生瞬间的抖动现象。其电压信号波形如图 11-2 所示，抖动时间大约为 10ms～20ms。为避免错误识别闭合键，应解决键抖动问题。

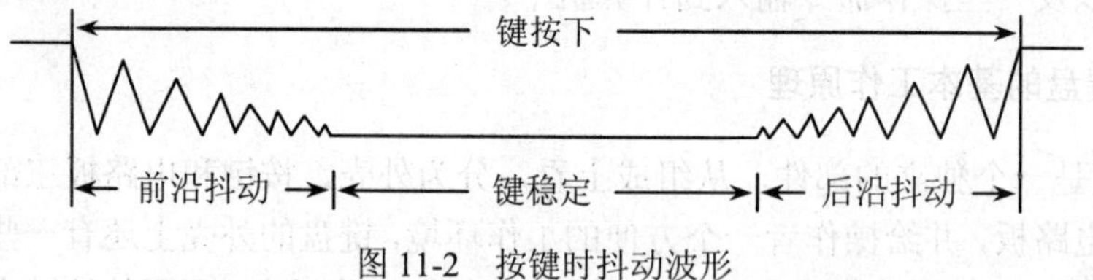

图 11-2 按键时抖动波形

消除键抖动的措施通常有硬件滤波法和软件延时法：硬件方法，例如用 R-C 滤波电路来消抖；软件方法是指在检测到有键按下时，调用一个延时子程序等待 10ms～20ms 后，再读按键信息。

3. 防止串键

所谓串键是指同时按下两个或多个键的现象。处理串键的方法较多，常用的有两种方法：一种方法是用软件不停地扫描键盘，当有多个按键闭合时不予识别，直到检测到只有一个闭合键时，才从键盘读取按键信息，这种方法认定最后一个仍保持按下的键为正确的键，一般用于采用软件对键盘扫描的场合；另一种是用硬件方法进行锁定，在第一个键未释放之前，按其他键不产生选通信号，这种方法认为第一个被按下的键有效。

11.1.2 键盘的分类

键盘的主要任务就是及时识别按键，并将按键的扫描码及时送入主机。按照键盘的工作原理，可以将键盘分为编码键盘和非编码键盘。

1. 编码键盘

这类键盘带有相应的硬件电路，由专用控制器对键盘进行扫描，能够自动检测并提供被按键的扫描码，并将数据保持到新键按下为止，同时产生一个选通脉冲与主机进行信息联络。编码键盘还有去抖动和防串键等保护装置，所以这种键盘的硬件电路复杂，价格较贵，但是键盘响应速度快，键盘接口简单，使用方便。

2. 非编码键盘

这种键盘只提供键盘的行列矩阵，而按键的识别、扫描码的确定由软件完成。去除抖动也由软件来解决。这种键盘的响应速度不如编码键盘快，但是可靠性高，扩充和更改方便、灵活，因而得到广泛的应用，成为当今的主流键盘。

11.1.3 非编码键盘的按键识别方法

非编码键盘的按键识别方法有两种：行扫描法和行反转法。

1. 行扫描法

行扫描法的具体工作过程主要有两步：

第一步：判断是否有键按下。先进行全扫描，即向所有行线送出低电平 0，然后读入全部列线值，如果读入的列值为全 1，说明无键按下；若读入的列值非全 1，则说明有键按下（因为若有键按下，则相应的行和列之间“接通”，因而此按键所在列的电平变低）。

第二步：确定按键位置。一旦发现有键按下，就由程序对键盘进行逐行扫描，通过检查列线的状态值来确定究竟是哪个键按下。

其过程是：首先扫描第 0 行。向第 0 行线输出低电平 0，而其余行输出 1，然后读入列值，若某一列值为 0，说明在本行中与该列跨接的键被按下；如果读入的列值为全 1，说明本行无键按下。如果上一行没有键按下，那么接着扫描下一行，如此逐行地进行 0 输出扫描，直至发现非全 1 的列值，找出被按下的键为止。

2. 行反转法

用行反转法识别按键的方法主要分两步：

第一步：如图 11-3（a）所示，将行线和列线分别接到一个并行口上，先令行线并行口工作于输出方式，列线并行口工作于输入方式。使 CPU 通过输出端口向行线送出全 0，然后读入列线值，若此时有某键按下，则其对应的列线值必定为 0，那么保留此值。

例如，图中 1 行与 3 列跨接处的 7 号键按下，则在读来的列值中，对应 3 列、2 列、1 列、0 列的列线值为 0111B。

第二步：如图 11-3（b）所示，使列线并行口工作于输出方式，行线并行口工作于输入方式，并将上一步读入的列值从列线并行口反向输出，然后读入行线值，这样就得到一对唯一的行值和列值。

例如，图中 7 号键有按下，则所读入的行值中对应 3 行、2 行、1 行、0 行的行线值为 1101B。

根据这两步得到的行线值和列线值即可判断出按下的键是 7 号键。在程序设计时，可以将各个按键所对应的扫描码放在一个表中，通过查表便可确定具体按下的是哪个键。

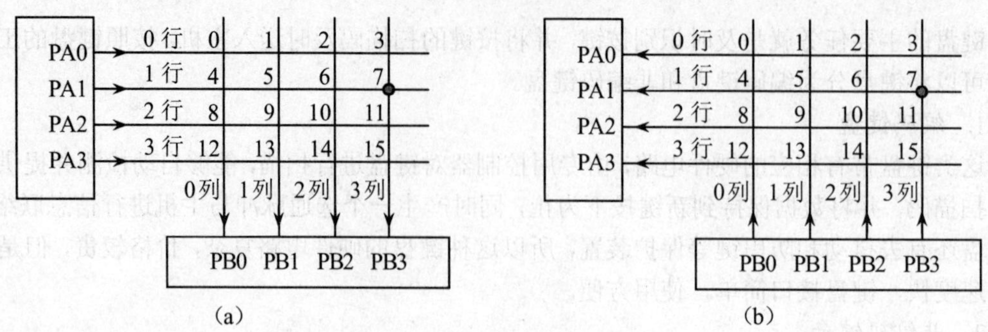

图 11-3　行反转法识别按键

11.1.4　PC 机键盘

PC 机采用非编码键盘。这种键盘与主机分开，通过一根电缆与主机系统板上的键盘接口相连，这根电缆专用于串行传输键盘扫描码。

PC 机键盘上的按键数目从最早的 83 键逐步发展到后来的 101、102、104、108 等键。键盘内部主要有 16 行×8 列的键盘矩阵和一个用作键盘控制器的芯片 Intel 8048。Intel 8048 主要包含 1 个 8 位的 CPU，1KB 的 ROM，64KB 的 RAM，以及 8 位的定时/计数器。Intel 8048 负责完成键盘矩阵扫描、消除抖动、生成按键扫描码等功能，并对扫描码进行并/串转换，然后将串行扫描码及时钟送往主机。

11.1.5　PC 机键盘接口技术

PC 机键盘接口安装于主机上，相应的接口控制逻辑集成在系统板上。键盘接口的主要功能是接收键盘送来的按键扫描码，键盘缓冲区满时产生键盘中断，接收并执行系统命令。

1. 键盘接口类型

键盘接口类型是指键盘与主机之间相连接的接口方式。PC 机键盘接口标准主要有三种，如图 11-4 所示。

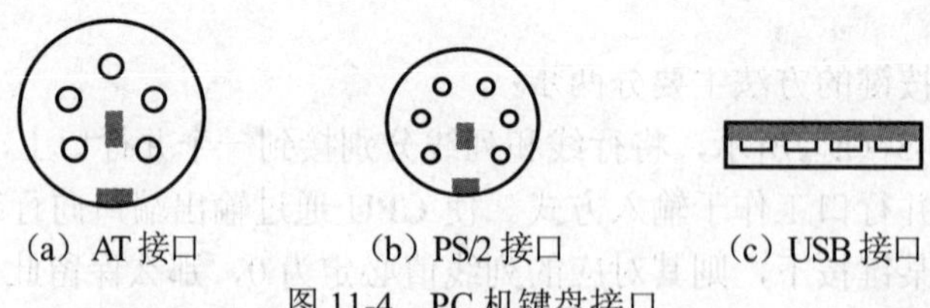

（a）AT 接口　（b）PS/2 接口　（c）USB 接口

图 11-4　PC 机键盘接口

（1）AT 接口。如图 11-4（a）所示，为标准的 5 针圆形接口，用于早期的 AT 系统板上，比 PS/2 接口稍大，已被 PS/2 替代，淡出市场。

（2）PS/2 接口。如图 11-4（b）所示，为具有 6 针的圆形接口，这 6 针中只使用其中的 4 针（数据线 DATA、时钟 CLK、电源+5V、地线 GND），其余 2 针未用。当今许多 PC 机的系统板仍支持 PS/2 接口，但市场上这种标准接口的键盘越来越少。

（3）USB 接口。如图 11-4（c）所示，由于 USB 接口具有即插即用、支持热插拔等优点，所以很多设备都采用了 USB 接口，键盘也有 USB 接口的支持。

实际应用中，利用“蓝牙”等无线技术连接到计算机的无线键盘也较多见。

2. PC 机键盘中断

主机通过一个中断类型号为 09H 号的硬件中断和 16H 号软件中断与键盘发生联系。

当键盘上按下或释放一个键时产生一个扫描码（按下键时产生接通扫描码，释放按键时产生断开扫描码），这个扫描码被串行送往主机的键盘接口，键盘接口负责串/并转换，并将转换后的扫描码存入 8255A 的 A 口中。

如果键盘中断允许，就通过 8259A 的 IR1 引脚向 CPU 产生 09H 号中断，使 CPU 转去执行 BIOS 的键盘中断处理程序，该处理程序负责读取 8255A 的 A 口，并把读来的扫描码转换为 ASCII 码或扩展码（对于字母、数字等字符转换为 ASCII 码，对于命令键、组合功能键等则以扩展码表示）。

INT 16H 用于检查是否有按键输入，并能从键盘缓冲区取出键值，当 CPU 需要得到键盘输入信息时就调用 BIOS 的 INT 16H 程序，用户也可以使用 DOS 功能调用（INT 21H）获得所需要的键盘信息。

3. 键盘缓冲区

键盘与 CPU 通信时，要借助键盘缓冲区传递键值，键盘缓冲区是一个先进先出循环队列，进队列由 09H 号中断处理程序完成，出队列则由 16H 号程序完成。键盘缓冲区的主要作用，一是接收键盘的实时输入，二是满足随机应用的需要，此外键盘缓冲区也可以满足操作员快速键入的要求。

4. PC 机键盘接口电路

键盘接口电路的主要功能是接收键盘送来的串行扫描码数据和同步时钟信号，并进行串/并转换，就绪后产生一个硬件可屏蔽中断请求（IR1）。之后就由硬件中断处理程序负责从 8255A 的 A 口读走 8 位并行扫描码，并进行相应的转换处理和暂存。

主机箱内键盘接口电路如图 11-5 所示。键盘接口电路主要由负责键盘接口全部工作的 Intel 8042 组成。Intel 8042 芯片内有 1 个 8 位的 CPU、2KB 的 ROM、128B 的 RAM 和 2 个 8 位的 I/O 端口。ROM 中存放键盘管理程序，RAM 则作为数据缓存器使用。PC 机启动后，Intel 8042 就在其内部键盘管理程序的控制下独立于微处理器工作。主机微处理器通过 I/O 指令则随时可以对 Intel 8042 读/写。

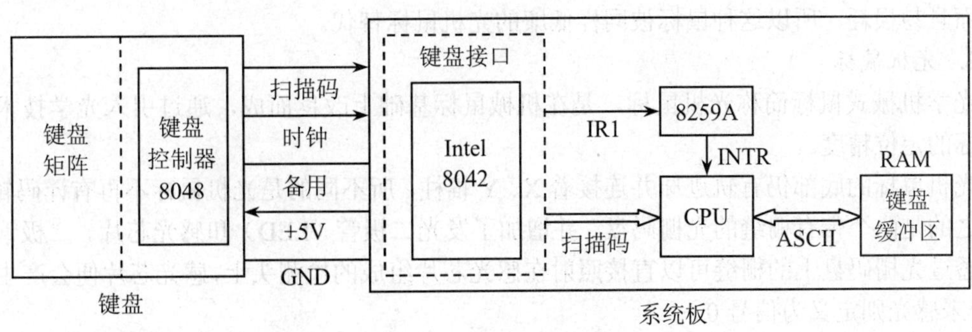

图 11-5　PC 机键盘接口电路

11.2 鼠标及其接口技术

鼠标也是微型计算机的基本输入设备，与 Windows 等操作系统配合使用，通过它能够控制屏幕上的鼠标指针准确地定位，并通过鼠标按键很方便地完成各种操作。用户也可以调用鼠标驱动程序（INT 33H）直接对鼠标进行编程控制。

鼠标的外形轻巧，一般有 2 个或 3 个按键，按键之间一般设有一个滚轮。鼠标的操纵简易、自如，它的应用大大推进了计算机操作的简单化进程。

11.2.1 鼠标的分类及工作原理

鼠标是一种输入设备，当鼠标被移动时，借助于机械或光学原理，移动的距离和方向被转化为 X、Y 坐标的位移量送入计算机，从而控制屏幕上鼠标指针的移动。鼠标按其工作原理分为机械鼠标、光机鼠标、光电鼠标，其主要区别在于它们检测坐标的装置不同。

1. 机械鼠标

机械鼠标的底部是一个金属芯的橡胶球（也称轨迹球）和两个辊柱，两个辊柱互相垂直，分别代表 X 轴和 Y 轴，各与一个圆状译码轮相连，如图 11-6 所示。译码轮上的金属导电片与电刷可以“接通”或“断开”，这两种状态对应二进制 1 和 0。

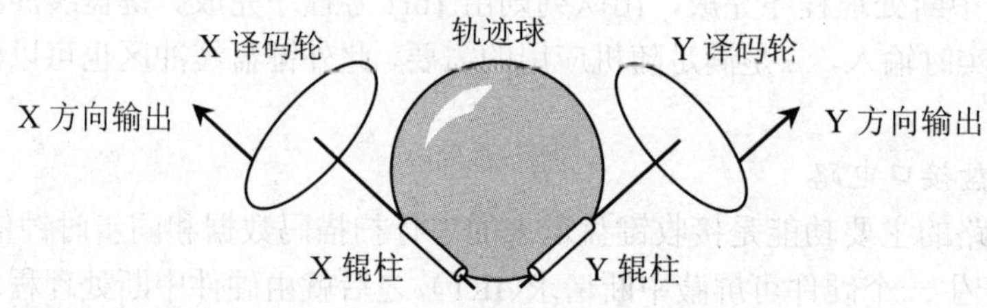

图 11-6 机械鼠标工作原理图

鼠标的移动使得轨迹球与桌面磨擦产生旋转，并带动两个辊柱转动，导致译码轮依次产生二进制信号串，经鼠标内部的专用芯片解析并产生对应的坐标变化信号。只要鼠标在平面上移动，根据轨迹球沿 X 和 Y 方向上的滚动，就会产生一组组不同的坐标位移量，被串行输入主机后，最终经过鼠标驱动程序的处理和转换，控制屏幕上鼠标指针的移动。

机械鼠标的主要特点是构造简单，易于维护，成本低廉，但是它的定位精度低，灵敏度差，而且易损耗，所以这种鼠标被同样低廉的光机鼠标替代。

2. 光机鼠标

光学机械式鼠标简称光机鼠标，是在机械鼠标基础上改良而成，通过引入光学技术来提高鼠标的定位精度。

光机鼠标的底部仍有轨迹球并连接着 X、Y 辊柱，所不同的是光机鼠标不再有译码轮，取而代之的是两个带有栅缝的光栅码盘，并增加了发光二极管（LED）和感光芯片。二极管发射的光透过光栅码盘上的栅缝可以直接照射在感光芯片组成的检测头上，感光芯片便会产生信号 1，若未感光则定义为信号 0。

鼠标在桌面上移动时，轨迹球会带动 X、Y 辊轴的两只光栅码盘转动，最后由感光芯片产生二进制信号串，并被送入专门的控制芯片内运算生成对应的坐标位移量，最终确定鼠标指针在屏幕上的位置。

光机鼠标在精度、可靠性、反应灵敏度方面都大大超过机械鼠标，曾经得到广泛应用。

3. 光电鼠标

光电鼠标没有了轨迹球和辊柱的设计，早期的光电鼠标主要部件有两个发光二极管、感光芯片、控制芯片和一个带有网格线的反射板（相当于专用鼠标垫）。工作时光电鼠标必须在反射板上移动，X、Y 发光二极管发射光线照射反射板并被反射回去，再经过镜头组件传递后照射在感光芯片上，感光芯片将光信号转换为数字信号，送至定位芯片专门处理，进而产生 X、Y 坐标偏移数据。

新型的光电鼠标摆脱了专用反射板的使用限制，可以在任何不反光的物体表面使用，其核心部件是发光二极管、微型摄像头、光学引擎和控制芯片。其工作原理是：在鼠标底部的微型光学定位系统中，高亮度发光二极管向外发射光束，照亮鼠标底部的物体表面，反射回来的光线经过一组光学透镜，传输到光感应器件内成像，当鼠标移动时，其移动轨迹便会被记录为一组高速拍摄的连贯图像。光电鼠标内部的专用图像分析芯片对摄取的一系列图像进行分析处理，通过这些图像上特征点位置的变化，判断出鼠标的移动距离和方向，最后完成屏幕上鼠标指针的定位。

光电鼠标的定位精度高、可靠性强、使用寿命长、操作手感好，所以应用广泛。

激光鼠标是一种特殊的光电鼠标，它把普通 LED 光换成激光镭射，所以具有更高的分辨率和精准度，可以应用在更多的表面环境，但它的成本稍高。

11.2.2 鼠标的主要性能指标

（1）分辨率。鼠标分辨率是指鼠标在桌面上每移动一英寸，鼠标指针在屏幕上移动的像素点数，它是鼠标的主要性能指标，以 dpi（像素/英寸）表示。dpi 越高，表明屏幕上鼠标指针定位的精度越高、速度越快。当前，普通鼠标的最高分辨率都在 1000dpi 以上，部分高档鼠标的最高分辨率可达 6000dpi 以上。

另有一种新标准 cpi，即每英寸鼠标采样次数，能够反映出鼠标的精度。

分辨率高的鼠标更适合在高分辨率的屏幕上使用。

（2）刷新率。鼠标刷新率也称采样频率，是指鼠标每秒钟采集和处理的图像数量，它是光电鼠标的重要性能指标，一般以 fps（帧/秒）表示。fps 越高，意味着快速移动鼠标时屏幕上鼠标指针的定位更加精准、及时。一般来说刷新率超过 6000 之后，即使不用鼠标垫也能流畅使用。

11.2.3 鼠标与主机的接口

PC 机的鼠标接口安装于主机上，鼠标接口的控制逻辑集成于系统板，主要用来接收鼠标的运动轨迹，接收并执行系统命令。

依据鼠标与主机的连接方式，鼠标接口类型主要有三种，如图 11-7 所示。

（1）串行通信接口。即 COM 接口，是一种 9 针 D 型接口，鼠标采用 9 针 D 型插头与系统板上的鼠标接口相连，目前这种鼠标接口已淡出市场。

（2）PS/2 接口。为 6 针圆形接口，这 6 针中只有其中的 4 针用于传输数据、时钟、供电和接地，其余 2 针未用。当今许多 PC 机系统板仍支持 PS/2 接口，但市场上这种标准接口的鼠标越来越少。

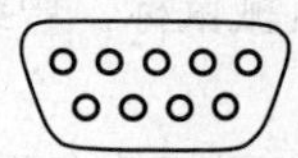
（a）串行通信接口

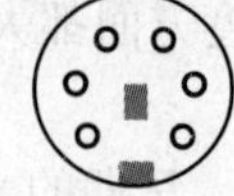
（b）PS/2 接口

（c）USB 接口

图 11-7　PC 机鼠标接口

（3）USB 接口。USB 接口具有数据传输率高、支持热插拔、即插即用等优点。目前鼠标产品多采用 USB 接口。

实际应用中，无线鼠标也比较多见。

11.3　显示器及其接口技术

显示器是任何计算机中必不可少的输出设备，其作用是将计算机内部数字信号转换为光信号，最终以字符或图形的形式显示于屏幕上。有了显示器，用户才能及时了解计算机的工作状态和处理结果，才能实现正确的人机交互。

11.3.1　显示器的分类

按照显示器的成像原理，应用于微型计算机的显示器一般分为以下几类：

1. 阴极射线管（CRT）显示器

CRT（Cathode Ray Tube，阴极射线管）显示器的成像原理与早期家用电视机的成像原理大致相同，曾经是广泛应用的显示器之一，但目前已退出市场，被 LCD 显示器替代。

2. 液晶（LCD）显示器

LCD（Liquid Crystal Display，液晶显示器）的成像原理是利用液晶的物理特性，通电时液晶排列有序，易于光线通过，不通电时排列混乱，阻止光线通过，光线通过与否的组合就形成了显示在屏幕上的图像。

与传统的 CRT 显示器相比，LCD 显示器具有体积小、重量轻、功耗低、外形轻薄、颜色不失真等特点，易于实现大画面显示，成为便携式、台式电脑的必备组件。

3. 二极管（LED）显示屏

LED（Light Emitting Diode，发光二极管）显示屏是一种通过控制半导体发光二极管的显示方式，显示文字、图形、图像、动画、视频等信息的显示屏幕。

LED 显示屏的工作原理和硬件连接都很简单，而且具有成本低、功耗小、亮度高、视角大、可视距离远、色彩艳丽、屏幕面积可大可小、寿命长、性能稳定等特点。在一些大型广场、体育场馆、道路交通、商业宣传、新闻发布、证券交易等广告、服务性场所，均有 LED 显示屏的广泛应用。

11.3.2　显示器的工作原理

1. CRT 显示器的结构及工作原理

CRT 显示器分为单色 CRT 和彩色 CRT，彩色 CRT 显示器的结构如图 11-8 所示，主要由阴极射线管（电子枪）、视频放大驱动电路和同步扫描电路等部分组成。

（1）阴极射线管。当阴极射线管的灯丝加热后，由视频信号放大驱动电路输出的电流驱动阴极，使电子枪内 3 个独立的阴极分别发射三束平行的电子束。改变阴极与控制极 G1 之间的电压，从而控制电子束电流的强弱。屏蔽极 G2 与阴极之间的电场使两边的电子束折向中心轴，经聚焦极 G3 聚焦后由两侧射出，再经两对汇聚极板的静电场作用折向中心。最后，经阳极加速后的三束电子被汇聚到荧光屏内侧荫罩板的某一细孔中，并分别准确地轰击到荧光屏的某一位置，荧光屏上涂有三种基色（红、绿、蓝）的荧光粉被激发，产生彩色光点，成为整个图像中的一个像素。

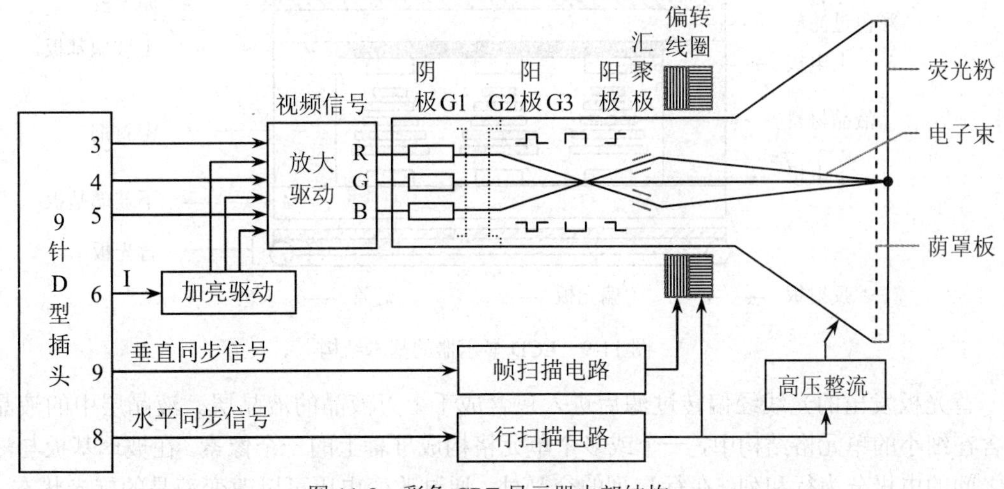

图 11-8 彩色 CRT 显示器内部结构

通过对红、绿、蓝三种基色强度（亮度）的控制，改变三种基色的组合状态，可以合成各种不同的颜色。通过控制阳极加速电压或阴极驱动电流，可以控制荧光屏的发光亮度。

（2）视频放大驱动电路。由显示器接口的 9 针连接器的第 3～6 引脚，将 R、G、B、I 信号送到相应的放大驱动电路。R、G、B 放大驱动电路相同。经驱动放大电路输出的电流，驱动阴极射线管的阴极发射电子束。加亮信号 I 经加亮驱动电路驱动输出后，参与控制 R、G、B 的放大驱动，当 I＝0 时，形成正常色彩，当 I＝1 时，形成加亮色彩。

（3）同步扫描电路。阴极射线发射到荧光屏上的电子束只能形成一个彩色的光点，若想将点展成线，将线展成面，形成一帧完整的图像，则需要垂直和水平同步信号控制。同步扫描电路接收来自视频接口的垂直同步信号和水平同步信号，经各自振荡电路和输出电路的控制，最终产生垂直锯齿波扫描电流与水平锯齿波扫描电流，分别驱动垂直偏转线圈和水平偏转线圈，形成偏转磁场。电子束在轰击到荧光屏之前进入偏转磁场，在磁场的作用下，有规律地从左向右、从上到下地扫描，如此不断重复水平和垂直扫描过程。

在各自的回扫期间，消隐电路控制电子束的发射，使屏幕上看到的是一条条水平的扫描线，称为光栅，光栅的扫描运动称为光栅扫描。在有规律的扫描过程中，只要将加在阴极上的视频信号 R、G、B、I 按照时间分布规律与同步扫描信号在时间上严格同步，就会在屏幕上出现稳定的文字或图像。

2. LCD 显示器的显示原理

LCD 显示器中最主要的物质就是液晶。液晶分子呈长棒形，它既有液体的流动性和连续性，又有晶体的各向异性。通电时液晶分子排列有序，使光线容易通过；不通电时液晶分子排列混乱，阻止光线通过。所以说液晶分子就像闸门一般，可以允许或阻止光线通过。通过与不通过的组合就可以在屏幕上显示出图像来。

LCD 显示器为分层结构，如图 11-9 所示。LCD 显示屏有两块玻璃基板，其间包含有液晶材料。因为液晶材料本身并不发光，所以在显示屏两边设有作为光源的灯管，而在液晶显示屏背面有一块背光板和反光膜，背光板由荧光物质组成，主要对灯管发出的光线进行处理，从而提供均匀的高亮度背景光源。

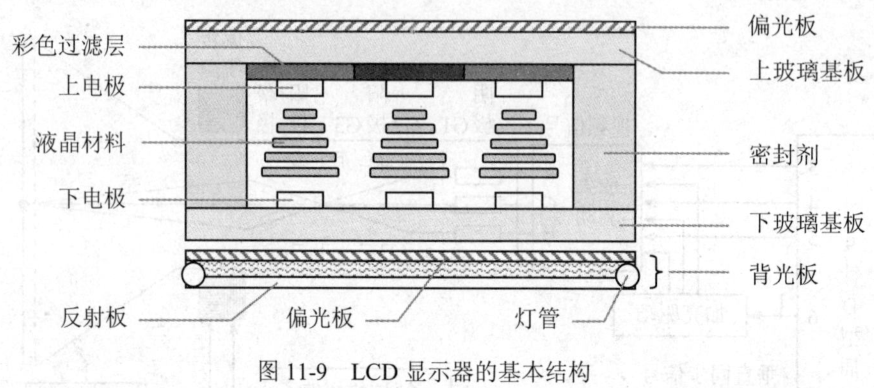

图 11-9　LCD 显示器的基本结构

背光板发出的光线经偏转过滤后进入包含成千上万液晶的液晶层。液晶层中的液晶都被包含在细小的单元格结构中，一个或多个单元格构成屏幕上的一个像素。在玻璃基板与液晶材料之间的电极分为行和列，在行与列的交叉处，通过改变电压可以改变液晶的旋光状态。在液晶材料周边是控制电路和驱动电路。当 LCD 中的电极产生电场时，液晶分子就会产生扭曲，从而将穿越其中的光线进行有规则的折射，然后经过第二次过滤，在屏幕上显示出来。

对于彩色 LCD 显示器而言，还要具备专门处理彩色显示的彩色过滤层。通常，在彩色 LCD 显示屏中，每一个像素都由三个液晶单元格构成，这三个单元格前面分别有红、绿、蓝色的过滤器。这样，通过不同单元格的光线就可以在屏幕上显示出不同的颜色。

3. LED 显示屏的结构及工作原理

LED 是一种由半导体 PN 结构成的固态发光器件，能将电能转变为光能。按照显示器件的不同，LED 显示屏又分为 LED 数码显示屏、LED 点阵图文显示屏和 LED 视频显示屏。

LED 数码显示屏的显示器件为七段数码管，适于制作显示数字的电子显示屏；LED 点阵图文显示屏的显示器件是由许多均匀排列的发光二极管组成的点阵显示模块，适于播放文字、图像信息；LED 视频显示屏的显示器件由许多发光二极管组成，可以显示视频、动画等各种视频文件。

七段数码管显示屏由 7 个发光二极管组成，按“日”字形排列，分别称为 a、b、c、d、e、f、g 段，如图 11-10（a）所示。LED 数码管分为共阴极和共阳极两种结构，如图 11-10（b）（c）所示。共阴极是指数码管中所有发光二极管的阴极连接在一起，在电路中连接低电平，当每段的阳极端变为高电平时，相应的二极管发光；共阳极是指数码管中所有发光二极管的阳极连接在一起，在电路中连接高电平，当每段的阴极端变为低电平时，相应的二极管发光。

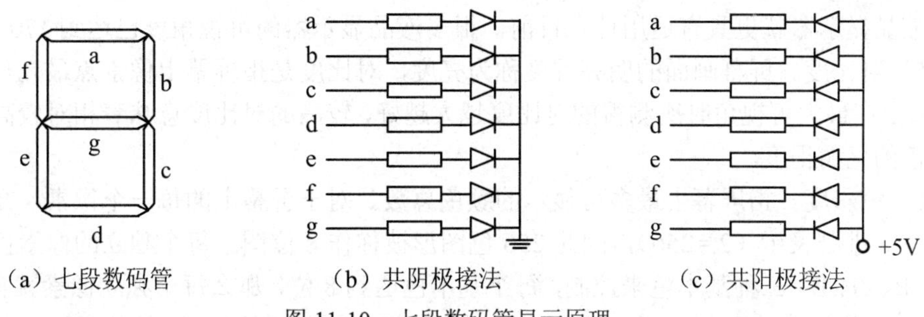

(a) 七段数码管　　(b) 共阴极接法　　(c) 共阳极接法

图 11-10　七段数码管显示原理

这 7 个发光二极管的不同组合，可以显示十六进制数码 0～9 和 A～F，具体如表 11-1 所示。在数码管应用连接电路中，数码管的 a、b、c、d、e、f、g 端分别对应于系统数据总线的 D0～D6，而 D7 不使用或对应于数码管的小数点。因此，要使数码管显示某个数字或字母，只要向 a～g 端提供适当的电平，使某几段发光二极管亮，而另外几段不亮即可。

表 11-1　七段数码管显示字符编码表

显示字符	共阴极字形码	共阳极字形码	显示字符	共阴极字形码	共阳极字形码
0	3FH	C0H	8	7FH	80H
1	06H	F9H	9	6FH	90H
2	5BH	A4H	A	77H	88H
3	4FH	B0H	b	7CH	83H
4	66H	99H	C	39H	C6H
5	6DH	92H	d	5EH	A1H
6	7DH	82H	E	79H	86H
7	07H	F8H	F	71H	8EH

11.3.3　显示器的主要性能指标

目前，应用于微型计算机的显示器多为液晶显示器，衡量液晶显示器性能的指标主要有以下几方面：

（1）响应时间。响应时间反映了液晶显示器各像素点对输入信号反应的速度，即像素由暗转亮或由亮转暗的速度。响应时间越短越好，如果响应时间太长，显示动态画面时就会有尾影拖曳的感觉。

（2）分辨率。指屏幕上水平方向和垂直方向可显示的像素数目，其中每个像素点都能被计算机单独访问。常见的分辨率有 1280×1024、1366×768、1920×1080 等。分辨率越高，图像越清晰。

（3）点距。指屏幕上相邻两个像素之间的距离。点距越小，像素密度就越大，显示画面也就越细腻。

（4）可视角度。指用户从不同方向清晰地观察屏幕上所有内容的角度。例如，若可视角度为 80° 左右，则表示站在与屏幕法线成 80° 角的位置时仍可清晰地看见屏幕图像。一般地，液晶显示器的可视角度都是左右对称的（但不一定上下对称）。可视角度越大，则观看的角度越好，液晶显示器就更具有适用性。目前，很多液晶显示器的可视角度已达到170° 以上。

（5）对比度。屏幕画面的明亮程度称为亮度，对比度是指屏幕上像素点最亮与最暗时亮度的比值。在最大可视角时所测得的对比度越大越好，较高的对比度意味着相对较高的亮度和呈现颜色的艳丽程度。

（6）色彩度。指屏幕上最多可显示的颜色总数。对于屏幕上的每一个像素，256 种颜色需要 8 位二进制表示（2^8=256），因此 256 色图形被称作 8 位图。每个独立的像素色彩由红、绿、蓝（R、G、B）三种基本色来控制，每个基本色达到 8 位，那么每个独立像素就有 2^8×2^8×2^8＝16777216 种色彩，称为 24 位彩色图。液晶显示器一般都支持 24 位真彩色。

（7）屏幕尺寸。屏幕尺寸是指液晶显示器屏幕对角线的长度，单位为英寸，如 14、15、19、23、27 英寸等液晶显示器比较多见。液晶显示器的屏幕比例多为 16:9 和 16:10。屏幕尺寸越大，显示器的可视面积就越大。

11.3.4　显卡的工作原理

显卡全称显示接口卡，又称显示适配器，是主机与显示器之间连接的桥梁，多以独立的插件板形式插接于系统板的 I/O 扩展槽上，通过系统总线接收 CPU 送来的图形数据，对图形函数进行加速，转换成显示器可以接受的格式，通过视频接口向显示器输出视频信号，在显示器端形成字符、图形和颜色的显示。

显卡主要由显示芯片、显存、RAMDAC、BIOS、显卡接口等组成。显示屏上画面的显示要经过“CPU→显示芯片→显存→RAMDAC→显示器”的过程。

1. 显示芯片

显示芯片又称图形处理器（Graphics Processing Unit，GPU），它是显卡的核心，决定了显卡的功能和基本性能。GPU 是专为执行复杂的数学和几何计算而设计的，这些计算是图形渲染所必需的。GPU 拥有 2D 和 3D 图形加速功能，只要 CPU 向 GPU 发出图形指令，GPU 就可以迅速计算出该图形的所有像素，并在显示器上指定位置画出相应的图形。

有了 GPU，CPU 就从图形处理的任务中解放出来，可以执行其他更多的系统任务，这样可以大大提高计算机的整体性能。

2. 显存

显卡内存简称显存，也称帧缓存，它是显卡的重要组成部分，显卡性能的发挥很大程度上取决于显存。

如同计算机的内存一样，显存是存储图形数据的硬件，主要存储显示芯片处理过或即将读取的渲染数据。显示屏上的画面由一个个像素点构成，每个像素点都以 4 至 64 位的数据控制其亮度和色彩，这些像素点构成一帧的图形画面。为了保持画面流畅，要输出和要处理的多帧的像素数据必须通过显存来保存，以达到缓冲效果，再交由显示芯片和 CPU 调配，最后把运算结果转化为图形输出到显示器上。

显存带宽（显存带宽=显存频率×显存位宽/8）直接影响到显卡的整体速度。显存的速度一般以 ns 为单位，越小表示显存的速度越快。显存容量越大，显卡支持的最大分辨率就越大，3D 应用时的贴图精度就越高。

目前微型计算机的显存容量多见 1GB、2GB、4GB，甚至 8GB，显存类型主流为 GDDR5、GDDR3，显存位宽有 128 位、256 位、384 位、512 位等。

3. RAMDAC

计算机内部以数字方式运行，所以在显存中存储的是数字信息，显卡中用 0 和 1 控制着每一个像素的色彩深度和亮度。但是有的显示器工作于模拟状态，这就需要一个 D/A 转换器。

数模转换随机存储器 RAMDAC 的主要作用是将显示芯片处理后的数字信号转换为模拟信号，使显示器能够显示出图像；RAMDAC 的另一个重要作用就是提供显卡能够达到的刷新频率，它也影响着显卡输出图像的质量。

RAMDAC 的转换速率以 MHz 表示，它决定了刷新频率的高低。其工作速度越高，频带越宽，高分辨率时的画面质量就越好。该数值决定了在足够的显存下，显卡最高支持的分辨率和刷新率。

4. 显卡与显示器的接口

（1）VGA 接口。早期的 CRT 显示器只能接受模拟信号的输入，这就需要显卡能输出模拟信号。视频图形阵列（Video Graphics Array，VGA）是显卡上输出模拟信号的接口，虽然液晶显示器可以直接接收数字信号，但很多低端产品为了与 VGA 接口显卡相匹配，因而也采用 VGA 接口。

VGA 接口如图 11-11（a）所示。VGA 接口曾经是显卡上应用最为广泛的接口类型，但目前已不多见。

（a）VGA 接口

（b）DVI-D 接口

（C）HDMI 接口

（D）DisplayPort 接口

图 11-11　显卡与显示器的接口

（2）DVI 接口：随着液晶显示器的逐渐普及，数字视频接口（Digital Visual Interface，DVI）成为 VGA 接口的替代者。VGA 是基于模拟信号传输的工作方式，其数/模转换过程和模拟传输过程带来了一定程度的信号损失。而 DVI 接口是一种完全的数字视频接口，它可以将显卡产生的数字信号直接传输给显示器，而无需 D/A 转换，避免了信号转换和传输过程中的信号损失，所以 DVI 接口速度更快、画面更清晰。

DVI 接口可以分为两种：同时支持数字与模拟信号的 DVI-I 接口和仅支持数字信号的 DVI-D 接口，如图 11-11（b）所示。

（3）HDMI 接口。随着屏幕分辨率逐步提升，高清电视、显示器越来越普及，出现了高清晰多媒体接口（High Definition Multimedia Interface，HDMI），如图 11-11（c）所示。它是一种全数字化视频和音频发送接口，基于最小化传输差分信号技术传输数据，可以发送无压缩的音频和视频信号，音频和视频信号可同时发送。

HDMI 接口具有即插即用的特点，能向下兼容 DVI，主要用于传输高质量、无损耗的数字音视频信号到高清电视、电脑显示器。

（4）DisplayPort 接口。是一种新型的高清晰数字显示接口，如图 11-11（d）所示，由视频电子标准协会（Video Electronics Standards Association，VESA）推出，是一种针对所有显示设备（包括内部和外部接口）的开放标准。

较之 HDMI，DisplayPort 的带宽更大，数据传输速率更高，保证了今后大尺寸显示设备对更高分辨率的需求。DisplayPort 具备高度的可扩展性，产品设计的难度和成本降低。

5. 显卡分类

（1）集成显卡。是指将显示芯片、显存及其相关电路集成在系统板上，与其融为一体的元件。集成显卡的显存容量较小，显示效果和处理性能较弱，不能对显卡进行硬件升级，但可以通过软件升级来挖掘显示芯片的潜能。

集成显卡的优点是功耗低，无需花费额外的资金购买独立显卡，这样就降低了成本。缺点是性能相对略低，且固化在系统板上无法更换。目前这种显卡已经淡出市场。

（2）独立显卡。是指将显示芯片、显存及其相关电路单独做在一块电路板上，以一块独立的插件板存在，需占用系统板的 I/O扩展槽。独立显卡发展至今，曾经出现过 ISA、PCI 和 AGP 总线标准，目前，PCI-Express 总线标准成为主流，解决了显卡与系统数据传输的瓶颈问题。

独立显卡的优点是：单独安装有显存，一般不占用系统内存，在技术和性能上优于集成显卡，容易进行显卡的硬件升级。缺点是：功耗较大，需配备散热片或散热风扇，占用更多空间。独立显卡适用于对显卡要求较高的大型游戏、绘图、视频编辑等场合。

（3）核芯显卡。是将图形核心与处理核心整合在同一块基板上，构成一颗完整的微处理器。这种整合大大缩减了处理核心、图形核心、内存及内存控制器之间的数据周转时间，有效提升了处理效能并大幅降低芯片组整体功耗，有助于缩小核心组件的尺寸，为笔记本、一体机等产品的设计提供了更大的选择空间。

核芯显卡不同于独立显卡和集成显卡。独立显卡拥有单独的图形核心和独立的显存，能够满足复杂庞大的图形处理需求，并提供高效的视频编码应用；集成显卡则将图形核心以单独芯片的方式集成在系统板上，并且动态共享部分系统内存作为显存使用，因此只能提供简单的图形处理能力和较为流畅的编码应用；核芯显卡应用新的精简架构，将图形核心整合在微处理器中，进一步加强了图形处理的效率，有效降低了核心组件的整体功耗。

核芯显卡具有低功耗和高性能的优点。但在大型游戏等场合仍需使用独立显卡。

11.4 打印机及其接口技术

打印机是微型计算机的常用输出设备，用于将计算机的处理结果按照文字或图形的方式永久地输出到纸张、胶片或其他相关介质上。随着计算机技术的飞速发展，打印技术也在往高速度、低噪音、印字美观、清晰、彩色的方向不断发展。

11.4.1 打印机的分类及工作原理

打印机的种类很多，性能差别也很大。从印字原理上，可分为击打式打印机和非击打式打印机；从打印字符的结构形式上，有点阵式和非点阵式；从印字方式上有行式和页式。目前，常用的打印机有针式打印机、喷墨打印机和激光打印机。

1. 针式打印机

针式打印机是一种击打式打印机，它是通过打印头上垂直排列的若干根钢针击打色带，使色带上的油墨印到纸张上，从而形成一种由点阵组成的字符。针式打印机从结构上分为机械和电路两部分，机械部分主要由打印头、字车、走纸机构及色带组成，电路部分由驱动电路、控制电路、接口电路等组成。

（1）打印头工作原理。针式打印机以打印头上打印钢针的数目而得名，常见的有 9 针打印机、16 针打印机、24 针打印机等几种。

打印头上每个打印钢针的动作原理如图 11-12 所示。当不需要打印机出针时，打印头线圈内无电流流通，于是永久磁铁吸引打印针，衔铁带着针体靠向打印头铁芯，使打印针龟缩在打印头内，并在弹簧板的弹性作用下，形成反抗永久磁铁的弹力而出针的趋向。当需要打印针出针时，打印头线圈内有电流通过，产生反向磁场，抵消了永久磁铁对衔铁的吸引力，在弹簧板的作用下，打印针弹出并撞击色带而在打印纸上形成一个墨点。出针完毕后，打印头线圈内电流撤消，磁场消失，打印针收回到打印头内。

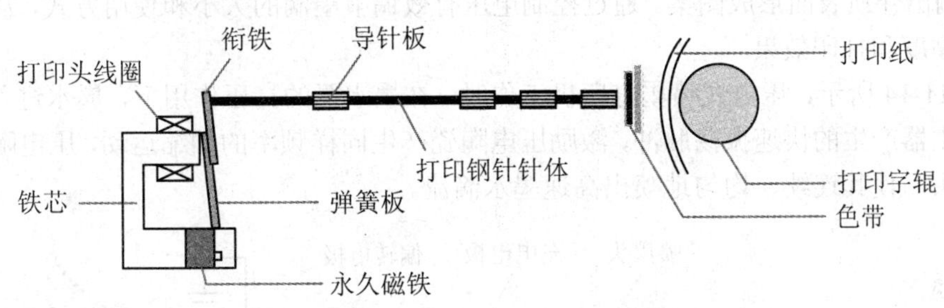

图 11-12　打印头动作原理示意图

数据 1 或 0 决定了电流驱动电路的打开或关闭，使打印头线圈有或无电流通过，如此打印头是否出针取决于数据是 1 或 0。

打印完一列后，打印头被字车带动平移一格，然后打印下一列。字车是安装打印头的台架，由步进电机牵引的钢丝拖动，可在导轨上准确地往返运动。每打印完一行，打印字辊就在走纸电机的控制下转动一步，带动打印纸上移。

（2）针式打印机的控制电路。如图 11-13 所示，在打印机控制电路中，打印缓冲器用于暂存主机送来的打印数据，其容量应该至少能够装入一行字符的代码；字符发生器为只读存储器，用于存放中、西文字的字形数据，待打印的字符信息需经字符发生器转换为字形信息，而图形码因为本身就是点阵数据，所以不需经过字符发生器的转换；控制电路一方面要接收主机发来的数据、命令并向主机返回状态信号，另一方面还要控制字车、走纸等机构的动作。

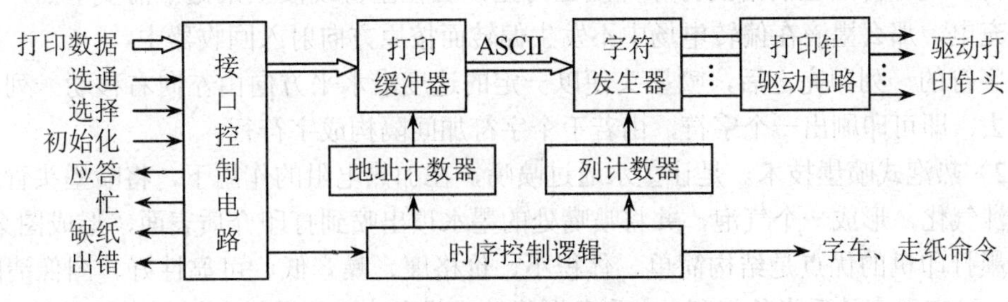

图 11-13　针式打印机控制电路

在家庭和办公等场合，针式打印机广泛应用了相当长的一段时间，但是由于存在打印速度慢、质量低、噪音大等缺点，针式打印机逐渐被激光打印机和喷墨打印机替代。不过，因为针式打印机具有价格低廉、耗材成本低、能够多层套打等优点，所以在银行、证券、超市等窗口行业，以及用于票单打印的场合仍有针式打印机的使用。

2. 喷墨打印机

喷墨打印机是靠喷出的微小墨滴精确地喷射在打印媒介上形成图案的。目前有单色、四色、五色、六色、九色甚至十二色墨盒的喷墨打印机。

喷墨打印机的关键技术是墨滴的形成及其充电和偏转。依据喷墨技术，喷墨打印机主要有压电式和热泡式两大类。

（1）压电式喷墨技术。是将许多小的压电陶瓷放置到喷墨打印机的打印头喷嘴附近，利用它在电压作用下会发生形变的原理，适时地加压，压电陶瓷随之产生伸缩使喷嘴中的墨滴喷出，并在输出介质表面形成图案。通过控制电压有效调节墨滴的大小和使用方式，从而获得较高的打印精度和打印效果。

如图 11-14 所示，压电式喷墨打印机工作时，在墨水泵的高压作用下，墨水进入喷嘴，高频振荡发生器产生的快速振荡脉冲，激励压电陶瓷产生同样频率的伸缩运动，压电陶瓷的伸缩挤压喷墨头，使其连续、均匀地喷出高速墨水滴流。

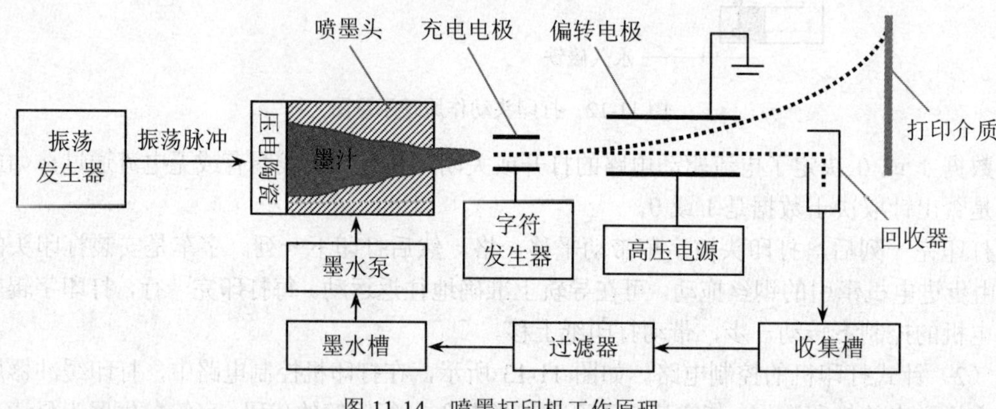

图 11-14 喷墨打印机工作原理

根据要打印的墨点在字符中所处位置的高低，字符发生器控制充电电极给墨滴施加一个静电电场，位置越高，施加的电压就越大，其墨滴所充电荷就越多。带电荷的墨滴通过加有恒定高压偏转电极形成的电场后，垂直偏转到所需的位置。

电荷一直保持到墨滴落到打印介质上为止，若在垂直线段上某处不需要墨点，则相应的墨滴不充电，那么墨滴在偏转电场中不发生偏转而按原方向射入回收器中。

当字符的一列印完之后，喷墨头便以一定的速度沿水平方向由左向右移动一列的距离。依次下去，即可印刷出一个字符，由若干个字符加间隔构成字符行。

（2）热泡式喷墨技术。是让墨水通过喷嘴，在加热电阻的作用下，将喷墨头管道中的一部分墨汁气化，形成一个气泡，并将喷嘴处的墨水顶出喷到打印介质表面，形成图案或字符。

喷墨打印机的优点是结构简单、体积小、价格廉、噪音低、可靠性好、图像清晰、打印速度高，可实现高品质彩色打印，在彩色图像输出设备中，喷墨打印机占有绝对优势。但是喷墨打印机对纸张要求较高，墨盒耗材较贵，这是喷墨打印机的不足之处。

3. 激光打印机

激光打印机是集激光、微电子、机械为一体的打印输出设备，可以在普通纸张上快速印制高质量的文本与图形。激光打印机也是采用静电复印的过程，但与模拟的复印机不同的是，其图像直接通过激光束在打印机感光鼓上扫描生成。

如图 11-15 所示，激光打印机主要由打印控制器、激光扫描系统、显影和转印系统、纸传送等部分组成。

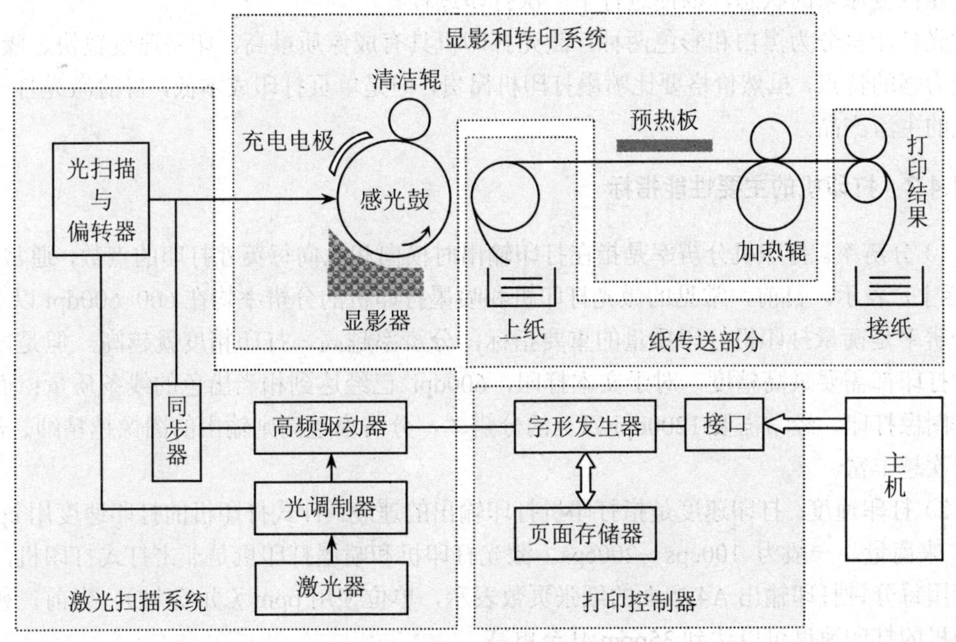

图 11-15 激光打印机结构

打印控制器的主要功能是接收主机送来的数据和控制信号，经处理后交给激光扫描系统控制输出。在打印控制器内有一个保存整页映像信息的页面存储器，待输出的文字或图形经预先转换为点阵图像形式，被放入页面存储器内，然后再整页交给激光扫描系统进行印字。

感光鼓是打印机的核心部分，它是一个用铝合金制成的圆筒，其表面镀有一层半导体感光材料，通常是硒，所以又称之为硒鼓。

激光打印机的印字过程，一般分为六步：

（1）充电。充电电极将静电投射到感光鼓上，使其表面沉积一层均匀的电荷。

（2）扫描曝光。待印信息的点阵信号（0 或 1）加在激光二极管的两极上，形成一系列被调制的脉冲式激光，经棱镜反射后聚焦到感光鼓表面，对感光鼓表面进行横向扫描照射。在需印出内容的地方关闭激光束，在不需印出的地方打开激光束。随着带有电荷的感光鼓的转动，遇有激光束照射时，感光鼓表面曝光，放掉电荷；而未经曝光的感光鼓表面仍保留电荷，这样在感光鼓上带电荷的点就形成了“潜像”。

（3）显影。带有“潜像”的感光鼓在继续转动中经过显影器，显影器中充有非常微小的塑料粉末与黑色碳粉或者其他彩色载体组成的色粉，这些带电的色粉通过静电被吸附在感光鼓的潜像部位，从而在感光鼓表面显影成可见的色粉图形。

（4）转印。显影的感光鼓表面在同打印纸接触时，在外电场的作用下，感光鼓上的色粉被吸附到纸上，打印纸上便出现了由色粉形成的文字或图像。

（5）定影。转印到打印纸上的色粉经过较高温度和较大压力的联合作用，被熔化而永久性地粘附在纸上，形成最终的打印结果。

（6）消除残像。完成转印后，感光鼓表面还留有残余的电荷和色粉，需要对感光鼓进行清洁。先是经过放电将感光鼓上的电荷清除，然后由清洁辊除去残留的色粉到垃圾库中。这样，感光鼓便恢复原来的状态，以便进行下一次打印过程。

激光打印机分为黑白和彩色两种。激光打印机具有成像质量高、印字速度较快、噪音低、处理能力强的特点，虽然价格要比喷墨打印机昂贵，但是单页打印成本低，目前激光打印机是打印机的主流产品。

11.4.2 打印机的主要性能指标

（1）分辨率。打印机分辨率是指在打印输出时横向和纵向每英寸打印的点数，通常以 dpi（点/英寸）表示。目前，常见的激光打印机和喷墨打印机的分辨率均在 600×600dpi 以上。

分辨率是衡量打印机打印质量的重要指标，分辨率越高，打印精度就越高。但是，并不是每种打印都需要最高精度，对于文本打印，600dpi 已经达到相当出色的线条质量；而对于照片等图像打印，经常需要 1200dpi 以上的分辨率，分辨率越高则输出的图像越精细、清晰，色彩层次越丰富。

（2）打印速度。打印速度是指打印机打印输出的速度。针式打印机的打印速度用 cps（字符/秒）来衡量，一般为 100cps～200cps。激光打印机和喷墨打印机是非击打式打印机，其打印速度用每分钟打印输出 A4 幅面的纸张页数表示，单位使用 ppm（页/分钟）。当前，普通激光打印机的打印速度可以达到 35ppm 甚至更高。

对于黑白激光打印机和彩色激光打印机，其打印图像和文本时的打印速度有很大不同，所以打印速度又分为黑白打印速度和彩色打印速度。

对于喷墨打印机和激光打印机，打印速度受多种因素的影响，如激光打印机的预热时间、接口传输速度、打印机的内存大小、控制语言、打印机驱动程序和打印机处理器速度等，都可能影响到打印速度。

（3）其他。喷墨打印机的墨盒和激光打印机的硒鼓都是易耗品，不同的打印机，墨盒及硒鼓的寿命也不同，对于喷墨打印机，一般打印几百页就要更换墨盒，激光打印机的硒鼓寿命一般为数千页至数万页。这些易耗品以及打印纸、打印机备件等耗材也是很影响打印成本的。此外，打印机的维护费用、打印时的噪音、可打印字体的种类、打印幅面的大小、色彩数目、打印机的内存大小、与主机的接口类型等也都是用户在购置打印机时要考虑到的。

11.4.3 打印机与主机的接口

打印机与主机的连接方式有串行方式和并行方式。并行打印机接口一般为 Centronics 标准，该标准定义了 D 型插头、插座的 36 个引脚，打印机与主机之间通过一根电缆线连接，电缆线的一头使用 25 针的 D 型插头与 PC 主机的并口相连，如图 11-16（a）所示，电缆线的另一头与打印机的 D 型 36 芯插座（Centronics 标准）相连。

随着 USB 接口成为主流的接口方式，打印机也广泛使用 USB 标准的接口，如图 11-16（b）所示，应用了 USB 接口的打印机，其传输速度大幅度提升。

（a）并行接口　　（b）USB接口

图 11-16　打印机接口

11.5　外存储器及其接口

随着微型计算机的应用领域越来越广泛，人们对信息存储的要求也越来越高。硬盘以容量超大、性能稳定、单位价格低、使用寿命长等优点占据着微型计算机外存储器的主要地位；光盘以其存储容量大、携带方便、永久性保存等优点被用户接受；移动硬盘、U 盘等移动式存储器更成为重要的辅助存储器。

11.5.1　硬盘存储器

硬盘存储器由磁盘盘片、主轴、主轴电机、磁头、移动臂和控制电路等部分组成，通常它们组装成一个不可拆卸的整体，统称为硬盘。

1. 硬盘的基本工作原理

硬盘是一种磁表面存储器，是在铝制或玻璃制的碟片表面覆盖有磁性材料，通过磁层的磁化来记录数据。一块硬盘一般由一张或多张盘片组成，每张盘片的上下两面各有一个磁头用于读写数据。

当磁盘旋转时，磁头若保持在一个位置上，则每个磁头都会在磁盘表面划出一个称为磁道的圆形轨迹，磁盘上的信息便是沿着磁道存放的，硬盘磁道密度较大，通常一面有成千上万个磁道；每个磁道又被等分成若干个弧段，称为扇区，每个扇区容量一般为 512 个字节，用于存放物理数据块。所有硬盘盘片的同位置磁道构成一个柱面，所以硬盘上的物理记录块要用柱面号、扇区号、磁头号这三个参数来定位。

如图 11-17（a）所示，硬盘磁头是一个很轻的薄膜组件，固定于移动臂上，当硬盘存储器工作时，磁头随着移动臂沿着盘片的径向高速移动，从而可以定位于指定的柱面；主轴底部的电机带动主轴，主轴带动盘片高速旋转，这样可以使磁头定位于指定的扇区。盘片高速旋转时产生的气流将磁盘上的磁头浮起，使磁头准确定位于指定柱面、指定扇区，由指定的磁头对盘面上的数据进行读/写。

硬盘缓存是硬盘控制器上的一块内存芯片，它是硬盘内部存储和外界接口之间的缓冲器，具有极快的存取速度。由于硬盘的内部数据传输速度和外界介面传输速度不同，缓存在其中起到一个缓冲的作用，这样就大大加快了硬盘存储器的传输速率。

但在使用硬盘时要注意保持良好的工作环境，避免灰尘、受潮，不要在硬盘工作时搬动计算机，以免因磁头的震动而损坏盘片。

固态硬盘（Solid State Drives，SSD）是一种新式的外存储器，如图 11-17（b）所示，它在接口规范和定义、功能及使用方法上与普通硬盘几近相同。固态硬盘内部构造简单，采用闪存（Flash Memory）作为存储介质，具有读写速度快、防震抗摔、功耗低、质量轻、体积小、无噪音等优点，但其价格、容量、寿命等方面仍较传统硬盘存在较大的差距，而且一旦硬件损坏，数据较难恢复。

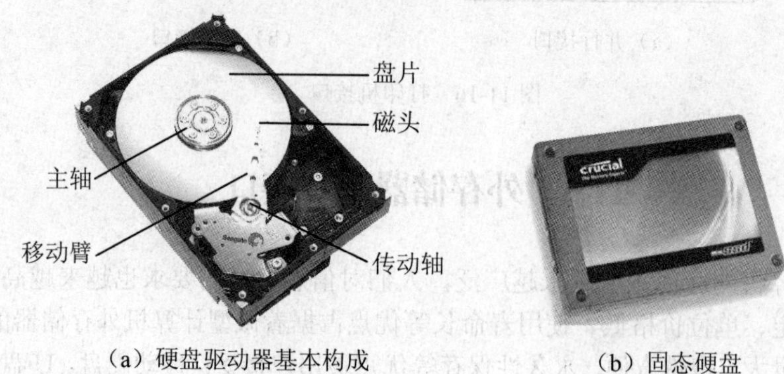

（a）硬盘驱动器基本构成　　（b）固态硬盘

图 11-17　硬盘

2. 硬盘存储器的主要性能指标

（1）容量。存储容量是硬盘的主要参数，一般以 GB 或 TB 为单位，目前硬盘容量多见 500GB、1～4TB，甚至更大容量。硬盘的存储容量为所有盘片容量之和，硬盘容量=扇区容量×扇区数×柱面数×磁头数。

（2）转速。是指硬盘内电机主轴的旋转速度，以 rpm（转/分钟）为单位。在磁道扇区密度一定的情况下，转速越高，单位时间内磁头扫过的扇区就越多，硬盘内部数据传输率就越高。它在很大程度上决定了硬盘的速度，同时也是区别硬盘性能的重要指标。目前一般硬盘的转速都在 5400rpm 以上，7200rpm 比较多见，有些硬盘转速可达 10000～15000rpm。

（3）平均访问时间。是指磁头从起始位置到达目标磁道位置，并从目标磁道上找到要读写的数据扇区所需的时间。平均访问时间体现了硬盘的读写速度，它包括硬盘的寻道时间和等待时间。

寻道时间是指移动磁头到数据所在磁道所花费的时间，是衡量硬盘机械能力的主要指标，一般在 5～12ms 之间。等待时间是指数据所在的扇区转到磁头下的时间，一般在 4ms 以下。

（4）缓存容量。硬盘中的缓存具有预读写的功能，并且可以临时存储最近访问的数据。当硬盘频繁读取的数据或硬盘存取零碎数据时，需要不断地在硬盘与内存之间交换数据，如果有大容量缓存，则可以将这些数据暂存在缓存中，从而减小外系统的负荷，也提高了数据的传输速度。

缓存的大小与速度是直接关系到硬盘传输速度的重要因素，能够大幅度地提高硬盘整体性能。目前，硬盘的缓存容量有 8MB、16MB、32MB、64MB 等多种，更大容量缓存是硬盘发展的趋势。

（5）数据传输率。硬盘的数据传输率是指硬盘读写数据的速度，单位为 MB/s。硬盘数据传输率又包括内部传输率和外部传输率。内部传输率是指硬盘磁头至硬盘缓存之间的数据传输率；外部传输率是系统总线与硬盘缓冲区之间的数据传输率，与硬盘接口类型和硬盘缓存的大小有关。

内部传输率可以明确表现出硬盘的读写速度，是评价硬盘整体性能的决定性因素，目前普通硬盘的内部数据传输率是 60MB/s 左右，在连续工作时这个数据还会降低。目前 SATA 接口的硬盘外部数据最大传输率理论上已达 600MB/s，但实际速度会更低一些，而且不同环境差异会很大。

11.5.2 光盘存储器

光盘存储器简称光盘，具有存储密度高、数据传输率高、信息保存时间长、使用方便、价格低廉、易于携带等优点，光盘已成为数据备份、软件发布的主要存储载体。

1. 光盘的信息存储原理

如图 11-18 所示，光盘主要由基板、记录层、反射层、保护层、印刷层组成。

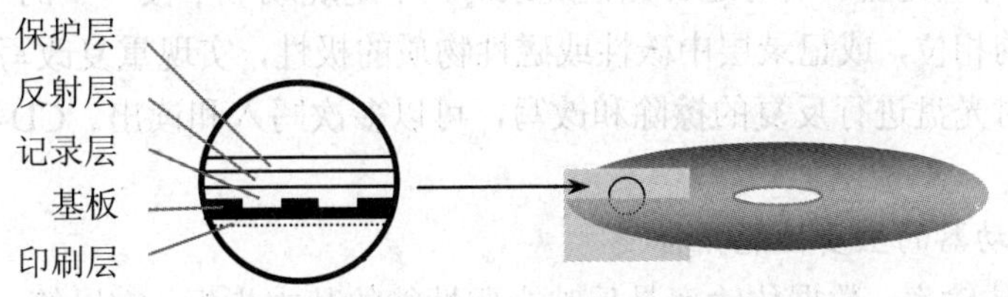

图 11-18 光盘的分层结构

基板是无色透明的聚碳酸酯板，呈圆形，中间有孔，它是光盘的外形体现；记录层是在基板上涂抹专用的有机染料，对光盘的烧录就是激光对有机染料烧录成一个接一个的“坑”；反射层是反射光驱激光光束的区域；保护层用来保护光盘的反射层及记录层，防止信号被破坏；印刷层是光盘的背面，一般印刷有盘片的客户标识、容量等相关信息，还可以起到一定的保护光盘的作用。

光盘的信息组织形式与硬盘有较大差别，硬盘的盘片被分成许多同心圆磁道，而光盘的盘面上则是一条从内向外的连续螺旋形轨道，沿此轨道分布有一系列凹坑，凹坑的边缘用来表示二进制 1，而凹坑和非凹坑平坦部分表示 0。当读操作时，激光束照射到盘片上，由于光盘凸面会将原激光束强度不变地反射回去，而凹进面会将光线发散，使反射回的光束强度变弱，这样，光强度由强到弱或由弱到强的变化部分由光电检测器和电子线路处理后还原为数据 1，持续一段时间的连续光强度则被还原为数据 0。

2. 光盘驱动器的组成和工作原理

光盘驱动器负责读取光盘的数据。光盘驱动器由主轴驱动机构、定位机构、光头装置及有关的控制、驱动电路组成。在主轴驱动机构中，光盘被安装在主轴上，在主轴电机的驱动下，光盘随主轴一起不断地旋转。光头安装在直流电机驱动的长行程定位机构上，可以对光盘上的任意光道进行存取。光头由激光束分离器、电子透镜、光电检测器等组成。

激光器发出的激光经过透镜聚焦后，形成高精度的微小激光束并照射到光盘上，从光盘上反射回来的激光束沿原来的光路返回，到达激光束分离器后反射到光电检测器，由光电检测器把光信号转换成电信号，再经过电子线路处理后还原为二进制数据。

3. 光盘存储器的分类

光盘主要有 CD（Compact Disk）和 DVD（Digital Versatile Disc，数字通用光盘）之分，它们的外观相同，存储容量却大不相同，CD 的存储容量一般为 640MB～700MB，而 DVD 的存储容量则是 CD 的十几倍。

按照光盘信息的读写能力，光盘可分为以下三类。

（1）只读型光盘。这种光盘上记录的信息是由厂家事先刻录好的，用户只能根据自己的需求来选购光盘，可对光盘多次重复读取，但不能对盘中的信息抹除或写入。CD-ROM 和 DVD-ROM 属于此类光盘。

（2）一次写入型光盘。这种光盘需要使用专用的光盘刻录机制作，通过汇聚光束的热能，使光盘被照射处的记录介质产生改变，并形成永久性凹坑，以实现信息的刻录。用户可以自己将信息写入光盘，但写过之后就像只读型光盘一样不能再写入或抹除，只可以读取。这种光盘主要供用户作信息存档和备份之用。CD-R 和 DVD-R 属于此类光盘。

（3）可重写型光盘。当对这种光盘烧录时，不是烧成一个接一个的"坑"，而是通过改变记录层中介质的相位，或记录层中碳性或磁性物质的极性，实现重复改写，这样，用户就可以像对磁盘一样对光盘进行反复的擦除和改写，可以多次写入和读出。CD-RW 和 DVD-RW 属于此类光盘。

4. 光盘驱动器的主要性能指标

（1）数据传输率。数据传输率是反映光驱性能的基本指标，它以第一代 CD-ROM 驱动器的数据传输率（150KB/s）为单位，称 150KB/s 为单速，现在光驱的数据传输速率为 150KB/s 的倍速，如 16 倍速、24 倍速、40 倍速、48 倍速等。

（2）平均寻道时间。是指光驱接到读盘命令后，激光头移动到指定的目标位置开始读取数据所花费的时间。显然，平均寻道时间越短，光驱的性能就越好。

（3）CPU 占用时间。是指光驱在维持一定的转速和数据传输率时所占用 CPU 的时间，它也是衡量光驱性能的一个重要指标。CPU 占用时间越少，其整体性能就越好。

（4）缓存容量。通过光驱缓存，它可以预先读取或存储大容量数据段，有效地减少读盘次数，提高数据传输率，同时也减少了 CPU 占用时间，因此缓存在很大程度上可以提高光盘存储器的运行效率。一般光驱采用 128KB、256KB 或 512KB 的缓存容量，刻录机的缓存容量有 1MB、2MB、4MB、8MB 等多种。

11.5.3 移动硬盘

在普及应用多媒体和网络的各个领域，越来越多的用户渴望拥有容量大、使用方便的移动式存储器，于是出现了移动硬盘和 U 盘。

移动硬盘是一种以硬盘为存储介质的外置式移动存储器，多以 USB 接口与主机连接，如图 11-19 所示，市场上也有无线移动硬盘。

图 11-19 移动硬盘

移动硬盘的存储容量有 500GB、640GB、1TB、2TB、3TB、4TB、6TB 甚至更大，硬盘尺寸多见 2.5 英寸、3.5 英寸和 1.8 英寸。移动硬盘的最大优点是容量大、体积小、读/写速度快、支持热插拔、即插即用、防震性强、数据存储安全可靠，对它的使用很方便，只要通过专用线缆与主机连接，就可以像使用内置本地硬盘一样对其进行各种操作。

11.5.4　U 盘

U 盘全称 USB 闪存盘，是一种利用半导体闪速存储器（Flash Memory）芯片制成的外置式移动存储器，以 USB 接口与主机连接，如图 11-20 所示。

图 11-20　U 盘

U 盘的硬件结构比较简单。通常使用专用的 USB 接口控制芯片，用以实现通用串行总线的接口时序，负责与主机之间的数据及命令信息的传输；闪速存储器芯片作为存储媒介，用于数据的存储；专用控制电路负责对 Flash Memory 存储媒介的访问与管理。

闪速存储器具有耐高低温、防震、防磁、防潮等优点，随着半导体闪速存储器芯片技术的不断进步，U 盘的容量也在不断提升，目前常见的 U 盘容量有 4GB、8GB、16GB、32GB、64GB、128GB 甚至更大。

U 盘具有体积小、重量轻、稳定性好、携带方便的特点，可以热插拔，即插即用，只要通过专用线缆与主机相连，就可以像内置本地硬盘一样操作。作为软盘的替代产品，U 盘已成为人们与计算机交换信息、数据备份必需的移动式存储媒介。

11.6　扫描仪

扫描仪是利用光电技术和数字处理技术，以扫描方式将图片、书稿等图像信息转换为数字信号的装置。它对原稿进行光学扫描，然后将光学图像转换成模拟电信号，再将模拟电信号转换为数字电信号，最后送入计算机中。

11.6.1　扫描仪的分类

扫描仪的种类繁多，根据扫描介质和用途的不同，有平板式扫描仪（如图 11-21 所示）、馈纸式扫描仪、名片扫描仪、胶片扫描仪、文件扫描仪，此外还有手持式扫描仪、鼓式扫描仪、笔式扫描仪、实物扫描仪、3D 扫描仪等。

图 11-21　扫描仪

根据感光器件的不同，扫描仪又有 CCD（电荷耦合元件）、CIS（接触式感光器件）、PMT（光电倍增管）和 CMOS（互补金属氧化物导体）四种。

不同类型的扫描仪，其结构也不同，但工作原理大致相同。

11.6.2　扫描仪的工作原理

扫描仪是基于光电转换原理设计的，以常见的台式 CCD 扫描仪为例，其工作原理如图 11-22 所示。当原稿被正面朝下放置于扫描仪玻璃平台上开始扫描时，电机牵动扫描头沿扫描仪纵向移动，扫描头上光源发出高密度的光束照射原稿，由于黑、白、彩色的不同以及灰度的区别，经原稿反射回来的光束强度也不同，这种反射光被聚焦后照射在 CCD 光电器件上，CCD 器件根据光束强度的不同，经过光电转换产生不同的电流输出，再经模/数（A/D）转换器转换成数字信号送入计算机。

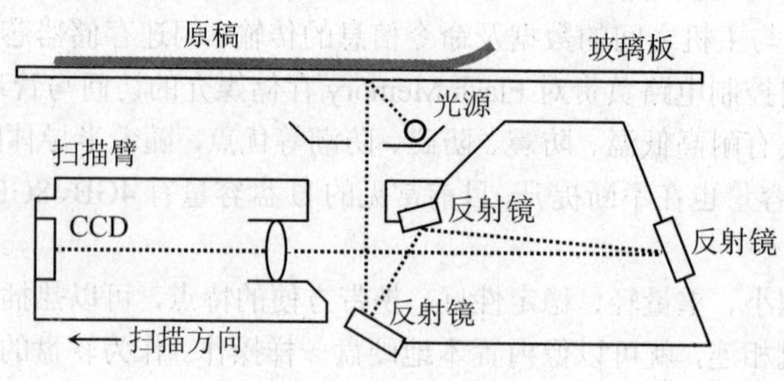

图 11-22　扫描仪工作原理

光电转换机构沿扫描头横向放置，电机带动扫描头沿扫描仪纵向每移动一个单位距离，光电转换机构就扫描采集原稿上一条横线上的图形数据，当扫描头沿纵向扫过整个原稿之后，扫描仪就采集并传输了原稿上的全部图形信息。

11.6.3　扫描仪的主要性能指标

（1）分辨率。分辨率是扫描仪最主要的性能指标，它反映了扫描仪扫描图像的清晰程度，通常用 dpi（像素/英寸）来表示。

扫描仪有两种分辨率，一种为光学分辨率，一种是插值分辨率。光学分辨率指的是扫描仪上感光部件能捕捉到的图像点数，例如，一台扫描仪的光学分辨率为 600×1200dpi，表示其横向分辨率为 600dpi、纵向分辨率为 1200dpi。而插值分辨率则是在光学分辨率的基础上，通过软件，使用数学插值法在像素之间再加入更多的像素，以达到提高分辨率的目的，例如，

600×1200dpi 光学分辨率扫描仪的插值分辨率（又称最大分辨率）可以达到 9600dpi。

光学分辨率是扫描仪的实际分辨率，它是真正反映扫描仪扫描图像清晰度和锐度的性能指标。

（2）灰度级。灰度是指亮度的明暗程度，灰度级表示图像的亮度层次范围，级数越多扫描仪图像亮度范围就越大、层次就越丰富，多数扫描仪的灰度为 256 级。256 级已真实呈现出比肉眼所能辨识出来的层次还多的灰阶层次。

（3）色彩位数。又称色彩深度，是指扫描仪对图像进行采样的数据位数，它反映了扫描仪辨析图像色彩范围的能力。扫描仪的色彩位数以 bit 为单位，有 24bit、30bit、36bit、42bit、48bit 等多种。通常，扫描仪的色彩位数越高，扫描还原出来的色彩就越丰富，扫描图像的效果越逼真。

（4）扫描速度。是指扫描仪从预览开始到图像扫描完成后，扫描头移动的时间，它是扫描仪的一个重要指标。

扫描速度的表示方式一般有两种：一种用扫描标准 A4 幅面所用的时间来表示，另一种使用扫描仪完成一行扫描的时间来表示。实际中多用 ppm（页/分钟）来表示。

（5）扫描幅面。是指扫描仪的扫描尺寸范围，这个范围取决于扫描仪的内部机构设计和扫描仪的外部物理尺寸。大幅面的扫描仪价位比较高，A4、A3 幅面是最常见的，对于一般家用或办公用，选择 A4 幅面的扫描仪即可满足使用需求。

扫描仪与计算机的接口方式包括 EPP、SCSI、IEEE 1394 和 USB 接口，目前普通办公或家用扫描仪以 USB 接口居多。

习题与思考

11.1 键盘缓冲区是一个（　　）的队列。

A．先进先出　　B．先进后出　　C．后进先出　　D．无序的

11.2 鼠标是一种输入设备，当用户移动鼠标时，向计算机输入的是（　　）信息。

A．鼠标移动的速度　　B．鼠标移动的方向

C．鼠标在 X，Y 方向的位移量　　D．鼠标到达位置处的 X，Y 坐标值

11.3 一块硬盘的盘片数量为 4 片，单碟容量为 1000GB，则该硬盘的总容量是（　　）。

A．1000GB　　B．2000GB　　C．3000GB　　D．4000GB

11.4 48 倍速的光盘驱动器的数据传输速率是（　　）。

A．7.2MB/s　　B．7.8MB/s　　C．9.6MB/s　　D．4.8MB/s

11.5 键盘字符扫描码就是字符 ASCII 码，这种说法（　　）。

A．对　　B．错

11.6 微型计算机的键盘、鼠标及显示器都以串行方式与主机通信。这种说法（　　）。

A．对　　B．错

11.7 显示器的分辨率越高，显示画面也就越清晰。这种说法（　　）。

A．对　　B．错

11.8 USB 接口的 U 盘和移动硬盘具有支持热插拔、即插即用的特点。这种说法（　　）。

A．对　　B．错

11.9 非编码键盘的按键识别方法主要有哪几种？试分别说明它们的工作原理。

11.10 鼠标分哪几类？常用哪些主要指标来衡量鼠标的性能？

11.11 试说明光电鼠标的工作原理。

11.12 显示器分哪几类？常用哪些主要指标来衡量显示器的性能？

11.13 试说明 LCD 显示器的显像原理。

11.14 打印机主要有哪几种类型？常用哪些主要指标来衡量打印机的性能？

11.15 试分别说明针式打印机、喷墨打印机、激光打印机的工作原理。

11.16 光盘存储器分为哪几类？各有何读写特点？

11.17 硬盘、光盘的主要性能指标有哪些？

11.18 扫描仪的基本工作原理是什么？扫描仪有哪些主要性能指标？

参考文献

[1] 王爱英．计算机组成与结构（第 5 版）．北京：清华大学出版社，2013．

[2] 赵宏伟等．微型计算机原理与接口技术（第 2 版）．北京：科学出版社，2010．

[3] 高福祥，齐志儒．汇编语言程序设计（第 4 版）．沈阳：东北大学出版社，2010．

[4] 林欣．高性能微型计算机体系结构．北京：清华大学出版社，2012．

[5] 黄勤．微型计算机原理及接口技术．北京：机械工业出版社，2014．

[6] 尹建华．微型计算机原理与接口技术（第 2 版）．北京：高等教育出版社，2008．

[7] 张凡．微机原理与接口技术（第 2 版）．北京：清华大学出版社，2010．

[8] 唐祎玲，毛月东．32 位微机原理与接口技术实验教程．西安：西安电子科技大学出版社，2003．

[9] 高福祥等．微型计算机接口技术．北京：清华大学出版社，2011．

[10] 沈美明，温冬婵．IBM-PC 汇编语言程序设计（第 2 版）．北京：清华大学出版社，2001．

[11] 杨立．微型计算机原理与接口技术．北京：中国水利水电出版社，2005．

[12] 艾德才，林成春．微机原理与接口技术．北京：中国水利水电出版社，2004．

[13] 朱家铿．计算机组成原理．沈阳：东北大学出版社，2001．